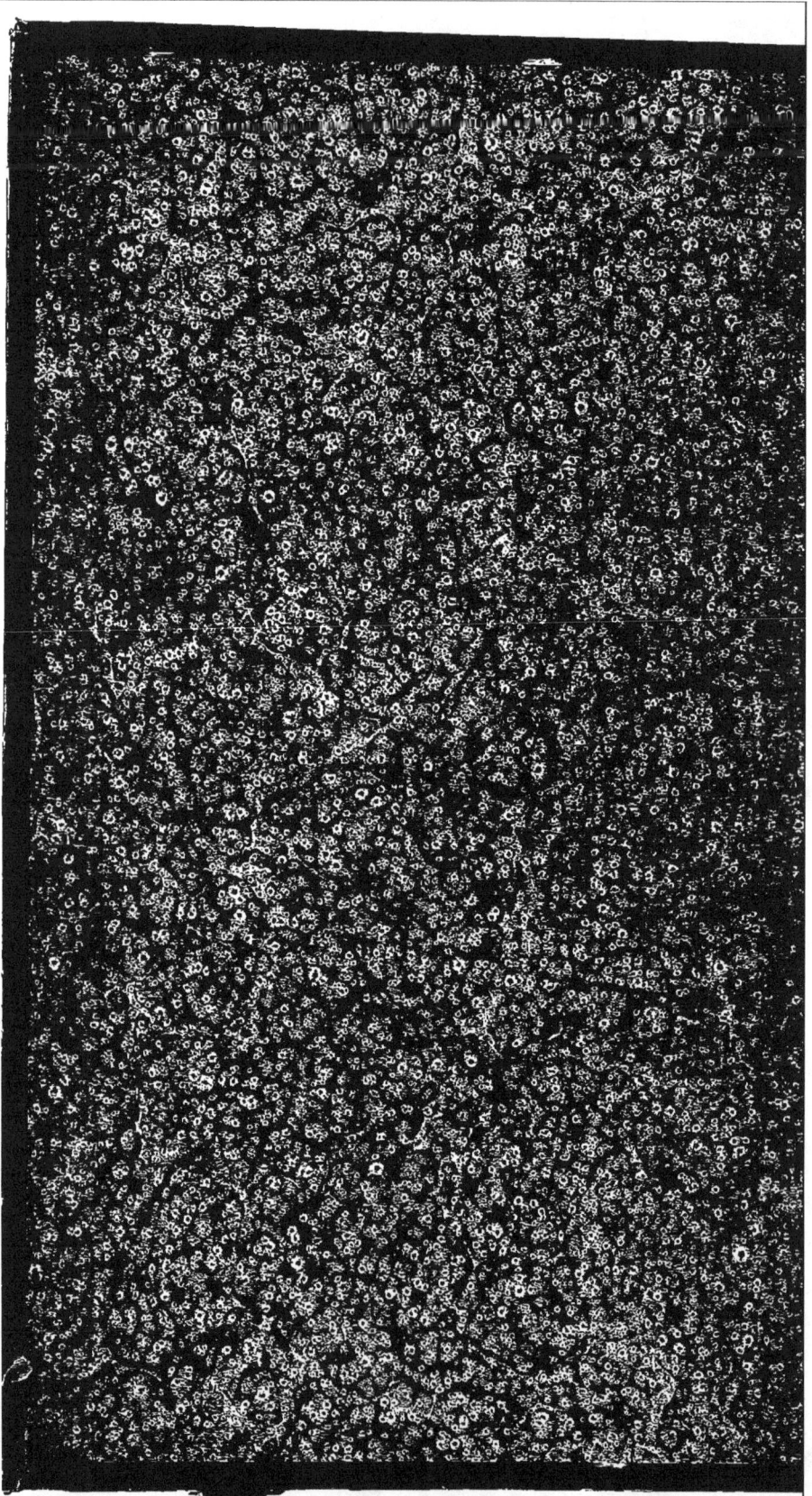

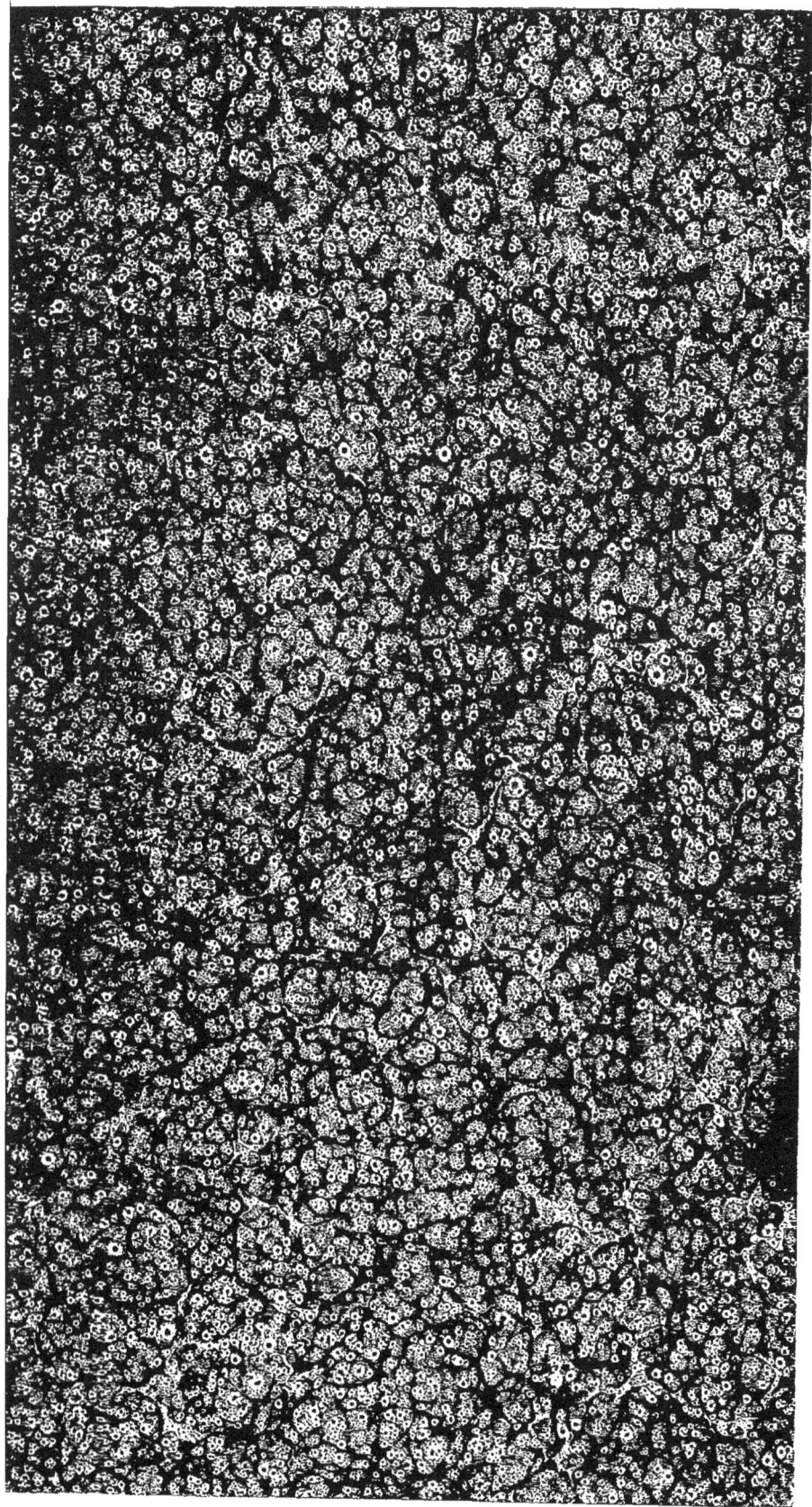

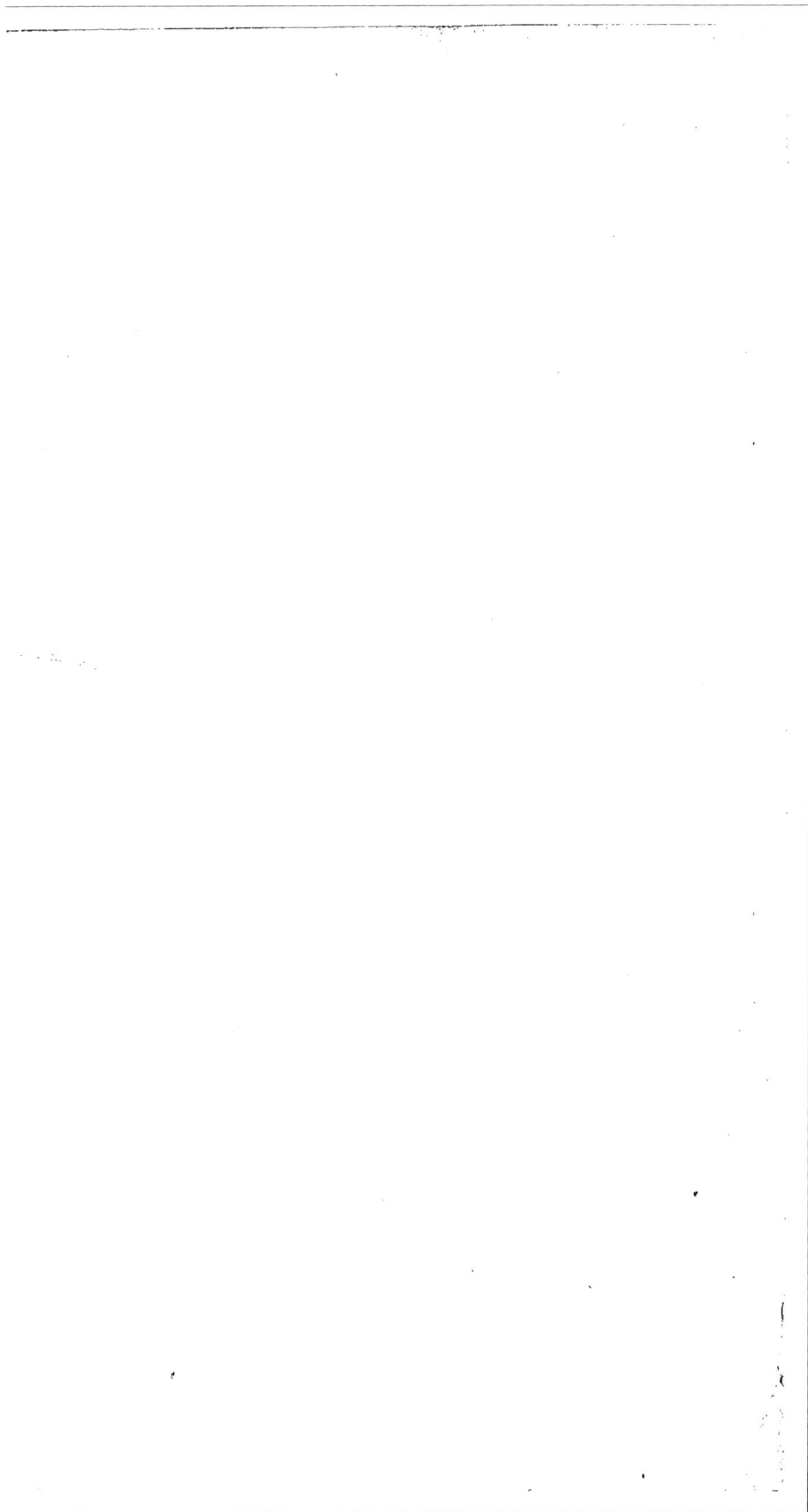

S

C.

27542

LA FRANCE

CHEVALINE.

IMPRIMERIE DE GUIRAUDET ET JOUAUST,
315, rue Saint-Honoré.

LA FRANCE
CHEVALINE

1re Partie. — Institutions hippiques.

Par Eug. GAYOT,

Membre de plusieurs Sociétés scientifiques.

PARIS,

AU COMPTOIR DES IMPRIMEURS-UNIS,

QUAI MALAQUAIS, 15;

AU BUREAU DU JOURNAL DES HARAS,

RUE DUPHOT, 12.

1848

La question chevaline est une question inépuisable, d'autres diraient insoluble. Ils ne diraient pas vrai : car tous ceux qui l'ont traitée lui ont trouvé une solution ; — bonne ? apparemment non ; — mauvaise ? plutôt ; — une solution cependant.

L'administration des haras est le point de mire de tous les assaillants et de beaucoup d'ambitieux. Ce n'est pas à dire qu'elle n'ait eu aussi ses partisans et ses défenseurs. Jusqu'ici, néanmoins, on l'a trop jugée comme les aveugles jugent des couleurs. On en a parlé sans la connaître et d'après les données les plus fausses. Amis et ennemis tournent invariablement autour du même cercle, des mêmes idées, des mêmes faits, sans tenir aucun compte du temps ni de l'espace. Aussi a-t-on pu dire avec quelque raison des uns et des autres qu'ils ressemblaient à ces adversaires qui, revenant du combat, étalaient à tous les yeux leurs armes ébréchées après la lutte.

Cette circonstance tient évidemment à ce que le terrain manque à la discussion, à ce que l'administration des haras n'est pas connue, à ce que les assaillants s'escriment dans le vide ou contre des moulins à vent.

Nous avons voulu offrir un corps, un corps désormais saisissable à la critique — juste ou partiale, peu importe. Nous avons écrit l'histoire des haras. Que nos études servent maintenant de point de départ et défraient les hippologues à venir. Elles disent le passé *officiel* de l'administration : nous le livrons au jugement de tous.

Le temps nous a manqué pour polir ce premier volume. Les recherches qu'il renferme ont été longues, mais consciencieuses ; la rédaction seule a été rapide.

Le titre de l'ouvrage indique assez que nous sommes à peine à l'entrée de la carrière, que le champ à parcourir est vaste encore. Nous donnerons donc une suite à ce travail, et nous ferons en sorte que ceux-là qu'il peut intéresser ne l'attendent pas trop long-temps.

Chemin faisant, nous aurons très certainement déplu à quelques uns de nos ennemis intimes. Ils voudront bien ne pas oublier que c'est pour abattre dans les esprits sérieux leur hostilité que nous avons élevé l'œuvre de vérité écrite dans ce volume sous ce titre : DE L'ADMINISTRATION DES HARAS.

TABLE DES MATIÈRES.

I. De l'origine de l'intervention de l'État dans la production chevaline.   1

II. Premières tentatives d'organisation   5

III. Règlement du 22 février 1717   28

IV. Instructions à MM. les Intendants et Commissaires départis dans les provinces   33

V. Instructions aux Commissaires-Inspecteurs des haras.   48

VI. Instructions aux Garde-Etalons.   55

VII. Ordonnance concernant les particuliers qui ont passé des traitez avec MM. les Intendants pour entretenir des haras   59

VIII. Forces de l'ancienne administration.   62

IX. Deux opinions sur le régime établi par le Règlement de 1717. .   76

X. Suppression des haras. — Ses conséquences   93

XI. Nouvelles tentatives d'intervention de l'État   97

XII. Organisation proposée au conseil des Cinq-Cents   85

XIII. Rétablissement des haras   105

XIV. Economie du système adopté en 1806. — Ses premiers efforts et ses premiers résultats   119

XV. Retour aux moyens de répression.   128

XVI. Haras et dépôts d'étalons d'après le décret de 1806.   141

XVII. De 1815 à 1833.   149

XVIII. Situation respective des haras et de l'industrie chevaline de 1815 à 1853   164

XIX. L'administration des haras avait-elle un système?   177

XX. Commission administrative des haras (1829)   188

XXI. Commissions consultatives de 1831 et 1832   208

XXII. A partir de 1834 215

XXIII. Budget des 14 ans 229

XXIV. Etat de la question à la fin de 1847 240

XXV. Les haras au commencement de 1848 261

XXVI. Principaux actes et travaux de l'administration en 1846 et 1847. 294

XXVII. Après février 1848 325

XXVIII. Commission d'enquête 535

XXIX. Nouvelles hostilités 554

XXX. Pétitions à l'Assemblée nationale 395

XXXI. Système des Garde-Etalons 422

LA FRANCE CHEVALINE.

Première Partie.

INSTITUTIONS HIPPIQUES.

CHAPITRE PREMIER.

DE L'ADMINISTRATION DES HARAS EN FRANCE.

I. — ORIGINE DE L'INTERVENTION DE L'ÉTAT
DANS LA PRODUCTION CHEVALINE.

Il n'y a pas d'étude sans développement historique de l'objet
dont on s'occupe, sans l'exposé des phases qu'il a parcourues
pour arriver au point où on le trouve dans le moment où on
l'examine : c'est donc par là que nous devons commencer.

En nous retournant vers le passé pour mesurer le champ parcouru, en jetant ce coup d'œil en arrière pour mieux résumer
notre état actuel, nous éviterons de fouiller dans la nuit des
temps, et de nous livrer, après tant d'autres, à des dissertations
à perte de vue, à des hypothèses que rien ne justifie, à des
suppositions gratuites dont on ne saurait tirer que des conséquences vagues, sinon erronées, et qui, dans tous les cas, ne
pourraient mener qu'à des propositions sans valeur, puisqu'elles

1.

ne reposeraient sur aucune base certaine, puisqu'elles n'auraient pour appui aucune assise solide.

Aussi bien les raisonnements ne sont pas des faits, et les systèmes ne méritent attention qu'autant qu'ils sont vrais. Or, la vérité n'est pas plus la supposition que le mensonge. Quoi qu'il en soit d'ailleurs, dans les temps reculés auxquels peuvent atteindre les aperçus historiques essayés à l'occasion des haras et sous prétexte d'institutions hippiques, on ne retrouve ou tout au moins on ne dénonce rien de semblable à ce qui a pu être à une époque moins éloignée, et surtout à ce qui existe de nos jours. Il n'y aurait, par conséquent, aucune utilité à remonter la spirale du temps ni à faire une nouvelle édition d'une histoire apocryphe.

Cela posé, nous admettrons sans la discuter, et comme fondée à tous égards, l'opinion généralement reçue que, dans le moyen âge, la France avait sur tous les états d'Europe une grande supériorité hippique ; mais nous ajouterons aussitôt que la prospérité chevaline de cette époque était le résultat même de l'organisation sociale et des mœurs du temps. En effet, il y avait alors des relations intimes entre la production et la consommation. Ces deux faits, si distincts aujourd'hui, étaient dans la même main, réunis, confondus en un seul et même intérêt parfaitement défini, partout identique. Les grands producteurs étaient à la fois les grands consommateurs ; ils ne produisaient que pour eux, selon leurs goûts, leurs besoins et leur propre satisfaction (1).

Les choses ne sont plus aussi simples maintenant. Par suite de la marche du temps et du mouvement des idées, il y a eu, certes, une immense complication d'intérêts, de ressources,

_____

(1) « Les soins de la reproduction étaient tellement en rapport avec la consommation, que, dans des recherches historiques très consciencieuses auxquelles je viens de me livrer, je n'ai jamais trouvé que le cheval ait manqué en France ; nous savions alors nous suffire à nous-mêmes ; bien au contraire, on trouve que la lance fournie, qui se composait d'abord, c'est-à-dire sous Charles VII, de l'homme d'armes et de cinq hommes montés à

d'exigences. Loin de se confondre, et de n'être, comme autrefois, qu'une seule et même chose, la production et la consommation, nous venons de le dire, n'ont plus entre elles cette solidarité qui implique l'identité des intérêts. La première n'est plus, en réalité, qu'un détail agricole tombé aux mains des cultivateurs et des petits propriétaires, qui ont pris la place des grands tenanciers du sol. La seconde est partagée entre toutes les classes, toutes les existences, tous les besoins, sans qu'il y ait entre eux aucune égalité, aucune analogie, ni même beaucoup d'entente.

Cette différence d'organisation sociale entre les deux époques entraîne nécessairement une même différence dans les résultats. La forme des gouvernements d'alors n'était pas celle d'aujourd'hui; les institutions de l'une et l'autre époque ne peuvent être les mêmes; on ne saurait ni les comparer ni les opposer les unes aux autres.

La France n'avait pas de haras d'état, d'institutions hippiques, comme il faut dire en ce moment, lorsque, dans toute l'étendue de son territoire, chacun se piquait d'être homme de cheval, lorsque tous les gentilshommes du royaume habitaient leurs domaines, et, sans cesse occupés de guerre ou de chasse, trouvaient leur intérêt, leur plaisir, leur force, leur gloire aussi, à produire et à perfectionner sans cesse le principal instrument de leur puissance, lorsqu'ils avaient tous des haras bien peuplés, lorsque la nécessité du temps leur commandait impérieusement de s'en occuper avec zèle et avec intelligence, car forcément il fallait réussir : l'honneur et la vie y étaient également engagés.

Les Arabes, dont les races de chevaux ont conservé parmi nous tant de faveur, les produisent pour eux-mêmes, en vue

sa suite, six en tout, fut portée par Louis XII à sept hommes, et par François Iᵉʳ à huit. C'est qu'alors l'émulation chevaleresque se réunissait aux grandes existences, aux grandes propriétés, aux vastes prairies, aux grands espaces, toutes conditions favorables à la reproduction et au développement du cheval. » (*Des remontes de la cavalerie*, etc., Flav. d'Aldéguier.)

d'une étroite utilité personnelle. Ils les ont modelées suivant un intérêt immédiat, pressant; ils les conservent pour remplir toutes les exigences d'une position bien définie. Mais que cette situation change, qu'au lieu de produire le cheval pour ses besoins, pour son propre usage, l'Arabe ait à le faire naître et à l'élever en vue d'autres exigences que les siennes, en vue de besoins qu'il n'éprouve pas, dont il n'a pas même l'intelligence, croit-on qu'il apporte à cette production et à cet élevage les mêmes soins, la même entente, la même suite, le même intérêt?..... Voilà donc ses races spéciales, si utiles et si belles, qui descendent et s'affaiblissent, ou tout au moins qui ne répondent plus d'une manière aussi complète aux exigences multiples de toutes les classes de consommateurs. Jusque là, au contraire, elles avaient pleinement satisfait à l'unique spécialité d'emploi à laquelle on les avait exclusivement appliquées.

Cependant, si le pays ne peut se passer de chevaux de bonne espèce, si des exigences de position commandent à ceux qui le gouvernenent de n'en pas laisser dépérir les races ou de les relever de leur état d'infériorité, n'est-il pas évident que la nécessité, cette loi si dure, cette mère de l'industrie, trouvera un moyen quelconque, soit d'arrêter l'altération des caractères et du mérite des anciennes races, soit de rendre à l'espèce les qualités perdues, une aptitude nouvelle, une utilité plus grande que celle du moment?

Eh bien! telle est, en effet, l'origine de l'intervention des divers gouvernements d'Europe dans le fait de la reproduction et de l'amélioration de l'espèce chevaline.

Ce n'est qu'à partir du moment où ils se sont aperçus de l'affaiblissement des races et de la diminution de la population équestre, que des mesures officielles, gouvernementales, sont venues opposer une barrière au mal et suppléer autant que possible ou à l'indifférence ou à l'impuissance des particuliers. Dans ce cas, les détails d'exécution ont varié, mais le fond du système, la base de l'institution, ont été partout les mêmes.

Au point de vue politique, les haras n'ont jamais été pour

un gouvernement une spécialité, une affaire de mode ou de caprice, quelque chose de systématique dans la mauvaise acception du mot, mais une nécessité publique, une exigence nationale, une véritable raison d'état. Ce qui le prouve, c'est l'unité qui se remarque, — au fond, — dans les institutions hippiques des divers gouvernements qui ont été amenés à s'en imposer la charge; ce qui le prouve encore, c'est la nécessité à laquelle il a fallu obéir de les restaurer quand une cause quelconque est venue en suspendre momentanément l'existence et l'action. « Ce fut toujours une pensée de guerre, dit M. Flav. d'Aldéguier, qui vint stimuler la reproduction en proportion des pertes que l'on avait éprouvées. »

Voyons donc quels ont été en France les commencements de cette institution, comment elle a pu vieillir, quel mal violent l'avait emportée, comment elle a dû être rétablie, par quelles transformations elle a successivement passé, ce qu'elle est encore en ce moment.

C'est dans les documents officiels qu'il faut chercher la lumière. Ils nous permettront de pénétrer l'obscurité sous laquelle des commentaires plus ou moins fondés, judicieux ou forcés, ont jusque ici caché la véritable situation des choses.

II. — PREMIÈRES TENTATIVES D'ORGANISATION.

Avec la féodalité la politique de Richelieu avait détruit les nombreux haras particuliers qui existaient autrefois en France et qui tenaient admirablement lieu d'institutions gouvernementales.

En effet, régularisant le corps de la noblesse, le système féodal avait fortement retrempé l'esprit militaire, qui s'était fort affaibli après la mort de Charlemagne. Il avait établi, comme dans toute l'Europe chrétienne, de petits centres de résistance qui vivaient de leur existence propre, et qui devinrent une grande force le jour où ils s'unirent pour les héroïques expéditions des croisades. Celles-ci eurent une immense influence sur l'espèce chevaline dans le nord et dans le centre de l'Europe. Pour tous ceux qui tenaient à la noblesse, le cheval était une obligation indispensable. « Un homme de haut lignage se serait cru déshonoré s'il eût combattu à pied. L'équitation entrait dans l'éducation de tous les enfants des gentilshommes ; les femmes elles-mêmes s'y livraient avec ardeur, car elles suivaient à la chasse leurs pères, leurs frères, leurs maris. Ces chasses avec les faucons et les autres oiseaux parfaitement dressés, avec le cerf et le sanglier, que l'on forçait dans les profondeurs des forêts, ces chasses remplissaient les courts intervalles de repos que goûtaient, entre deux expéditions guerrières, les hommes du moyen âge (1). »

Mais une fois hors de leurs terres et retenus auprès du monarque par toutes sortes de moyens, les grands seigneurs, les hauts barons du royaume, abandonnèrent la production et l'élève des palefrois, des genêts et des haquenées. On ne vit plus alors, par pays, ces puissantes cavalcades, ni ces fréquentes tournées, ni ces chasses luxueuses dans lesquelles chacun déployait tant de force et de magnificence. La supériorité hippique de la France était due à toute cette pompe et à ces prétentions de rivalité que beaucoup manifestaient même envers la couronne. Elles déplurent à la politique du temps ; la politique du temps les supprima.

« Dès lors, dit M. le vicomte d'Aure après cent autres, l'éducation des chevaux passa en d'autres mains. En l'absence du riche propriétaire, elle se trouva livrée en grande partie à des fermiers, et ne tarda pas à décliner, tandis qu'à la même époque elle florissait en Angleterre par les soins d'une aristocratie triomphante, comme pour justifier ce dire, que l'élève du cheval est essentiellement aristocratique (2). »

Ainsi abandonnées, les races françaises perdirent bientôt les

(1) **Max. Desaive**, *les Animaux domestiques.*
(2) *De l'industrie chevaline en France.*

brillantes qualités qui les avaient rendues justement célèbres,
et la réputation qu'elles devaient à une suite d'efforts que le
goût, l'intérêt, l'utilité seuls, avaient pu provoquer. La dégénération fut rapide, car nulle barrière ne lui fit obstacle. Une
fois avilie, l'espèce ne fut plus recherchée ni au dehors ni au
dedans. On eut recours à l'importation des chevaux étrangers
graduellement améliorés, tandis que les nôtres se dégradaient.
Peu à peu donc notre balance de commerce, pour employer une
expression fort en usage dans le temps, éprouva un déficit considérable en même temps que l'exportation de notre numéraire
et la consommation toujours plus active de leurs produits ou-
vraient à nos anciens tributaires un débouché encourageant et
lucratif.

La situation s'aggrava à ce point qu'à partir du XVIᵉ siècle,
nos chevaux furent jugés impropres à soutenir les fatigues de
la guerre, et que notre cavalerie ne se remonta plus qu'à l'é-
tranger.

Les mémoires du jour ne laissent aucun doute à cet égard.
Il en est un, entre autres, imprimé en 1639, qui porte ce titre
assez significatif : *Mémoire pour l'establissement des haraz en
France, afin d'empescher le transport d'or et d'argent qu'on
sort du royaume pour les chevaux venants en France d'Allemagne, Danemark, Espagne, Barbarie et autres pays estrangers, lequel argent excède plus de cinq millions par chacun
an* (1). Il est, croit-on, d'un seigneur Querbeal Calloet. Il y
proposait d'établir des haras dans les forêts du roi, des enga-
gistes et des abbayes, de les garnir de juments, chevaux et
grands ânes, que l'on ferait venir de Turquie, Barbarie, Espagne, Suisse, et ensuite de défendre, sous peine de confiscation et 3000 livres d'amende, l'entrée des juments, chevaux,
mulets, ânes, étrangers.

L'administration des haras devait être mise aux mains d'une
personne de qualité, créée à cet effet grand-maître et surin-

(1) De Fafont-Poulotti, *Nouveau régime pour les haras*, p. 219.

tendant-général, conservateur et réformateur des haras de France ; lequel officier sera à l'instar de celui de colonel-général de l'infanterie, ou de grand-maître de l'artillerie, etc. ; en outre, il y aura un intendant des haras, chargé de l'achat des chevaux et approvisionnement ; un premier écuyer des haras de France, un premier écuyer, un écuyer ordinaire et un cavalcadour en chaque gouvernement et en chaque bailliage, *pour monter et dresser les chevaux de leurs départements ;* un contrôleur, un visiteur, un trésorier, un garde également par gouvernement et par chaque siége royal, des maréchaux..... tous créés commensaux de la maison du roi, et tous à la nomination et disposition du grand-maître.

« Permis à tous particuliers d'avoir des haras, à la charge de remettre chaque année la liste du nombre des chevaux et juments qu'ils nourrissent, sous peine de confiscation et de 2000 livres d'amende envers le roi. »

On n'y allait pas de main morte en ce temps-là. L'organisation proposée avait autant de rigueur en fait que d'ampleur dans la forme. On sentait donc la nécessité d'une intervention directe, active et puissante.

Ce qui nous frappe surtout dans cette organisation, c'est la création spéciale, par chaque département, d'écuyers de différents grades, dont la mission était de monter et de dresser les chevaux de leur ressort. Cette disposition devait être alors l'une des plus fécondes en bons résultats. Elle sent encore son époque ; on voit déjà que les maîtres de haras ont disparu, et que la production et la consommation sont désormais en des mains différentes.

Le plan du seigneur Calloet a-t-il été suivi de point en point ? Cela n'est pas probable ; un auteur n'est jamais aussi heureux que cela.

Pourtant, cédant aux conseils d'une sage politique, Louis XIII rendit cette même année — 1639 — un édit qui organisait les haras aux frais de l'état. Nous n'avons retrouvé cet édit nulle part ; nous ne pouvons dire, par conséquent, quelle a été cette organisation, dont l'essai n'a d'ailleurs laissé aucune trace. En effet, cette première tentative avorta complétement. Le gouvernement eut ici le sort commun à tous les novateurs. L'idée resta; elle ne devait profiter qu'aux générations futures.

Nous ne rechercherons pas les causes de cet insuccès; il nous suffit de constater qu'il ne découragea pas les hommes qui arrivèrent au pouvoir.

En effet, vingt-cinq ans plus tard, un grand ministre — Colbert — revint à la pensée d'une organisation sérieuse et forte. Il constitua les haras publics par un arrêt du conseil, rendu le 17 octobre 1665.

« Le roy, lit-on dans le préambule, voulant prendre un soin tout particulier de restablir dans son royaume les haras, qui ont esté ruinez par les guerres et désordres passez, mesme de les augmenter de telle sorte que les subjets de Sa Majesté ne soient plus obligez de porter leurs deniers dans les pays estrangers pour achapts des chevaux, a fait visiter les haras qui restent et les lieux propres pour en faire establir, achepter plusieurs chevaux entiers en Frise, Hollande, Dannemark et Barbarie, pour servir d'estalons, et résolu de les distribuer, sçavoir : ceux qui sont propres aux carosses, sur les costes de la mer, depuis la frontière de Bretagne jusques sur la Garonne, où il se trouve des cavalles de taille nécessaire à cet effet; et les Barbes dans les provinces de Poistou, Xaintonge et Auvergne.

» Mais voulant que, pour obliger les particuliers qui seront chargez des estalons destinez ausdits haras, il est raisonnable de leur accorder quelques priviléges pour aucunement les indemniser des soins qu'ils prendront pour faire réussir le dessein de S. M. pour le bien de son service et du public., S. M., estant en son conseil, a commis et commet le sieur de Garsault, l'un des escuyers de sa grande escurie, pour distribuer lesdits estalons ès lieux qu'il jugera les plus propres des provinces ci-dessus dénommées, et les mettre à la garde des particuliers qu'il choisira, et auxquels il délivrera ses certificats pour leur servir ce que de raison ; lequel sieur de Garsault dressera un roolle contenant les noms, surnoms et demeures de tous ceux qu'il aura chargés desdits estalons en vingt ou trente paroisses, pour estre registrés ès greffe des eslections dont elles dépendent ; et pour obliger lesdits particuliers d'avoir le soin nécessaire pour l'entreténement desdits estalons, S. M. à iceux deschargé et décharge de tutelle, curatelle, logement des gens de guerre, guet et garde des villes, mesme de la collecte des tailles et de trente livres d'icelle sur le pied de leur taux de la présente année, sans qu'ils puissent estre augmentés, sinon en cas d'augmentation de biens, et au sol de la livre des impositions qui pourront estre cy-après faites, et ce durant le temps qu'ils se trouveront chargés desdits estalons, lesquels seront marqués d'un L couronné à la cuisse ; permet S. M. auxdits particuliers préposés à la garde desdits estalons de prendre cent sols de chaque cavalle qui aura servi audit haras, et qui sera marquée avec les poulains qui en proviendront de la mesme marque, sans que lesdites cavalles et poulains ainsi marqués puissent être saisis pour la taille et autres deniers de S. M., ny pour debtes des communautés ; enjoint à tous officiers et magistrats qu'il appartiendra de tenir la main à l'exécution du présent arrest, etc...

» Fait au conseil d'estat du roy, S. M. y estant, tenu à Paris le 17ᵉ jour d'octobre 1665.

» *Signé* PHÉLIPEAUX. »

Ainsi, le premier soin de Colbert fut de distribuer des étalons aux particuliers.

Le passage suivant, emprunté au sieur L. Trabouillet, fait connaître ce qui advint de l'application de cette mesure.

Après avoir dit en quelques mots les dispositions de l'arrêt dont nous venons de donner le texte, il ajoute (1) :

(1) C'est à une citation faite par M. Geffrier de Neuvy, dans ses *Recher-*

« Ce fut à peu près dans le temps que cet arrêt fut rendu
que s'acheva l'établissement du haras de Saint-Léger, dont on
a parlé plus haut (1), de la direction duquel le même sieur
Garsault fut chargé par S. M., emploi de confiance qui a depuis passé à deux de ses fils et à son petit-fils.

» Les étalons achetés par le roi ayant été distribués, et les
haras commençant à se rétablir, il se présenta quantité de personnes qui s'offrirent de tenir en leur particulier des étalons,
si S. M. voulait les faire jouir des priviléges attribués à ceux
qui étaient chargés des étalons de sadite Majesté.

» Ces propositions, avantageuses aux desseins du ministre,
donnèrent lieu à l'arrêt du 29 septembre 1668, par lequel lesdits priviléges furent accordés à ceux qui se présenteraient à
cet effet, et en feraient leur déclaration pardevant les commissions départies dans les généralités, S. M. désignant en même
temps l'âge et la qualité des chevaux et cavales qui pourraient
servir auxdits haras, avec défenses très expresses aux seigneurs
des paroisses, gentilshommes et autres de se servir par force et
autorité desdits étalons, cavales et poulains. »

Voici cet arrêt, qui ajoute de nouvelles dispositions à celui
qui précède, et qui en assure les bons effets par des mesures
de coërcition qui ne se trouvent pas au premier :

ches historiques sur l'administration des haras en France, que nous empruntons nous-même ce passage.

(1) « Haras du Roi. On nomme ainsi en France un haras établi pour remonter la grande et petite écurie du Roy, particulièrement de ceux qui
servent au manége et à la chasse.

» Ce haras était d'abord à Saint-Léger, en Yveline; mais depuis que, vers
le commencement du 18e siècle, ce lieu a été uni au domaine de Ram-
bouillet..., le haras du Roy a été transféré en Normandie, dans l'élection
d'Argentan.... »

On ajoute qu'il se composait ordinairement « de 15 à 20 étalons de 5 à 6
ans, de tous poils et de tous pays, particulièrement des barbes, des turcs,
des arabes, des espagnols, des anglais et des hollandais ; et plus de 500 juments, toutes différentes pour le poil et pour la grandeur, afin de les bien
assortir, sans compter un grand nombre de poulains et pouliches qui sont
nourris dans les pâturages destinés à ce haras.... » (Mêmes sources.)

« Le Roy ayant résolu, pour le bien de ses subjects, de restablir les haras dans son royaume, et particulièrement en la généralité de Moulins, qui estoit autres fois abondante et fertille en bons chevaux, y auroit faict conduire plusieurs estalons que Sa Majesté a faict achepter dans les pays estrangers, et les auroit faict distribuer à ceux de sa noblesse et autres qui se sont trouvez en lieu propre, et en volonté de respondre le plus utilement au dessein de Sa Majesté, lesquels mesme elle auroit, par l'arrest de son conseil du 17 octobre 1665, deschargé de tutelle, curatelle, logement de gens de guerre, guet et garde des villes, mesme de la collecte des tailles et de trente livres d'icelles, sur le pied de leurs taux, tant et si longuement qu'ils demeureroient chargez desdits estalons, avec permission de prendre cent solz de chaque cavalle qui aura servi audit haras, et qui seroit marquée, avec les poulains qui en proviendroient, d'une L couronnée, sans que lesdites cavalles et poulains ainsy marquez puissent estre saisis pour la taille ou autres deniers de Sa Majesté, ny pour debtes des communautés; mais d'autant que les soins que Sa Majesté a pris pour une chose si importante à son service et à l'advantage de son royaume, et les dépenses qu'elle y a faictes se trouveront inutilles, si l'on ne retranche en mesme temps les estalons mauvais, deffectueux, aveugles, poussifs, poulains de deux ou trois ans et autres incapables de produire de bons poulains, et si l'on n'empesche pareillement que les cavalles de la mesme qualité ne soient couvertes par les bons estalons, Sa Majesté auroit résolu d'y pourvoir, et mesme de communiquer à ceux qui voudront avoir en leur particulier de bons estalons les mesmes priviléges qu'à ceux ausquels Sa Majesté a faict distribuer les siens, ainsy qu'à ceux qui auront des cavalles pour servir aux haras et qui nourriront des poulains, afin d'exciter tous ses peuples, par les grâces qu'elle leur accorde, à concourir à une fin qui ne leur peut estre que très utile et proffitable. D'ailleurs, Sa Majesté auroit esté informée qu'une des principalles causes de la ruine des haras en ladite généralité, et celle qui faict le principal obstacle au restablissement d'iceux, et que les seigneurs des parroisses, gentilshommes et autres, avoient accoustumé de prendre par auctorité les estalons, cavalles et poulains appartenans à leurs vassaux et habitans de leurs terres, et de s'en servir lorsqu'ils en avoient besoin pour eux et leurs valets, les renvoyans souvent estropiez ou ruinez, en sorte que lesdits habitans et paisans se sont rebuttez d'en nourrir, et n'osent encore présentement entreprendre d'en tenir dans la crainte de pareils accidens, à quoy estant aussy important de pourvoir, ouy le rapport du sieur Colbert, conseiller ordinaire au conseil royal et contrôleur général des finances,

» Sa Majesté, en son conseil, a ordonné et ordonne que ceux lesquels désireront tenir des estalons à l'advenir seront tenus d'en faire leur déclaration au greffe des eslections dont ils dépendent avant le premier février de chacune année, desquelles déclarations le greffier sera tenu d'envoyer ledit jour premier février un extrait de luy signé et certiffié au sieur Tubeuf, commissaire départy par Sa Majesté en ladite généralité de Moulins, pour estre ensuitte, lesdits estalons, visitez par celluy que Sa Majesté a préposé pour avoir le soin à l'inspection des haras en ladite généralité, qui marquera ceux qu'il aura approuvez et en donnera ses certificats, desquels il rapportera les doubles audit sieur Tubeuf, pour, par ses ordres, estre iceux, avec le roolle de ceux ausquels les chevaux de Sa Majesté ont esté distribuez, enregistrez avant le premier avril de chacune année au greffe desdites eslections, pour y avoir recours quand besoin sera ; faict Sa Majesté très expresses inhibitions et deffences à toutes personnes de quelque qualité et condition qu'elles soient de tenir aucuns estalons qui n'ayent esté ainsi veus, approuvez et marquez, à peine de confiscation desdits estalons et 300 livres d'amende ; ordonne que ceux qui auront lesdits estalons approuvez jouiront des priviléges accordez à ceux qui sont chargez desdits estalons de Sa Majesté suivant ledit arrest du 17ᵉ jour d'octobre 1665, sans que les cavalles qui auront servy auxdits haras soit de

Sa Majesté ou des particuliers, et les poulains qui en proviendront marquez de la mesme marque, puissent estre saisis ny exécuttez pour la taille et autres deniers de Sa Majesté, ny pour debtes de communautés ou particuliers, à peine de nullité et de cent livres d'amende contre l'huissier, sergent ou autre officier qui aura faict ladite saisie ; déclarant néantmoins Sa Majesté qu'elle n'entend point obliger les propriétaires des cavalles et poulains à les faire marquer si bon ne leur semble, et qu'elle laisse en leur liberté de le faire ou non, cette marque n'estant à autre fin que pour la seureté et la conservation desdites cavalles et poulains ; faict Sa Majesté deffences à tous ceux qui ont estalons de leur laisser couvrir de petites cavalles aveugles et autres incapables de porter de beaux poulains, à peine contre ceux qui seront chargez des estalons de Sa Majesté d'en estre privez, et contre ceux qui en auront en leur particulier de confiscation de l'estalon, et en outre contre les uns et les autres de perte des privilégés et de trois cens lifvres d'amende ; faict deffences aux seigneurs des paroisses, gentilshommes et autres, de se servir par force ou par auctorité desdits estalons, cavalles ou poulains, à peine d'encourir l'indignation de Sa Majesté, qui y pourvoira sur les advis qui luy en seront donnez par celluy qu'elle a commis à l'inspection desdits haras ; enjoint au prévost des mareschaux, visséneschaux, leurs lieutenans, exempts, archers et autres officiers, de saisir et arrester prisonniers tous ceux qu'ils trouveront monstez sur lesdits estalons, cavalles et poulains marquez de ladite marque ; ordonne pareillement à tous ceux qui seront chargez desdits estalons de Sa Majesté d'observer exactement le contenu et l'instruction sur ce faict, à peine d'estre privez desdits estalons et de tous lesdits priviléges, mesme de trois cens livres d'amende, laquelle ensemble les autres cy-dessus ordonnées seront adjugées sur les simples procez-verbaux et rapports de celluy qui a esté préposé par Sa Majesté ausdits haras, sans qu'il soit besoins d'autre formalité ny procédure, et sans qu'elles puissent estre remises ny modérées, et sera le présent arrest avec celuy

du 17 octobre 1665 enregistré et publié ez siéges présidiaux,
séneschaussées, bailliages et eslections de la généralité de Moulins et partout ailleurs où besoin sera; enjoint, Sa Majesté,
audit sieur Tubeuf, commissaire départy en icelle, de tenir la
main à l'exécution desdits arrest, et seront les ordonnances et
jugemens par lui rendus pour raison de ce exécutez nonobstant oppositions ou appellations quelconques, dont, si aucunes
interviennent, Sa Majesté s'est réservé la connoissance, icelle
interdite et deffendue à toutes ses cours et juges.

« *Signé* : SÉGUIER, VILLEROY, D'ALIGRE, DESEVE,
COLBERT.

« A Paris, le samedy vingt-neuf septembre 1668. »

Bien qu'il semble avoir été spécialement rendu pour la généralité de Moulins, cet arrêt a eu force de loi dans toutes les parties du royaume, après avoir été successivement appliqué à plusieurs autres généralités, en commençant par celles de Poitiers,
Riom, Limoges, Caen, etc.

L. Tribouillet continue ainsi :

« L'expérience ayant fait connaître que quantité de choses
qui n'avaient pas été prévues ou réglées par les arrêts de 1665
et 1668 pouvaient être utiles et nécessaires au rétablissement
et à l'augmentation des haras, M. le marquis de Seignelay, qui
avait succédé aux charges de M. Colbert, son père, et qui avait
comme lui le département des haras, voulant soutenir un établissement si utile à l'état, fit donner un troisième arrêté du
conseil, le 28 octobre 1683 (1), portant un nouveau règle-

---

(1) Comme rapporteur de la commission spéciale des remontes, M. le
marquis Oudinot a commis un petit anachronisme à l'occasion de cet arrêté. « En 1665, dit-il, des mesures furent prises pour accroître et améliorer les
races chevalines; c'était le prélude de l'institution des haras. Colbert les
créa en 1683. » Il est très possible, il est même probable que les nouvelles
dispositions comprises dans l'arrêté du 28 octobre 1683 avaient été concertées du vivant du grand ministre, mais on ne peut le lui attribuer plus particulièrement, car il avait cessé de vivre le 6 septembre de cette même an-

ment, tant pour les haras que pour les priviléges et les droits des gardes-étalons du roi, ou des particuliers qui en avaient fait approuver par les commissaires desdits haras. »

Ces derniers mots vont trop loin. L'arrêt du 28 octobre 1683 ne modifie en aucune façon les mesures prises en 1665 et 1668. Il les confirme toutes, au contraire, et les complète par de nouvelles dispositions restrictives dont le principe avait été posé en 1668.

Nous ne rapporterons, en conséquence, de cette nouvelle chartre, que les dispositions qui l'ont provoquée, c'est-à-dire celles qui ne figurent pas dans les arrêts antérieurs.

« Le Roy continuant de donner ses soins au restablissement et augmentation des haras de son royaume...., veut aussy, S. M., que dans un mois du jour de la publication du présent arrest pour la présente année, et pour les suivantes au 15 mars de chacune d'icelles, qu'à la diligence des procureurs scindics des paroisses de chacune généralité, il soit fait un rolle, pour estre envoyé au commissaire départy en chacune généralité, de tous les chevaux entiers et cavalles propres à porter de bons poulains dans chacune des paroisses, contenant les noms et demeures de ceux auxquels ils appartiennent, à peine de 50 livres d'amende contre lesdits scindics, et que les commissaires establis pour avoir l'inspection des haras fassent leurs procès-verbaux des mauvais estalons qui se trouveront dans leur département, et des moyens d'en oster l'usage, et d'en substituer de bons en leur place. Veut, en outre, Sa Majesté, que, dans le dernier jour de mars prochain, ceux qui auront des petits chevaux entiers qui ne pourront servir d'estalons soient tenus de les faire couper, à l'exception des chevaux de roulliers et messagers ordinaires; autrement, et à faute de ce faire dans ledit temps, et iceluy passé, entend, sadite Ma-

née. Au surplus, l'arrêt de 1683, on vient de le voir, n'a pas créé, mais seulement complété une institution dont il est juste de faire remonter l'origine aux arrêts de 1668 et 1665.

jesté, qu'à la diligence des commissaires à l'inspection desdits haras, lesdits petits chevaux seront coupez aux dépens des particuliers auxquels ils appartiendront ; Ordonne, Sa Majesté, que tous les poulains, mesmes ceux qui proviendront des estalons qu'elle a fait distribuer, ne pourront couvrir les cavalles qu'ils n'ayent quatre ans passez, et ne soient approuvez à cet effet ; fait deffenses à toutes les personnes de mettre lesdits poulains à l'herbe avec des cavalles après qu'ils auront atteint l'aage de vingt mois, à peine de confiscation ; Veut, Sa Majesté, qu'à la diligence du commissaire des haras de chaque généralité, et par les ordres des commissaires départis, il soit fait un estat en chacune eslection du nombre de cavalles propres à porter des poulains et du nombre d'estalons nécessaires pour les servir, auquel il sera cy-après pourvus suivant les ordres particuliers que Sa Majesté donnera à cet effet. Fait deffenses à tous seigneurs de parroisses, gentilshommes et autres, de se servir par force des estalons, cavalles et poulains appartenant à Sa Majesté et aux particuliers à peine de désobéissance. Enjoint, Sa Majesté, ausdits commissaires départis dans les provinces et généralitez de son royaume de tenir la main à l'exécution du présent arrest, et de le faire publier et afficher partout où besoin sera, à ce qu'aucun n'en ignore.

» Signé : Le Tellier.

» A Versailles, le 28 octobre 1683. »

Cet arrêt complétait le système. Il avait commencé par des répartitions gratuites d'étalons et par des concessions de privilèges. On en assura le succès par des mesures répressives.

« C'est à peu près en cet état, continue L. Tribouillet, que sont restés les haras de France. La mort de M. de Seignelay et celle de M. de Louvois, qui avait eu après lui ce département, et qui l'a suivi de près, ayant interrompu les grands projets que ces habiles ministres avaient formés pour soutenir et augmenter cet établissement, et les guerres continuelles qui

2

ont, depuis ce temps-là, agité le royaume, n'ayant pas permis
à ceux qui leur ont succédé de rien entreprendre de nouveau,
ou au moins de bien considérable en faveur des haras dont
l'administration leur avait été confiée. »

Si l'on passe sous silence l'organisation de 1639, celle de
1665, continuée en **1668** et complétée en **1683**, fut réellement
l'origine de l'intervention du gouvernement dans la surveillance
et la direction de l'industrie chevaline en France. Elle paraît
avoir eu pour objet principal la production et l'élèvement par
les particuliers, aidés puissamment par l'état, de types précieux
destinés à régénérer les races dont la dégradation était arrivée
au dernier terme. On sent bien l'insuffisance des petits propriétaires et l'on comprend la nécessité de faire ce que les puissants et les riches du royaume avaient fort bien accompli jusque là sans le concours du gouvernement et pour répondre à
leur unique intérêt.

Mais quelle différence dans les moyens ! Seul en présence de
si grands besoins, le gouvernement devait se trouver bien faible et bien insuffisant. Aussi, le ministre de Louis XIV ne
borna pas son action à ce qu'il lui était donné de tenter avec
les ressources du trésor public. Ses idées allaient au delà ; elles
embrassaient toute l'étendue des besoins. Il chercha donc à rétablir les nombreux haras particuliers détruits par le grand
cardinal.

Colbert professait et pratiquait les principes d'une saine économie publique. A part l'impossibilité réelle dans laquelle il se
serait trouvé de constituer l'état dans les frais d'une vaste organisation administrative, il savait que, si le gouvernement doit
souvent venir en aide à l'industrie, lui imprimer une direction
judicieuse, faciliter son développement, la défendre contre
toutes les causes de défaveur susceptibles d'entraver sa marche
ou d'arrêter ses efforts, il ne peut jamais que la suppléer, et non
la remplacer.

Cette folle prétention, qui donc a pu l'avoir? Qui donc
pourrait l'avoir encore ? Aucune opinion, si extrême qu'on la

suppose, n'a jamais été absolue à ce point. Et d'ailleurs qui donc s'y arrêterait? Il est des choses auxquelles on ne peut, auxquelles on ne doit faire aucune attention ; celle-ci, incontestablement, serait du nombre.

En même temps qu'il s'immisçait aux haras et qu'il formait une institution gouvernementale, Colbert sollicitait, autant que possible, les propriétaires résidant encore sur leurs terres à se livrer à la production améliorée et à l'élève judicieuse du cheval. Il tentait un retour vers le passé, cherchait à réédifier ce qu'on avait abattu, ou plutôt ce qui avait forcément disparu pièce à pièce sous la démolition lente, mais sûre, de l'édifice féodal. Les reproducteurs d'élite manquaient au pays ; il comprit qu'il fallait en demander à d'autres contrées plus riches, et comme les particuliers n'étaient plus disposés à se vouer à cette œuvre d'importation, il la réserva tout entière à l'état, qui dut en supporter les charges.

Il envoya chercher des étalons et des poulinières dans les haras les plus renommés. On explora la Barbarie, l'Espagne, le royaume de Naples, plusieurs états d'Allemagne et l'Angleterre (1). Il ne s'agissait pas seulement, on le voit, d'offrir passagèrement des étalons aux possesseurs de juments ; c'était un système plus complet. L'état devait entretenir un grand haras, et travailler à obtenir, par des croisements entre tous ces reproducteurs empruntés aux meilleures races, une famille très perfectionnée, une race supérieure formée de toutes pièces par

---

(1) Ces expéditions se sont fréquemment renouvelées, paraît-il. On donne même à penser que les importations avaient alors une sorte de permanence. Voici au moins une nouvelle citation d'un vieil auteur, rapportée par M. Geffrier de Neuvy, qui tendrait à établir ce fait.

« C'est, dit-il, par le moyen des consuls français résidant dans les échelles des côtes de Barbarie que passent en France la plupart des chevaux barbes qu'on y voit ; mais rarement s'en trouve-t-il d'excellents dans les *voitures* qui arrivent par leur entremise, soit qu'ils ne s'y connaissent pas assez eux-mêmes pour faire un bon choix, soit qu'ils soient trompés par ceux à qui ils se remettent de ce soin.

» Aussi, quand il faut des barbes pour les haras ou pour les écuries de

la réunion combinée des beautés et des perfections éparses chez toutes les autres.

Telles étaient les idées du temps sur l'amélioration; elles avaient leur point de départ dans ce principe, patroné depuis par Bourgelat, que « le bon et le beau de tous les êtres animés sont répandus par parcelles sur la surface du globe, et que la portion de la beauté dans chaque climat dégénère toujours si on ne la réunit avec une autre portion prise au loin. »

Ce n'est point ici le lieu de discuter des principes de science ni de faire de la technologie. Nous ne nous arrêterons pas, quant à présent, à l'examen de ce système, dont l'application a été longue en France et funeste à ses races chevalines. Nous nous bornerons à faire remarquer que Colbert, amené à reconnaître la nécessité de venir en aide à l'industrie particulière, notoirement impuissante, lui fournit des éléments d'amélioration qu'elle n'aurait pu se procurer elle-même, et tenta d'enrichir le pays d'une race type, propre au perfectionnement de toutes les autres, en cherchant à la créer selon les idées du temps.

Colbert ne réussit pas complétement; il ne tira pas de ses efforts, des sacrifices qu'il imposa au pays, tous les fruits qu'il s'en était certainement promis. Mais ce qu'il importe de constater ici — encore une fois — c'est moins le succès ou l'insuccès, les résultats heureux ou mauvais des mesures adoptées alors, que le fait même de l'intervention directe de l'état dans la production chevaline, et surtout que les causes qui rendirent alors cette intervention utile, nécessaire, indispensable.

Sa Majesté, on dépêche ordinairement quelque écuyer du roi ou quelque gentilhomme intelligent, qui souvent passe pour envoyé de la cour, et qui, sous le privilége de ce caractère, et en vertu de ses lettres de créance ou de recommandation, est plus en état de négocier avec les Maures, et, par son habileté, plus propre à n'être pas trompé. »

Suit un état de 22 chevaux, juments ou poulains barbes, avec leur prix d'achat et de frais de toutes natures jusqu'au jour de l'embarquement. Cet état s'élève en totalité à la somme de 4.760 livres, ou 226 livres 12 sols par tête environ. Il intéressait une importation faite en 1690.

Au surplus, le temps était peu favorable; il n'était guère permis de compter sur une réussite bien complète. Si, d'une part, un long règne, la tournure des idées du souverain, les besoins de la cavalerie; si l'amour pour le faste et la représentation, les carrousels, où se réflétait l'image des tournois de la chevalerie, et par dessus tout la puissance qui impose à tous la volonté d'un seul, étaient autant de causes de succès et de faveur, d'un autre côté, les guerres continuelles de ce règne, en épuisant toutes les ressources du royaume, suscitèrent des obstacles insurmontables devant lesquels le système le mieux arrêté, les plans les mieux conçus, devaient inévitablement échouer. — Loin de suffire, en effet, à l'énorme consommation de chevaux qui se fit alors, il est bien avéré qu'on porta à l'étranger « plus de cent millions de livres pour les remontes militaires *des deux* dernières guerres de ce règne (1) ». Pour imposer de tels sacrifices à la France, il fallait certes qu'elle se trouvât singulièrement dégarnie. A la mort du roi, il n'y avait plus que le rebut et la lie de l'espèce.

Cette première période de l'histoire administrative des haras offre cela de remarquable que c'est la pauvreté de l'espèce, en mérite comme en nombre, qui a donné naissance à l'intervention directe de l'état dans le fait de la production et de l'amélioration des races. L'action du gouvernement commence après la destruction des haras particuliers, auxquels, dans un autre temps et grâce à une autre organisation de la société, le pays avait dû sa suprématie sur les autres puissances européennes.

Cette suprématie nous semble incontestable, et nous l'admettons sans conteste, — car nous en trouvons partout des preuves. Il n'en est plus de même de la supériorité absolue ni du mérite absolu des races d'autrefois comparés au mérite et à la valeur des races de notre époque. Cette valeur plus grande, dans les temps antérieurs, nous la contestons; nous sommes au

(1) Mémoire du conseil du dedans du royaume touchant le restablissement des haras.

moins de ceux qui n'y ont pas une créance bien entière , une foi bien robuste.

Les meilleures races chevalines d'Europe ont appartenu à la France — aussi long-temps qu'aucune nation d'Europe n'a donné de soins spéciaux à la culture de ce noble animal. Ce fait est dans notre conviction , car rien autour de nous ne vient ni l'affaiblir ni l'improuver. A part l'organisation sociale, dont il était une conséquence forcée, une suite nécessaire, il avait encore son principe et sa base appuyés sur les circonstances générales de sol et de climat, qui de tout temps ont été dans notre beau pays essentiellement favorables à la bonne production du cheval.

Des témoignages séculaires l'attestent d'une manière irrécusable.

Jules César a fort déprécié les chevaux d'Allemagne et beaucoup vanté, au contraire, ceux de nos aïeux. Pline rapporte , en parlant des guerriers gaulois, « qu'ils rentraient triomphants dans leurs terres, où ils vivaient pêle-mêle avec leurs poulains, roussins et haquenées, uniquement occupés et attentifs à multiplier de tels animaux. »

Toutefois, cette prospérité équestre ne s'est pas transmise intacte aux générations suivantes. En effet, « les Francks avaient très peu de cavalerie, et ils la formaient avec des chevaux des Saxons, des Thuringes et des Frisons, qui , avec ceux des Burgundes, passaient alors pour les meilleurs. La loi salique les estime énormément haut. Le rachat de leur vol est fixé par elle à 45 sous par cheval de charrue ou une jument, à 62 pour un étalon, et à 90 pour un cheval de roi. C'était presque la valeur de trois esclaves (1). »

Mais avec de nouveaux soins les races se relèvent.

Charlemagne s'occupa de l'amélioration de l'espèce chevaline avec cette haute intelligence qui rayonnait dans tous les sens. Les *Capitulaires* de ce souverain font foi de l'attention

(1) Moreau de Jonnès, *Statistique de l'agriculture de la France.* 1848

qu'il apportait à la remonte de sa cavalerie, et ses longues vic-
toires disent assez haut l'usage qu'il faisait de cette arme. Plus
tard encore, et avant l'introduction du sang oriental dans
l'espèce anglaise, Guillaume-le-Conquérant, duc de Normandie, importait dans la Grande-Bretagne notre race normande,
fameuse avant les croisades.

Nous pouvons donc croire avec beaucoup d'autres, répéter
même avec quelque confiance, qu'autrefois la France possédait
des races de chevaux estimées au dehors; qu'elle en faisait un
commerce d'exportation profitable au pays. Rien d'étonnant
alors que ses rois pussent en offrir en cadeau aux souverains
étrangers, ainsi qu'en témoigne l'histoire.

Cette réputation de nos races équestres et leur condition
prospère ont duré jusqu'au règne de Louis XIII. Mais à partir
de cette époque la France chevaline s'appauvrit, et, contraste
étrange, tandis que le pays grandissait en unité, en puissance,
en population, le nombre et le mérite de ses chevaux allaient
diminuant et s'affaiblissant à tel point qu'il devînt bientôt tributaire de ses voisins.

« La grande féodalité entraîna dans sa chute ces écuyers
du moyen-âge qui dressaient, avec tant de succès, des *des-
triers*, des *palefrois*, des *haquenées*, des *genêts*, qui s'enten-
daient si bien à appareiller des étalons arabes, persans, barbes, avec des juments limousines et normandes. La royauté
concentra tout en elle; ses ordonnances ne purent obtenir ce
que faisait si facilement la rivalité des membres de la haute
aristocratie.

» Les ducs de Sully et d'Épernon, le connétable de Lesdi-
guières, quelques autres encore, représentèrent les derniers
rayons d'une splendeur éclipsée. On les vit entretenir dans leurs
domaines des haras, et ne paraître en public qu'avec une pompe
royale : chevaux de guerre, de chasse, de promenade, de
carrosse, ils réunissaient les races les plus opposées. Mais le

cardinal de Richelieu et Louis XIV s'apprêtaient à niveler l'aristocratie. . . . . (1) »

Déjà nous l'avons dit, pendant que la France était ainsi frappée dans le principe même de la bonne production de ses races chevalines, l'Angleterre commençait cette série de réformes et d'améliorations qui devaient lui assurer dans l'avenir une supériorité réelle, absolue et jusque là vraiment inouïe. Elle arriva peu à peu à se constituer, sous le rapport hippique, comme avait été précédemment constituée la France. La plupart des grands seigneurs eurent leur haras ; tous rivalisèrent de soins, d'intelligence et de sacrifices. Nous pouvons apprécier maintenant l'importance et les résultats de cet immense concours, de cet heureux concert des efforts de tous vers un seul et même but.

De son côté, l'Allemagne ne restait pas stationnaire, elle travaillait à perfectionner ses différentes races, et elle y mit autant de zèle que de persévérance. La Hongrie, l'Autriche, la Prusse, le Mecklembourg, le Danemarck, la Frise, la Hollande, s'attachèrent à rendre leurs produits indispensables à la grosse cavalerie de toutes les armées européennes, au luxe de toutes les familles opulentes. Le débouché permanent que notre infériorité lui assura devint pour elle une cause active de succès et favorisa singulièrement sa marche vers le but qu'elle poursuivait.

Nous restâmes en arrière ; mais les causes de notre pauvreté, hâtons-nous de le redire, étaient d'un ordre tout politique et social ; elles n'accusaient en rien ni le sol, ni le climat de la France.

Cependant, à ces causes si puissantes déjà vint s'ajouter plus tard l'effet destructeur d'une fausse théorie. S'attaquant au pays même, à sa situation, à l'ensemble des circonstances physiques qu'on y observe, à toutes ses influences naturelles,

(1) Max. Desaive, *les Animaux domestiques.*

elle indiqua de les combattre par l'application de cet étrange système du croisement irrationnel de toutes les races du globe entre elles. Étrange système, en effet, qui recommandait comme moyen d'amélioration efficace et sûr les alliances les plus hétérogènes et les plus disparates, ces mariages irréfléchis que l'expérience condamne aujourd'hui, mais que soutenait alors avec autorité une science, — abîme sans fond, — mal comprise et mal interprétée. Toutes nos races y passèrent ; il n'en résulta que désordre et confusion en Allemagne aussi bien qu'en France. L'Angleterre seule, plus judicieuse ou déjà plus expérimentée, n'adopta pas la nouvelle théorie et sut ainsi se soustraire au mal immense qui détruisit de fond en comble nos races françaises, lorsqu'elle devait servir à leur prompte régénération.

Revenant donc à ce que nous exprimions plus haut, nous n'admettons pas que les chevaux produits autrefois en France eussent alors une valeur absolue plus grande que celle des chevaux de notre époque. L'infériorité des autres peuples a fait, sans aucun doute, notre supériorité à nous, et cette supériorité ne ressortait certainement pas d'une perfection dont le secret serait maintenant ignoré ou perdu. Elle avait son fondement et sa vérité dans l'appropriation même de la population chevaline aux besoins du temps. Son mérite était là tout entier. Elle remplissait bien sa destination ; elle suffisait aux goûts, aux habitudes, aux mœurs, aux exigences d'alors. Mais nos services ne sont plus les mêmes ; ils veulent d'autres forces, d'autres aptitudes. Les chevaux d'à présent y vont mieux, sans conteste, que ne pourraient y aller les chevaux des siècles passés, s'il était donné de les faire revivre et de les mettre en face des exigences de notre civilisation.

Que nos chevaux d'aujourd'hui satisfassent moins complétement à ces exigences que ceux de l'autre temps ne remplissaient complétement leur destination, c'est chose différente. Nous le voulons bien. Là serait la distinction à établir, mais elle montrerait une supériorité ou une infériorité relative et nullement absolue.

Cela fait donc poser la question en ces termes simples et précis : *La perfection d'une race, quelle qu'elle soit, ne consiste pas dans un modèle idéal, n'est pas dans une conformation imaginaire, dans une extraction méridionale ou autre; elle est tout entière dans sa plus grande appropriation à l'usage, à l'emploi, aux services auxquels sont nécessairement appelés les individus, dont la production n'a évidemment aucun autre but utile.*

Pas de doute, par conséquent, sur la fin à se proposer, sur le point à atteindre. Restent à discuter seulement les voies et moyens; — l'horizon est encore assez vaste.

Mais tout ceci est plus du domaine de la science du cheval proprement dite que du ressort de l'économie générale, beaucoup plus en jeu maintenant, puisqu'il s'agit de nos institutions hippiques considérées comme établissement gouvernemental ou d'utilité publique.

Avant de passer outre, cherchons à bien déterminer la situation de l'époque.

Nous avons constaté que la tentative de Colbert n'avait pas obtenu un grand succès, nous avons laissé dire par un contemporain que ses successeurs immédiats n'avaient pas été plus heureux. Il est impossible, toutefois, que les efforts essayés n'aient point réalisé quelque progrès. Les louangeurs du bon vieux temps vantent donc avec complaisance le plan si simple d'organisation du grand ministre, « qui avait semé l'amélioration dans toutes les parties de la France, et les bienfaits dont le pays lui fut redevable. »

Cependant, et on le reconnaît, Colbert n'avait pas formulé de théorie; il s'était seulement appliqué à procurer à l'industrie autant de bons reproducteurs que possible et à tirer de leur emploi une utilité aussi grande que pouvaient le permettre la pauvreté de l'espèce, l'état chétif et dégradé des existences dont se composait la population entière.

Quand on se reporte au point de départ, quand on peut asseoir une opinion bien certaine sur la nature et la valeur des éléments d'amélioration employés, quand on constate que le système n'a pas eu, dans son action, une durée de 25 ans, on se demande comment on serait arrivé à d'aussi brillants résultats que ceux dont parlent avec tant de chaleur les détracteurs de l'époque actuelle. Ces miracles-là ne s'expliquent pas plus qu'ils ne trouvent créance.

Cela ne nous empêchera pas de reconnaître que les moyens employés n'aient dû relever à la fois et le nombre et le mérite de l'espèce, et nous n'avons aucune répugnance à admettre comme un progrès la situation accusée par une statistique de 1690.

Elle nous apprend qu'à cette époque le nombre des étalons royaux et approuvés était de 1636;

Que les naissances résultant de la monte de 1689 s'élevaient à plus de 40,000;

Et que les juments saillies en 1690 approchaient du chiffre de 65,000, dont 50,000 environ par les étalons officiels.

Cette situation prospère ne fut pas de longue durée.

Colbert était mort en 1683, le marquis de Seignelay, qui le remplaça, mourut en 1690, et le marquis de Louvois, qui promettait de se montrer son digne continuateur, fut enlevé au pays six mois après.

Les haras en éprouvèrent un coup funeste. Nul doute, dit encore l'auteur copié par M. Geffrier de Neuvy, « que si les haras du Roi établis en 1665 dans la plupart des provinces du royaume par les soins de M. de Colbert, père de M. de Seignelay, avaient jamais pu être poussés jusqu'à la dernière perfection, la France aurait dû attendre cet avantage sous la surintendance de ce dernier ministre et de M. de Louvois, et qu'elle en aurait été en partie redevable aux lumières, aux connaissances et à l'exactitude de l'habile inspecteur dont ils avaient fait choix pour l'exécution des ordres du Roi; ce qu'on dit néanmoins, sans vouloir donner aucune atteinte au zèle ni à l'habileté de ceux qui ont été depuis chargés ou de la surintendance ou de l'inspection des haras, les temps difficiles et les guerres qui ont duré presque jusqu'à la mort de Louis XIV ayant été des obstacles légitimes pour empêcher ou du moins retarder l'heureux succès d'un établissement qui demande également le loisir et l'abondance qu'on ne trouve que dans la paix. »

Les critiques de cette époque parlaient sans fiel et savaient tenir compte des difficultés du temps.

Quoi qu'il en soit, 1690 paraît avoir été l'époque de la plus haute prospérité des haras pendant cette première période de leur existence. Ils descendirent promptement à un grand état d'abaissement, et cette déchéance sans égale pesa pendant plus de 25 ans sur le pays.

III. — RÈGLEMENT DU 22 FÉVRIER 1717.

L'etat de pénurie, ou plutôt de profonde misère dans lequel étaient tombées la production et l'élève du cheval éveilla vivement l'attention du conseil de régence.

En 1717, divers arrêts touchant les haras (1) sont révisés et reproduits dans le règlement du 22 février de la même année ; une instruction aux intendants l'accompagne, qui confirme tout ce qui précède, c'est-à-dire tout ce que l'on sait aujourd'hui de notre antique prospérité chevaline.

(1) Voici la liste de ces arrêts :

Arrêt du 17 octobre 1665.
— 29 septembre 1668.
— 28 octobre 1683.
— 29 octobre 1689.
— 24 mai 1695.
— août 1705.
— septembre 1706.
Et déclaration du 22 septembre 1709.

(*Répertoire de Guyot*, 1784.)

Il faut avoir médité le règlement de **1717** pour se faire une juste idée de l'importance que le gouvernement d'alors attachait à la bonne et sérieuse organisation des haras.

Si l'on en juge par les développements donnés aux moindres détails, par le soin à ne rien laisser en oubli, à tout apprendre, à tout exposer, à tout approfondir, à tout raisonner, on peut supposer que les précautions prises et les instructions données allaient à des intelligences peu ouvertes et s'adressaient nécessairement à une classe d'hommes ignorante du cheval.

On voit tout d'abord que les maîtres de haras ont disparu. On ne met pas ainsi les points sur les — i — quand on est sûr d'être compris. Ici, on réglemente évidemment sur une chose tout à fait inconnue de ceux que l'on veut forcer à s'en occuper. On prévoit tout, et c'est une affaire capitale.

On n'avait eu besoin de rien de semblable jusque là.

En effet, ce règlement est à la fois une charte et un code. C'est d'abord un acte qui fixe la constitution même des haras, puis un recueil d'ordonnances, de dispositions obligatoires, et un résumé systématique des principes de la science selon les idées du temps.

Le mémoire qui l'accompagne est du CONSEIL DU DEDANS DU ROYAUME. Il s'adressait aux intendants et commissaires départis dans les provinces, et avait pour objet « d'expliquer les intentions du Roy pour les mettre en estat de remplir tout ce que S. M. attendait en cela de leur ministère. »

L'administration des haras était donc attribuée aux intendants des provinces. Le mémoire leur disait :

« L'épuisement de chevaux dans lequel les dernières guerres ont mis la France, et la nécessité d'y faire renaistre l'abondance, tant pour l'utilité du commerce intérieur que pour le service des troupes du Roy en paix et en guerre, demanderaient peu de discours pour prouver de quelle importance il est pour le bien de l'estat de s'appliquer au restablissement des haras, si l'exemple du passé et le préjudice extrême que le

royaume a souffert de l'abandon où ils ont esté par le deffaut
de secours nécessaires n'exigeaient de traiter la matière en
détail, et d'expliquer les règles que l'on doit suivre dans une
affaire de cette conséquence, la possibilité dans l'exécution et
les avantages qui en résulteront.

» MM. les intendants conviendront sans peine que rien n'est
plus nécessaire au royaume que l'élève de chevaux de toutes
espèces pour ses besoins, et que, dans les estats les mieux
gouvernez, on les y compte au nombre des premières richesses ;

» Que le manque de chevaux a fait connaistre ces véritez
d'une manière bien sensible dans ces derniers temps, où l'on
s'est vu réduit à traiter l'argent à la main avec des Juifs pour
tous les besoins de la cavalerie, des dragons, de l'artillerie,
des vivres et mesme de la maison du Roy ; d'où il s'est ensuivi
la nécessité de recevoir de toutes mains, et de prendre au hasard des chevaux très médiocres, pour ne pouvoir trouver mieux,
et de voir sortir du royaume des sommes immenses, qui non
seulement y seraient demeurées si le royaume s'estait trouvé
peuplé de chevaux, mais qui, par une circulation nécessaire,
se seraient répandues en une infinité de mains, et auraient
maintenu les peuples dans l'abondance et dans le pouvoir d'acquitter les charges de l'estat.

» . . . .

» La rareté des beaux chevaux en France ne vient pas du
deffaut du pays ou de bonne nourriture ou pour n'avoir pas
reçu de la nature les moyens nécessaires ; le mal vient du peu
d'attention que l'on y a donné : ainsi, en quelque faible réputation que les haras soient en France, on les y peut voir fleurir
au point mesme de la plus grande perfection, dès que MM. les
intendants y travailleront avec le zèle, le goût et l'application
qu'ils ont pour tout ce qui regarde le bien public et le service
du Roy. »

Dans cette préface, c'est le gouvernement lui-même qui se
plaint de l'état d'abandon où les haras avaient été laissés.

C'est donc que les tentatives d'amélioration n'avaient point été en raison même des besoins. On jugeait ainsi comme insuffisantes les mesures concertées et arrêtées par Colbert ; elles forment une sorte de transition entre le passé et ce que l'on allait plus puissamment organiser.

Le contraste est frappant, en effet.

Avant Louis XIII, et jusqu'à lui, aucune trace d'institution publique, aucune administration relevant du gouvernement, mais de nombreux et beaux haras particuliers créés par besoin et entretenus avec zèle sous l'influence de la loi que tout le monde subit, — la loi de la nécessité ; tous ces haras appartenant, en outre, aux grands tenanciers du sol, lesquels avaient un égal intérêt à se fournir en suffisance un instrument tout à la fois de défense et de plaisir, mais avant tout un instrument de [sécurité et de force. Les seigneurs et les hauts barons de l'époque faisaient en petit, chez eux et pour eux, ce que chaque peuple a tenté de faire depuis sur une plus grande échelle, mais aussi avec moins de chances de succès. L'intérêt général, confié à la sollicitude de tous, est bien moins prochain et stimule beaucoup moins efficacement que l'intérêt particulier, nécessairement plus immédiat et plus vif.

Quoi qu'il en soit, peuples et grands seigneurs visaient au même but ; ils travaillaient les uns et les autres à réunir, préparer à l'avance les moyens de résister avec honneur aux mauvais projets qui se tramaient toujours de voisins à voisins, car ils avaient la certitude d'être précisément respectés en raison même de leur véritable puissance.

En tous les temps donc et dans tous les lieux, cette situation oblige. A cette époque, celui qui eût oublié qu'il pouvait avoir un jour besoin de se défendre, et qui n'aurait pas été toujours prêt à l'attaque, eût probablement payé cher son incurie.

Cette organisation de la société avait ses dangers. Une politique habile la transforma ; elle fit de ces intérêts individuels, si l'on peut dire, un seul et même faisceau ; elle les groupa autour d'un intérêt plus grand , de manière à les réunir tous. Mais ce faisant , elle détruisit les existences multiples, ces petits centres de résistance et de force dont nous avons déjà parlé, et ces états dans l'état ayant cessé d'être , tous leurs moyens de conservation furent emportés et disparurent en même temps.

De tout cela, néanmoins, quelque chose survécut, — le besoin du cheval. En se substituant à tous , l'État avait nécessairement gagné de la puissance , mais il avait aussi accru ses exigences propres de celles que lui imposait le nouvel ordre de choses édifié par ses soins. Il dut songer, sinon à produire lui-même, — comme Salomon et Cyrus (1), — tous les chevaux nécessaires à tous ses besoins, du moins à les faire produire par le pays, car il n'aurait été ni prudent, ni sage, d'aller quêter, à un moment donné, près de mauvais voisins ou d'ennemis déclarés, les ressources qu'une impérieuse nécessité aurait commandé de réunir pour une attaque ou pour la défense. Le cas, d'ailleurs, s'était déjà présenté. Colbert avait voulu prévenir le retour d'un pareil danger. L'expérience apprit qu'il n'avait point été fait assez pour le conjurer. Il fut donc résolu que l'on fonderait sur une base large et forte une institution nouvelle capable de remplacer tous les établissements particuliers que le temps avait emportés.

(1) Salomon, dit l'histoire, entretenait 40,000 chevaux pour le service de ses 1,400 chariots de guerre, et 12,000 chevaux destinés à sa cavalerie. Les étalons de choix préposés à la conservation et au renouvellement des haras du grand Roi venaient d'Egypte et de Coa. On les payait jusqu'à 150 sicles d'argent par tête (7,716 fr. environ) ; quelques uns même revenaient à un prix beaucoup plus élevé, et que l'on fixe à 600 sicles, près de 31,000 fr. de notre monnaie. *Ces prix sont loin de ceux qui payaient nos importations de 1665 à 1690.*

Le haras de Cyrus a obtenu dans l'antiquité une très grande renommée. Il y nourrissait 800 étalons auprès de 16,000 cavales.

Des haras de Salomon descend la race privilégiée des Kocklani, la plus célèbre de toute l'Arabie.

On fait remonter la race persane, si voisine de celle-ci, au haras tant vanté du fondateur de la grandeur de l'empire des Perses.

Nous avons vu comment elle fut recommandée aux intendants des provinces : voyons maintenant quelles instructions suivaient cette entrée en matière.

IV. — INSTRUCTIONS A MM. LES INTENDANTS ET COMMISSAIRES DÉPARTIS DANS LES PROVINCES.

Elles ne renfermaient pas moins de trente-deux articles, et les trente-deux articles remplissent cinquante pages in-4°.

Le premier consacre la nécessité de venir en aide à ceux qui pourraient avoir la velléité de tenir des étalons. Il dit :

« Comme l'achapt et la nourriture des estalons, avec la dépense de l'entretien d'un valet, deviendraient à charge et onéreux à ceux qui en sont chargez, s'ils n'en estaient pas en quelque façon dédommagez par des grâces particulières, le Roy a bien voulu leur accorder plusieurs priviléges (1)...... pour marquer d'autant plus son attention envers les garde-esta-

(1) Tout garde-étalons était commissionné par l'intendant de sa province, et toute commission remise portait la formule ci-après

« . . . .
» Nous, . . . en vertu du pouvoir qui nous est attribué par le règlement de Sa Majesté du 22 février 1717, avons approuvé ledit estalon, pour le tenir dans la paroisse de . . . . pour la commodité publique et la perfection des haras de nostre département ; ordonnons en conséquence que ledit. . . . . . . sera par nous taxé d'office à la taille, et pour raison des impositions du sel, de l'ustencile, dizième, capitation et autres contributions présentes et à venir, de quelque nature qu'elles puissent estre ; qu'il jouira de l'exemption de la collecte des tailles, de l'impost du sel, capitation, dixième et autres nominations, par quelque recouvrement que ce puisse estre ; de l'exemption de tutelle, curatèle, nomination à icelles, guet et garde de villes et costes, et de logements de gens de guerre, de tous convoys, fournitures de chariots, corvées et autres services des troupes dans les marches, de toutes charges publiques, et notamment de nomination au syndicat, et que celuy de ses enfants ou le valet auquel il aura confié le soin dudit estalon, sera exempt de tirer au billet pour la milice ; et qu'attendu ledit privilége de l'exemption de logement de gens de guerre, il ne pourra estre compris dans les rolles des collecteurs pour raison de l'imposition appellée petite ustencile et bien vivre des cavaliers en quartier d'hyver dans notre généralité, et dispensé de l'enregistrement de la pré-

3

lons, et le désir qu'a S. M. de procurer par tous les moyens l'avancement et la perfection de cet establissement. »

Ces exemptions et ces immunités étaient considérables ; elles constituaient de grands avantages.

Le principe, avons-nous vu, en avait été posé dans l'arrêt du 17 octobre 1665. Il avait déjà servi à appuyer les premières tentatives officielles faites en France en faveur de la production équestre.

Toutefois, les priviléges accordés parurent excessifs et suscitèrent de nombreuses réclamations. Celles-ci, on crut devoir les entendre en partie. Bien que maintenues par l'arrêt du 28 octobre 1683, plusieurs exemptions (notamment celle de 30 livres de taille) et plusieurs priviléges furent néanmoins révoqués par celui du 29 octobre 1689.

Mais ce dernier porta avec lui un inconvénient d'un autre genre. Les garde-étalons ne se sentirent plus assez protégés. Le nombre en diminua progressivement, et dans une proportion telle qu'il fallut leur assurer de plus grands avantages et « les mettre à couvert des entreprises des collecteurs, qui, par envie, les imposaient arbitrairement dans leurs rolles à des sommes excessives. »

L'arrêt du conseil du 21 mai 1695 ordonna qu'à l'avenir

sente commission, qui aura son effet de cejourd'hui ; et jouira en outre de trois livres et un boisseau d'avoine pour le sault de chaque jument.

« . . . .
» Mandons au sieur . . . nostre subdélégué à . . . de tenir la main à ce que ledit . . . soit maintenu dans la jouissance de ses priviléges, conformément à la déclaration du Roy du 22 septembre 1709 et au règlement du 22 février 1717, et de nous rendre compte du trouble qui pourrait y estre apporté, à peine d'en répondre.

» Veut aussi, Sa Majesté, que . . . la déclaration du 22 septembre 1709 touchant les priviléges des garde-estalons soient et demeurent ès-greffes ou archives des communautez et paroisses où il se trouve des estalons approuvez et que la lecture soit faite tous les ans à la sortie des messes paroissiales . . . à peine contre les consuls et syndics de 20 livres d'amende applicable au luminaire desdites paroisses. »

(*Règlement de* 1717, titre VII, art. 5.)

« les garde-estalons, dans les pays taillables, seraient taxez
d'office par les intendants et les commissaires départis dans les
provinces....... »

Cette nouvelle disposition ne suffit pas encore. Les garde-
étalons furent de nouveau inquiétés dans la jouissance des faveurs qui leur étaient accordées. Il en résulta toujours le même
fait et le même inconvénient, — la diminution du nombre de
ceux qui étaient commissionnés et la difficulté très grande de
trouver à les remplacer.

Il y avait donc, en cette matière, un moyen terme presque
impossible à prendre ou tout au moins à conserver. Les inconvénients et les embarras étaient les mêmes, soit qu'on accordât
trop, soit qu'on ne donnât pas assez aux détenteurs d'étalons.

Lorsque les priviléges offraient une somme d'avantages exagérée aux yeux de ceux qui n'en profitaient pas et aux dépens
de qui les autres jouissaient, tout naturellement les réclamations les plus vives s'élevaient contre l'institution et la mena-
çaient ; mais les intendants avaient le choix facile entre les nombreux soumissionnaires qui se présentaient, et les commissions
de garde-étalons pouvaient n'être remises, conformément au
vœu de S. M. et aux prescriptions de ses arrêts, qu'aux « hommes les plus capables de prendre un soin tout particulier des
estalons, à ceux qui avaient la plus entière connaissance du
service. »

Les avantages attachés à la position de garde-étalon étaient-
ils insuffisants, au contraire, et ne rémunéraient-ils point
assez, au gré de ceux qui eussent été désireux de prendre une
commission, il se produisait aussitôt un vide fâcheux et nuisible dans les forces nécessaires au renouvellement de la population ; dès lors l'institution ne donnait plus ni au pays ni à
l'état les garanties et la sécurité qu'on s'en était promis.

N'y avait-il enfin qu'une étroite suffisance, une sorte de
compensation seulement entre les charges et les immunités de
toutes sortes, on trouvait des soumissionnaires pour profiter
des priviléges et des exemptions, mais non pour observer,

même à peu près, même de loin, les conditions imposées en retour.

La déclaration du roi en date du 22 septembre 1709 eut pour objet de remédier autant que possible à ces divers inconvénients, de réprimer les abus qui s'étaient introduits dans le service sous l'influence des arrêts antérieurs, en même temps que d'assurer aux garde-étalons la jouissance pleine et entière des grâces spéciales attachées à leur qualité, et de garantir à l'état les avantages qu'il entendait retirer de toutes les concessions consenties.

Nous verrons bien jusqu'à quel point cette déclaration, si explicite dans ses termes et si complète dans ses détails, a été puissante à prévenir le mal ainsi combattu sans relâche et opiniâtrément poursuivi sous toutes les formes qu'il avait su revêtir pour reparaître nouveau, différent, et néanmoins toujours le même, toujours fort et toujours nuisible au développement du progrès.

Par son article 2, l'instruction aux intendants fait dépendre nécessairement le succès, l'heureuse influence des haras, de la jouissance facile et complète des privilèges, de la loyale protection que les garde-étalons devront toujours trouver lorsqu'il s'agira ou de leur prêter main-forte ou de leur faire rendre justice en tant qu'elle leur sera due.

L'article 3 cherche à prémunir les intendants contre l'esprit d'envie qui porte à troubler et à inquiéter les garde-étalons dans leurs privilèges, sous prétexte qu'ils en tirent des avantages onéreux aux particuliers — « quoiqu'on leur démontre clairement le bénéfice que leur apporte l'establissement d'un étalon dans une paroisse. Cette jalousie enfante toutes sortes de mauvaises procédures contre les garde-étalons pour les dégoûter de leur employ et les obliger à se défaire de leurs chevaux, ce qui influe sur toute une élection et empesche les autres habitants de se présenter, dans la crainte de se voir exposez à de semblables vexations. »

L'article 4 se préoccupe d'un autre soin : « Il s'agit de veiller à ce que les garde-estalons ne puissent abuser des avantages qui leur sont accordez ; mais il faut savoir prévenir les abus avec sagesse , car il faut bien se garder aussi d'allarmer par des sujettions exagérées. On doit faire entendre aux garde-estalons que, dans les règlements, il n'est aucunement question d'innover rien de contraire à la pleine jouissance de leur privilége, dans laquelle le Roi veut qu'ils soient toujours maintenus, mais seulement d'empescher qu'on ne puisse abuser des grâces que S. M. accorde à titre de garde-estalon. »

L'article 5 ne permet pas qu'on multiplie sans nécessité ni le nombre des étalons ni celui des gardes. Chaque étalon ne doit avoir que 30 ou 35 juments dans son service, mais au-dessus de ce nombre en estre établi à proportion de la quantité des cavales.

Lorsque dans une paroisse deux étalons sont nécessaires, il faut tendre à les remettre aux mains d'un seul et même garde, afin de n'avoir que le moins possible de privilégiez et oster tout prétexte de murmure et de plaintes, car quelquefois on n'a fait approuver des estalons que pour s'exempter des charges publiques, sans aucun fruit ni utilité pour le service des haras.

L'article 6 recommande d'employer les moyens les plus efficaces pour engager les plus riches fermiers à se faire garde-estalons, et quoique le bénéfice des priviléges et les autres avantages dont ils jouissent soient une récompense suffisante de leurs soins, à raison des accidents qui peuvent arriver à l'estalon, S. M. veut bien cependant, pour des cas imprévus, accorder quelques gratifications à ceux qui souffriraient quelque dommage extraordinaire.

L'article 7 rappelle que plusieurs arrêts exemptent les cavales annexées aux estalons approuvés et leurs poulains et pouliches de toute saisie par raison de recouvrement des deniers royaux et dettes de communautez. Il ordonne qu'on empêche les receveurs des tailles de troubler les propriétaires dans ce privilège, et qu'on se serve de ces mauvais prétextes contre ceux qui élèvent des poulains, car il faut encourager de plus en plus à continuer ce commerce.

L'article 9, revenant sur la nécessité de choisir pour garde-étalons des hommes sérieusement disposés à remplir le but de l'institution, met celle-ci tout entière aux mains des classes moyennes. Il recommande très expressément « de ne se donner aucun mouvement pour engager les gentilshommes à prendre des estalons du Roy, par la peine où sont les commissaires de les·assujettir aux règlements des haras, outre le mauvais usage qu'ils font d'ordinaire des chevaux de cette espèce, qu'ils emploient le plus souvent à leur service particulier, négligeant pour la plus part de laisser saillir les juments des environs. »

Voilà les choses bien changées. Le producteur n'est plus le consommateur. La différence est grande. Le gentilhomme aime encore le cheval, mais il se borne à en user et à l'user. Il ne fait plus de sa production ni de son élevage la principale occupation de sa vie. Le cheval est encore dans ses besoins, il reste dans ses goûts, il lui offre mille jouissances ; mais il n'est plus sa force, il ne fait plus son orgueil et sa richesse ; son plus grand intérêt n'est plus dans le mérite de son origine, dans sa noblesse, dans la valeur de sa race.

Cependant, on ne produit pas le cheval sans un intérêt quelconque. Or, le fermier, le laboureur, l'aubergiste, le cabaretier, que, préférablement, on transformait en garde-étalons, quel intérêt pouvaient-ils prendre à l'amélioration d'un animal dont ils n'avaient aucun besoin, et qu'ils ne produisaient ni ne tenaient à leur usage? Cet intérêt ne ressortant pas de la nature même des choses, c'est d'un ensemble de dispositions réglementaires qu'on le fait surgir, mais si mince, si incomplet nécessairement, que, de guerre lasse et ne sachant plus où prendre de nouvelles faveurs pour des privilégiés toujours plus exigeants, on arrive à des mesures de coërcition pleines de dureté, même pour le temps.

Nous y reviendrons bientôt. Nous continuons, quant à présent, cette digression, qui a bien son importance.

C'est particulièrement parce qu'ils produisaient dans un intérêt direct et pour eux-mêmes, avons-nous dit, que les grands tenanciers d'autrefois avaient fondé, sur leurs terres, des races de chevaux supérieures. C'est la main de l'homme qui les avait pétries et façonnées, calquées sur les exigences de l'époque, appropriées aux services qu'on en attendait. Cette production intelligente, on ne pouvait la demander à ceux qui ne la comprenaient pas. On se borna à leur remettre des étalons ; on attacha à ces derniers une clientèle ; on protégea l'élevage, en mettant les produits à l'abri de toute saisie..... Mais ces moyens tout mécaniques, qu'on nous passe l'expression, peuvent-ils se comparer à ceux qu'un intérêt puissant suggère à toute heure à l'intelligence de l'homme, à son esprit de conduite, à sa volonté persévérante ?

Dans les haras d'autrefois se trouvaient des étalons d'une haute valeur et d'une grande distinction, des poulinières de choix et de bonne race, des poulains élevés avec art. L'usage trahissait le mérite ou la faiblesse, des épreuves de tous les jours révélaient d'une manière certaine les meilleurs parmi les bons. L'écurie du maître n'était peuplée que d'animaux d'élite ; les sujets inférieurs, manqués ou défectueux, tombaient dans la plèbe et servaient aux gens de suite. Les accouplements judicieux étaient faciles, on n'y employait que des reproducteurs capables, que des animaux connus. Bon et bon peuvent quelquefois donner médiocre ; cependant, les lois de la nature en font d'ordinaire sortir le bon.

Toutefois, c'est l'expérience qui éclaire à cet égard, et ici l'expérience ne faisait pas défaut, car l'observation était un fait permanent ; chaque jour ajoutait à l'enseignement de la veille.

Quoi qu'il en soit, dans cette organisation, où tout était rationnel et bien combiné, l'intérêt du possesseur était dominant et souverain ; il présidait avec entente à tous les détails, et tous les détails étaient enchaînés au succès. Aucune contrainte réglementaire ne pesait sur la volonté du producteur et ne lui imposait des vues opposées à ce qu'il pouvait ou voulait. La forme à donner à ses produits ne lui était pas indifférente, mais commandée par des considérations puissantes qu'il n'aurait pas mises en oubli, et elle se modelait sur des besoins étroitement compris et parfaitement définis. Ces besoins ressortaient logiquement d'un seul fait — l'intérêt direct résultant de l'ordre social tout entier.

De combien ne lui était pas inférieure l'institution que la nécessité forçait de mettre à la place? Ce n'était pas un changement capricieux qui s'opérait ici. Il ne s'agissait pas de substituer un système à un autre système; on n'obéissait évidemment à aucun désir d'innover. Les haras particuliers avaient disparu, mais les besoins en chevaux n'étaient pas éteints pour cela. Il fallait donc en assurer la reproduction, et la meilleure possible. Une institution publique, une organisation qui embrassât toutes les parties du territoire ne parut pas trop forte ou trop vaste pour tenir lieu de tous ces établissements privés, qu'on retrouvait précédemment sur toute l'étendue du royaume, et l'on tâcha qu'elle tînt, par un côté au moins, au mode, à l'organisation des haras détruits, rien ne pouvant plus les relever désormais (1).

De là, les étalons approuvés et l'annexion officielle et permanente à chacun d'eux, tant qu'ils devaient durer, de 30 à 35 juments. — Mais quelle différence!

Dans les haras antérieurs, chaque étalon ne servait que les poulinières qui lui convenaient. L'art d'appareiller les formes était scrupuleusement observé. La science du croisement, qui

(1) « Ce fut alors un devoir de la royauté et un besoin pour elle de suppléer par des institutions à l'action féodale qui s'était éteinte et à l'éloignement des gentilshommes qui avaient abandonné leurs terres et leurs manoirs pour venir se presser dans les palais.... » (Flavien d'Aldéguier, *Des remontes de la cavalerie*, etc.)

« Quand les grandes existences féodales, si favorables à l'élève du cheval, furent détruites, ce fut une nécessité pour le pouvoir royal d'encourager directement la production. Il ne devait pas laisser périr un des plus puissants éléments d'indépendance et de gloire.... » (*Rapport de la commission spéciale des remontes au ministre de la guerre.*)

se rapporte davantage aux qualités de l'ordre moral, était incessamment consultée, intelligemment appliquée. Les principes d'une saine éducation étaient partout en honneur..... Les races allaient donc se perfectionnant toujours aux mains de ceux qui les créaient, car la perfection était le but réel de leur reproduction, et chacun la poursuivait avec zèle, avec entente, avec intérêt.

Il n'y avait rien, il ne pouvait rien y avoir de tout cela dans la nouvelle institution. Elle assurait la population chevaline du pays contre toutes les causes d'affaiblissement numérique qui pouvaient l'atteindre ; mais que pouvait-elle en faveur du perfectionnement de ses races ? La contrainte, en pareille matière, est un pauvre moyen de succès. Elle était pourtant le point de départ et le fond même du système que l'on imposait au pays. Le gouvernement ne pouvait faire par lui-même, dans toutes les parties de la France, ce que chaque grand tenancier de l'époque avait pu, au contraire, dans la sphère d'action beaucoup plus circonscrite dans laquelle il opérait en vue de ses intérêts exclusifs.

Il nous semble inutile de pousser plus loin ce parallèle. Ces quelques mots disent assez la différence qui existait entre les haras particuliers et l'institution qu'il fallait leur substituer. Il est évident que les moyens de succès n'étaient point à l'avantage de celle-ci.

L'article 10 de l'instruction aux intendants des provinces constate un fait et rappelle des principes d'amélioration dont l'oubli et la non-application perdent les races. Il ne veut pas qu'on s'écarte du but principal des haras, « l'establissement des bonnes espèces de chevaux ». Sous aucun prétexte, « il ne faut souffrir d'estalons trop vieux, tarez ou vitiez de maux qui passent naturellement aux poulains qu'ils engendrent ; les estalons ne pouvant estre trop sains ni parfaits, car, pour les defauts accidentels, ils sont sans importance. »

Il existait alors beaucoup de mauvais étalons : l'instruction recommande de travailler à les détruire successivement, puis de s'attaquer de même aux médiocres, afin que, par la suite, il n'y en ait plus « que de la plus belle tournure et sans deffaut puisque l'establissement n'a d'autre objet que la perfection de l'espèce. »

Les articles **11, 12, 13** et **14** sont relatifs aux soins à apporter au choix des nouveaux gardes, au mérite des étalons, qu'ils ne présentent souvent qu'en vue de certains priviléges convoités comme une nécessité du moment (l'exemption de la milice par exemple), à la surveillance plus grande dont il faut les entourer, et enfin aux réformes et à la vente des étalons, qu'il ne faut pas plus laisser disparaître avant le temps qu'il ne serait convenable de les conserver dès qu'ils peuvent être nuisibles.

L'article **15** est tout scientifique. Il s'attaque à la question du croisement des races, aux principes mêmes de leur amélioration. Il établit ceci : « Le choix des étalons convenables à la nature du pays est une chose si essentielle au progrès et au soutien des haras, que l'on peut citer pour exemple que les barbes, si propres au Limousin, auraient perdu les haras de Bourgogne ; et les chevaux danois et de Prusse, si renommez et qui réussissent si parfaitement en Normandie et en plusieurs autres provinces, auraient également produit le même mauvais effet en Béarn, si, après les expériences qui en ont esté faites avant 1700, on ne se fût retenu sur de pareils choix ; et il conviendra toujours, au deffaut de chevaux estrangers de l'espèce convenable à chaque pays, de se contenter de prendre des estalons du pays même. Il est donc très nécessaire de donner aux juments les estalons proportionnez à leur taille et à leurs qualitez...., le succès des haras dépendant beaucoup du choix des estalons convenables aux juments. »

Nous ne croyons pas devoir commenter longuement ici le sujet que traite cet article, nous aurons l'occasion d'y revenir. Cependant, nous tenons à faire ressortir les propositions suivantes, élevées par l'expérience à la hauteur d'un principe.

— **La première règle à suivre dans le croisement des races**

est de ne frapper la race locale que par une influence supérieure et judicieusement choisie.

— Le croisement des races n'est pas le mélange bizarre,
incohérent, confus, disproportionné, irréfléchi, de toutes les
races entre elles, comme cela avait été déjà conseillé et pratiqué.

— Le système *in and in* est de beaucoup préférable à ces
alliances hétérogènes qui ne conduisent qu'au désordre et au
plus bas degré de l'échelle.

L'article 16 n'admet pas que l'on puisse faire servir un
jeune [cheval à la monte avant l'âge de cinq ans, mais il permet d'en assurer à l'avance l'approbation, afin d'empêcher qu'il
ne soit vendu et qu'on l'exporte de la localité dans laquelle on
le jugerait propre à l'amélioration.

L'article 17 est vraiment essentiel, fondamental. Il ne veut
pas qu'une province vouée par ses avantages naturels à la
production du cheval puisse avoir des étalons ou en être privée au gré des détenteurs. Il recommande que l'on fasse « connoistre aux anciens garde-estalons qui sont riches et aisez, que
s'ils ne voulaient pas continuer leur premier employ, on les
obligerait à indemniser leurs paroisses de ce qu'elles auraient
souffert par la jouissance précédente des priviléges, ne parais-
sant point de meilleur moyen de les retenir ; d'autant que, si on
les ménageait trop en cela, ils en abuseraient, et qu'il est
juste que celuy qui contrevient à ses engagements en paye la
peine par une taxe d'office un peu forte. »

L'article 18, fort long, traite de la nécessité de ne pas laisser aux propriétaires de juments la liberté d'accoupler celles-ci
à leur guise et à des étalons de leur choix. Les inconvénients
de cette restriction lui paraissent bien moindres que ceux résultant d'une pleine et entière liberté ; il n'hésite pas alors à
la sacrifier. Ses motifs sont doubles : l'un assure le bon emploi et l'existence même de l'étalon ; l'autre assure l'amélioration de l'espèce.

L'article 19 est une dissertation étrange sur une autre nécessité, celle de limiter l'emploi des juments à certains travaux et à certaines occupations, de défendre au contraire d'en outrer l'usage et de les appliquer à certains services. Il recommande aussi de ne les faire féconder que tous les deux ans.

L'article suivant est relatif à la répression des mauvais petits chevaux entiers qui, si on leur laisse trop de liberté, détruisent le bien que l'on peut obtenir des bons étalons. Il en est de même des jeunes poulains, qui s'énervent et qui s'estropient dans les pacages. « Ce désordre des petits chevaux a esté d'un préjudice infini au progrès des haras ; les mauvais petits chevaux ont produit leurs semblables; et l'on conviendra aisément que ce meslange ne peut guère être souffert que parmi des chevaux de charbonniers..... Ainsi, il est question de se rendre très sévère sur l'exécution du règlement des haras à cet égard, et de prendre une ferme résolution de détruire cette mauvaise engeance, dans les pays où les haras sont establis; et que les poulains ne puissent servir avant le temps et l'âge convenables. »

Dans l'article 21, le conseil entretient les intendants des avantages qu'il y aurait pour une amélioration progressive à ce que les belles pouliches fussent conservées par les propriétaires, trop disposés à les vendre quand ils trouvent à en faire de l'argent. Un intérêt bien combiné d'avenir devrait les porter à se défaire des vieilles juments dès qu'ils peuvent les remplacer par leurs filles.

Toutefois, on n'entend imposer ici aucune entrave aux relations commerciales qui se sont établies de provinces à provinces. Peu importe, en définitive, que des poulains soient élevés dans une partie ou dans une autre du pays, pourvu qu'ils ne sortent pas du royaume. Mais le mouvement général du commerce doit être bien connu, et le conseil doit recevoir, chaque année, un extrait de toutes les ventes qui se font sur les foires.

L'article 22 relève l'industrie de l'obligation imposée par des arrêts précédents de soumettre tous les étalons et toutes les juments qui leur étaient annexées à une marque particulière, laquelle consistait en l'application au fer chaud d'une L couronnée.

Les articles 23 et 24 ne renferment que des dispositions fiscales sans aucun intérêt pour nous.

Celui qui vient après ne nous offre pas une plus grande importance.

L'article 26, au contraire, entretient les intendants de l'utilité de donner soin et attention à la question agricole, si étroitement liée à la production du bétail en général et à l'élève du cheval en particulier.

L'article 27 recommande de faire chez les garde-étalons des visites et des inspections fréquentes. Il entre à cet égard dans des explications extrêmement détaillées, qui marquent tout l'intérêt que le conseil attache à une surveillance rigide, et qui témoignent d'une grande crainte de voir se renouveler et se perpétuer une foule d'abus auxquels on a eu l'intention de porter un remède efficace.

Cependant, sans vouloir en rien atténuer le précédent, l'art. 28 fait comprendre aussi qu'il y a beaucoup de ménagements à avoir pour éviter de rendre la position de garde-étalon trop lourde et pour ne pas forcer en quelque sorte les propriétaires de juments à se soustraire à des dispositions qui les gêneraient par trop, soit dans leurs habitudes, soit dans leur liberté.

On sent que le conseil voudrait concilier tous les intérêts et tous les droits, chose bien difficile, lorsqu'il y a non seulement opposition, mais antagonisme réel entre eux.

L'art. 29 offre le même caractère d'incertitude que l'art. 28. Il voudrait bien apporter une grande restriction à la production du mulet et imposer des conditions très onéreuses aux garde-bourriquets, mais cette nature de produit est si avantageuse au pays, elle est d'un si bon rapport pour le fisc, que l'on ose à peine y toucher.

Cependant les rôles devront annexer aux étalons les juments les plus capables, les plus fortes et les plus corpulentes, et le nombre des bourriquets — limité — ne pourra être accru sans une autorisation expresse du roi.

Entre autres dispositions d'ordre, l'art. 30 autorise la nomination de garde-haras préposés à la recherche et à la constatation des délits et contraventions aux règlements des haras. Il paraît surtout au conseil « de toute nécessité d'appesantir un peu la main contre ceux qui font servir des chevaux non approuvez, en leur faisant subir les peines qu'ils auront encourues, et la même chose à l'égard des propriétaires des petits chevaux non entravez, afin que les exemples puissent arrester ces sortes d'abus comme les plus préjudiciables au progrès des haras. Cependant, sur ce qui regarde les chevaux non approuvez, MM. les intendants se souviendront qu'il est libre aux particuliers qui ont des chevaux entiers et des juments à eux appartenant de faire servir leurs cavales par leurs propres chevaux, et que les deffenses roulent sur le service public desdits chevaux entiers non approuvez, lesquels doivent être confisqués, avec amende contre les propriétaires, s'ils servent d'autres cavales que celles appartenant aux propriétaires desdits chevaux entiers (1) ».

(1) Cette liberté n'a pas été de longue durée. Le 26 juin 1718, une nouvelle ordonnance du Roi, faisant droit à des réclamations adressées par les garde-étalons et se fondant sur « les abus très préjudiciables qui étaient nés de cette tolérance, assujettit à l'autorisation préalable tout cheval quelconque employé à la saillie publique ou particulière, autant pour ne point annihiler les soins qu'on se donne pour détruire les mauvaises espèces de chevaux en France, que pour faire cesser les plaintes des garde-étalons qui se trouvent privez par cette mauvaise pratique de leurs rétributions ordinaires pour la saillie des juments de leurs cantons et qui abandonneraient leur employ si le Roy n'avait la bonté d'y pourvoir.

» A quoy ayant égard, Sa Majesté ordonne que tous les particuliers propriétaires de chevaux entiers, voulant faire saillir leurs propres juments pour en avoir des poulains, seront tenus de prendre une permission par écrit.... de faire usage desdits chevaux pour la saillie des juments à eux appartenant, qui seront signalées de mesme que l'estalon, laquelle sera renouvelée toutes les fois que lesdits particuliers voudront substituer un estalon à un autre, ou qu'ils auront fait emplette de nouvelles cavales, à peine contre les contrevenants de 300 livres d'amende et de confiscation des chevaux et juments surpris en contravention.... »

L'article 31 s'efforce de prémunir les intendants contre le mauvais vouloir des particuliers, en ce qui touche à l'exécution du règlement des haras. Toutes les dispositions qu'il renferme ont été discutées et approfondies. Il n'en est pas une, est-il dit en cet article, qui ne soit d'une application facile, et qui d'ailleurs ne soit déjà exécutée dans quelque partie du royaume.

Les intendants des provinces ne devront donc pas s'arrêter aux représentations des personnes intéressées ou éloignées de tout ce qui s'appelle sujétion : en sorte du moins que ceux qui sont capables de raison et d'utilité ne soient pas détournez de bien faire, par le mauvais exemple des autres.

« Les commissaires doivent véritablement ménager l'esprit des gardes-étalons ; et MM. les intendants jugeront des occasions où ils devront de leur costé user des voyes de menace et de douceur. »

Enfin, le 32e et dernier article de cette instruction, si détaillée et si complète, « recommande très fortement à MM. les intendants de vouloir bien prendre une connaissance parfaite de toutes ces nouvelles dispositions, pour pouvoir agir en connaissance de cause, sans aucun découragement pour le petit objet dont les haras pourraient estre dans aucune des provinces du royaume, puisque ce sera toujours servir le Roy dans le peu qu'ils occuperont, et qu'il leur en sera tenu un égal compte ; S. M. n'exigeant pas d'eux l'impossible, et seulement que chaque province concoure selon ses propriétez à l'augmentation desdits haras, *dont le progrès est si lent et si difficile qu'on ne saurait prévenir de trop loin la préparation que cela demande par rapport aux besoins du royaume présens et à venir.*

« Les haras sont un bien commun pour tous les sujets de l'estat ; il faut pareillement que les provinces y participent, et l'on doit enfin revenir de l'erreur où l'on a esté, qu'il suffirait de s'attacher aux seules provinces qui y sont les plus propres, puisque *non seulement elles ne pourraient jamais fournir le nombre et la quantité suffisante pour tous les besoins du*

royaume, surtout en temps de guerre, mais que les pays affec-
tez aux haras donneraient continuellement la loi aux autres
provinces, lorsqu'elles peuvent se fournir par elles-mêmes de
chevaux de toutes espèces. »

Quelques unes de ces idées sont restées comme stéréotypées
dans les esprits et ont encore cours et faveur aujourd'hui. Il en
est d'autres qui sont bien loin de celles qui ont prévalu ou qui
prévaudront à la fin.

Nous les rencontrerons, chemin faisant, pour les apprécier
à notre point de vue, sous le jour qui nous paraît le plus favorable à la situation actuelle du pays.

V. — INSTRUCTIONS AUX SIEURS COMMISSAIRES-INSPECTEURS DES HARAS.

L'administration des haras, attribuée aux intendants des
provinces, rendant compte au conseil du dedans du royaume,
avait un personnel plus immédiat et plus spécial que celui des
garde-étalons. Ce personnel comprenait : — des commissaires-
inspecteurs, — des visiteurs — et des garde-haras. Ces derniers, ainsi que nous l'avons déjà dit, étaient une sorte de po-
liciers *ad hoc*, voués à la recherche des contraventions et à la
constatation des délits ; les autres fonctionnaient à la manière
des officiers des haras de nos jours : ils devaient servir au gouvernement d'intermédiaire et de lien entre l'industrie et l'intendance des provinces. A celle-ci toute l'autorité officielle et légale, toutes les mesures administratives de détail, l'application
même des règlements ; en fait, cependant, l'exécution se trou-
vant aux mains des commissaires-inspecteurs, là étaient le
véritable pouvoir, l'autorité réelle. Souvent même l'autorité
ne s'est point arrêtée à ce degré de la hiérarchie ; il n'était pas
rare de la voir tout entière exercée par les subalternes. Ceux-
ci, comme de raison, en abusèrent. On trouvait toujours un
facile prétexte pour fausser la règle et la justice dans les mille

et une difficulté de la pratique. On tenta de remédier à cet état de choses : il en sortit une armée d'agents secondaires ; ce fut une complication inutile, un rouage nuisible. De nouveaux abus surgirent. Au lieu de s'éteindre, le mal empira.

Telle était la situation lorsque intervint le règlement de 1717, dont nous connaissons maintenant toutes les dispositions. Il détermina d'une manière très explicite les fonctions et les attributions de tout ce personnel, pour lequel le conseil du dedans du royaume crut devoir rédiger un second mémoire presque aussi détaillé que le premier.

Il porte le même cachet que celui-ci, c'est la même préoccupation dans les détails. Il apprend aux commissaires-inspecteurs quels devoirs importants ils auront à remplir pour répondre convenablement à toute l'attention que le conseil donne au rétablissement des bonnes espèces de chevaux en France.

Cette nouvelle instruction contient vingt-quatre articles ; quelques uns seulement nous arrêteront.

Nous laissons de côté toutes les recommandations faites pour le choix des gardes, l'approbation des meilleurs étalons, l'annexion raisonnée des juments, les bons conseils à donner aux particuliers qui élèvent, la surveillance et la tenue rationnelle des reproducteurs, la répression des abus, etc., etc. ; toutes choses qui se comprennent et coulent de source.

Nous arrivons de suite à un point très essentiel et qui a toujours fortement intéressé le fond même de la question.

Les articles de l'instruction compris sous les numéros 4, 5, 6, 7 et 8, répondent à l'article 4 du titre second du règlement, ainsi conçu :

« Veut, S. M., qu'à la diligence des commissaires-inspecteurs de chaque département, et par les ordres des intendants et commissaires départis, il soit fait un dénombrement des pacages, pasturages, prairies, et de la quantité des juments propres à porter des poulains, et du nombre d'estalons nécessaires pour les servir par chacune paroisse, suivant la formule mentionnée cy-devant, sans excepter du rolle des juments celle des gentilshommes, curez, prestres, moines et communautez, depuis deux ans jusqu'à l'âge inconnu. Ils envoyeront les dénombrements cy-dessus au conseil du dedans du royaume, lorsqu'ils les auront mis dans leur perfection, et ils en donneront copie aux intendants et commissaires départis. »

Toute l'administration est dans ces quelques lignes. Elles en sont le commencement et la fin. On y voit son utilité, sa raison d'être ce qu'elle devra être, et la certitude de la marche à adopter pour atteindre le but proposé.

Voyons comment dans les instructions aux commissaires-inspecteurs cet article a été commenté par le conseil du dedans du royaume.

Deux tournées générales sont prescrites à chaque ordre de fonctionnaires, et tous comprendront, dit le mémoire, que ces visites aient paru au conseil d'une nécessité indispensable, puisqu'il est « impossible de juger du mérite d'un establissement de haras, si l'on ne sçait d'abord le nombre et la qualité des juments répandues dans chaque province ou département. Ce recensement est encore nécessaire pour régler la quantité d'estalons à placer dans chaque canton, et parvenir à en fixer le nombre dans tout le royaume, afin de faire cesser une bonne fois les plaintes, bien ou mal fondées, de ceux qui prétendent que l'on nomme souvent des garde-estalons dans des paroisses dépourvues de juments et de pacages, dans la vue de favoriser un particulier qui cherche uniquement à jouir des priviléges de garde-estalon; et le conseil se trouvera en estat, par ce travail, de juger de la qualité des plaintes qui luy seront adressées en pareil cas.

» Après le recensement des juments, les commissaires-inspecteurs feront leurs observations dans chaque élection, bailliage ou évêché, sur leur estendue et quantité de paroisses qui les composent, leur situation, les différentes rivières qui les arrosent, le nombre d'arpens, de prairies, herbages, pâtures, pâturages, paccages, marais, communes ou landes, et généralement sur tout ce qui peut donner une idée parfaite de la nature du pays; le succès de l'establissement d'un haras dépendant en partie de ces connaissances, comme le choix des estalons, selon les constitutions différentes des pays, taille et qualitez des juments.

»Les commissaires-inspecteurs s'informeront encore des changements qu'il est à propos de faire dans les estalons du Roy ou approuvez, si dans ceux qui resteront on peut espérer de beaux poulains de taille et bien faits pour chevaux de maistre et de chasse, ou pour la guerre, ou pour la maison du Roy, ou s'ils ne conviennent que pour des cavaliers et des dragons, et enfin ils étudieront quelle est l'espèce naturelle des chevaux de chaque pays, soit de tirage ou de monture; si les poulains du pays ne sont point attaquez de vices, maladies ou accidents ordinaires; si les chevaux estrangers réussiraient dans le pays préférablement aux chevaux français; l'espèce et la taille les plus convenables; et à l'égard des pâturages, ils sçauront des gens du pays s'ils ne sont point trop gras ou trop humides, et quelle est la qualité desdits fonds, et si les deffauts ordinaires des chevaux du pays ne proviennent point de la qualité desdits pâturages; si, par ces différences, dans une même province, elles ne produisent point des chevaux d'une nature différente les uns des autres, et, par conséquent, s'il convient d'élever des chevaux fins et déchargez dans un canton, et des chevaux épais propres au carrosse et au tirage dans d'autres; la manière dont les estalons sont gouvernez, si on les tient à l'épave ou à l'écurie toute l'année, ou si l'on partage ces différentes façons selon les saisons; la manière dont on élève les poulains, si on les laisse à l'herbe toute l'année, sans les en retirer que dans le temps des neiges, ou si on les fait passer l'hyver à l'écurie, et comment on les y nourrit; les changements à faire dans les usages du pays pour perfectionner l'establissement, et si, à force de soins et d'attentions, on peut espérer de parvenir à avoir de beaux chevaux de toutes espèces et de la réputation de ceux des pays estrangers. Ils feront encore leurs observations particulières sur les cantons qui ont esté les plus négligez jusques à présent;

ils en expliqueront la cause, et si l'on doit songer à y placer des estalons ou renoncer pour jamais à y tenir des haras.

» Ils prendront connaissance du nombre des foires aux chevaux qui se tiennent pendant le cours de l'année dans l'estendue de leurs départements, dont ils envoyeront des estats distincts et séparez au conseil. Ils les diviseront en sept colonnes.......; la 4e marquera la quantité à peu près de chevaux et de poulains qu'on mène à chacune desdites foires; la 5e, de quels pays ils sont; la 6e, de quelle espèce; la 7e, le prix ordinaire des chevaux et poulains. Et comme ce travail peut exiger les secours des gens des lieux..... pour avoir tous les éclaircissements nécessaires sur ce sujet, ils s'adresseront à MM. les intendants, et les prieront de donner leurs ordres à leurs subdéléguez, aux maires, consuls et syndics, pour les obliger de répondre positivement à toutes leurs questions. Au surplus, lesdits commissaires-inspecteurs sont informez qu'il doit régner une liberté entière dans lesdites foires, sur la vente des chevaux, cavales et poulains, et qu'il ne leur est pas permis de prendre aucun cheval, mesme pour le service des haras, si ce n'est de gré à gré, et en payant le prix convenu aux propriétaires.

» Ils ne doivent point craindre, à l'occasion de toutes ces observations, d'allarmer les peuples plus que de raison, par l'idée qu'ils ont souvent qu'on ne prend toutes ces connaissances que pour leur imposer quelque taxe nouvelle, à proportion du profit qu'ils peuvent faire sur le produit de leurs cavales, puisque le temps les persuadera du contraire, et qu'ils connoistront que tous ces soins tendent uniquement au bien public; et le Roy ordonne auxdits commissaires de passer légèrement sur des considérations aussi frivoles qui n'ont pour fondement que l'éloignement de toute sujettion et de règles; S. M. leur permet néanmoins d'apporter dans ces commencements de visites générales les ménagements et précautions qu'ils jugeront à propos, sans cependant se relascher de tout ce qu'ils doivent exiger et des communautez et des particuliers, à peine d'en répondre. »

Le système était complet. Il n'y manquait rien ; on y avait bien mis toutes les herbes de la Saint-Jean : — statistique agricole et dénombrement de la population , — études physiologiques des races , — connaissance des localités , — rapports entre les moyens de production et l'importance des besoins , — renseignements sur les différents modes d'élevage usités , — nécessité d'améliorer les méthodes vicieuses , question de vente et *liberté* des transactions commerciales , — mais nécessité d'exécution *à peine d'en répondre.*

On voulait la fin, on accordait les moyens. La logique a ses moments de faveur et d'abandon , ses heures de hausse et de baisse. En ce temps-là , elle tint le haut du pavé ; on sut bien , après l'en faire descendre.

Un regret que tout le monde partagera avec nous, c'est qu'il n'y ait aucune trace des travaux utiles que cette instruction avait imposés aux agents de l'administration.

VI. — INSTRUCTIONS AUX GARDE-ESTALONS.

Les gardes ne pouvaient être oubliés par le conseil. Sur eux devait porter une partie essentielle du système. Il en prit même le nom. En effet, cette ancienne organisation est particulièrement connue aujourd'hui sous la dénomination de *système des garde-étalons.*

Le conseil rédigea donc une instruction spéciale pour les détenteurs d'étalons. Celle-ci n'avait rien de réglementaire. C'était une sorte de cours d'hygiène à l'usage de personnes appelées à pratiquer une chose complétement neuve pour elles.

Sur dix-huit articles, quinze s'occupent exclusivement de la tenue de l'étalon à l'écurie , de son régime alimentaire , de l'époque de la monte , des précautions à prendre pour que le saut devienne fructueux sans fatigue inutile pour le mâle , de tous les détails relatifs à l'opération en elle-même dans ses préliminaires obligés, dans l'accomplissement de l'œuvre , et dans ses suites immédiates. Aucune prescription n'est omise ; toute recommandation est à sa place et sent l'ignorance dans laquelle on sait devoir être ceux qui pourront se charger de la garde et de l'entretien des étalons.

L'instruction devait profiter aux propriétaires de juments tout autant qu'aux étalonniers, et, par sa bonne application, con-courir au but proposé, — la multiplication des individus et la restauration des races. Sa rédaction ne manquait pas d'une certaine habileté. Les deux articles qui la terminent, l'avant-dernier surtout , rappellent avec soin la volonté bien ferme du Roi que « les garde-estalons jouissent pleinement et paisible-ment des priviléges qui leur sont accordez par ses déclarations, arrests, ordonnances et règlements, pour la récompense de leurs soins et dépenses, et que tous lesdits priviléges et exemptions soient répétez en détail dans leurs commissions. »

Toutefois, si S. M. veut bien les prendre en sa protection , elle entend pareillement qu'ils se conformeront en tous points à ce qui leur est enjoint et prescrit par le règlement des haras.

On devait leur remettre à tous un exemplaire de ce règle-ment, afin qu'ils ne pussent prétexter d'ignorance, mais les pri-viléges et les exemptions venaient toujours en première ligne , sur le premier plan , et s'offraient comme un appât auquel de-vait difficilement résister une classe d'hommes nécessairement friande de cette sorte d'avantages que nul ne dédaignait en ce temps-là, et pour cause.

Il y avait, on le sait , trois ordres d'étalons.

Le premier, le moins considérable par le nombre , apparte-nait au gouvernement. Les uns étaient retenus dans des dépôts placés au centre de certaines contrées privilégiées par le mérite et la valeur de leurs races ; les autres étaient soignés dans quel-ques haras au service desquels ils étaient plus particulièrement affectés. C'étaient les plus précieux à la fois par la noblesse de leur origine et la distinction de leurs formes.

Une quantité plus considérable était placée par le Roi ou les pays d'États, gratuitement ou à moitié prix, dans les localités peu aisées où l'industrie particulière ne présentait pas par elle-même assez de ressources à la production ; c'étaient les étalons provinciaux ou départis (1).

Le plus grand nombre enfin appartenait à des particuliers dont ils étaient la propriété privée. Les intendants les approuvaient sur la proposition des commissaires-inspecteurs ; ils étaient connus sous le nom d'étalons approuvés.

Les deux dernières classes étaient soumises aux mêmes règles, à la même surveillance. La première était exclusivement placée sous le régime de l'administration même des haras. Elle se composait d'étalons de haut choix et de trop grand prix pour les particuliers. A elle était surtout dévolue la tâche de l'amélioration. Les autres étaient moins élevées sur l'échelle de l'espèce et bien plutôt préposées à son renouvellement qu'à sa régénération. Cependant, elles étaient censées ne renfermer l'une et l'autre que des animaux sains, nets, capables.

C'est ici le lieu de rappeler les dispositions pénales qui, tout en défendant l'emploi des mauvais germes, tout en poursuivant la répression des délits résultant de cet emploi, protégeaient les bons étalons et favorisaient le développement des améliorations projetées.

---

(1) Le gouvernement ne se bornait pas à prévenir l'insuffisance de l'industrie particulière quant au nombre des étalons réclamés par les besoins de la production ; il obviait aussi aux inconvénients de la pénurie des bonnes poulinières, et le Roi se chargeait d'en distribuer quelques unes gratuitement, d'autres à moitié prix, à certaines conditions, qui obligeaient à les tenir avec soin et à les livrer exclusivement à la production des meilleurs chevaux.

Il était notamment défendu de les employer au carrosse, à la chaise, aux charrois, ni à d'autres usages pénibles, et toute contravention à cette défense entraînait la privation des juments et 100 livres d'amende, applicables par moitié au dénonciateur et à la caisse des haras. Pourtant « des permissions pour les employer à des usages non pénibles pouvaient être accordées par les commissaires, soit pour les monter ou labourer dans des terres légères, à condition que lesdites permissions n'auraient pas lieu six semaines avant le temps de la mise-bas et six semaines après. » (Tit. IV, art. 19.)

1° La confiscation et 300 livres d'amende atteignaient les propriétaires des chevaux entiers non approuvés et livrés au service public de la monte. (*Règlement de* **1717**, *titre V, article* 1er.)

2° Les mêmes peines étaient applicables au propriétaire d'étalons qui, sans une permission écrite du commissaire-inspecteur des haras, visée de l'intendant de la province, aurait fait servir ses chevaux entiers à la saillie de ses propres poulinières. (*Ordonnance du Roi*, 26 *juin* **1718**.)

3° Sous la garantie des mêmes peines, cette ordonnance étendait la même répression aux propriétaires de juments surpris en contravention à la défense de livrer leurs cavales à des chevaux entiers non approuvés.

Dans ces trois cas, le produit de l'amende allait par égales parts au dénonciateur et au garde-étalons du lieu le plus prochain de celui où la contravention avait été commise.

4° L'article 2, titre V, du règlement de **1717**, prononçait également la confiscation et une amende de 300 livres, à la diligence et au profit des garde-étalons du ressort, « contre les coureurs, ainsi appellez, qui sont gens sans aveu, courant les campagnes, les foires et les marchez dans le temps de la monte, avec des chevaux entiers qu'ils font servir comme estalons ».

5° Il était expressément défendu de soumettre les étalons approuvés à aucun travail quelconque (*Titre IV, article* **17**), sous peine également de 300 livres d'amende applicables au dénonciateur et à la caisse des haras.

Dans certains cas néanmoins, il pouvait être utile à la conservation même des étalons de leur accorder quelque exercice. Les gardes devaient se munir alors de permissions écrites des commissaires-inspecteurs. Ceux-ci devaient se montrer fort réservés à cet égard. Il ne pouvait être question que de promenades d'une lieue ou deux au plus. Encore cette faculté était-elle limitée et cessait-elle d'avoir son effet six semaines avant la monte et six semaines après. Les étalons ne devaient jamais passer la nuit hors de leur propre écurie. Toute contravention de ce genre était punie de 50 livres d'amende au profit du dénonciateur. (*Titre IV, article* 18.)

Et de même pour le cas où les étalons, sortis de leur établissement, auraient été conduits à la saillie des juments, ou pour quelque autre cause, soit dans les foires, soit dans les châteaux, ou tels endroits quelconques. (*Ibid, article* 20.)

Il n'était même pas permis de tenir les étalons ferrés dans l'intendance de Navarre, Béarn et généralité d'Auch, sous peine de 100 livres d'amende pour chaque contravention.

La même disposition se reproduisait dans l'intendance de Roussillon, Conflent, Cerdagne et pays de Foix.

6° Nous avons déjà mentionné cette disposition si favorable du règlement qui soustrait les juments annexées aux étalons approuvés, et leurs poulains, à toute saisie pour paiement d'aucune taxe ou dette particulière sur simple certificat du garde-étalon, visé du commissaire des haras.

7° Sous la garantie de la même formalité, on ne pouvait commander ni ces juments ni leurs produits « pour aucune sorte de corvées que ce puisse estre, ni sous prétexte du service des officiers dans leurs marches. » (*Titre V, article* 5.)

8° Au commencement de chaque année, tout possesseur de juments était tenu d'en déclarer le nombre, le poil, l'âge et la taille, à peine de 20 livres d'amende au profit du dénonciateur. (*Article* 6.)

9° Toute jument annexée à un étalon lui devait — quand même — la rétribution fixée pour le saut, et ne pouvait être livrée à un autre étalon approuvé sans une autorisation spéciale du garde qui l'avait, dans la clientelle attachée à son étalon.

Le fait de la saillie par un autre étalon entraînait la confiscation de la jument et du produit ainsi obtenu. Une amende de 50 livres, partagée entre le garde-étalon frustré et le dénonciateur, indemnisait largement le premier, récompensait et encourageait le second dans la recherche et la constation du délit. (*Article* 7.)

10° Les garde-étalons avaient le droit, pour se payer de la saillie de leurs étalons, de contraindre les rétardataires par la vente des juments qui leur étaient annexées et même de leurs poulains. (*Titre V, article* 8.)

Cependant, ils ne pouvaient exiger aucune rétribution pour celles de ces juments non présentées aux étalons, lorsqu'ils avaient négligé de faire connaître publiquement que leur chevaux étaient spécialement affectés au service de telles et telles juments. (*Titre IV, article* 31.)

Le droit des propriétaires de juments à obtenir la saillie de l'étalon auquel elles avaient été annexées n'était garanti par aucune peine quelconque ; le règlement se bornait à enjoindre aux gardes de faire servir ces juments à mesure qu'elles se présentaient, sans aucune distinction ni préférence de personnes, mais aussi avec défense d'imposer à l'étalon plus de deux saillies par jour, une le matin et l'autre le soir, à peine de 20 livres d'amende au profit du dénonciateur. (*Titre IV, article* 32.)

11° On prévenait avec soin les propriétaires qu'aucune entrave n'était apportée à la liberté des transactions commerciales relatives aux juments annexées ou à leurs poulains. (*Titre V, article* 9.)

12° Les juments affectées de gale ou de morve ne pouvaient être envoyées aux pâturages fréquentés par les juments saines. Cette contravention était punie par la confiscation et 20 livres d'amende.

13° Il était défendu de soumettre les pouliches à la castration à quelque âge que ce fût. Nul ne pouvait se livrer à cette sorte d'opération à moins d'une permission écrite du commissaire des haras, sous peine d'une amende de 50 livres, applicable moitié au profit du dénonciateur et moitié au profit de l'hôpital le plus voisin. (*Article* 11.)

14° Aucun mâle âgé de plus d'un an ne devait être envoyé

au pâturage sans être entravé diagonalement d'un pied de devant à un pied de derrière. Dans ce cas, l'animal surpris était confisqué, puis hongré aux dépens du propriétaire, condamné, en outre, en 20 livres d'amende, dont remise entière était faite au dénonciateur.

Les mêmes peines étaient prononcées contre le possesseur de tout cheval entier qui, *pendant le temps de la monte,* n'était pas tenu dans des pâtures séparées et bien closes. (*Articles* **12** *et* **13.**)

15° Toute saillie opérée pendant la nuit par des chevaux non approuvés, par des poulains ou par des baudets, entraînait la confiscation de l'animal et une amende de 300 livres au profit du dénonciateur et du garde-étalon le plus voisin. (*Articles* **5** *et* **14** *du titre VI.*)

16° Enfin, aucune jument d'une taille supérieure à celle de **4** pieds ne pouvait être livrée au baudet. Ce délit était réprimé par la confiscation des animaux et par une amende de **20** livres applicable au dénonciateur et à la caisse des haras. (*Articles* **3** *et* **4** *du titre VI.*)

De quelque manière que l'on envisage ces dispositions, elles n'en constituaient pas moins un ensemble de mesures concourant toutes forcément au même but.

Nous les apprécierons plus tard.

VII. — ORDONNANCE CONCERNANT LES PARTICULIERS QUI ONT PASSÉ DES TRAITEZ AVEC MESSIEURS LES INTENDANTS POUR ENTRETENIR DES HARAS.

Cette ordonnance, en date du **20** avril **1719**, fait connaître que le système des haras s'était étendu à la formation et à l'entretien d'établissements complets de production et d'élevage. L'existence de ces derniers résultait d'engagements pris entre les particuliers et les intendants des provinces; elle était garantie par des traités spécifiant d'une part le nombre de juments à tenir dans les haras et à consacrer exclusivement à la production, et d'autre part détaillant la nature et l'importance des immunités de toutes sortes accordées aux particuliers en retour de l'obligation qu'ils contractaient.

Mais ces nouveaux privilégiés ne se montrèrent pas beaucoup plus scrupuleux que les garde-étalons à accomplir les clauses et conditions de leurs traités, ou bien, dit le considérant de l'ordonnance du Roi, « ils les remplissaient avec tant de négligence qu'ils faisaient assez connoistre n'avoir eu en cela d'autre vue que de jouir des priviléges qui leur estaient accordez, sans songer à l'utilité dont ces sortes d'establissements pouvaient estre au bien général du royaume.

« A quoy étant nécessaire de pourvoir, S. M..... ordonne :

Article premier.

» Les propriétaires desdits haras seront tenus d'entretenir un estalon approuvé, avec le nombre de juments porté par leurs traitez, lesquelles juments seront marquées et ne pourront estre ferrées, et en cas qu'il s'en trouve qui soient ferrées ou qui paroissent servir à d'autres usages qu'à celuy des haras, deffense aux inspecteurs de les comprendre dans leurs procès-verbaux.

Art. 2.

» Lesdites juments seront rassemblées, autant que faire se pourra, dans le principal lieu du domaine où l'estalon sera establi, ou dans les domaines voisins, et à portée d'être servies par ledit estalon.

Art. 3.

. » La mort arrivant de quelques unes des juments desdits haras, les propriétaires seront tenus d'en faire dresser des procès-verbaux qui seront signez par les consuls en charge, et deux ou trois des principaux habitants s'ils savent signer, sinon ledit procès-verbal sera fait et passé par devant le notaire le plus prochain des lieux.

ART. 4.

» Les juments qu'il sera nécessaire de changer ne le pourront estre qu'avec la permission par écrit de l'inspecteur, laquelle sera visée de l'intendant, et seront tenus les propriétaires des haras de les remplacer dans le temps qui leur sera marqué par lesdits inspecteurs.

ART. 5.

» Défenses aux propriétaires des haras de représenter aux inspecteurs d'autres juments que celles servant actuellement à leurs haras, lors des visites qui en seront faites; et à tous particuliers de leur en prester, à peine de confiscation et de 200 livres contre le propriétaire du haras, outre la privation de ses priviléges.

ART. 6.

» Seront tenus les propriétaires des haras d'exécuter le contenu en la présente, à peine de privation des priviléges à eux accordez par les traitez qu'ils auront passez. »

Un septième et dernier article place l'exécution de cette ordonnance sous la surveillance de qui de droit, et n'ajoute rien aux dispositions qui précèdent.

Celles-ci nous ont paru extrêmement curieuses et mériter d'être rapportées. Elles complètent le système précédemment exposé. Elles pouvaient, si la composition et la tenue de ces haras étaient bonnes, assurer la production de types plus élevés que ceux résultant de la production générale, et offrir à l'état des pépinières dans lesquelles il irait prendre une partie des étalons qu'il donnait à conditions débattues ou qu'il concédait gratuitement aux garde-étalons les moins aisés dans les localités les plus pauvres et les moins avancées. Ces haras particuliers venaient en aide à ceux qu'entretenaient l'état lui-même et le Roi.

La pensée n'en vint qu'après l'établissement des garde-étalons; mais elle devait sortir de la difficulté de trouver en suffisance des reproducteurs capables, puisqu'il s'agissait de s'emparer de toute la production ou à peu près, et aussi de la nécessité de remplir un jour les vides qu'occasionneraient les pertes naturelles et les réformes.

L'organisation arrêtée avait été trop prévoyante dans ses vues générales et spéciales pour omettre un point aussi essentiel. Le système dont on assurait le succès par une application logique jusque dans ses détails les plus vulnérables s'était évidemment proposé comme but de se soustraire, dans un temps donné, à tout tribut étranger.

En travaillant à améliorer les races sous le double point de vue de la quantité et de la qualité, on voulait aussi produire chez soi les types capables d'entretenir dans l'espèce les qualités propres à celles de ses émanations qui avaient eu le plus de renom, et perpétuer chez quelques unes ce cachet distinctif dont la source est particulièrement inhérente à l'influence occulte, mais long-temps prolongée, de la localité.

VIII. — FORCES DE L'ANCIENNE ADMINISTRATION.

Maintenant, résumons en quelques mots les dispositions les plus essentielles de cette vaste organisation qui s'étendait à toutes les parties du pays, et voyons quelle en a été la marche, quels en ont été les fruits?

Lorsque le conseil de régence s'occupa de l'organisation des haras, il n'y avait rien en France qui ressemblât à ce que l'on appelle aujourd'hui l'industrie chevaline. Il n'y avait aucune production régulière; toutes nos races étaient depuis long-temps éteintes. Des mesures assez énergiques avaient déjà été arrêtées, mais sans succès, qui témoignaient de l'impérieuse nécessité

d'en venir au rétablissement même d'une population singuliè‑
rement affaibli par les circonstances.

Cela posé comme point de départ, deux faits dominent en‑
core la situation : — le manque de producteurs, — et l'incapa‑
cité de l'industrie particulière, comme il faut dire maintenant,
à se les procurer.

Eh bien! le système de haras adopté assure au pays la four‑
niture d'une grande partie des étalons nécessaires, — soit au
renouvellement de la population, — soit à l'amélioration de
ses races diverses. L'état en donne un certain nombre, et ce
sont toujours, avons-nous dit, ceux de l'ordre le plus élevé ;
les Etats des provinces concourent au but et se soumettent à la
pensée du gouvernement, qui leur ordonne de fournir au pays
leur contingent et leur part d'action ; d'autres, propriété en‑
tière ou particlle des détenteurs, complètent la force numérique
jugée nécessaire à l'accomplissement de la tâche ; mais partout
le concours et la volonté ferme du gouvernement. Tout en don‑
nant l'exemple, il sent son impuissance. Ses efforts — s'ils
fussent restés isolés — n'eussent point abouti à des résultats
satisfaisants ; réuni aux sacrifices imposés aux provinces et à la
somme des sollicitations offertes aux intérêts individuels, il en‑
veloppe le pays de son action, imprime partout une marche
uniforme, veut fortement l'exécution de sa pensée et arrive
quand même au but proposé, — la multiplication et l'améliora‑
tion de l'espèce.

Au fond, tout le système est là, et il paraît édifié sur un plan
fort simple, — des étalons..... Mais quels sacrifices ne fait-on
pas pour en provoquer l'existence et pour en assurer le succès?
Un budget assez lourd, puisqu'il s'est élevé de **695,140** francs
(arrêt du conseil, en **1764**) à **1,412,000** francs par an (1) ;
les votes particuliers des états dont nous ne sommes point en
mesure d'évaluer l'importance (2); des immunités de toutes

(1) **Huzard père**, *Instruction sur l'amélioration des chevaux en France.*
(2) **Les seuls Etats de Bretagne ont voté dans l'espace d'un siècle, — de**

sortes, qui ne laissaient pas que d'être un impôt considérable pour les particuliers, une dépense pour le pays, par conséquent (1), et enfin tout un ensemble de dispositions coërcitives fort dures assurément, mais dont l'effet était double, car il protégeait tout en imposant la loi ; s'il ôtait à l'industrie de sa liberté, s'il entravait son libre arbitre dans l'intérêt général, il la soulageait dans son impuissance et la défendait contre les fâcheux résultats ou de l'incurie ou de l'ignorance.

L'obligation de ne livrer les poulinières qu'à des étalons officiels — ou tout au moins tolérés — était une garantie du mérite de ces derniers ; elle forçait à écarter de la reproduction cette tourbe d'animaux nuisibles qui retiennent nécessairement les races au plus bas degré de l'échelle, quand aucune mesure ne les éloigne du renouvellement de la population.

Dans les autres espèces, le mal qui résulte d'une liberté absolue, illimitée, est moins grand assurément. La destination n'est plus la même et les services rendus sont d'un ordre bien différent. La consommation enlève de bonne heure le jeune veau, l'agneau, le petit verrat, que l'on ne juge pas dignes d'étalonner. Il peut arriver que le cultivateur se trompe quelquefois, souvent même, sur la somme des qualités dont sont doués les animaux qu'il conserve en vue du repeuplement de ses étables ; mais il doit arriver aussi quelquefois, souvent, que ses préférences sont bien fondées. Si donc l'amélioration ne marche pas toujours à pas de géant, du moins est-il supposable que la dégénération est incessamment combattue. Dans la reproduction du cheval, les choses se passent autrement. La mor-

1686 à 1787, — une somme de 3,091,000 livres pour l'entretien des haras de la province ; c'est 31,000 livres par année. Quelle somme pour l'époque ! — (Houël, *Traité complet de l'élève du cheval en Bretagne.*)

(1) Tous ces priviléges, dit Eschasseriaux jeune, avaient une telle importance que, dans un mémoire présenté au Conseil d'état par un administrateur en cette partie, ils furent en général évalués à 300 francs pour chaque garde-étalon, ce qui en portait le montant total, à raison du nombre d'étalons approuvés existant alors, à la somme de 863,700 fr. — (*Rapport au Conseil des Cinq-Cents.*)

talité n'éclaircit pas les rangs au même degré que la consommation, et tout cheval entier, ou à peu près, devient étalon et
travaille plus ou moins activement au renouvellement de l'espèce.
La castration est ou n'est pas dans les habitudes de l'éleveur.
S'il en vient à l'appliquer, ce n'est pas pour écarter un indigne ;
elle est pratiquée en vue des individus, abstraction faite de
leur emploi possible ou non à la reproduction, et non en vue
des masses, non dans un intérêt d'amélioration des races. Cette
considération est assurément en faveur de l'opinion qui recommande de ne pas laisser à l'industrie de l'étalonnage une liberté
entière, absolue. L'ignorance et la cupidité font vite dégénérer cette liberté en un mal sérieux, en un obstacle au bien
à peu près insurmontable.

Ici le mal est particulièrement dans l'ignorance, car nul ne
poursuit systématiquement la reproduction des vices et des
défauts.

L'abus naît de l'incurie; le producteur ne s'intéresse guère
à ce qui ne provoque pas son affection. On ne prête aucune
attention à ce que l'on n'aime pas.

Le choix des reproducteurs était sûrement judicieux dans les
haras d'autrefois; l'intérêt et le savoir du maître étaient clair-
voyants, l'amélioration était assurée : la dégénération n'était
point à redouter.

Si les conditions avaient été les mêmes après la disparition de
tous ces établissements, nul n'aurait certainement songé à cet
arsenal de défenses et de mesures rigoureuses.

A l'intérêt individuel, nombre de fois multiplié, on a substitué
la volonté du gouvernement éclairée, mais appuyée sur la force.
Cette volonté elle-même n'est sortie que de la nécessité de suppléer à l'absence des moyens de production qui avaient disparu.
La contrainte a remplacé le libre arbitre et le goût du métier;
on a demandé à la soumission à la loi ce qu'on n'aurait point
obtenu de l'intelligence du producteur.

Il ne faut point chercher ailleurs, dans un autre ordre d'i-
dées, la pensée d'une organisation administrative, le fait

5

d'une intervention directe de l'état dans la production du cheval.

Cette organisation était vulnérable en beaucoup de points. Il n'est donc pas étonnant qu'elle ait fait naître beaucoup d'abus, que mille difficultés aient surgi dans la pratique. Toute institution de cette nature, nécessairement perfectible, est néanmoins peu susceptible d'atteindre à la perfection. On ne se rend bien compte des obstacles que lorsque l'on descend des hauteurs de la théorie aux détails de l'application.

L'administration de 1639, raffermie par les dispositions de 1665 et reconstituée d'une manière plus explicite par le réglement de 1717, a été, quoi qu'on en ait dit, un bienfait pour la France. Elle blessait les grands principes d'économie publique adoptés de nos jours; elle fonctionnait difficilement par suite de la complication de ses rouages, mais elle fonctionnait enfin, et elle a eu, notons-le bien, l'immense avantage de fonctionner ainsi, en se fortifiant toujours, pendant plus d'un siècle, pendant cent vingt-cinq ans. Il est sans contredit des moyens prompts d'excaver le rocher le plus dur, mais la goutte d'eau qui tombe sur lui, sans compter avec le temps, y arrive aussi et le pénètre sûrement à la longue.

C'est avec la volonté bien ferme de ne pas dérailler que l'ancienne administration des haras a produit le bien qu'on lui attribue. A chaque nouvel obstacle, on lui voit opposer toujours une force nouvelle; à chaque abus nouveau un nouveau remède. Rien ne la rebute; elle-même obéissait à la nécessité. Ecartant autant qu'il était en elle les efforts contraires, agissant toujours par opposition à ce qui venait entraver sa marche, elle a traversé le temps et l'espace, poursuivant sans relâche son but et certaine d'arriver.

Les secours du gouvernement, les subsides des États, les ressources des particuliers fournirent donc une sorte de fonds commun, une seule et même richesse, une seule et même force agissant suivant une seule et même direction.

Maintenant d'où venaient ces étalons? En quel nombre existaient-ils? Quel était leur mérite? Quel système d'amélioration suivait-on?

Il n'est pas difficile d'indiquer avec certitude les lieux de provenances des étalons royaux, provinciaux ou approuvés que la France comptait alors. On en trouve la trace dans les *tenues des Etats*. En consultant ces documents, on voit que la remonte puisait à toutes les sources et empruntait à toutes les races tous les individus qu'une bonne conformation recommandait.

Les étalons du Roi, ceux qui appartenaient à l'État et quelques-uns de ceux qu'entretenaient les Haras provinciaux étaient des chevaux de selle et de fine race, comme on disait alors. Ils venaient directement de Barbarie, de Turquie, de l'Espagne ou du royaume de Naples, et, plus tard, de l'Angleterre; ou bien, issus de ces diverses races, ils étaient nés en France dans les haras du Roi et de l'État. Il en sortait aussi du Limousin ou de la Navarre, ou bien encore de sujets de ces deux races mariées avec les premières que nous avons citées.

Un certain nombre d'autres, que l'on désignait sous la dénomination de chevaux de tirage, carrossiers ou d'escadron, étaient tirés de l'Allemagne. Il y avait notamment, parmi eux, des danois et des prussiens. De même que pour les races fines, on en formait en France des haras de production, et leurs extraits, mêlés à d'autres origines et surtout à l'espèce carrossière de Normandie, se répandaient dans les contrées les plus grasses et les plus fertiles.

Le reste (et ceux-ci composaient la phalange la plus nombreuse) provenait des meilleures juments de chaque province alliées aux meilleurs étalons officiels, et y demeurait dans la classe des étalons approuvés. A eux était particulièrement dévolu le gros de la production.

Dans ces remontes de toutes provenances, on ne voit pas de système arrêté. On croisait toutes les races entre elles, non en vue d'une amélioration proprement dite, mais d'un certain arrangement des qualités extérieures. Toute régénération avait pour but un point — un seul. On poursuivait le perfectionnement de la forme, on visait à une sorte de beauté spéciale et de convention qui s'arrêtait à la surface et n'intéressait pas le fond. On appareillait les individus de mérites divers pour obtenir un produit moyen ; on opposait à un vice une qualité, une perfection à une défectuosité ; là était toute la science. Il n'y avait pas d'autre principe dans les quelques établissements particuliers ou administratifs, ni même dans les haras du Roi. Tout animal portait en lui un germe de qualité susceptible de passer à ses descendants ; un étalon danois était appelé à corriger chez une jument barbe, napolitaine ou espagnole, un excès en plus ou en moins, tout autant que l'étalon barbe, ou arabe ou normand était, suivant le mérite de quelques-unes de ses formes, propre à ramener à une perfection plus grande la jument limousine, danoise, poitevine, auvergnate ou cotentine (1).

Ces idées recevaient leur application plus ou moins heureuse en haut de l'échelle, nous venons de le dire. Sur les autres degrés, il n'y avait plus qu'une production forcée, une production par ordre. Chaque étalon approuvé, ayant sa clientèle, appariait bien ou mal, et quand même, les trente à trente-cinq juments qui lui étaient annexées. La science avait bientôt dit son dernier mot alors ; la grande raison était tout simplement dans la rétribution fixée pour le prix de la saillie.

Au commencement, il dut en résulter une étrange confusion ; mais si les étalons approuvés, qui se succédèrent dans une même localité, provenaient d'une seule et même souche, étaient tous nés dans le pays, y avaient pris la teinte particulière au

(1) Nous tenons à montrer que nous sommes historien fidèle, rien de plus. La citation qui suit, empruntée au *Manuel des haras* de Pichard, appuiera ce que nous venons d'écrire de l'état de la science hippique à l'époque dont nous nous occupons : « C'était, dit l'ancien inspecteur du haras impérial du Pin, comme il est facile de le voir par les mémoires du temps, qui n'apprennent rien sur la science importante des accouplements, une sorte de routine qui consistait à choisir, avec assez de soin, la jument qui ressemblait le plus au cheval, ou à mettre un étalon très membré avec une jument qui péchait par la finesse de ses jambes, pour tâcher d'atténuer

sol et au climat, ce que l'on nomme *habitat* en un mot, on comprend que tout ce désordre ait peu à peu disparu et fait place à des conditions de structure dont la transmission devait être assurée par la permanence d'action des mêmes causes. De là, l'indigénat, c'est-à-dire la formation de races distinctes dont le souvenir ne s'est pas encore complétement effacé, bien que toutes ces races soient depuis nombre d'années déjà complétement éteintes ou à peu près.

Et ceci n'est point un conte imaginé pour les besoins de la cause. Les choses étaient ainsi tout simplement parce qu'elles ne pouvaient être autres. Eh bien ! de bonne foi, lorsque le renouvellement de l'espèce tenait à de tels éléments de reproduction, peut-on être admis à professer que les races en étaient excellentes et parfaites? Nous sommes plus avancés que cela aujourd'hui ; nous connaissons mieux le principe de la force et du mérite du cheval, et nous savons très bien qu'il ne peut sortir d'un système semblable à celui que nous venons d'exposer. Il n'en a pas moins été d'une haute utilité à la France. Le pays lui a été redevable d'une grande augmentation du nombre et d'une véritable amélioration de l'espèce. En effet sous l'empire du réglement de 1717, sévère et despotique, mais organisateur, la France de Louis XIV, si épuisée, se regarnit peu à peu et fournit à la plus grande partie de la consommation intérieure. Les contrées d'élève se relevèrent de l'état d'abaissement où elles étaient tombées ; les importations se ralentirent d'une manière très notable et l'éducation du cheval, prenant faveur, devint une industrie importante pour les provinces les plus favorisées.

Il serait sans doute assez difficile de suivre, dans sa marche

le vice de l'une par la perfection contraire de l'autre, ou enfin, en faisant saillir une bête carrossière par un cheval de selle, en même temps qu'on donnait un étalon carrossier à une jument de selle, ce qui produisait un poulain qui n'appartenait à aucune classe en participant de toutes deux. Le tout était relatif à la figure seulement ; car on s'occupait peu ou point de ce qui constitue le moral de cette utile créature. »

ascensionnelle, le développement successif de la population et son élévation progressive sur l'échelle de l'amélioration. Les données manquent complètement à cet égard. On sait mieux quelles étaient les ressources et la richesse hippiques de la France au moment où éclata la révolution.

La statistique porte à 1,500,000 têtes la force numérique de l'espèce à cette époque ; le nombre des étalons royaux, provinciaux ou approuvés, répartis sur toute l'étendue du territoire, au commencement de 1789, était de 3,239.

En leur donnant à tous le maximum de la clientèle (35) que leur attribuaient les réglements, on n'arrive pas au chiffre de 115,000 juments saillies par an : c'étaient néanmoins et environ 55,000 naissances protégées par le choix officiel des poulinières et des étalons.

Les 3,239 étalons existants se divisaient ainsi :

Etalons royaux en dépôt ou entretenus par l'état. . .   365
Etalons royaux confiés à des gardes.   750

Ci. **1,115**

Etalons approuvés appartenant aux gardes. **2,124**

Total égal. **3,239**

Le tableau qui suit en indique le nombre et la condition pour chaque partie de la France. Il a son intérêt ; nous pourrons plus loin le comparer à ce qui existe de nos jours et faire des rapprochements utiles à l'étude que nous poursuivons.

TABLEAU des étalons officiels au commencement de 1789, avant la suppression des haras d'État par décret de l'Assemblée constituante en 1790.

Désignation des lieux.	Etalons royaux.		Etalons approuvés appartenant aux gardes.	Total par localité.
	en dépôt.	confiés à des gardes.		
Généralité de Paris, à Asnières. .	40	»	»	40
Soissonnais.	»	15	60	75
Picardie	»	20	5	25
Champagne.	»	92	61	153
Normandie.	41	89	152	282
Maine et Touraine	»	36	25	61
Pays Chartrain.	»	»	35	35
Bretagne.	4	40	500	544
Poitou	15	99	74	188
Aunis et Saintonge	»	18	47	65
Anjou	»	17	15	32
Limousin et Auvergne.	68	166	104	338
Périgord.	»	8	5	13
Bigorre	10	15	21	46
Béarn.	11	»	49	60
Navarre	6	»	»	6
Soule.	»	4		8
Agénois et Condomois	»	4	15	19
Généralité d'Auch	»	»	74	74
Rouergue.	12	1	8	21
Roussillon et pays de Foix. . . .	12	6	6	24
Lyonnais.	»	8	3	11
Généralité de Grenoble.	4	20	70	94
Berry.	»	»	24	24
Bourbonnais	»	14	32	46
Orléanais.	»	1	56	57
Franche-Comté	4	32	428	464
Bourgogne	»	45	110	155
Lorraine.	50	»	»	50
Trois-Evêchés.	40	»	»	40
Basse-Alsace	48	»	141	189
Totaux.	365	750	2,124	3,239

Il est bien certain que tous les animaux voués au renouvellement de la population équestre n'avaient pas trouvé place dans les trois catégories que présente cette statistique. Quinze cent mille existences supposent annuellement cent cinquante mille naissances au moins. Les étalons officiels n'entrant guère que pour un tiers dans ce dernier chiffre, les deux autres tiers provenaient d'autres sources et la plupart du commun des martyrs. Il en sera toujours ainsi quoi qu'on fasse. Il ne sera jamais possible de s'emparer administrativement de la reproduction tout entière. Elle est une chose trop considérable, un fait trop complexe pour qu'un règlement puisse l'étreindre dans tous ses détails. Les classes inférieures de la population doivent nécessairement et toujours échapper à la surveillance officielle, sous peine d'une gêne excessive et d'une restriction extrême du droit essentiel de propriété. Aucun budget d'ailleurs ne pourrait y suffire.

Quoi qu'il ait voulu, quoi qu'il ait tenté pour étendre son action à la population entière, le gouvernement d'autrefois n'a jamais pu arriver à ce résultat. En 1717 même, il avait compris que c'était chose complétement impossible, et le conseil du dedans du royaume s'était fort clairement exprimé à cet égard dans la préface qui précède les instructions rédigées pour les intendants des provinces. On y lit, en effet, ce passage : « .... L'on peut alléguer que dans un état aussi peuplé et aussi estendu que l'est le royaume de France, on a besoin de toutes sortes de chevaux et de toutes espèces, et pour tous les différents usages ; mais avec toutes les restrictions, assujettissements et précautions ordonnez par le nouveau règlement, pour parvenir à n'avoir que de beaux chevaux, il en échappera encore assez de ceux qu'on peut appelez manquez, et qui sont par conséquent à l'usage des gens de la campagne, pour fournir à leurs besoins ; on ne peut mesme empescher que ceux qui auront des juments qui n'auront point esté comprises dans les rolles des commissaires pour estre couvertes par les estalons du Roy ou approuvez, n'en fassent l'usage qu'ils jugeront

à propos , et qu'ils ne les fassent servir par les chevaux entiers
à eux appartenant : et comme tous les cantons d'une province
ne sont point également assujettis aux haras par le deffaut d'estalons ou autrement, il restera toujours une assez grande étendue de pays dans le royaume , pour en tirer des chevaux médiocres au delà des besoins. »

Ce n'est que plus tard , et pour surmonter autant que possible les difficultés de la pratique , que de nouvelles restrictions
vinrent peser sur la production chevaline comme pour la mettre tout entière et d'une manière absolue sous la dépendance
exclusive des règlements. Mais , en y réfléchissant bien , en
voyant les choses de près , on s'aperçoit vite qu'à l'exception
de la défense de laisser vaguer les chevaux entiers et même les
poulains dans les pâtures communes , les autres n'entraînaient
guère de peines effectives que contre les propriétaires de juments annexées. Le règlement n'établissait pas et ne pouvait
pas établir cette distinction , elle n'en était pas moins dans la
force des choses. Cependant , on comprend que si la prohibition des étalons de mauvaise espèce n'avait pas été aussi absolue, beaucoup de localités , en vue de se soustraire aux dispositions rigoureuses du règlement , les eussent facilement élu-
dées en ne se procurant pas de reproducteurs exempts de tares
et de vices essentiels. Le gouvernement avait prévu cet obstacle. Avant tout , il voulait que la production ne pût faire défaut
aux besoins de la consommation. Il plaçait alors lui-même ,
complétement à ses frais, ou de compte à demi , des étalons
partout où les particuliers n'en tenaient pas, et l'appât offert
par les priviléges à tous ceux qui entraient dans cette voie stimulait à la fois leur zèle et leur cupidité.

C'est ainsi que l'ancienne administration amena l'industrie
privée à l'adoption générale et efficace de ses vues. Elle avait
notamment sacrifié à l'intérêt que l'on pouvait avoir à posséder
un étalon approuvé. Mais quelque vif que fût cet intérêt, les
chiffres le disent, il n'alla pas jusqu'à multiplier, à beaucoup
près, les étalons officiels en nombre suffisant pour toutes les

exigences de la reproduction. Ce nombre resta constamment au dessous des besoins.

Toutefois, on peut croire la population chevaline convenablement assurée contre toutes les mauvaises influences, lorsque les causes d'amélioration agissent puissamment, selon des vues bien arrêtées, sur près de la moitié des femelles préposées à son renouvellement annuel. C'était la condition de l'espèce, ou peu s'en faut, sous l'ancienne administration.

En effet, nous devons ajouter que cette administration avait encore suppléé à son insuffisance par un grand nombre de permissions spéciales autorisant les particuliers à se servir, pour leurs juments, des étalons qui leur appartenaient en propre. Ces permissions étaient surtout facilement accordées dans les provinces où l'on ne trouvait pas à nommer de garde-étalons. Le système d'ailleurs ne s'occupait que peu ou point de la reproduction du cheval de trait proprement dit. Les étalons royaux, provinciaux ou approuvés appartenaient exclusivement aux races carrossières ou aux races plus légères de la selle. L'éducation du cheval de grosse espèce, n'offrant pas au gouvernement le même intérêt que la production des espèces moins lourdes et plus rapides, était à peu près exclusivement abandonnée aux soins de l'industrie privée. Le Santerre, le Vimeux, le Boulonnais, le Calaisis, une partie de la Flandre française, le Morvan même étaient livrés à leurs seules ressources, à une routine aveugle et à la cupidité souvent si mal entendue de l'intérêt particulier. Il en était de même encore de plusieurs autres provinces frontières qu'on laissait envahir par le rebut et la lie des espèces que nos voisins produisaient à leur portée (1).

C'est dans un établissement central, d'abord situé à Asnières et transféré plus tard à Claye, que l'on réunissait les étalons achetés à l'étranger pour le compte de l'Etat. Ils allaient de là dans les diverses parties du royaume remplacer les ani-

(1) **Huzard père,** *Instruction sur l'amélioration des chevaux en France.*

maux morts et les étalons réformés. C'est dans le même dépôt que se trouvaient les juments et les étalons choisis parmi les races les plus renommées, et que l'administration cherchait à produire les types les plus élevés. C'était à la fois un haras d'expériences et une éducation de perfectionnement.

Le Roi possédait les deux haras du Pin et de Pompadour. Le premier date de 1714; le second, fondé en 1745 par la marquise de Pompadour, ne devint une propriété de la couronne qu'en 1760.

Le Poitou avait son haras à Fontenay-le-Comte. Le Bigorre, le Béarn, la Navarre, le Rouergue, la généralité d'Auch et le Roussillon avaient le leur — à Tarbes, — à Pau, — à Apath, — à Rodez, — à Rieufort — et à Perpignan.

L'Ile de la Camargue était un haras libre, fondé en 1755, sur un ordre de Louis XV, par le capitaine de carabiniers DESPORTES; celui du château de Rieufort avait été établi par ordre de Louis XIV.

Le Dauphiné possédait son petit haras à Yeben; la Bourgogne avait le sien à Diénay.

Celui de Rosières a été formé en 1767. Les trois évêchés — Metz — Toul — et Verdun — entretenaient le haras d'Annoncel.

En tout, il existait quinze haras ou dépôts d'étalons, placés sous la surveillance immédiate de l'administration générale des haras. Indépendamment de ceux-ci qui étaient à la charge de l'Etat ou des provinces, on en comptait d'autres dont la réputation était grande par suite de la sollicitude dont ils étaient l'objet de la part des personnages qui les avaient créés. Tel celui de Chambord, établi par le maréchal de Saxe, et continué, après ce grand dignitaire, par le marquis de Polignac (1);

(1) Au moment où éclata la révolution, le haras de Chambord, établi sur une propriété de dix mille arpens divisés en 41 métairies, possédait un effectif de 241 têtes, étalons, juments, poulains de différents âges, et jeunes chevaux prêts à entrer en service. Où sont aujourd'hui les établissements de cette importance ?

tel celui de Thorigny, propriété du prince de Monaco ; tels ceux qui prirent les noms de leurs fondateurs, et dont on se souvient encore aujourd'hui en Poitou, en Limousin et ailleurs. Dans cette dernière province entr'autres, la race des juments de M. de Jumilhac était particulièrement estimée. Le comte d'Esthérazy avait dans les Ardennes, près de Rocroy, un établissement considérable dont les produits étaient pleins de mérite et dont l'influence avait été très heureuse sur la population chevaline de la province entière.........

Nous ne sommes point en mesure d'établir un inventaire fidèle de toutes les ressources que la partie riche et capable du pays, incessamment sollicitée par le souverain et les ministres, ajouta aux efforts du gouvernement. Les données nous manquent. Nous n'essaierons pas de dresser un tableau qui n'aurait d'utilité qu'autant qu'il serait complet. Cependant, ce n'est peut-être pas s'écarter beaucoup de la vérité que de dire que ces ressources, ajoutées à l'action administrative, en élevaient assez la puissance pour lui permettre de réagir sur la moitié environ de la population totale. Cette force, avions-nous constaté, isolée des ressources que nous ne pouvons mesurer d'une manière certaine, s'arrêtait au tiers du renouvellement de l'espèce.

En de telles conditions, il était impossible que nos races n'eussent pas un certain mérite et ne donnassent pas une force imposante au pays.

Voyons pourtant ce qu'on disait alors et du système administratif et de la situation chevaline du royaume.

IX. — DEUX OPINIONS SUR LE RÉGIME ÉTABLI PAR LE RÈGLEMENT DE 1717.

Les résultats produits par l'ancienne administration ont été fort diversement appréciés.

Les critiques de l'administration actuelle ont exalté outre

mesure les services rendus par le système de haras appliqué à la France avant 1789 ; ils demandent qu'on y revienne. Seulement on substituerait aux nombreux priviléges conférés par le brevet *d'étalonnier royal*, des primes en espèces, assez élevées pour créer un intérêt sérieux à se charger de la tenue et de l'entretien des étalons utiles à l'amélioration, nécessaires au renouvellement de la population.

Nous étudierons plus loin ce système.......

D'autres ont pensé, au contraire, que l'ancienne administration des haras n'avait produit aucun bien, que les abus y fourmillaient, qu'elle avait été, pendant bien des années, un impôt énorme pour le pays sans autre résultat que d'avoir arrêté, par mille entraves, l'essor que l'industrie aurait certainement pris sous l'influence bienfaisante d'une liberté absolue.

Il n'y a pas moins d'exagération dans le blâme que dans l'éloge. Les faits ne vont pas si loin que les paroles ; ils disent plus froidement, ils accusent plus exactement la vérité.

A ceux qui louent ainsi le passé, dans un esprit de dénigrement et non de justice, il faut opposer les plaintes contemporaines tombées d'hippologue en hippologue depuis Louis XIII jusqu'à nous.

A ceux qui, par une critique rétrospective tout aussi mal fondée, nient les services rendus par l'institution des haras depuis son origine jusqu'à nos jours, il faut opposer les faits, car les faits témoignent d'une manière irrécusable des ressources que le pays a trouvées en lui-même au moment du danger.

La seconde tentative sérieuse d'organisation des haras date du commencement de 1717. Trente ans plus tard, c'est-à-dire au moment où l'on aurait pu se ressentir déjà des bons résultats de la nouvelle administration, le comte Drumond de Melfort se plaignait du peu de mérite des étalons et de la mauvaise qualité des poulinières qui leur étaient livrées ; il demandait, en 1748, que l'administration des haras se pourvût d'étalons de choix parmi les races les plus distinguées et se procurât en nombre des juments de première espèce. « Sans cela, disait-il,

la France, qui est un des pays du monde le plus propre à élever et à entretenir des chevaux, sera forcée de continuer de
porter à l'étranger ses trésors, pour n'avoir en échange que
des chevaux d'une espèce infiniment inférieure à ceux qu'elle
trouverait chez elle, si on prenait à cet égard des mesures convenables. »

Bourgelat, devant qui chacun s'incline, écrivait en 1770,
— cinquante-trois ans après la réorganisation des haras : —
« Nos établissements sont en quelque sorte détruits, et les
vraies races françaises sont absolument éteintes. »

A la même époque, le marquis de Montrichard s'élevait avec
force contre les abus de tous genres auxquels donnait lieu le
système adopté en 1717, et constatait que, sous son despotisme,
loin de s'améliorer, le nombre et la qualité des chevaux avaient
notablement diminué, au contraire.

Un mémoire, — sans nom d'auteur, — publié en 1771
sous ce titre : *Projet pour rétablir les différentes espèces de
chevaux, et en augmenter le nombre dans le royaume*, se plaint
également de la décadence des haras et de l'insuffisance des essais que l'on avait tentés pour les remonter. Il accuse cinq cau
ses de dépérissement de la quantité et de la qualité des chevaux ;
il indique les moyens qui lui paraissent les meilleurs pour les
rétablir et pour assurer la prospérité de l'espèce.

Les causes assignées à la détérioration des races méritent
d'être rapportées. — Ce sont : — Les achats multipliés de
chevaux à l'étranger ; — le dégoût du consommateur français
pour le cheval français ; — la facilité avec laquelle les producteurs se défont de leurs poulinières, qui vont ainsi aux services
publics ; — le peu de soin accordé à l'éducation des poulains ;
— la mauvaise qualité des étalons ; — les abus sans nombre
résultant, ou de la cupidité des garde-étalons, ou de la tolérance et même de la négligence des inspecteurs des haras.

Ces plaintes ne veulent pas dire que tout avait été pour le
mieux dans les premiers temps de l'organisation de 1717.

Elles se renouvellent en 1774 et 1779 dans les deux éditions d'un même mémoire intitulé : *Observations sur les haras de France* (1).

En 1781, Bohan les reproduit dans *l'Examen critique du militaire français*. Il y déplore, dit M. le marquis Oudinot, l'epuisement de nos ressources chevalines, et la mauvaise direction imprimée aux haras. Il attribue à ceux-ci le découragement du fermier et la diminution de l'espèce. Au temps où il écrivait, les juments étaient petites et sans valeur, c'étaient *des bringues, et elles ne pouvaient reproduire que leur image ; les étalons étaient communs et mal faits ;* mille obstacles, mille préjugés conspiraient contre tout succès et toute amélioration.

En 1788, Préseau de Dompierre accusait nettement la situation et ne la faisait pas brillante. Il comptait les chevaux fournis à la France par l'industrie étrangère et en portait le chiffre à plus de 13,000. Il estimait à quatre millions et demi la somme nécessaire à ces acquisitions, au nombre desquelles figuraient 2,000 chevaux de troupe.

Nous n'avons pas l'intention de nous abandonner à une érudition facile. A partir de cette époque, la critique ne tarit plus, et les mêmes plaintes, les mêmes lamentations se répètent toujours, — accusant violemment le présent au profit d'un passé qui, dès lors, devient absolument insaisissable. En effet, si de plaintes en récriminations on arrive ainsi jusqu'à notre époque,

(1) M. Moreau de Jonnès, qui a fait de si savantes et de si consciencieuses recherches sur la richesse publique, aux différents âges de notre civilisation, M. Moreau de Jonnès, dont les utiles travaux inspirent à bon droit un haut degré de confiance, ne croit pas à une prospérité chevaline bien ancienne.

« Tout annonce, dit-il, que, dans l'ancienne France, le nombre des chevaux était fort borné. Turgot, voulant réorganiser les postes, en 1776, manda devant lui les maquignons les plus expérimentés, et leur demanda s'ils pourraient entreprendre la fourniture de 5,800 chevaux de forte race, au prix de 15 louis chacun. Quoique l'affaire excédât deux millions, ils la reinsèrent en disant qu'ils ne croyaient pas qu'une si grande quantité de chevaux disponibles existât dans tout le royaume. Ce n'était pourtant qu'un cheval à prélever sur 350 ; mais sans doute l'abâtardissement de ces animaux circonscrivait considérablement les choix à faire. » (*Statistique de l'agriculture de la France.*— 1848.)

pour démontrer, — *preuves en main*, — que jamais notre infériorité, notre faiblesse ne furent si grandes, n'est-il pas encore
plus facile, en remontant cette spirale, d'arriver aussi haut
que possible (1), et de se convaincre que cette prospérité tant
vantée, que toute cette force si regrettable, ne sont guère que
des fictions, ou tout au moins des exagérations dont on retrouve
la source, — suivant M. le comte de Turenne, — « *dans des
vues de perfection impatientes de se réaliser* (2) », et, — suivant M. Geffrier de Neuvy, — « *dans l'affaiblissement des
sensations des hommes qui se laissaient aller à de pareilles déclamations* (3). »

(1) J'ai beaucoup parlé plus haut des plaintes, des critiques de différentes sortes, portées et dirigées contre tous les systèmes de haras passés et
présents ; mais ce que je n'ai pas dit, c'est qu'en remontant jusqu'en 1372,
époque à laquelle a paru le premier ouvrage sur la science hippique publié
en France, et en fouillant jusqu'à nos jours dans les rayons poudreux des
vieilles bibliothèques ou sur les tablettes des collections modernes, on
trouve que, dans tous les temps, on s'est plaint de l'infériorité des chevaux
français sur ceux des nations voisines ; on a blâmé les mesures prises par
les gouvernements pour protéger l'industrie qui a pour but de créer ou de
perfectionner les espèces chevalines, lorsqu'ils ont voulu intervenir, et, s'ils
n'intervenaient pas, on les accusait d'abandonner l'industrie particulière ou
on leur reprochait de ne pas la secourir ! (COMTE DE MONTENDRE, *Des
Institutions hippiques*, tome II.)

(2) « C'est vainement qu'on voudrait conclure de quelques passages de
Bohan, de Melfort, de Bourgelat, que nos races étaient dégénérées. On ne
peut pas conclure plus de quelques plaintes, dictées par des vues de perfection
impatientes de se réaliser, que nos races fussent en grande souffrance, qu'il
ne faudrait conclure des sermons de Bourdaloue que la foi, la probité, les
mœurs, fussent, de son temps, aussi affaiblies que de nos jours. » (*Résumé
de la question des haras et des remontes.*)

(3) « A peu près à cette époque (le milieu du 18e siècle), les plaintes com-
mencèrent à se faire entendre sur la dégénération des races ; elles venaient
presque toutes d'hommes pratiques, mais déjà d'un âge mûr, ce qui permettrait peut-être de ne pas considérer ces plaintes comme suffisamment
motivées ; car, parvenu à un certain âge, tout homme est plus ou moins
laudator temporis acti, ce qui ne suppose pas alors une appréciation bien
désintéressée des faits qui ne rencontrent plus chez lui la même puissance de
sensations. » (*Recherches historiques sur les haras en France.*)

Nous laissons à chacun le soin de conclure sur l'appréciation des faits par
MM. de Turenne et Geffrier de Neuvy; peut-être trouvera-t-on qu'ils se met-

Ces Messieurs et beaucoup d'autres, continuant dans le présent le rôle qu'avaient rempli avant eux les auteurs dont ils médisent aujourd'hui, s'évertuent à déclamer à leur tour contre l'époque actuelle et vantent à qui mieux mieux *le bon vieux temps*, sans s'apercevoir qu'ils subissent un travers qui a commencé avec le monde pour ne finir qu'avec lui, que l'éloge par trop aventureux qu'ils font ainsi du passé aux dépens du présent ne porte sur aucun fondement et tombe devant la critique et les plaintes de leurs aînés.

Nous serons plus juste en cherchant la vérité là où elle se trouve, en tenant compte du blâme autant que de l'éloge, et en consultant les faits pour leur faire dire ce qui est, tout ce qui est, mais aussi rien que ce qui est.

Nous avons constaté la situation hippique du pays en 1639, — 1665 — et 1717. Tout le monde reconnaîtra facilement avec nous que les gouvernements d'alors n'en seraient point venus à une organisation administrative, coûteuse et complexe si on embrasse tous les détails, sans une nécessité parfaitement démontrée (1). Des créations de ce genre et d'une telle impor-

se mettent bien facilement à l'aise dans leur opinion lorsqu'ils écartent ainsi et sans plus de façon les faits sur lesquels ils pourraient l'établir si elle n'était tant soit peu préconçue.

(1) Eschassériaux jeune, voulant démontrer au Conseil des Cinq-Cents l'indispensable nécessité de revenir à une intervention directe de l'État dans la production améliorée du cheval, disait aux représentants du peuple : « Croyez que, sous l'ancien ordre de choses, un gouvernement égoïste se fût abstenu d'insister pendant si long-temps et avec tant de persévérance sur le maintien des établissements des haras, s'il ne les eût reconnus véritablement utiles à son intérêt, et n'eût trouvé dans leurs produits une compensation avantageuse des sacrifices qu'ils lui coûtaient. Tel fut le système constamment suivi depuis 1665 ; et tel est encore celui de beaucoup d'États où, dans les mêmes vues, le gouvernement s'est établi le régulateur de cette branche d'économie politique. »

Quelques instants avant, il avait déjà dit : « Non, représentants du peuple, lorsque le génie de la liberté doit raviver parmi nous toutes les sources de la prospérité nationale, nous n'aurons pas à nous reprocher d'avoir moins fait, pour un objet qui s'y rattache par des rapports si intimes, que l'odieux gouvernement même que nous avons anéanti. » (*Séance du 28 fructidor, an 6*).

6

ance ne sont jamais l'effet ni du hasard ni du caprice ; elles ne peuvent sortir que d'un besoin impérieux et bien senti ; ajoutons même qu'elles seraient plus riches en résultats heureux si elles se faisaient moins long-temps attendre, si elles étaient tout à la fois plus solidement assises sur leur fondement et dès l'origine plus puissamment dotées.

Du seul fait de l'institution des haras on peut donc conclure avec assurance qu'aux trois époques indiquées les races chevalines de la France, loin d'être brillantes et prospères, étaient pauvres et dégradées. Mais, s'écrie-t-on, la tradition, cette voix qui de bouche en bouche nous les a montrées toujours meilleures dans le passé ! — N'a-t-elle pas, répondrons-nous, son contrepoids dans les plaintes qui remontent jusqu'au *bon vieux temps*, sans l'atteindre jamais ?

Ce qui est vrai, c'est que chaque tentative d'amélioration a produit son peu de bien ; qu'à la faveur des mesures appliquées à un mal réel, chaque effort a produit sa part de besogne, comme on disait alors, et que les races se sont toujours plus ou moins relevées sous l'influence des moyens adoptés. Puis venait peut-être un relâchement dans l'administration, ou bien celle-ci n'était point assez progressive, et l'arc se détendait à la longue. Des occasions de grandes dépenses et de grandes pertes pesaient plus tard sur la situation, dévoraient toutes les ressources et replongeaient le pays dans un dénûment extrême. Il en résultait d'immenses embarras. Au retour de la paix, on réfléchissait aux dangers que l'on avait courus ; on se plaignait de ce que précédemment on n'avait point prêté à la production du cheval toute l'attention dont elle était digne et qu'aurait commandée la prudence. La source de ces regrets était donc l'insuffisance des secours qu'on avait accordés à l'industrie ; mais la conséquence des plaintes était le rétablissement des haras sur une base plus large et mieux soutenue.

Telle est l'histoire vraie, impartiale, croyons-nous, de nos haras en France.

Les mesures dont l'arrêt de 1639 portaient application

avaient pour but de faire cesser *le transport d'or et d'argent qu'on sortait du royaume pour les chevaux venant en France d'Allemagne, Danemark, Espagne, Barbarie et autres pays estrangers, lequel argent excédait plus de cinq millions par an.*

Il est inutile de redire les puissants motifs qui avaient fait à Colbert une impérieuse loi de reprendre, en 1665 et 1668, l'organisation imparfaite de 1639 pour étendre son principe et lui donner une force nouvelle; inutile aussi de rappeler qu'elle fut encore ravivée par l'arrêt de 1683. Il restera bien démontré sans doute que c'est en se mêlant avec ardeur à la pratique que le gouvernement obtint un certain succès de cette seconde tentative.

Et pourtant nous avons encore sous les yeux les plaintes du gouvernement lui-même lorsqu'en 1717 il se vit forcé de réparer un grand désastre.

Cette dernière organisation a certainement été la plus complète et la mieux entendue des trois premières combinaisons administratives adoptées avant la réorganisation de 1806. Cependant que n'en a-t-on pas dit! Quels maux ne lui a-t-on pas attribués! En étudiant consciencieusement les faits, on voit que le système établi par le règlement de 1717 a d'abord produit un grand bien, qu'il a tout à la fois élevé le nombre et le mérite de la population équestre, mais que de nombreux abus, inhérents à sa nature, l'ont plus tard détourné de la voie du progrès pour le jeter dans une foule d'inconvénients d'où il est sorti, à n'en pas douter (car tout le prouve), une somme de mal au moins égale à la somme du bien. Dès lors, il y a eu retard, et les races, cessant de s'améliorer, perdirent peu à peu du mérite auquel on les avait élevées. Pour être juste et tout à fait impartial, ajoutons que le principe sur lequel avait été édifié le système entier des haras de cette époque s'était lui-même considérablement affaibli avec le temps, que ce qui avait pu être appliqué avec plus ou moins de pouvoir et de succès en 1717 n'était plus de mise 60 et 70 ans plus tard.

L'abolition des priviléges, l'établissement du droit commun, le désir d'éteindre une pareille source de dépenses, telles furent les causes réelles de la suppression des haras. Le mauvais état des races n'en fut même pas le prétexte facile et commode, tant il était absurde. En effet, moins bonne eût été la situation chevaline du moment et plus grande eût été sans doute la nécessité de travailler à l'améliorer. On fit précisément le contraire. Cependant, et nous insistons à dessein sur ce point, l'œuvre de destruction fut principalement consommée en haine des priviléges et de l'ancien régime. Ce fut un sacrifice aux idées nouvelles; celles-ci débordaient de toutes parts avec l'impétuosité du torrent. Pour se creuser un lit, elles renversaient toutes les digues élevées jusque là pour les contenir, s'inquiétant peu des dommages qu'elles laisseraient à réparer. L'avenir n'a pas de limites, et la liberté ne reconnaissait pas de frein. Pressée d'abattre, celle-ci emporta toutes les institutions à la fois, dût-on ensuite mettre un siècle à réédifier ce qui avait été si facilement détruit. L'industrie particulière, a-t-on dit, n'a aucun besoin de la protection onéreuse du gouvernement. Dans ce principe se trouvait la condamnation de toutes les administrations. On voulait une émancipation générale et absolue, la libre concurrence dans toutes les industries, dans toutes les branches des services publics. La constitution des haras, tout entière appuyée sur le privilége, protégée avec excès par des mesures répressives beaucoup trop rigoureuses, ne pouvait se défendre contre le principe même de la liberté; elle succomba.

La destruction des établissements de haras, par cela seul qu'ils tenaient au régime prohibitif, fut prononcée par le décret du 29 janvier 1790.

Cette détermination, qui leur avait porté une si forte atteinte, fut bientôt suivie d'une autre sous laquelle le système croula jusque dans ses bases. La loi du 19 novembre 1790 ordonna la vente immédiate de tous les étalons qui appartenaient à l'Etat, soit qu'ils existassent dans les dépôts de l'administration des haras, soient qu'ils fussent aux mains de détenteurs particuliers.

X. — SUPPRESSION DES HARAS ; SES CONSÉQUENCES.

Il n'est pas sans intérêt de se reporter aux débats qui précédèrent l'adoption du décret de suppression des haras. Nous les emprunterons au *Moniteur universel.*

En rendant compte de la séance du vendredi 29 janvier 1790, le journal officiel s'exprime ainsi :

« Un membre du comité des finances présente un projet pour la suppression des haras et des dépenses accessoires. Dans l'énumération qu'il fait des dépenses de traitement aux différents emplois, il s'en trouve une de 400,000 livres qui doivent être payées au duc de Polignac, en quatre années, pour l'établissement d'un haras à Chambord.

» Le rapporteur propose :

» 1° L'abolition du régime prohibitif des haras ;

» 2° La suppression des dépenses publiques relatives à ces établissements :

» 3° Que les étalons et les établissements, autres que ceux qui se trouvent dans le domaine du Roi, soient mis à la disposition des assemblées administratives.

» M. LE PRINCE DE POIX dit qu'il n'y avait de haras pour le service des écuries du Roi qu'en Normandie, à Pompadour et en Limousin ; que les autres étaient destinés à perfectionner l'espèce dans l'intérêt général du royaume.

» M. LE DUC DU CHATELET propose de conserver les haras et d'en confier la direction aux assemblées administratives.

» M. LE VICOMTE DE NOAILLES : Le meilleur moyen d'avoir de bons chevaux est de n'avoir point de haras ; comme pour avoir de bons arbres, il ne faut pas avoir de pépinières publiques. Toute distinction, toute prohibition étouffe l'industrie. Je suis donc d'avis d'abolir les haras ; mais il faut prendre des précautions pour ne pas s'exposer à perdre les frais immenses qu'ont coûtés ces établissements.

» M. LE VICOMTE DE MIRABEAU demande l'ajournement, afin que cette question, qu'il trouve d'une très haute importance, puisse être traitée avec maturité.

» M. DE FOUCAULT : Il faut ajouter à l'exception proposée en faveur des haras formés dans les domaines du Roi celle des haras appartenant à des particuliers.

» M. DUBOIS DE CRANCÉ : Pour trancher la question, beaucoup trop longuement discutée, il faut laisser à chaque particulier le droit naturel d'élever les chevaux qu'il lui plaira.

» M. DE VASSÉ propose de conserver des entrepôts d'étalons, peu de particuliers ayant le moyen d'en avoir de bons à eux.

» M. PRÉTEAU demande l'ajournement à quinzaine pour concerter avec le comité militaire et celui d'agriculture l'exécution du troisième article du projet de décret présenté par le comité des finances.

» On met aux voix l'article 1ᵉʳ du projet, ainsi conçu : Le régime prohibitif des haras est aboli.

» Cet article est décrété.

» Après une foule d'amendements et de rédactions proposés, l'assemblée décrète le second article en ces termes :

» Toutes les dépenses relatives aux haras sont supprimées, à dater du 1ᵉʳ janvier courant ; il sera pourvu à la dépense et entretien des chevaux en la forme accoutumée, jusqu'à ce que les assemblées de département aient statué à cet égard.

» La séance est levée. »

Quoique bien sommaire, ce compte-rendu laisse voir assez clairement que la destruction des haras a dû être emportée d'assaut, que la lutte a été longue et vive, que les partisans de l'intervention de l'État, dans une production de cette nature, ont combattu jusqu'au dernier moment, défendant pied à pied leur terrain, discutant avec feu chaque article et, pour ainsi dire, chaque mot de cet important décret en trois lignes.

Nous constatons ce fait parce qu'il est ignoré. En effet, ceux qui poussent à une nouvelle destruction des haras, ceux qui demandent un second décret d'abolition, ceux qui ne veulent aucune intervention administrative et qui ont une foi robuste en la force, en la suffisance de l'industrie privée, croient que l'ancienne administration fut supprimée par acclamation.

Nous voyons qu'il n'en a pas été ainsi. Plusieurs membres ont roposé de modifier la constitution, le régime administratif des haras, mais ils voulaient en conserver les ressources, en continuer le bienfait au pays. Il ne fallait pas s'exposer, disaient-ils, à perdre les frais immenses du passé ; il fallait surtout éviter de tomber dans le néant, car les particuliers n'avaient pas le moyen de se procurer par eux-mêmes les bons éléments de reproduction indispensables au progrès.

La question de principe fut donc nettement posée et chaleureusement soutenue : elle demeura intacte ; on ne lui porta aucune atteinte.

Si l'on pénètre plus avant dans le débat, on acquiert promptement la conviction que l'assemblée fut bien plutôt encore déterminée dans son vote par la raison financière, par un motif d'économie, que par une question de fond ou de principe. L'abolition du régime prohibitif était particulièrement du ressort et de la compétence du département et des hommes de finances ; le décret de suppression des haras vint de ce côté. Le comité qui en portait le nom agit avec une telle précipitation et dans un tel isolement qu'il ne consulta ni le comité de la guerre ni le comité d'agriculture, fort intéressés pourtant dans la question.

Le décret du 29 janvier 1790 ne fut, à vrai dire, qu'une loi de finance : son caractère était même si exclusif que l'assemblée rejeta la proposition du vicomte de Mirabeau, demandant un examen plus approfondi, et celle de M. Préteau, qui conseillait le renvoi du projet aux comités militaire et agricole pour avoir leur avis. La loi fut votée sans leur participation. L'abolition des privilèges en fut le prétexte ; une économie à faire, la raison fondamentale.

Un an plus tard, le 19 janvier 1791, sur un second rapport présenté par M. Vernier, au nom du même comité des finances, l'Assemblée nationale consomma l'œuvre en décrétant, à partir du 1ᵉʳ janvier de la même année, la résiliation de tous les baux à loyer des bâtiments et propriétés quelconques dont jouissaient les haras.

Le 19 février suivant, le même rapporteur fit adopter les dernières résolutions prises sur cette branche de service. Elles réglaient d'une manière définitive les indemnités à payer aux garde-étalons. La première regardait la part contributive de ceux-ci dans le prix des étalons qui leur avaient été confiés, et fixait à 50 livres par tête la somme à payer pour chacune des années dont se trouverait trop faible le nombre de celles nécessaires pour absorber, à raison de 50 livres par an, le montant de la dépense supportée par les gardes.

La seconde accordait aux détenteurs une gratification de 120 livres, à raison de la perte que leur avait occasionnée la non jouissance des priviléges pendant l'année 1790, dans les pays de taille personnelle. Dans les provinces où la jouissance des priviléges était remplacée par des gratifications en espèces, on devait acquitter celles qui n'auraient pas été complétement payées pour 1790, mais en ayant soin que la totalité de la gratification n'excédât pas le maximum de 120 livres pour chacun d'eux.

Les sommes nécessaires pour remplir les vues de ce décret devaient être prélevées sur le produit de la vente des étalons que l'on avait retirés aux gardes.

Son dernier article fixait la position des détenteurs de juments concédées dans le royaume. Il était ainsi conçu :

« Les poulinières dont il a été fait don sur les fonds de la précédente administration des haras à des nourriciers, pour parvenir à l'amélioration des espèces, appartiendront en pleine propriété à ceux qui les ont reçues, à la charge par eux de remplir les conditions qu'ils ont contractées par leurs soumissions, lesquelles seront déposées aux archives des administrations de département, que l'Assemblée nationale commet aux droits de l'ancienne administration des haras, pour les exercer au profit de leurs départements respectifs. »

Aucune autre dépense, antérieure ou postérieure au décret du 29 janvier 1790, n'était reconnue et ne pouvait être acquittée sur les fonds de l'État.

Telles furent les mesures arrêtées lors de la suppression des haras. Voyons quelles en furent les conséquences immédiates.

Ainsi que l'avait demandé un membre de la Constituante, impatient d'arriver à la fin du débat, chaque particulier se trouva en face de son *droit naturel* d'élever des chevaux quand et comme il lui plairait. Or, les particuliers, comprenant bien que, dans les circonstances d'abandon et d'isolement où les plaçait *ce droit*, ils n'avaient aucun intérêt direct à produire le cheval, n'eurent garde d'y toucher et de se montrer plus soucieux des besoins du pays que ceux-là qui avaient eu pour mission spéciale d'organiser les moyens de les remplir à la satisfaction de tous. Ils ne furent pas, eux, *plus royalistes que le Roi*; ils cessèrent tout simplement de se livrer à une industrie dont les mauvaises chances sont nombreuses et dont le profit est toujours mince, quand profit il y a.

D'ailleurs, les temps étaient peu favorables. « Pendant la révolution, des dilapidations, des réquisitions frappant à tort et à travers sur le cheval de luxe comme sur celui employé aux travaux de l'agriculture, sur l'étalon comme sur la poulinière; des guerres opiniâtres dont le théâtre est pendant long-temps sur le sol français, aucune sécurité, aucune confiance, par conséquent ruine de toutes les industries, ou stagnation complète dans les entreprises commerciales et agricoles; les grandes fortunes détruites, l'émigration entraînant sur le sol étranger les restes d'une noblesse proscrite, décimée et ruinée, sont les suites de la révolution et le complément de la destruction de tout ce qui a rapport à la production et à l'amélioration du cheval (1). »

Cependant ce grand accès de fièvre passa. Mais la crise avait été si violente que le pays eut peine à en revenir. Il y perdit toutes ces races tant vantées et que nos anciens pleurent encore par tradition. C'est qu'il est des pertes dont on se console difficilement, des maux dont ne se relève jamais complétement, qui laissent toujours après eux de mauvais souvenirs, des traces ineffaçables. Chez l'homme, c'est quelque chose de l'individu; chez les nations, c'est une industrie qui meurt, une institution qui disparaît. Dans l'espèce, ce fut une administration susceptible d'être rajeunie et de revenir à sa première vigueur que l'on renversa, qui fut anéantie. Eh bien ! que l'on demande à certaines provinces, au Limousin et à l'Auvergne, par exemple, comment elles se trouvèrent de ce qu'on appellerait aujourd'hui leur émancipation. L'industrie chevaline était relativement prospère au moment où la révolution éclata, au moment où furent dispersées toutes les ressources accumulées dans le pays par les soins de l'ancienne administration. On ne conteste pas ce fait, car on en a besoin pour étayer les plaintes contre l'administration actuelle. Quelle avait donc été la source de cette richesse, de cette prospérité ?

En tuant les haras, la révolution n'a fait assommer ni les étalons qu'ils possédaient, ni ceux qu'ils avaient confiés aux gardes. Elle les a mis en vente, offert à qui en a voulu. Tous ont passé aux mains de l'industrie privée dont le développement n'a plus dès lors été gêné en rien. Qu'a donné celle-ci; qu'a-t-elle produit ? Les faits répondent…

On sentit bientôt le danger de la laisser ainsi livrée à elle-même, d'abandonner le pays à son impuissance. On tenta de relever ce qui avait été si prestement abattu; mais d'ordinaire les convalescences qui suivent les grandes secousses sont d'une

---

(1) Comte de Montendre, *Des institutions hippiques*, t. II.

longueur désespérante. On sait maintenant ce que celle-ci a duré.

La Convention nationale essaya de rendre une direction, un appui à l'industrie particulière. Elle en comprit la nécessité, révélée par les faits et notamment par la détresse dans laquelle 1793 et 1794 avaient jeté la population chevaline entière. En effet, tandis que les réquisitions enlevaient toutes les existences indistinctement, nul ne songeait à les renouveler. Lors donc que l'agriculture eut donné son dernier produit, on s'adressa vainement à elle pour réparer tant de pertes. Complétement dépouillée, inquiète sur l'avenir, en ce qui touchait à ses intérêts les plus vifs, elle ne pouvait que laisser tous les services en souffrance, quand bien même elle se fût sentie moins affaiblie et plus puissante qu'elle n'était réellement.

N'anticipons pas sur les événements.

L'industrie faillit à la tâche qui lui avait été dévolue, à la mission qu'on lui avait imprudemment abandonnée, avant d'en être réduite à ces extrémités. Elle ne fit rien, n'essaya rien, ne voulut ou ne put rien.

Dès qu'elle se vit seule à la besogne, privée des secours qui avaient autrefois soutenu ses efforts, sollicité ses spéculations, éclairé sa marche, facilité son œuvre, favorisé ses goûts, guidé toutes ses opérations, elle imita l'exemple qui lui était venu d'en haut, dispersa ses richesses, vendit tout ce qu'on se montra disposé à lui acheter, fut ensuite encouragée dans cette voie par la crainte des réquisitions, et concourut ainsi forcément à sa ruine en consommant sa propre destruction.

Lorsqu'un peuple se trompe, il porte pendant bien longtemps la peine de ses fautes, de ses erreurs. L'ancienne administration des haras, œuvre puissante pour le temps où elle fut conçue et organisée, était sans doute, en 1789, remplie d'imperfections et grosse d'abus; mais comme beaucoup d'autres institutions de l'époque, nées à l'ombre du même génie et qui n'ont guère été plus respectées, elle avait contribué, nous l'a-

vons déjà dit, à l'accroissement des forces vives de la France,
à l'augmentation de sa richesse. Les abus devaient disparaître,
les hommes pouvaient changer; d'importantes modifications
auraient amélioré les détails, mais il fallait conserver le système général, le principe même de l'intervention de l'état dans
la production et le maintien des races chevalines. En fait d'institution, il est une idée juste et vraie de laquelle on ne devrait jamais se départir, un point fondamental hors duquel il
n'y a plus de stabilité, d'existence, par conséquent, c'est la
suite persévérante, la chaîne non interrompue entre le passé
et l'avenir, c'est le présent.

Le présent fut sacrifié sans réflexion, sans prudence, sans
souci aucun, et dans quel temps! En quel moment! Il dévora
tout à la fois ce qu'il avait reçu des générations qui l'avaient
précédé et ce qu'il aurait dû léguer aux générations nouvelles.

Les fautes deviennent parfois un utile enseignement. Alors,
elles ne sont qu'à demi regrettables, car on se relève plus
grand et plus fort, plus expérimenté et plus capable qu'avant.
Elles sont fatales, toutefois, lorsqu'on n'a pas su les réparer,
quand on en prolonge indéfiniment la durée.

Après la vente des étalons royaux et de ceux que l'administration avait confiés à la garde des particuliers, « commença
la série de ce désordre que l'état de guerre, qui ne tarda pas
de succéder à la destruction des établissements de haras, a
porté graduellement à son comble. Cernés de toutes parts par
les puissances coalisées, il nous fallut alors trouver nos appro-
visionnements en ce genre sur notre propre sol. Les réquisitions s'établirent, et bientôt l'espoir de maintenir les faibles
moyens qui nous restaient encore pour obtenir quelques belles
productions, disparut presqu'entièrement avec l'immense
quantité de chevaux et juments susceptible de les donner. Tel
fut encore l'effet de ces réquisitions, qu'elles détournèrent entièrement l'intérêt particulier d'un genre d'industrie qui n'offrait alors à ses spéculations ni avantage ni sûreté, et si on

ajoute à ce tableau celui de nos pertes tant aux armées que dans les dépôts, où le défaut de soin et de nourriture convenables en a fait périr un si grand nombre (1) » , on sentira combien le mal était grand et tout ce qu'il y avait d'efforts à produire pour donner une nouvelle existence à cette importante partie du service public.

XI. — NOUVELLES TENTATIVES D'INTERVENTION DE L'ETAT.

Il y avait un tel affaiblissement dans l'espèce du cheval, la population tout entière avait reçu une si profonde atteinte de la destruction des haras et de l'immense consommation qui l'avait suivie, qu'au milieu de ses grands travaux et de ses préoccupations diverses la Convention nationale songea pourtant à assurer la reproduction et l'amélioration des races.

On se rendit compte alors de la funeste influence qu'avaient eue les moyens violents adoptés en 1790, les mesures inintelligentes qui avaient détruit pour détruire, la loi impolitique qui, contrairement au véritable intérêt du pays, avait renversé, sans rien mettre à la place, l'un des services dont il avait à attendre le plus d'utilité réelle, immédiate.

L'insuffisance, l'incapacité, l'impuissance des particuliers ressortirent dans toute leur évidence. On reconnut, un peu tardivement à la vérité, le danger de s'en fier exclusivement à l'industrie, essentiellement égoïste dans ses spéculations, nécessairement indifférente en matière d'utilité générale. On comprit enfin que le gouvernement seul était sérieusement intéressé à ce que la population entière fût valide, haute en valeur, parce que l'augmentation de la richesse sociale tourne toujours à son profit.

Pressée par toutes ces considérations, la Convention na-

(1) Eschassériaux jeune, *Rapport au Conseil des Cinq-Cents*.

tionale rendit, le 2 germinal an III, une loi portant établissement provisoire de dépôts nationaux d'étalons pour relever
l'espèce des chevaux et des autres animaux utiles à l'agriculture et au transport.

Cette loi ordonnait que tout ce que le gouvernement pourrait réunir d'étalons capables de produire de bons chevaux
de cavalerie serait placé dans sept dépôts, dont l'Etat supporte-
rait les frais d'entretien; que d'autres étalons, jugés plus propres à la propagation du cheval de trait et de labour, seraient
répartis dans les districts où leur espèce était de nature à réussir plus complétement. Ceux-ci devaient être vendus publiquement aux particuliers, avec remise immédiate du cinquième du
prix d'adjudication, à la charge néanmoins de les conserver
pendant cinq ans et de les livrer gratuitement et exclusivement
à la serte des poulinières qui leur seraient annexées, moyennant une indemnité fixée à 1,200 fr. pour la première année,
et réglée, pour les quatre suivantes, d'après le prix moyen des
fourrages, et proportionnellement à la valeur actuelle de l'é-
talon.

Il devait, en outre, leur être accordé, pendant le même
laps de temps, une gratification annuelle de 20 fr. pour chacune des juments reconnues pleines du fait des étalons vendus
par la République.

Six cents juments, susceptibles de donner de bonnes productions, devaient être livrées à l'industrie aux mêmes conditions de vente et de destination; elles ne devaient pas avoir
plus de huit ans.

Au cas où il s'en serait trouvé d'une race distinguée, on devait les réserver et les placer provisoirement dans les dépôts
nationaux d'étalons.

On devait s'occuper de primes à distribuer à l'élevage et
déterminer quels encouragements recevrait la formation de
haras particuliers.

Enfin, les étalons et toutes juments pleines ou nourrices

étaient exempts des droits de préemption et des réquisitions.

Ce décret n'était pas sérieux. On ne le considéra pas seulement, à l'époque, comme un acte provisoire, mais insuffisant pour atteindre le but et manquant de tous les développements indispensables pour mettre en œuvre le principe même sur lequel il était fondé (1). Il témoignait de la faiblesse extrême de nos races, il disait hautement la nécessité d'intervenir soit dans leur reproduction, soit dans leur perfectionnement. On tenta son application. Les moyens d'exécution firent défaut. A grand'peine trois dépôts, sur les sept dont la formation avait été prescrite, purent recevoir quelques animaux que le hasard avait sauvés du désastre. On les envoya — ceux-ci au Pin, — ceux-là à Pompadour, — les autres à Rosières. On donna pour auxiliaires aux premiers les débris des anciennes races normandes ; aux seconds, les derniers nés de la précieuse race du Limousin ; aux autres on réunit quelques rejetons de la race ducale dans la pensée de rappeler chez le cheval lorrain les qualités qu'il n'avait plus.

Tel fut l'unique résultat de ce décret. En présence de la nécessité qui l'a fait rendre, du principe qu'il consacre, des mesures qu'il ordonne, on peut bien se demander si la Constituante avait sainement jugé, sagement fait, prudemment agi, lorsqu'elle avait supprimé l'ancienne administration pour qu'il n'en restât pas trace.

La formation et l'entretien de sept grands dépôts, c'est déjà plus que l'État n'en entretenait à ses frais avant 1789, car les haras particuliers du Roi et les établissements entretenus par les provinces lui avaient permis, sous ce rapport, de limiter beaucoup son action. C'était moins cependant qu'il n'aurait été forcément amené à en posséder, car le système des garde-étalons ne rendait plus à la fin que de mauvais services et menaçait même de n'en plus rendre du tout La tendance marquée des derniers temps, sous l'ancien régime, était donc l'augmen-

(1) Eschassériaux jeune, Rapport cité.

tation du nombre et de l'importance des dépôts d'étalons (1).

La vente d'étalons aux particuliers avec remise d'une partie du prix et l'indemnité annuelle de 1200 fr., qu'est-ce autre chose que le système des garde-étalons revu, corrigé et même considérablement augmenté? L'administration défunte donnait aussi des reproducteurs mâles et femelles à l'industrie, tantôt gratuitement, tantôt à prix débattus, et tous ces priviléges, toutes ces immunités, garantis par des arrêts solennels, ne représentaient que l'indemnité annuelle accordée par le nouveau gouvernement. Si l'on compare les deux combinaisons administratives, on reste convaincu que le bon marché se trouve encore du côté de l'ancien système. Le dernier absout le premier. C'était bien la peine vraiment de faire à celui-ci son procès! La Convention a montré l'utilité que le pays avait retirée de la condamnation et de la prompte exécution de l'administration des haras.

Elle-même n'avait pas bien calculé la portée pratique des mesures qu'elle s'était vue forcée d'appliquer à la situation. Pour les rendre efficaces, ou seulement pour faire une halte dans la descente, afin de prendre des forces pour remonter, il eût fallu leur donner une grande extension, mettre à leur service un budget immense. C'était une vaste administration à rétablir, un nombreux personnel à nommer, beaucoup de frais à supporter; c'était le retour de la mort à la vie. Nous avons déjà vu que la résurrection ne fut que partielle. Rosières, Pompa-

(1) « De nombreux abus, signalés par les états provinciaux long-temps avant la révolution, devaient amener un changement dans l'organisation des haras. Déjà, plusieurs provinces avaient formé des dépôts d'étalons, placés sous la surveillance d'agents instruits dans la science hippique, et tout pouvait faire pressentir que ce nouveau mode serait généralement adopté dans tout le royaume. » (Comte de Montendre, *Institutions hippiques*, t. II.)

Eschassériaux jeune avait déjà constaté ce fait, et Lafont-Poulotti, qui écrivait en 1787, avait déroulé tout un plan de réforme sur la nécessité de remplacer les garde-étalons par le système des dépôts convenablement répartis dans le royaume.

dour et Le Pin, vécurent de langueur, attendant des jours plus heureux.

Les races ne s'en portèrent pas mieux. En l'absence de toute intervention utile, on pressentait aisément les embarras de l'avenir par les difficultés du présent. On remit la question à l'étude. Le Directoire exécutif avait appelé sur elle les méditations et l'attention toute particulière du conseil des Cinq-Cents. Une commission spéciale fut nommée pour rechercher, arrêter et proposer au conseil la meilleure forme à donner à une nouvelle organisation des haras et les moyens les plus propres à concourir au but de ces établissements.

La commission remplit sa tâche. La rédaction de son rapport fut confiée à Eschassériaux jeune, l'un de ses membres.

Nous analyserons rapidement ce travail, que nous avons déjà plusieurs fois cité.

XII. — ORGANISATION PROPOSÉE AU CONSEIL DES CINQ-CENTS.

Nous ne nous arrêterons pas aux considérations sur lesquelles le rapporteur s'est appuyé pour faire reconnaître avec la commission la nécessité et l'urgence d'une intervention active et directe de l'état. Il ne voit partout qu'insuffisance, manque de goût, de connaissances et de volonté; le gouvernement seul peut fonder une œuvre stable et prévoyante; seul il peut satisfaire aux exigences du présent sans oublier jamais les intérêts de l'avenir.

Cela posé, il discute le mode d'organisation que l'on peut croire le plus favorable à la France dans les circonstances particulières où la placent la division des propriétés et l'exiguité des fortunes.

Il rapporte à trois les divers systèmes en présence, et se pose les trois questions suivantes :

« 1° Doit-il être pourvu à l'amélioration de l'espèce du cheval

7

par le moyen d'étalons appartenant à la République et distribués dans cette intention à des particuliers?

» 2º Se bornera-t-on pour cet effet à l'emploi d'étalons possédés par des citoyens qui consentiraient, sous la condition d'une indemnité, à les affecter au service public?

» 3º Enfin sera-t-il plus convenable pour atteindre ce but de former sur les diverses parties du territoire de la République des dépôts, et par conséquent de s'en tenir au principe de la loi du 2 germinal an III? »

La réponse qu'il fait à ces propositions est particulièrement remarquable pour l'époque à laquelle ce rapport était écrit et présenté à l'un des grands pouvoirs de l'État; la voici en son entier :

« Quant au premier mode de ces établissements, on ne peut disconvenir jusqu'à un certain point de son utilité sous le rapport de la reproduction de l'espèce; mais, dans l'état actuel des choses, a-t-on lieu d'espérer qu'il réponde aux vues d'amélioration qu'il devrait surtout avoir ici pour objet? C'est ce qu'il est impossible de se persuader. On peut bien être séduit par l'apparente simplicité de son organisation; mais lorsqu'on réfléchit sur les inconvénients graves qu'il comporte en lui-même, il est bien démontré que l'intérêt public le repousse, non moins comme insuffisant que parce que la dépense n'en serait pas réellement compensée par les avantages qui pourraient en résulter.

» En effet, en admettant que les établissements de haras doivent consister dans l'entretien d'étalons isolés chez différents particuliers, que de sources d'abus ne s'offrent pas dans l'examen de ce mode! Comment, en effet, être assuré que ces étalons seront constamment nourris et entretenus avec le soin qu'exige leur destination; qu'au lieu d'exercices propres à maintenir leur vigueur et leur santé, ils ne seront point excédés de travail, et, par suite, atteints d'infirmités qui rendraient leur emploi insuffisant ou illusoire? Dira-t-on qu'il ne s'agirait que d'opposer à ces abus une surveillance exacte et rigoureuse?

Mais qui ne conçoit qu'une telle surveillance à exercer sur tous les points de la République serait impossible sans le concours d'un nombre très considérable d'agents dont les salaires seraient l'objet d'une dépense excessive? Au reste, en supposant que cette inspection fût régulièrement établie, s'imagine-t-on que l'intérêt particulier ne parviendrait pas à en éluder les effets?......

» Mais, dans ce système, quelle garantie aurait-on encore de l'emploi convenable des étalons? Ne serait-il pas surtout à craindre que l'avidité du gain ne fût pour ces animaux la cause d'une prompte dégradation, suite inévitable d'un service excessif? Et si, d'ailleurs, il est vrai qu'il s'agisse moins ici de la reproduction que de l'amélioration de l'espèce, comment se persuader qu'on trouverait généralement dans les gardes ou leurs agents les connaissances nécessaires pour utiliser l'emploi des étalons qui leur seraient confiés de la manière que l'exige le véritable intérêt de la République? Assurément il est bien démontré, par l'expérience et d'après le cours naturel des choses, qu'à cet égard tout espoir de succès serait trompé.

» D'ailleurs, les difficultés de formation de ces établissements et leur instabilité n'en seraient pas encore les moindres inconvénients; en effet, trouverait-on toujours, dans les lieux où ils seraient jugés nécessaires, des citoyens disposés à seconder les vues du gouvernement? Quant à l'instabilité de ces établissements, il n'est personne qui ne la reconnaisse dans la fréquence de leurs déplacements, que l'incurie des garde-étalons, les abus de leur gestion, ainsi que d'autres causes accidentelles, pourraient nécessiter à chaque instant : or, peut-on douter que ce vice, inhérent à leur organisation, ne fût encore un des principaux obstacles à leur succès?

» Il résulte de ces diverses considérations que le mode d'établissement dont il s'agit, susceptible de beaucoup d'abus dans l'exécution comme dans la surveillance, incertain dans ses moyens, et insuffisant dans ses résultats, ne peut nullement être adopté comme base de l'amélioration qu'il importe surtout d'effectuer dans la partie des haras.

» Au reste, quant à la dépense, ce mode ne se présente pas sous un aspect plus favorable. Il est certain que la nourriture de l'étalon, son entretien et les soins particuliers qu'il exige, devraient être non moins l'objet d'une indemnité que d'un bénéfice pour son garde : or, qui procurerait à celui-ci l'un et l'autre? Serait-ce le produit du travail de l'animal? Mais pourrait-on le permettre sans s'exposer à manquer le but de l'établissement? Serait-ce celui de l'entreprise? Mais, dans l'état actuel des choses, la concurrence, à laquelle on ne peut plus opposer de prohibitions, ne la rendrait-elle pas très précaire? Il faudrait donc déjà payer plus même que l'ancien gouvernement. Mais quelle valeur assigner au remplacement de l'indemnité, représentée par la jouissance des exemptions et privilèges accordés autrefois aux garde-étalons? Il suffit de se fixer sur l'idée du prix qu'on y attachait, et de savoir que c'était surtout par l'appât des avantages qui en résultaient qu'on était parvenu à vaincre la résistance de l'intérêt particulier à se charger d'un haras, pour croire que la dépense de ce remplacement devrait nécessairement s'élever fort haut.

» Si nous passons à l'examen du mode par lequel on se bornerait à allouer des indemnités aux citoyens qui, possesseurs d'étalons, consentiraient à les affecter uniquement au service public, on y découvre, à très peu de chose près, identité de moyens, et par conséquent identité d'abus. D'ailleurs, comment compenser l'inconvénient majeur existant dans la presque impossibilité de rencontrer, dans les lieux où ces établissements seraient reconnus nécessaires, des citoyens qui réuniraient à la volonté d'assumer sur eux le soin pénible d'un haras, la possession d'étalons aussi parfaits qu'ils devraient l'être pour en remplir convenablement le but?

» Il reste maintenant à examiner l'objet de la troisième question, — consistant à savoir s'il convient davantage à l'intérêt de la chose publique de prendre pour base de ses établissements en ce genre les dépôts d'étalons formés sur plusieurs points de la République.

» ..... L'affirmative de cette question semblerait en quelque sorte décidée par la loi du 2 germinal an III ; mais la commission, laissant à part ici cette considération, a cru ne devoir prendre que sa propre conviction pour régulateur à ce sujet. Ce n'est donc qu'après s'être bien pénétrée de la prépondérance des motifs sur lesquels est fondée cette loi, qu'elle s'est déclarée pour le maintien du principe qu'elle consacre.

» Tel était aussi avant la révolution le sentiment des personnes les plus versées dans la partie des haras. Convaincues des abus sans nombre du système dominant, elles en invoquaient depuis long-temps la réforme. Mais les meilleures vues en ce genre pouvaient-elles se réaliser, lorsque ceux qui profitaient de ces abus avaient à la fois le pouvoir de les perpétuer ? Néanmoins, au milieu de cette résistance à une amélioration dans le système des haras, quelques établissements tels que ceux dont il s'agit furent formés ; et déjà, quoique dans un état imparfait d'organisation, ils donnaient par leur succès l'espoir de changements utiles en cette partie, lorsque parut la loi qui les supprima. C'est donc non seulement par ces avantages constatés, mais encore par la considération des causes qui doivent les déterminer, qu'il convient d'apprécier ces établissements, plutôt que par les résultats de la loi du 2 germinal an III, que la pénurie des fonds, les réquisitions continuelles, l'oubli forcé du gouvernement, et enfin le défaut d'organisation suffisante, ont dû nécessairement paralyser dans son exécution.

» Comment en effet méconnaître que ces établissements, dirigés, comme on doit le supposer, par des hommes versés dans la connaissance de ce qui tient particulièrement à la nature et aux qualités du cheval, à sa conservation, à son entretien et à son éducation, présentent la garantie la plus probable de succès ? Peut-on ne pas y voir un ensemble et une combinaison de moyens qui contrastent bien évidemment avec l'incertitude et l'espèce de désordre inhérents aux autres modes d'établissements?

» D'abord, s'il s'agit du choix des étalons, n'a-t-on pas lieu d'attendre des lumières et de l'expérience des chefs de ces établissements, qu'il sera aussi parfait qu'il peut l'être? Et qui peut mieux qu'eux encore connaître celui des établissements où il importe que chaque étalon soit déposé pour y remplir convenablement, d'après ses qualités et selon le besoin des localités, l'objet essentiel de sa destination?

» Mais ce qui doit faire particulièrement ressortir encore l'avantage de ce système, c'est la certitude que, par l'effet d'un service régulier et assujetti à une exacte surveillance, les étalons seront soignés, nourris et exercés, de manière à ce qu'ils soient maintenus dans l'état de santé le plus propre à assurer le succès de leur emploi.

» Si maintenant on fait l'application de ces principes à l'objet principal des établissements de haras, celui qui consiste à combiner le perfectionnement de l'espèce avec sa reproduction, ne s'ensuit-il pas ici que tout doit se coordonner aussi parfaitement qu'il est possible pour atteindre le but désiré?

» En effet, la direction la mieux raisonnée de l'emploi des haras sous ses divers rapports n'en est-elle pas en quelque sorte la conséquence nécessaire?

« Telles sont, citoyens représentants, les considérations principales qui résultent de l'examen de ce mode d'établissement; elles suffiront sans doute, sans qu'il soit nécessaire de leur donner de plus longs développements, pour justifier la préférence que la commission a cru devoir avec raison lui accorder sur les autres. »

Il y avait, croyons-nous, plus — moins — et mieux à dire en faveur du système proposé. Quelques arguments ont été produits, dans ce qui précède, que nous ne voudrions pas défendre, car ils ne nous paraissent aucunement fondés. Nous n'en dirons pas davantage en ce moment; nous aurons occasion de revenir sur le mode auquel on faisait ici les honneurs aux dépens de celui qui avait été aboli en 1790. Nous nous bornerons à constater que ce dernier a été vivement repoussé par la commission ; plus loin, nous verrons que certaines personnes voudraient encore y revenir.

Est-ce que les causes qui en ont provoqué la destruction seraient de nature à le ramener et à le faire revivre? Cela serait au moins étrange.

Voyons maintenant les développements du système , tels qu'ils ont été présentés au Conseil des Cinq-Cents.

On proposait d'organiser douze dépôts, peuplés de 600 étalons. Chaque établissement devait être sous la direction d'un inspecteur particulier, assisté d'un vétérinaire et d'un ou deux surveillants, selon le besoin.

Trois inspecteurs généraux devaient être chargés de la surveillance des dépôts, former conseil auprès du ministre de l'intérieur, méditer, mûrir et faire exécuter les moyens propres à améliorer les différentes parties du service.

A côté de l'administration, ainsi constituée, on proposait « d'affecter jusqu'à concurrence de 600 étalons, pris en dehors des dépôts, au service subsidiaire des principaux établissements. »

Ces étalons ne devaient être ni à la charge de la République, ni achetés par elle. Il devait lui suffire de s'en assurer l'emploi par des primes pour le temps de la monte. Les primes étaient de trois classes : la première s'élevait à 250 fr., la seconde à 200 fr., la troisième à 150 fr. On créait donc une seconde classe d'étalons, celle des étalons primés. Mais on ne s'exagérait pas le succès qu'on pouvait retirer de ce moyen auxiliaire ; on ne le présentait que comme une expérience utile à tenter, une sorte d'étude à faire, lesquelles apprendraient au gouvernement jusqu'à quel point ce nouveau mode pourrait « être étendu, modifié ou suppléé dans l'avenir. »

La pauvreté du pays en poulinières faisait encore proposer, comme mesure directement utile à la production et au perfectionnement des races, la distribution de 300 juments de belle ràce à des cultivateurs soigneux, sous la condition de les entretenir constamment à l'état de poulinières et de les remplacer par un de leurs fruits, mâle ou femelle, de deux ans et demi au moins, à l'option du gouvernement qui pourrait ainsi les destiner toutes à la reproduction. Enfin on demandait 400 primes de 100 fr, et un pareil nombre de 80 fr. pour les meilleurs produits ; on sollicitait l'établissement de prix de courses, capables de stimuler le zèle et l'intérêt des éleveurs.

C'était un système complet. Le gouvernement intervenait à la fois par une action directe et par voie indirecte. S'il se chargeait des frais d'une organisation administrative, il s'occupait aussi des moyens d'encouragement à l'aide desquels l'industrie privée devait se développer et prendre des forces. On regrettait de ne pouvoir faire plus et de restreindre, dans des limites beaucoup trop étroites, les deux sources ouvertes à la production et à l'amélioration.

Le projet de budget était fort simple. Quelques chiffres le feront connaître dans tous ses détails.

Personnel des officiers	118,200 fr.
Pour 150 palefreniers à 450 fr. .	67,500
Entretien des animaux et des bâtiments	339,550
	525,250 fr.
Achat d'étalons. . . . . . . ,	72,000
Primes d'encouragement	249,000
Total. . . .	846,250 fr.

La somme demandée dans le premier article fait ressortir à 875 fr. par an le prix d'entretien moyen de chaque étalon.

En calculant le renouvellement de l'effectif au dixième par année, on obtient un prix d'achat de 1,200 fr. seulement.

Ces chiffres parlent d'eux-mêmes, il serait inutile de chercher à les commenter.

Rien n'indique que ce projet ait été adopté ni même qu'il ait jamais été discuté ; tout donne à supposer, au contraire, qu'il est resté à l'état de rapport et que la situation faite par la loi du 2 germinal an III n'a point été modifiée.

Les ressources manquaient au pays. Il eût été difficile de lui appliquer les dispositions plus onéreuses de la résolution proposée le 28 fructidor an VI, lorsqu'on n'avait pas trouvé les moyens de remplir les vues moins exigeantes de la loi adoptée en l'an III.

Quand elles ne peuvent être exécutées, les lois sont inutiles : celle de l'an III était forcément tombée en désuétude le jour même où elle avait été rendue ; elle était mort-née. En l'état, à quoi eussent abouti de nouvelles mesures ? — Enter un décret sur un autre ne conduit à aucun résultat quand les moyens d'application n'existent pas. C'était la situation du moment : d'un côté les besoins ; de l'autre, une impossibilité.

XIII. — RÉTABLISSEMENT DES HARAS.

La production chevaline n'obtient donc que de faibles secours du gouvernement, si faibles, en effet, qu'elle s'en aperçoit à peine, et l'industrie, complétement abandonnée, reste seule en face d'une consommation, qui, loin de la vivifier et de lui donner des forces, tend, au contraire, à dévorer toutes ses ressources, à lui ôter jusqu'à sa dernière espérance.

Huzard père a tracé le tableau du désordre qui a régné pendant les dix-sept années que dura la suspension de l'action administrative. « Il faut convenir, dit-il, que les convulsions et les crises de tous genres qui ont signalé d'une manière si effrayante les premiers élans de la nation française vers la liberté, que surtout les besoins toujours plus pressants, toujours plus impérieux de plusieurs guerres à la fois, ont porté le dernier coup à cette branche autrefois si florissante (1) des productions

(1) Dans cette question, ne semble-t-il pas que tout doive être contra-

de notre sol, par l'appauvrissement, l'inquiétude et le découragement du cultivateur, forcé de sacrifier à tous les instants sa fortune au service de la nation.

» De long-temps il n'oubliera les réquisitions et la manière désastreuse dont le plus grand nombre d'entre elles ont été faites. C'était peu d'enlever les chevaux et les juments qui auraient pu soutenir la beauté et la bonté de nos races; c'était peu d'arracher sans discernement au commerce et à l'agriculture tout ce qui pouvait servir aux armées. Le choix tombait encore et de préférence sur l'étalon, sur les juments poulinières, sur les poulains de la plus belle espérance dans lesquelles la taille et la force avaient pu devancer l'âge.

» Enfin les choses en étaient venues au point que les plus beaux chevaux, jadis l'orgueil du laboureur, devenaient pour lui un sujet de crainte et une cause de misère qui le forçaient, pour son propre intérêt, à s'en débarrasser à quelque prix que ce fût, pour échapper au fléau de la réquisition, et à les remplacer par des individus tarés et assez défectueux pour être jugés indignes ou plutôt incapables de faire le service des armées.

» On a vu le cultivateur, à cette époque, rejeter les animaux de choix, s'attacher de préférence à ceux de rebut, et, ne prévoyant pas le terme de ses craintes, tirer volontairement race de ces derniers pour assurer au moins ses travaux et sa fortune. On l'a vu faire saillir des poulains, faire porter des

diction et confusion ? Huzard père, qui parle ici du dommage qu'a éprouvé l'espèce chevaline de la France à la suite de la suppression des haras et qui la déclare si *florissante* autrefois, dit — quatre pages plus loin : « Les plus vieux officiers de cavalerie déploraient sous l'ancien gouvernement, et avaient entendu déplorer à leurs prédécesseurs la dégénération des chevaux français. Il ne se passait pas une revue, il n'arrivait pas une remonte, on ne voyait pas un escadron à l'abreuvoir, sans regretter ces belles formes, ces qualités précieuses et solides des races normande, limousine et autres. » C'est toujours, on le voit, le oui et le non en regard l'un de l'autre ; la perfection et la dégénération en présence. Autrefois, l'espèce était florissante, et cet autrefois représente une époque que nul ne précise ; c'est quelque chose d'insaisissable, un mythe, une abstraction.

pouliches, long-temps avant que les uns et les autres eussent acquis les forces nécessaires et le développement dont ils avaient besoin.

» Que devait-il résulter de cet état de choses après de tels désordres trop long-temps prolongés? Ce que nous voyons aujourd'hui, des productions faibles, incomplètes, qui n'ont pu recevoir des pères et mères ce qui leur manquait à eux-mêmes; la dégénération presque générale de nos races et une diminution effrayante des individus..... (1) »

L'industrie que l'on peut peindre sous de pareilles couleurs est bien malade. Celle dont il s'agit était, en effet, dans une situation extrême. Cette situation était parfaitement comprise. La population entière présentait la plus déplorable confusion. Quiconque l'étudiait demeurait bientôt convaincu, dit encore Huzard, « que l'intérêt isolé, l'intérêt particulier seul ne suffit pas pour donner à cette branche de la prospérité publique tout l'essor dont elle est susceptible. » Il y a loin, certes, d'un développement désirable à l'état d'affaissement et de misère que nous venons de constater. Mais on était si près encore du jour où l'on avait déclaré la toute-puissance de l'industrie quand elle jouit d'une liberté sans limites, qu'on n'osait s'avouer que faiblement, avec beaucoup de ménagements, son incapacité notoire et son insuffisance si grande. Il fallait conclure néanmoins. On conclut à l'intervention sérieuse, efficace du gouvernement. On en revint à la pensée d'une organisation administrative : le rétablissement des haras fut dès lors arrêté.

Tandis qu'on posait les bases d'une administration nouvelle, qu'on en déterminait l'action, qu'on en discutait les voies et moyens, que l'on supputait les forces dont elle aurait besoin, que l'on cherchait à déposer dans le présent des germes féconds pour l'avenir, on se prit à recueillir tous les débris du passé, et l'on commença de réunir sur divers points de la France tout

(1) *Instruction sur l'amélioration des chevaux en France.*

ce qui avait comme par miracle échappé à la destruction générale. Il y avait encore par ci par là quelques individualités brillantes ; chez nos principales races, le sang n'avait pas perdu
toute sa puissance ; on sentait en lui un reste de chaleur. Il
n'était donc pas impossible de ranimer ce foyer à l'aide de
quelque vive étincelle.

En effet, en cherchant bien dans cette immense ruine, en
procédant avec méthode, en portant l'ordre dans ce chaos, en
rejetant tout ce qui était devenu par trop mauvais, en employant avec discernement tout ce qui avait conservé quelque
valeur, il était possible de rappeler la population chevaline de
la France à un état d'utilité et de force bien désirables. *Tant
qu'il y a de la vie, il y a de l'espérance ;* eh bien ! nos anciennes races vivaient encore.

Dès avant l'empire, en 1802, la production reprit une certaine activité. L'industrie fut rassurée ; elle vit dans la nécessité
de remplir tous les besoins de la consommation un débouché
certain, régulier, permanent. Elle fut, dès lors, vivement intéressée au progrès, se mit en confiance et se montra aussi avide
de succès qu'on avait pu la voir découragée et craintive. Une
paisible possession, la vente fructueuse des produits, tel était
le secret de cette nouvelle situation. La condition fondamentale
de l'industrie est toute dans ce fait. C'est le point culminant
de toute production, l'*ultima ratio* de tout perfectionnement.

L'activité du commerce, d'un commerce sûr, donne nécessairement la raison la plus élevée de l'état prospère ou déchu
des races ; c'est un thermomètre infaillible.

Sous l'influence des sollicitations réitérées, incessantes du
luxe et des services divers, l'industrie reprend donc courage ;
le pays commence à se repeupler. Cependant, les étalons précieux, les poulinières d'élite ne s'improvisent pas ; le bon vouloir, les efforts des particuliers ne firent que mieux sentir la
nécessité d'une intervention immédiate et d'un concours puissant.

Le gouvernement s'exécuta.

Le 31 août 1805, un décret impérial, daté du camp de Boulogne, avait institué des courses publiques dans les départements les plus occupés de l'élève du cheval. Le 4 juillet 1806, les haras furent rétablis sur une grande échelle. En mai 1809, un autre décret, rendu au camp de Schœnbrunn, porta création de plusieurs écoles impériales d'équitation subventionnées par l'État, et organisation d'un comité pour améliorer les haras et l'art de l'écuyer.

Le décret de 1806 n'est que la confirmation et l'extension du projet de résolution proposé au Conseil des Cinq-Cents, lequel n'était lui-même que la consécration et l'extension de la loi du 2 germinal an III, dont la pensée première remontait aux derniers temps de l'ancien régime.

Il ordonnait la création de 6 haras, 30 dépôts d'étalons et 2 écoles d'expériences : le projet de fructidor an VI s'arrêtait à la formation de 12 établissements ; la loi de l'an III avait seulement posé le chiffre 7.

En l'an III, comme en l'an VI, comme en 1806, les étalons de l'État devaient être répartis, pendant le temps de la monte, dans les arrondissements affectés à chaque établissement ; mais en l'an III, le nombre des étalons nationaux n'était pas déterminé ; en l'an VI, on le portait à 600 : le décret impérial en fixa le minimum à 1,470 et le maximum à 1,825.

Dans la première organisation, on ne fait pas le budget des dépenses ; dans la seconde, on en présente un qui s'élève à 846,250 fr. ; dans la troisième, on affecte au nouveau service une dotation annuelle de deux millions (1).

Le premier décret donnait à l'administration qu'il cherchait à organiser une forme qui l'aurait beaucoup rappprochée de l'ancienne administration des haras. Ses sept établissements

(1) Cette dotation a été réduite de 200,000 fr. en 1810, 1811, 1812 et 1813. Elle subit alors de nouvelles réductions jusqu'en 1816 et 1817, où elle n'était que de 1,320,000 fr. (*Rapport de M. le duc d'Escars au ministre de l'Intérieur.*

n'étaient pas susceptibles de toute l'extension qu'on aurait voulu donner au système. Par contre, on attachait au service public des étalons particuliers une indemnité si élevée qu'ils eussent bientôt couvert le pays si l'industrie avait pu répondre à cet appel et si l'État avait pu rester fidèle à son désir.

La tendance du projet de résolution de l'an VI est toute différente. Elle développe le système d'intervention directe en multipliant les dépôts et en fixant leur population à un chiffre considérable relativement au passé, mais que l'on voyait déjà insuffisant dans l'avenir et bientôt dépassé par conséquent. A la place d'une indemnité menteuse et impossible en fait, on offre des primes aux propriétaires d'étalons propres à l'amélioration; ces primes présentent les fixations suivantes : 150,200 et 250 fr.

Le décret de l'Empereur adopte les mêmes principes, mais il en élargit considérablement la base. C'est que plus on s'éloigne du temps où les haras furent supprimés, plus grande est la pauvreté des particuliers, plus sont nombreux et pressés les besoins, plus large et plus forte aussi doit être l'action de l'État dans l'œuvre de la reproduction et de l'amélioration des races. C'est à ce résultat forcé que conduit l'isolement dans lequel est restée l'industrie privée pendant les quinze années d'abandon et de tourmente qui viennent de s'écouler. Trentehuit haras ou dépôts pouvant renfermer au-delà de 1,800 étalons, 100 poulinières et leurs produits de différentes âges, voilà pour les moyens directs. Comme dans le projet de l'an VI, on adopta pour auxiliaire les primes aux étalons, les primes aux juments, voire même aux poulains, puis les prix à distribuer soit dans des courses publiques, soit dans des concours établis à l'occasion des principales foires aux chevaux. Du reste, aucune limite dans la fixation du crédit spécialement applicable à ces encouragements. Le taux des primes est seul déterminé. Un étalon approuvé pouvait recevoir de 100 à 300 fr. par an ; les chevaux et juments primés dans les concours, de 100 à 200 fr., et les poulains 50 fr. seulement.

En raisonnant l'application de deux millions de dotation accordés aux haras, il est impossible de faire à l'industrie privée une part d'encouragement quelque peu efficace. En effet, si l'on se borne à porter à 800 fr. l'entretien annuel de chacune des deux mille têtes d'étalons, juments et produits que devait posséder l'État dans ses établissements, on arrive tout d'abord à l'emploi d'une somme de 1,600,000 fr. Reste celle de 400,000 fr. pour pourvoir au remplacement des pertes et des réformes, pour faire face aux dispositions arrêtées en vue de l'institution des courses, des concours et des approbations d'étalons.

Cette dotation était d'une insuffisance notoire. Dès son commencement, l'administration était empêchée, car les moyens n'étaient point en rapport avec le but, avec le plan grandiose que l'on paraît s'être proposé alors. Nul doute que, plus tard, on ne l'ait compris et que le budget de cette vaste administration n'ait obtenu, avec le temps, les compléments nécessaires à son complet établissement.

Mais elle a duré neuf ans à peine, et ce laps de temps si court avait néanmoins suffi à l'organisation de la presque totalité des haras et dépôts dont la création avait été décrétée.

Aux termes de l'article 4 de l'acte constitutif, les deux tiers des étalons devaient appartenir aux races françaises. On devait spécialement les choisir parmi ceux qui avaient mérité d'être primés dans les concours institués pour les jours de grandes foires.

Ce mode d'achat et de remonte avait singulièrement facilité l'acquisition d'un grand nombre d'étalons pour les haras impériaux. L'autre tiers devait être rempli par des animaux de haut choix. Au retour de l'expédition d'Égypte, la France s'était enrichie d'une colonie précieuse de chevaux orientaux. Beaucoup de ces derniers furent placés dans les nouveaux établissements et partout accueillis avec faveur. Aussi, quelque rares et imparfaits que fussent ces éléments divers, la régénération fit de rapides progrès; la population s'éleva de plusieurs degrés sur l'échelle hippique; les haras obtinrent des succès incontestables.

Pouvait-il donc en être autrement? L'ordre avait remplacé la confusion. Une sollicitude puissante, active, soutenue, avait succédé à l'abandon, à l'isolement, à mille causes de pertes et de ruine. Au fond de la nouvelle institution chacun voyait une pensée d'avenir féconde; on y eut même d'autant plus confiance que le chef de l Etat ne voulait point d'étrangers dans ses écuries. A l'exception du cheval arabe qu'il avait appris à connaître et qu'il proclamait le meilleur cheval du monde, on n'y trouvait que des représentants de nos principales races françaises. C'était un autre genre d'encouragement donné à l'industrie indigène. Nul, autour de lui, n'eût osé non plus se servir d'autres chevaux que de ceux de France.

Les producteurs nationaux y trouvèrent leur avantage. Une grande impulsion fut donnée à l'élève dans les contrées les plus favorisées et les plus riches. Parmi ces dernières, le Limousin se trouvait au premier rang. Cela devait être. Le Limousin était la terre promise du cheval de selle de cette époque, et l'on en faisait alors une grande consommation.

Ajoutons que l'Empereur avait placé les haras sous une haute influence, celle de la mode. De puissants personnages, de grands dignitaires mirent beaucoup d'empressement à en créer dans leurs domaines pour flatter et plaire à la fois.

D'ailleurs, et ainsi que l'a écrit avec raison le comte de Montendre, « le rétablissement d'une cour brillante, la création d'une noblesse nouvelle fondée sur une illustration militaire, l'institution de majorats portant titres et distinctions, le luxe obligé des nouveaux enrichis, des hauts fonctionnaires, étaient des moyens employés par le souverain pour faire prospérer le commerce et l'industrie.

» La situation de la France vis-à-vis de l'Angleterre ne permettait pas l'introduction des chevaux de cette contrée, et les guerres soutenues continuellement contre l'Autriche, la

Russie et la Prusse paralysaient l'élève du cheval partout où nous portions nos armes ; de manière que si nous y prenions, soit sur les champs de bataille , soit chez le cultivateur , les chevaux propres à la remonte de notre cavalerie , nous empêchions nécessairement l'introduction de ceux nécessaires à la consommation intérieure. Nos éleveurs en profitaient, et leurs entreprises commerciales prospéraient , tandis que celles des étrangers étaient à peu près nulles (1) ».

Telles étaient les circonstances favorables au milieu desquelles avaient apparu et fonctionnaient les haras. Une grande pauvreté hippique, mais des secours efficaces ; d'immenses besoins à satisfaire, mais l'impossibilité pour le consommateur de s'adresser à l'industrie étrangère ; une excitation puissante à la bonne production par un débouché sûr et toujours profitable au producteur ; l'ordre et la confiance partout, une circulation facile du numéraire, une activité prodigieuse dans toutes les industries, un mouvement de progrès général.

Les nouveaux haras eussent donc marché d'un pas ferme et soutenu dans la route qui leur avait été tracée et que le temps faisait si commode à tenir , si n'avaient été les événements désastreux qui précédèrent et accompagnèrent la chute de l'empire. Cette réorganisation n'en rendit pas moins d'importants services. La durée seule a manqué à ses efforts. C'est que les générations ne s'improvisent pas. Quelque pressé que l'on soit dans l'accomplissement d'une œuvre, il faut bien subir les délais, attendre le terme fixé par la nature. En tout rebelle aux volontés subites, celle-ci ne change pas ses lois au gré de nos désirs ou de notre impatience, et qui ne veut pas s'y soumettre ou ne sait pas s'y conformer ne doit rien en attendre.

Sans exagérer les résultats obtenus de **1807** à **1814** par l'administration des haras, sans se faire illusion sur les forces que ceux-ci ont aidé à donner au pays, on peut bien dire que, sans leur intervention directe pendant ces quelques années de

(1) *Institutions hippiques*, tome II.

paix et de travail utile, la France n'eût pas trouvé dans son sein les moyens de faire face aux besoins considérables des derniers temps de l'empire, quelque moyen que l'on ait employé d'ailleurs pour la pressurer.

Le mode adopté en 1806 conduisait bien plus sûrement et plus rapidement à la restauration des races que n'auraient pu le faire l'ancien système des garde-étalons ou cet autre mode d'intervention mixte qui, partageant les efforts entre l'état et l'industrie, trouvait le moyen de s'arrêter avant de s'être mis en marche. C'est par des procédés analogues qu'on peut se trouver entre deux selles..... les pieds à terre. Le décret du 4 juillet faisait la part de l'industrie particulière et la sollicitait par des primes de diverses natures; mais au fond, il comptait sans doute assez peu sur son concours et ses forces. Il ne s'en préoccupe guère, en effet, car il dispose tout en vue de l'action directe du gouvernement. Quels souvenirs sont restés des mesures relatives aux approbations d'étalons (1), aux concours de poulinières et de poulains, aux courses même si mal dotées? Il est évident que toutes les ressources avaient, dès l'origine, dans la pensée du souverain, une tout autre destination; la pratique n'est pas venue contredire les intentions. L'esprit général du temps se retrouve dans cette organisation. On paraissait s'appuyer sur les efforts privés; mais le cas qu'on en faisait n'allait pas au delà de l'idée. Sous ce rapport, on s'en tenait à la théorie. La pratique se passait d'un concours imaginaire et allait droit son chemin avec la ferme volonté d'arriver au but. Nous avons déjà dit les résultats obtenus en quelques années; ils prouvent assez en faveur du mode adopté par l'empereur, son conseil d'État entendu.

L'organisation de 1806 n'a jamais été du goût des partisans du *laisser-faire*. A l'exception de ceux-ci, nul ne l'a critiquée au fond. Le seul reproche qui lui ait été adressé, au moins que

---

(1) Il faut descendre jusqu'à l'année 1820 pour trouver la première application du système des primes aux étalons approuvés chez les particuliers.

nous sachions, s'est tardivement produit, et n'est, en quelque
sorte, qu'une appréciation posthume. Nous le trouvons dans
l'ouvrage de M. de la Roche-Aymon (1). Il s'étonne que l'empereur n'ait pas senti que la propagation de bonnes races en
France ne pouvait pas être assurée par le seul envoi, dans les
établissements de l'État, de nombreux et beaux étalons puisés
à toutes les sources. « Ce sont, dit-il, les juments poulinières
qui assurent les qualités réelles du cheval. Les pères, selon le
plus ou moins de pureté de leur sang, donnent bien la figure,
la noblesse, le plus ou moins de perfections extérieures ; mais
les juments influent principalement sur la taille et la conformation des membres, conséquemment sur les plus ou moins bonnes qualités.

» Jamais chef d'un gouvernement n'eut et plus de facilité et
plus de moyens pour faire marcher de front ces deux conditions,
exclusivement indispensables à une meilleure reproduction de
chevaux en France... Choisissant 6 à 8,000 juments, soit parmi les nombreux escadrons de cavalerie ennemie qu'il avait
vaincus et démontés, soit dans les provinces que le droit de
conquête lui avait soumises, les envoyant en France et les dis-
tribuant avec discernement dans les localités les plus appropriées
à leur nature, il eût à jamais créé en France des races excellentes, et assuré au royaume une mine inépuisable de richesses
et de prospérité.

» La cavalerie autrichienne eût fourni des juments transylvaines, hongroises, polonaises, des juments moldaves ; dans
la cavalerie prussienne, on eût trouvé de belles juments polonaises, mecklembourgeoises, moldaves et du royaume de
Prusse ; dans les cavaleries hessoise, saxonne et hanovrienne,
toutes si parfaitement montées, on eût pu facilement faire un
bon choix de juments hanovriennes, westphaliennes, mecklen-
bourgeoises.

» L'Italie et l'Espagne eussent aussi offert leur contingent

(1) De la cavalerie, etc... 1828.

en excellentes juments pour ennoblir les races du midi. Enfin, le train d'artillerie de toutes ces puissances vaincues, leurs régiments de cuirassiers, où se trouvaient beaucoup de juments du Holstein, de la Bohême, du Quedlimbourg, réunies à quelques convois de juments napolitaines, eussent encore donné la certitude d'une reproduction de bons et beaux chevaux de carrosse, de cuirassiers, et d'excellents chevaux de trait.

» Les juments polonaises, transylvaines, hongroises, celles de petite taille de la Moldavie, distribuées dans les départements des Ardennes, des Vosges, de la Creuse, du Cantal, du Puy-de-Dôme, de la Loire, des Deux-Sèvres, des Alpes, dans le Morvan et les départements de la Bretagne, y eussent créé une pépinière d'excellents chevaux de cavalerie légère.

» Les juments prussiennes, hanovriennes, mecklembourgeoises, moldaves, de plus haute taille, distribuées dans le Limousin, le Poitou, l'Anjou, le Rouergue, la Charente et la Charente-Inférieure, y eussent produit de beaux et bons chevaux de dragons, souvent même de cuirassiers.

» Les juments westphaliennes, mecklembourgeoises, hanovriennes et de Bohême, réparties dans la Normandie, la Meurthe, le Charolais, la Franche-Comté, auraient assuré les remontes des cuirassiers.

» Les juments d'Espagne et d'Italie, données aux départements du midi, y eussent relevé les races béarnaise et navareine, et en eussent même créé une autre à peu près semblable dans les départements environnants. Enfin, quelques juments cosaques ou barbes, jetées dans les troupeaux de chevaux de la Camargue, auraient pu en élever la race sans affaiblir en rien leurs excellentes qualités.

» Les juments holstenoises, napolitaines, du Quedlimbourg, de Magdebourg, de la Westphalie, de la Souabe, distribuées dans les départements du nord de la France, et même dans la Normandie, en un mot dans toutes les contrées où la nature des pâturages est en analogie avec celle des pays de leur origine, eussent bientôt fécondé, amélioré et ennobli la race des chevaux de voiture et de trait.

» C'est ainsi que Napoléon eût créé, pour toujours, tous les éléments de la gloire, du luxe, du commerce et de la prospérité de la France. Il fallait donner ou vendre à très bas prix les juments aux propriétaires les plus recommandables, sous la condition de les faire sauter soit par les étalons du gouvernement, soit par ceux autorisés par lui, afin de s'assurer de la certitude de belles et bonnes productions.

» En accordant des primes de conservation à tous ceux qui auraient le mieux soigné ces juments-mères, et des primes d'encouragement à ceux qui auraient produit les plus beaux élèves, il n'y a pas de doute que la quantité et la qualité des chevaux n'eussent bientôt marché de front.

» Tous ceux qui réfléchissent de bonne foi, et avec le désir de s'éclairer, conviendront qu'on eût bien facilement trouvé ces huit et même ces dix mille juments sans tares, et d'âge de propagation dans ces innombrables escadrons dont la valeur de nos soldats avait déshérité les armées ennemies ».

Nous n'avons pas l'intention de discuter cette pensée au fond. Elle touche à des idées et à des faits scientifiques que nous examinerons et discuterons dans une autre partie de ce travail. Nous devons, quant à présent, nous en tenir au côté pratique.

Saisissant dans son ensemble le projet de rétablir une administration exclusivement vouée à la restauration de la population chevaline de la France, l'empereur avait tout d'abord fixé à deux millions le chiffre de la dépense annuelle. Cette limite ne pouvait être dépassée. Appliquée à toutes les races, ou du moins au plus grand nombre de celles qui existaient sur toute la surface de la France, cette somme était peu importante. Son emploi était facile à trouver. Si les résultats, ainsi que nous le dirons bientôt, ont répondu à l'attente du pays, nul doute que le système adopté n'ait rendu plus de services qu'on n'aurait pu s'en promettre du moyen préconisé par M. de la Roche-Aymon.

Il parle de primes de conservation qu'on eût dû attacher à la possession de 10,000 juments données ou vendues à très bas prix, et de primes d'encouragement qu'il y aurait eu nécessité de distribuer aux plus beaux élèves. Pécuniairement parlant, où cela aurait-il conduit ? Poulinières et produits confondus, on ne peut admettre un taux de prime inférieur à 200 fr. par jument et par an : c'est 2 millions de francs pour une production de 5,000 poulains environ. Chacun d'eux eût donc coûté, en naissant, une première dépense de 400 fr. à laquelle il aurait fallu ajouter sa part d'entretien de l'étalon qui l'aurait produit.

Sous l'empire, un étalon ne représentait qu'une moyenne de 21 juments saillies. Admettons le chiffre de 30, en raison de cette augmentation de 10,000 poulinières, et voyons quelle sera la dépense du père afférente à chacun des 15 poulains qu'il aurait pu donner chaque année.

Si l'entretien d'un étalon ressort à 800 fr., c'est 53 fr. par poulain à ajouter; si les frais s'élèvent à 1,000 fr., c'est 66 fr.

Le système adopté devait rendre 9,000 produits environ. Chacun de ceux-ci, en chargeant leur compte de la dotation entière de 2 millions, ne devait coûter à l'Etat qu'environ 222 fr. l'un.

Les questions d'argent pèsent d'un poids immense dans toute discussion de système. Ceux-ci raisonnent dans le vide qui n'en tiennent pas compte et marchent à côté d'elles sans y toucher, comme si, le plus souvent, elles n'étaient pas une barrière infranchissable.

Quand il a écrit, M. de la Roche-Aymon ne s'est trouvé qu'en face de lui-même : ceux à qui l'empereur avait donné mission de préparer un décret d'organisation étaient en présence d'une limite extrême en deçà de laquelle il fallait nécessairement rester.

XIV. — ÉCONOMIE DU SYSTÈME ADOPTÉ EN 1806;
SES PREMIERS EFFORTS ET SES PREMIERS RÉSULTATS.

LE RÉGIME PROHIBITIF DES HARAS EST ABOLI. Ainsi l'avait décrété l'Assemblée nationale, le 29 janvier 1790; ainsi, le 31 août suivant, l'avait sanctionné et proclamé le Roi.

Il eût été difficile, dans une nouvelle organisation, de faire revivre les dispositions qui avaient entraîné la chute de l'ancienne administration. Les mesures coërcitives, le régime prohibitif avaient passé sans retour. Ceux donc qui proposèrent d'appuyer l'établissement de 1806 sur un mode répressif des abus qu'engendre, en fait d'amélioration des races, une liberté sans limites, ceux-là échouèrent complétement dans leurs prétentions surannées. Ils avaient le tort de n'être pas de leur temps et d'oublier les principes si différents de la législation nouvelle. Le chef de l'État fut le premier opposant : « Imposer des lois restrictives à l'industrie, dit-il, gêner l'exercice du droit de propriété !.... Jamais.... . Les règlements prohibitifs ont fait supprimer les haras; ils ne sont plus dans nos mœurs. Liberté, protection, encouragement, voilà le meilleur système pour tous les genres d'industrie, et plus particulièrement encore pour celui dont il est question. »

Ces idées allaient bien mieux aux partisans exclusifs du *laisser-faire et du laisser-passer*, dont la doctrine s'était déjà nettement produite au sein de l'Assemblée constituante. Cependant, à côté du mot *liberté* se trouvaient ceux de *protection et encouragement*, correctifs salutaires et prudents. Ils modifiaient à tel point la signification et la portée du premier qu'on leur fit aussi une opposition fort rude. Mais le maître avait parlé, la question était résolue. On adopta le système de l'Empereur comme un moyen terme entre les deux extrêmes que nous venons d'indiquer.

Au fond, quel était donc ce système ? où plutôt, comment

l'économie en fut-elle entendue? Comment de l'idée a-t-on passé à la pratique?

On resta fidèle au principe de la liberté en ce sens qu'on n'apporta aucune entrave, aucune restriction au droit d'user ou même d'abuser de sa chose. Chacun demeurait parfaitement libre d'employer ou non ses chevaux entiers et ses poulains, ses juments et ses pouliches à la reproduction ; il n'y avait plus ni dépenses, ni délits, — ni peines, ni amendes. Ce régime, succédant à celui dont nous avons fait connaître la dureté, dut rappeler à l'industrie quelque chose comme l'âge d'or. On l'accepta comme un bienfait ; c'était justice.

En y regardant de près cependant, on découvre encore, soit dans le décret de l'empereur, soit dans le règlement qui l'accompagne, certains germes de coërcition que l'avenir aurait peut-être fécondés.

Ainsi, le dernier alinéa de l'article **16** du décret dit textuellement : « Le propriétaire de tout cheval ayant obtenu une prime ne pourra le faire hongrer sans la permission de l'inspecteur général de son arrondissement, sous peine de rembourser la prime à lui payée».

Cette condition sent bien un peu sa sujétion : toute légère qu'elle soit, elle n'en donne pas moins une entorse au principe absolu de liberté posé d'une manière si nette.

D'un autre côté, l'article 25 du règlement arrêté par le ministre de l'intérieur établit *qu'il sera payé un droit pour chaque jument présentée aux étalons du gouvernement; moyennant quoi le propriétaire pourra exiger que le saut soit répété jusqu'à trois fois.*

Cet article implique la faculté d'acheter le service des étalons de l'état. L'argent à la main, il semble que ce service ne puisse être refusé. Cependant, les articles 28, 29, 30, 35 et 36 restreignent singulièrement ce droit.

Le premier fait aux garde-étalons un devoir, une obligation *d'examiner avec soin si les juments présentées pour le saut ne sont pas affectées* DE VICES HÉRÉDITAIRES *ou de maladies con-*

tagieuses, et, dans ce cas, de les refuser. — Voilà déjà un grain d'arbitraire, quand il ne s'agit que des vices transmissibles. — Ce n'est pas nous qui le blâmerons ; dans nos idées, nous n'irions pas moins loin, mais enfin....

Les articles 29 et 30 sont conçus en ces termes :

« Art. 29. Les juments les plus belles et les mieux appropriées à l'étalon destiné à la saillie d'un canton, tant pour la taille que pour la race et pour les formes, seront préférées aux autres, en sorte que, s'il se présentait une suffisante quantité de ces juments de qualités supérieures, les juments communes ou défectueuses ne seront point admises à la saillie ».

« Art. 30. Toute jument commune ou défectueuse ne pourra être conduite à la saillie que dans le dernier mois de la monte, à moins que le garde-étalons ne soit assuré qu'il ne se présentera pas une suffisante quantité de belles juments. »

Comme conséquence de ces dispositions, les juments approuvées devaient être « admises à la saillie de droit et de préférence à toutes les autres. » (Art. 36.)

Pour les partisans du libre arbitre, il y a beaucoup à reprendre dans ces quelques lignes, grosses de bien ou de mal, de justice ou de faveur, pleines d'arbitraire dans tous les cas ; car rien n'est moins défini ni plus sujet à contestation que les qualités ou les défectuosités, — absolues ou relatives, — susceptibles de motiver une préférence, un ajournement, ou un refus formel et définitif.

L'article 35 est plus explicite. Il veut que chaque particulier admis à présenter une jument à la saillie d'un étalon du gouvernement fasse connaître au garde si cette jument a produit, et quels sont le sexe et la robe du poulain obtenu. Cette déclaration, bien entendue, doit être exacte, authentique, donnée en forme et dûment établie, faute de quoi, — voici la peine, — ou même, faute de répondre aux demandes qui pourraient être faites sur la situation des poulains, les propriétaires ne devaient plus être admis à faire saillir leurs poulinières.

Voilà pour la liberté.

Quant aux moyens de protection et aux encouragements, ils avaient sans doute inspiré peu de confiance. Il semble, en effet, qu'à cet égard on s'en soit tenu aux mots : nous ne voyons pas qu'on en ait même tenté l'application. Ils couvrirent l'intervention directe et puissante de la nouvelle administration. Elle attaqua vivement et hardiment l'œuvre de la reproduction sans se préoccuper autrement de la théorie, des idées systématiques et dangereuses de ceux qui ne voulaient en rien le concours de l'État dans les opérations de l'industrie chevaline ; moins que toute autre, avait-on dit, elle pouvait se passer d'air et de soleil.

En effet, où est la protection dans ce système ? Aucune mesure de cet ordre n'apparaît dans la pratique. Nous avons vu à quoi se réduisaient les encouragements directs. La dotation pouvait à peine suffire à l'entretien des établissements de l'état. La seule partie qui allât à l'industrie était celle qui soldait les achats dés jeunes étalons pris dans les races françaises pour monter et remonter les dépôts. Qu'on ne dise pas alors que les premiers résultats dus à la réorganisation des haras, en 1806, doivent être attribués à la liberté qu'on laissa aux particuliers. On les doit tous, sans exception, à un ordre de faits bien différent.

En ce qui est de la protection, il faut distinguer, car il en est de deux sortes. Dans l'espèce, on pouvait protéger l'industrie ou l'amélioration des races, ce qui n'est pas tout à fait la même chose.

L'industrie devait se trouver suffisamment protégée et encouragée, si la consommation était active, si les débouchés étaient nombreux, assurés, si la production se trouvait incessamment excitée, si le consommateur savait intéresser le producteur, si ce dernier pouvait trouver à sa portée l'élément essentiel de l'amélioration du produit.

Dans les circonstances particulières où la France était alors il est évident que l'unique moyen qui se présentât de protéger la population contre une dégradation toujours croissante, consistait précisément à donner à l'industrie un intérêt de production soutenu, à mettre abondamment à sa disposition les ressources nécessaires pour arriver sans trop d'efforts à une élévation progressive des races, soit en nombre, soit en mérite, à une production puissante à tous égards.

Le système adopté satisfaisait également à ces deux conditions ; toutes les mesures de détails, toutes les dispositions particulières émanaient d'une idée bien assise et tendaient sûrement au même but.

Une industrie n'a besoin de protection qn'autant qu'elle n'a point encore assez de force pour marcher sans appui, ou, qu'attardée dans sa marche, arriérée dans ses résultats, elle se trouve inférieure à sa congénère, opprimée par une rivale plus heureuse, mieux placée, ou plus favorisée. Quels étaient en 1806 les États voisins plus riches que nous en chevaux et contre lesquels l'industrie indigène eût été impuissante à se défendre ? Un seul, celui de la Grande-Bretagne. Mais il ne se trouvait pas, relativement à la France, dans une situation qui lui permît de nuire au développement soit du nombre, soit des qualités de ses races équestres. Toutes les puissances du continent étaient elles-mêmes dans un état de pauvreté extrême qui les mettait dans une impossibilité absolue de faire concurrence à la production nationale ni de la gêner en rien dans son essor. N'ayant rien à redouter de ce côté, il n'y avait point à prendre des mesures protectrices. Aussi n'en prit-on aucune. Dans les questions douanières, on ne commet pas le contresens, on ne se donne pas le tort de mettre en vigueur des dispositions au moins inutiles. Ici, rien n'est simple, tout est complexe et se tient et s'enchaîne ; on ne touche à rien sans une nécessité absolue, car un mince détail peut appeler d'immenses résultats. Il n'y avait donc pas lieu de songer à protéger l'industrie indigène contre l'industrie étrangère, laquelle n'avait rien de menaçant pour nous, loin de là. On porta toute attention, au contraire, aux secours que réclamait, du pays lui-même, une production défaillante et ruinée par les excès qu'elle avait subis.

Ces secours étaient de deux sortes : les uns lui donnaient les éléments de production et d'amélioration qui lui étaient indispensables, car elle n'aurait pas su plus qu'elle n'aurait pu se les procurer. Les autres lui venaient tout aussi directement des sollicitations puissantes du luxe et de toutes les branches des services publics ou privés. Les circonstances assuraient donc à notre production toute l'étendue du marché intérieur, et *l'exemple venait d'en haut.* « L'empereur, ses frères, ses généraux, les grands dignitaires de l'état, les amateurs de toutes les classes se montaient dans nos herbages. Les chevaux se vendaient à tout prix ; les bénéfices réels ou apparents de l'éducation excitaient une grande émulation. Les cultivateurs ne reculaient devant aucun sacrifice, dans l'espoir d'un gros lot à cette espèce de loterie. Les juments de race, les pouliches, se gardaient soigneusement pour la production, et ceux qui étaient assez heureux pour les posséder ne consentaient à s'en défaire qu'avec une répugnance extrême (1) ».

Qu'à ce débouché large et toujours assuré, on ajoute la certitude d'éléments de reproduction les meilleurs possibles, et l'on aura le secret, bien facile à expliquer, bien aisé à deviner, d'une marche rapidement ascendante de l'industrie.

Tels ont été les résultats de la première période d'existence de l'administration actuelle des haras. Elle agissait principalement sur l'espèce légère, sur celles de nos anciennes races qui avaient eu le plus de renommée. Elle en rapprocha les débris épars et les reconstitua, en partie, avec d'autant plus de promptitude que tout ce qui en restait était encore pétri sur les vieux moules, pour ainsi dire modelé sur les influences particulières à chaque localité dont elles étaient en quelque sorte le résumé. L'influence des mères, favorisée alors et non contrariée par le choix des étalons, donna sans efforts surnaturels le genre de produits qui ressortissait à la nature des besoins de l'épo-

---

(1) **Comte de Turenne,** *Résumé de la question des haras et des remontes.*

que. Le producteur arabe et tous ses dérivés firent merveille ; ils étaient à la mode ; ils allaient à l'état de nos voies de communication, à nos habitudes équestres, à notre manière de voyager à tous ; ils allaient aux exigences de la civilisation ; ils ne pouvaient qu'être utiles et recherchés, par conséquent.

Cependant, avant que l'action administrative ait pu se faire sentir, avant que les premiers résultats de l'amélioration fussent appréciables, on avait déjà compris la nécessité de protéger l'espèce contre elle-même, c'est-à-dire contre celles de ses productions dont le contact ne pouvait qu'être nuisible à son élévation, à sa plus haute valeur.

En rétablissant les haras, on avait, au fond, si peu renoncé à toute mesure coërcitive que, le 22 août 1806, — sept semaines après la signature du décret de réorganisation, — une circulaire partait du ministère de l'intérieur à l'adresse de tous les préfets du royaume, et les invitait à adopter des mesures promptes pour empêcher la divagation des chevaux entiers. Nous rapporterons plus bas cette pièce officielle en faisant connaître quelles dispositions furent arrêtées par les préfets, à l'instigation du ministre.

Ce n'est pas tout. A la faveur du système suivi, le progrès fut tel que nos voisins, bien plus affaiblis que nous, vinrent demander à notre production des éléments de régénération, que nous leur vendions à prix convenables, sans doute, mais que nous leur laissions généreusement toute facilité d'enlever à nos propres besoins. C'était suivant les principes de liberté proclamés si haut ; il n'y avait rien à dire. Cependant on trouva le fait compromettant ; on s'ingénia que cette liberté, disons mieux, que cet abandon pouvait avoir son danger, étouffer dans leur germe les améliorations naissantes, paralyser les efforts des haras, nuire essentiellement à nos meilleures races en les appauvrissant de leurs individualités les plus brillantes et les plus précieuses.

On vit que là encore il y avait quelque chose à faire ; on adressa aux préfets et à tous les employés des haras une demande de renseignements sur les deux questions suivantes :

« *Convient-il de permettre en France l'exportation des chevaux ?*

» *Quelle influence peut avoir sur l'amélioration en général la liberté ou la défense de les exporter* (1) ? »

C'est là ce qu'on appelait à l'époque, ce qu'on appelle encore de nos jours ; avoir substitué le régime d'encouragement et de persuasion au système de force et de prohibition en usage avant la suppression des haras , en **1790**.

Nous voyons , nous, que l'on en venait au même point par des moyens différents, par des routes détournées ; que l'on se montrait très fort, en un mot , sur la pratique de cette vérité plus ou moins économique, mais à coup sûr moins libérale que prudente : *Tous chemins mènent à Rome.*

On s'est demandé souvent depuis vingt ans quelle avait été la pensée de l'Empereur en réorganisant les haras ; quelles vues il s'était proposées en intervenant directement dans la production des races chevalines de la France. Les uns ont répondu que le but de l'institution avait été d'augmenter le nombre des chevaux et d'en améliorer l'espèce ; d'autres ont prétendu que l'administration avait été créée en vue de l'armée et principalement dans un intérêt militaire ; ceux-ci qu'il avait seulement été question de préparer à l'industrie particulière les moyens de se suffire un jour à elle-même ; ceux-là , enfin , que les grandes fortunes ayant disparu avec la division des propriétés , la nécessité avait forcé l'État à se substituer en partie à l'action des grands tenanciers du sol , seuls capables d'entretenir et de perpétuer les types indispensables à l'œuvre bien lente d'une amélioration durable.

Toute discussion sur l'une ou l'autre de ces hypothèses nous semblerait inutile et oiseuse. Le point de départ de la nouvelle organisation n'est pas difficile à trouver ; nous l'avons déjà fixé.

(1) 26 juillet 1806. Circulaire du ministre de l'intérieur.

Que restait-il en 1806 de nos anciennes races françaises ?
La population n'en avait-elle pas été décimée par les guerres
et les réquisitions ? Les grandes fortunes n'avaient-elles pas été
dispersées et la propriété divisée à l'infini ? Dans ces conditions,
les chevaux pouvaient-ils être nombreux et bons ? Lequel des
différents services publics se trouvait assuré dans ses besoins ?
N'y avait-il pas nécessité absolue, urgence de porter secours à
une industrie aussi considérable, aussi essentielle, et de l'aider
à reprendre des forces ? Il s'agissait bien, en effet, de déterminer à l'avance si l'intervention de l'État devrait être éternelle,
si son aide puissante devrait cesser un jour.... Il s'agissait tout
simplement alors, sans doute, de fortifier une population défaillante, de travailler activement et utilement à l'œuvre de sa
restauration, afin, tout à la fois, de satisfaire aux exigences du
présent et de prévenir tout danger dans l'avenir. La théorie de
l'émancipation de l'industrie privée est une invention plus récente. Nous souhaitons avec ardeur, avec sincérité qu'elle se
réalise dans un temps aussi court que possible; mais ce bienfait, qu'on nous permette de le dire, n'est de la compétence
d'aucune administration des haras quelconque; il tient à un
ordre de faits plus complexe, à l'ordre social tout entier.

Non, l'administration des haras n'a pas été rétablie en vue
de tel ou tel intérêt isolément, si vif et si important qu'il soit,
mais dans la pensée de rendre à la population entière sa force,
sa vigueur et ses mérites perdus; dans la pensée qu'une fois
accomplie, l'œuvre profitât également à tous, à la production
et à l'amélioration, — aux diverses branches des services publics, — au gouvernement aussi bien qu'aux particuliers;
dans la pensée enfin que cette industrie pût remplir sa tâche,
laquelle consiste à se tenir constamment au niveau des besoins pour satisfaire à toutes les demandes, pour aller, si
l'on peut dire, au devant de toutes les exigences de la civilisation.

C'est peut-être ainsi qu'il faudrait comprendre le jeu d'une
institution publique d'une si haute importance, dans les con-

ditions toutes spéciales où se trouve placée la France en Europe.

XV. — RETOUR AUX MOYENS DE RÉPRESSION.

Le 22 août 1806, le ministre de l'intérieur écrivait à chaque préfet :

« Monsieur, il m'est revenu de plusieurs côtés des plaintes sur les inconvénients graves et de plus d'un genre qui résultent de l'usage adopté par un grand nombre de cultivateurs de laisser divaguer des chevaux entiers sans aucune précaution, tant dans les pâturages que sur les chemins. Des accidents multipliés, et même la mort de quelques citoyens, ont été les suites de cette négligence, à laquelle il devient urgent de remédier. En conséquence, j'ai cru nécessaire d'appeler spécialement votre attention sur l'objet dont il s'agit, et sur les moyens d'empêcher à l'avenir la divagation des chevaux entiers. Les mesures à prendre à cet effet, et qui sont susceptibles de faire la matière d'un arrêté de votre part, doivent rappeler et avoir pour bases principales :

1º La loi du 3 brumaire an IV, article 605, qui déclare punissables des peines de simple police ceux qui laissent divaguer des animaux malfaisants ou féroces;

2º Celle du 22 juillet 1791, article 16, qui règle les délits punissables par voie de police correctionnelle, et y soumet ceux qui, par leur imprudence, leur négligence, la rapidité de leurs chevaux, ou de toute autre manière, auraient occasionné des accidents sur les voies publiques.

» Conformément à ces dispositions, vous défendrez de laisser divaguer dans les champs et sur les chemins les chevaux entiers d'un an et au dessus, à moins qu'ils ne soient entravés d'une manière solide, soit des deux pieds de devant, soit d'un pied de devant à celui de derrière du côté opposé.

» Les peines à porter contre ceux dont les chevaux entiers

seraient trouvés libres et sans entraves , soit dans les champs ou pâturages non exactement clos, soit sur les chemins, peuvent être la saisie et mise en fourrière des chevaux, aux frais du propriétaire, et une amende équivalente à trois journées de travail, indépendamment des poursuites à exercer contre eux pour raison des dommages et accidents qui résulteraient de leur négligence.

» En cas de récidive, les propriétaires me paraissent devoir être condamnés à une amende double de la première, et ceux de leurs chevaux trouvés en délit, hongrés à leurs frais.

» Je vous invite et vous autorise à prendre le plus tôt possible, d'après les données ci-dessus, et avec les modifications que peuvent comporter les localités, un arrêté sur cet objet intéressant pour la sûreté publique. Vous en recommanderez l'exécution à la surveillance des agents municipaux, des commissaires de police, de la gendarmerie et des gardes champêtres, et vous veillerez vous-même à ce qu'il y soit tenu la main. Vous voudrez bien m'accuser réception de la présente circulaire. »

Les recommandations du gouvernement furent suivies d'un prompt résultat. Les préfets s'empressèrent de prendre des arrêtés sur les bases qui leur étaient indiquées. Cependant, on voit dans les actes émanés des préfectures, plus clairement que dans la circulaire ministérielle, le but réel des mesures répressives que celle-ci avait provoquées.

Le ministre parle d'accidents multipliés dus à une coupable incurie, il prescrit d'y porter un remède efficace ; mais il avait commencé par dire, sur l'autorité de plaintes venues de différents côtés, qu'il résultait des inconvénients *de plus d'un genre* de l'usage adopté de laisser divaguer les chevaux entiers. On comprit d'autant mieux la pensée officielle qu'elle était née sous la pression de plaintes et de réclamations officielles. Le danger que pouvait courir ici la vie des citoyens n'était évidemment qu'un prétexte, une voie détournée : la nécessité de remédier à la promiscuité des sexes, de ne pas gaspiller un temps pré ·

9

cieux , de ne pas dévorer en pure perte des millions en faveur d'une industrie qui serait forcément demeurée stationnaire, tels étaient la véritable raison , le motif sérieux de la provocation du ministre, ou plutôt de l'autorisation qu'il accordait, sous forme de règle générale , à qui la lui avait demandée, de prendre telles mesures jugées utiles , nécessaires à l'avancement de l'amélioration de l'espèce.

Quelques citations, prises au hasard dans cette masse d'arrêtés, prouveront que nous apprécions les faits dans leur vérité, que nous n'en forçons pas l'interprétation pour leur faire dire plus qu'ils ne disent en effet.

L'arrêté pour le département de la Gironde était conçu en ces termes :

« Le préfet, etc:

» Vu l'article 475 du Code pénal, qui déclare punissables depuis six francs jusqu'à dix francs inclusivement ceux qui auraient laissé divaguer des animaux malfaisants ou féroces; et l'article 478 , qui prononce, en cas de récidive , la peine d'emprisonnement pendant cinq jours au plus ;

» Arrête :

» Article premier. Il est défendu à tous particuliers de laisser divaguer sur les chemins et dans les champs et pâturages non exactement clos , les chevaux entiers d'un an et au-dessus, à moins qu'ils ne soient entravés d'une manière solide , soit des deux pieds de devant , soit d'un pied de devant à celui de derrière du côté opposé.

» II. Les chevaux entiers d'un an et au dessus qui seront trouvés libres et sans entraves, soit dans les champs ou pâturages non exactement clos, soit sur les chemins, seront saisis et mis en fourrière par les gardes champêtres, qui dresseront leur procès-verbal, sur lequel l'adjoint ou le commissaire de police, dans les lieux où il y en a, poursuivra les propriétaires devant le juge de paix, en condamnation des peines spécifiées ci-dessus, indépendamment des poursuites à exercer contre eux pour raison des dommages et accidents qui seraient résultés de leur négligence.

» III. Dans le cas de récidive, indépendamment de la peine d'emprisonnement prononcée contre les contrevenants par l'art. 478 du code pénal, les chevaux saisis seront hongrés aux frais des propriétaires, par mesure de police. L'adjoint ou le commissaire de police conclura, devant le tribunal, à l'application de la présente disposition.

» IV. Les maires et adjoints, les commissaires de police, la gendarmerie et les gardes champêtres sont chargés, chacun en ce qui le concerne, d'assurer l'exécution du présent arrêté.

» Fait à Bordeaux, etc. »

Il est évident que cet arrêté n'a point été pris contre des bêtes *malfaisantes ou féroces*, mais seulement contre les chevaux entiers défectueux et nuisibles à l'amélioration. Au surplus, la circulaire suivante, qui en faisait l'envoi à tous les maires, le dit assez clairement pour nous dispenser d'insister davantage sur ce point.

Bordeaux, le 7 septembre 1809.

« Messieurs,

« Le département de la Gironde possède un grand nombre de juments qui ont les qualités propres à la multiplication et à la régénération de l'espèce. Chaque année, pendant la saison de la monte, un certain nombre de ces juments est desservi par des étalons impériaux provenant du dépôt de Villeneuve (Lot-et-Garonne); et l'époque n'est peut-être pas éloignée où un dépôt de ces animaux sera créé dans le département. Ces circonstances peuvent faire espérer de bons résultats. Mais aussi long-temps que, contre l'intérêt bien entendu de tous les propriétaires, on laissera vaguer, dans les champs et pâturages non clos, des chevaux entiers, rabougris et difformes, les vues bienfaisantes du gouvernement ne seront qu'imparfaitement remplies ; et ce département, au lieu d'ajouter à ses autres ressources territoriales, en améliorant la race de ses chevaux, continuera d'être tributaire des autres contrées de l'empire, où l'on donne plus d'attention à cette branche importante de l'économie rurale.

» Les anciens règlements sur l'administration des haras proscrivaient rigoureusement l'abus dont il s'agit ; mais ces règlements étant tombés en désuétude, et les nouveaux n'ayant rien statué à cet égard, l'administration a dû rechercher, dans le système actuel de la législation, quelques dispositions dont on pût se prevaloir pour empêcher la divagation des chevaux entiers, et prévenir la dégradation de l'espèce, qui en est la conséquence.

» L'article 475 du code pénal contenant une disposition de cette nature, j'en ai fait la base de mon arrêté ci-joint, dont je vous transmets trois exemplaires en placards. L'un de ces exemplaires devra être publié et affiché. Vous voudrez bien en remettre un au garde champêtre, chargé de concourir à son exécution, et le troisième restera déposé dans les archives de la mairie.

» Je ne doute point, messieurs, que vous ne vous empressiez d'assurer le succès d'une mesure qui me paraît devoir contribuer efficacement à l'avantage et au bien-être de vos administrés.

» J'ai l'honneur, etc.... »

En voici un second qui va bien plus loin dans la voie de la répression et qui nous reporte d'un seul coup en plein régime prohibitif. Il est curieux à lire après les déclarations faites par le chef de l'État au moment de la réorganisation des haras.

Au surplus, qu'on juge :

Pau, le 30 mars 1813.

« Nous, baron de l'empire, auditeur au Conseil d'État, préfet du département des Basses-Pyrénées ;

»Considérant que, par notre arrêté du 4 avril 1812, nous avons rappelé les dispositions principales des règlements relatives aux services des étalons détachés pour la monte ;

»Que nous avons en même temps prescrit quelques mesures de police pour la répression des abus qui s'étaient introduits dans le service des étalons des particuliers; mais que l'expérience nous a prouvé qu'elles sont insuffisantes, et qu'il est nécessaire de les compléter, pour nous mettre à portée, soit de faire répartir annuellement les étalons du haras pendant le temps de la monte, suivant les besoins de chaque canton ; soit de faire jouir les particuliers propriétaires d'étalons, juments poulinières et poulains, des avantages qui leur sont accordés par le décret impérial du 22 juillet 1806, et les règlements de S. Exc. le ministre de l'intérieur qui y sont relatifs; soit enfin de rendre successivement compte au gouvernement de la situation de cette branche intéressante de l'agriculture, et de solliciter les améliorations et encouragements qu'elle pourrait exiger ;

»Arrêtons ;

»Art. 1er. — Les particuliers propriétaires de chevaux non approuvés, et de baudets, destinés au service public de la monte, seront tenus, indépendamment des obligations qui leur sont imposées par les articles 15 et 16 du § 3 de notre arrêté précité du 4 avril, de faire examiner ces animaux par des commissaires nommés par nous pour chaque arrondissement.

»Art. 2. — A cet effet, et à mesure que les déclarations que ces propriétaires doivent faire en exécution du même article 15 nous seront parvenues, ils seront informés par l'intermédiaire des maires du jour et du lieu où ils auront à présenter les étalons à l'examen des commissaires.

»Art. 3. — Ces derniers rédigeront un rapport détaillé de cet examen, indiquant les qualités ou les défauts des étalons, et nous l'adresseront.

»Ils remettront, de plus, un certificat de présentation à chaque propriétaire qui le fera viser par le sous-préfet.

»Art. 4. — Il est défendu à tout propriétaire d'entretenir des étalons soit chevaux, soit baudets, pour le service public de la monte, sans être muni du certificat mentionné à l'article précédent; et ceux qui ont actuellement des étalons devront en être pourvus, au plus tard, le 1er juin prochain.

»Art. 5. — Il sera loisible aux propriétaires de faire procéder à l'examen de leurs étalons par les jurys assemblés annuellement dans les principales villes du département pour la distribution des primes d'encouragement ; et les certificats de présentation que ces jurys leur délivreront leur tiendront lieu de ceux à délivrer par les commissaires.

»Art. 6. — Les propriétaires d'étalons tiendront deux registres, dans l'un desquels ils inscriront les juments saillies par des chevaux, et dans l'autre celles livrées aux baudets. Ces registres indiqueront la race et le signalement des juments saillies, ainsi que les noms et demeures des propriétaires à qui elles appartiennent. Ils y inscriront aussi par la suite, autant qu'il leur sera possible de le savoir, les productions qu'elles auront données.

»Art. 7. — Après la saison de la monte, ils remettront un extrait certifié de ces registres aux maires de leurs communes, qui les adresseront aux sous-préfets pour nous être transmis.

»Ils remettront aussi subséquemment aux maires l'extrait de la partie de ces mêmes registres, indicative des productions obtenues, pour nous être transmis de la même manière.

» Art. 8. — Il sera accordé, *s'il y a lieu*, chaque année, des primes spéciales aux particuliers propriétaires des plus beaux chevaux entiers employés à la reproduction.

» Art. 9. — Les maires feront publier de nouveau l'arrêté précité du 4 avril avec le présent; ils en feront renouveler tous les ans la publication avant la saison de la monte, et ils en surveilleront l'exécution.

» Les commissaires chargés des examens et les employés du haras sont également appelés à exercer cette surveillance, à dénoncer toutes les contraventions, soit aux maires des commūnes où se trouvent les délinquants, soit aux sous-préfets ou directement à nous.

» C.-A. DE VANSSAY. »

On ne voit pas ce que les anciens règlements avaient de plus sévère. Où sont donc les idées de liberté, de protection et d'encouragement?

Les dispositions que nous venons de rapporter concernent exclusivement la reproduction et l'amélioration. L'autorité s'est occupée aussi de l'élevage. Elle comprit que le poulain de race et d'espérance, élevé dans des conditions aussi dures que celles d'être solidement entravé, ne pouvait suivre avec succès toutes les phases d'un heureux développement. Elle songea donc à remédier à cet inconvénient, à ce mal, dans les localités où la contrainte imposée parut le moins supportable, et, disons-le, le plus nuisible à l'éducation de la race légère, au perfectionnement du cheval de selle.

L'Ariége et les Hautes-Pyrénées, sur de nouvelles sollicitations du ministre de l'intérieur, prirent alors de nouvelles mesures. Elles devaient profiter à la fois à plusieurs départements du Midi. L'arrêté suivant, que nous copions textuellement et dans son entier, fera connaître l'esprit et la lettre de ces dispositions toutes spéciales. Plus tard nous les rappellerons pour les apprécier à un autre point de vue, celui de l'organisation d'un élevage bien entendu dans les contrées montagneuses du centre et dans le midi de la France.

Cet arrêté est du 12 mai 1812 :

« Le sous-préfet de l'arrondissement de Saint-Girons,
» Vu les articles 475, 479 et 480 de la loi du 20 février 1810, qui déclarent passibles d'amende et d'emprisonnement ceux qui laissent divaguer des animaux malfaisants, ceux qui auront fait ou laissé courir les chevaux, contrevenu aux règlements ou causé des dommages par la divagation, la rapidité ou mauvaise direction des chevaux, bêtes de trait, de charge ou de monture, etc. ;

» Vu la loi du 22 juillet 1791, art. 16, qui applique les mêmes peines à ceux qui, par leur imprudence, leur négligence, la rapidité de leurs chevaux ou de toute autre manière, auraient occasionné des accidents sur les voies publiques :

» Vu l'art. 20, section 4, de la loi du 28 septembre 1791, qui charge *les corps administratifs d'employer constamment les moyens de protection et d'encouragement qui sont en leur pouvoir pour la multiplication des chevaux, des troupeaux et de tous les bestiaux de race étrangère qui sont utiles à l'amélioration de nos espèces et pour le soutien de tous les établissements de ce genre ;*

» Considérant que la multiplication des chevaux, l'amélioration des espèces sont un des objets les plus importants dans l'arrondissement de Saint-Girons, surtout si renommé autrefois par les races des vallées de Biros, Massat et Ustou ; que son excellence le ministre de l'intérieur a paru attacher un grand intérêt à la régénération de ces espèces ;

» Que les succès déjà obtenus donnent l'espérance de plus grands succès encore, mais qu'il serait difficile d'atteindre parfaitement le but, si l'on ne mettait un terme aux abus et inconvénients majeurs qui proviennent de la divagation des chevaux entiers et poulains et particulièrement de l'abandon dans lequel on laisse ces derniers, indistinctement sur toute sorte de pacages et montagnes, au milieu des juments et pouliches ;

» Que cet abandon a déjà excité des plaintes l'année dernière ; que, dans le canton d'Oust, une jument pleine fut saillie par un poulain, ce qui causa son avortement et sa mort ; que, dans la vallée de Biros, des juments de race furent exposées au même accident ; que le sous-préfet ne put que prendre des mesures particulières ;

» Considérant que de ce mélange de sexes dans les pacages il résulte encore un double inconvénient, d'abord d'énerver le jeune animal et de détruire les espérances qu'il donnait, et ensuite de n'obtenir qu'un produit faible, malingre, participant de la débilité de son père ;

» Considérant, d'autre côté, que les propriétaires qui ont de jeunes poulains à élever seraient découragés s'ils étaient obligés de les garder chez eux ; que déjà quelques uns ont entretenu le sous-préfet de leur embarras à cet égard ; que, d'ailleurs, ces jeunes animaux, ainsi élevés, ne parviendraient pas au développement et au degré de force et d'agilité dont ils sont susceptibles et auxquels on ne peut espérer de les voir arriver qu'autant qu'ils jouissent, à certaines époques et jusqu'à un certain âge, d'une entière liberté ;

» Que, par conséquent, s'il importe de prévenir les abus et d'arrêter le mal dont il vient d'être parlé, il est utile aussi et nécessaire d'encourager les particuliers qui se livrent à l'éducation des poulains et de leur faciliter les moyens d'atteindre le but qu'ils se proposent ;

» Considérant que le seul parti à prendre pour concilier tous les intérêts, est celui d'affecter une montagne servant de pacage aux poulains exclusivement, et de tenir sévèrement la main à l'exécution des lois précitées et des règlements qui peuvent en être la suite ;

» Arrête :

Art. 1er.

» La montagne d'*Esbingts*, située dans la commune de Sentenac, canton d'Oust, ayant été indiquée par divers propriétaires éclairés, comme la plus centrale de l'arrondissement, la moins fréquentée par les juments, et la plus propre à la séparation projetée, est et demeure affectée à l'éducation et au pâturage des jeunes poulains de l'arrondissement de Saint-Girons.

Art. 2.

» Il y sera établi trois gardiens, au moins, pris dans les cabanes les plus à portée, et situées sur des points opposés, de manière à étendre autant que possible la surveillance. La rétribution à leur accorder sera réglée par le sous-préfet et le maîre de Sentenac. Il y sera pourvu au moyen du produit d'un droit de pacage, auquel il est juste d'assujettir le particulier qui fera conduire ses poulains sur ladite montagne, tant pour parer auxdits frais de garde que pour procurer à la commune fournissant le territoire une indemnité convenable.

Art. 3.

» En conséquence il sera payé, par chaque tête de poulain envoyé sur la montagne d'*Esbingts*, une somme de quatre francs, qui sera versée dans la caisse du receveur des revenus communaux; et celui-ci délivrera un bon pour que les poulains soient introduits sur ladite montagne.

Art. 4.

» Les juments de la commune de Sentenac et des quartiers de Seix, qui l'avoisinent, continueront de pacager sur les montagnes d'Arp : il est dans tous les cas défendu d'introduire dans celle d'*Esbingts*, ni juments, ni pouliches, d'où qu'elles soient.

Art. 5.

. » Il est aussi défendu, moyennant ce, à tous particuliers, de laisser divaguer et courir, partout ailleurs que sur la montagne d'*Esbingts*, les chevaux entiers d'un an et au dessus. Celui qui ne voudra pas envoyer son poulain à ce pacage commun sera tenu de le garder chez lui ou dans ses pacages particuliers. Encore dans ce dernier cas, les poulains devront être entravés d'une manière solide, soit des deux pieds de devant, soit d'un pied de devant à celui de derrière du côté opposé.

Art. 6.

» Les chevaux entiers qui seront trouvés libres et sans entraves, soit dans les champs ou pâturages non exactement clos, soit sur les chemins ; ceux qui seront trouvés avec ou sans entraves sur les montagnes où l'on envoie des juments et pouliches, seront saisis et mis en fourrière par la gendarmerie, les gardes forestiers et champêtres, qui dresseront leur procès-verbal, sur lequel le maire, l'adjoint, ou le commissaire de police poursuivront les propriétaires en condamnation aux peines portées par le code pénal, indépendamment des poursuites à exercer contre eux, pour raison des dommages et accidents qui résulteraient encore de la contravention aux dispositions du présent; un double du procès-verbal sera aussitôt envoyé au sous-préfet.

Art. 7.

» En cas de récidive, les délinquants seront poursuivis devant les tribunaux, pour s'y voir condamner à telles peines corporelles et pécuniaires que de droit, et y voir, en outre, ordonner que les poulains trouvés en délit seront hongrés à leurs frais.

Art. 8.

» Messieurs les maires, adjoints et commissaires de police tiendront sévèrement la main à l'exécution du présent; les gardes champêtres qui laisseront la moindre infraction sans être constatée, seront révoqués.

Art. 9.

» Messieurs l'inspecteur des Eaux et forêts et le lieutenant de la gendarmerie impériale, sont invités à donner, de leur côté, les ordres nécessaires pour que la même surveillance soit exercée par leurs subordonnés; et Monsieur l'inspecteur est particulièrement invité à faire faire des tournées fréquentes pour cet objet, et à recommander expressément aux gardes sous ses ordres de saisir sans ménagement les chevaux entiers et poulains en délit, comme aussi les juments et pouliches trouvées sur la montagne d'*Esbingts*, et de constater par procès-verbal lesdites contraventions.

Art. 10.

» Extrait du présent sera de suite transmis à Monsieur le Préfet du département, pour être soumis à son approbation et ordonné qu'il soit imprimé, publié et affiché dans chaque commune de l'arrondissement, à la diligence de Messieurs les Maires.

» *Le Sous-Préfet de Saint-Girons,*

» Bellouguet.

» *Vu et approuvé par Nous, Préfet du département de l'Ariège.*

» Chassepot de Chaplaine. »

A Foix, le 23 mai 1812.

Il serait inutile d'accumuler ici les preuves. Les citations qui précèdent nous paraissent très suffisantes pour montrer l'esprit des dispositions coërcitives dont on crut devoir étayer, à sa naissance, l'action toute libérale de l'état dans l'acte de la multiplication et de l'amélioration des races.

Tous les départements producteurs y eurent recours. On peut bien, en partie, leur faire honneur de la marche si rapidement ascendante de l'industrie, à partir du moment où la nouvelle administration fut à même de se mettre sérieusement à l'œuvre.

Le plan de restauration des haras avait été largement conçu. On lui reprocha même d'être trop vaste, trop ambitieux. On ne croyait pas qu'il fût prudent à une administration de chercher à embrasser, dans son action, une aussi grande étendue de territoire, et de songer à envelopper indistinctement toutes les races dans un seul et même système d'amélioration. Les faits ont donné raison au cadre adopté en 1806. En effet, s'il eût été plus restreint, nul doute qu'il eût été moins efficace et que les derniers temps de l'empire n'eussent eu beaucoup plus à souffrir encore. Souvent et complaisamment, on a fait le décompte des ressources que le gouvernement trouva, à cette époque, au sein de la France. Tout ce qu'on en a dit témoigne des bons résultats obtenus des moyens appliqués, à partir de 1807, à la restauration de notre population équestre.

XVI. — HARAS ET DÉPOTS D'ÉTALONS D'APRÈS LE DÉCRET DE 1806.

Nous avons donné le nombre des étalons de l'ancienne administration, et leur placement dans les diverses provinces du pays avant 1790. La commission dont Eschassériaux jeune fut le rapporteur au Conseil des Cinq-Cents avait partagé la France de la République en douze divisions. A chacune d'elles devait être affecté un dépôt d'étalons, ou plutôt un établissement de haras, comme on les désignait.

En 1806, on ne fit que six arrondissements hippiques. Tous avaient un haras et plusieurs dépôts d'étalons.

Le tableau suivant en fait connaître la répartition et les forces. Il avait été annexé au décret de réorganisation, et s'applique, nous venons de le dire, à la France impériale. Un seul coup d'œil démontrera ce que l'on pouvait attendre d'une constitution aussi ferme. Répétons-le, car cette vérité saisit, le temps seul a manqué à ce nouvel effort, et pourtant sa puissance a, jusqu'à un certain point, suppléé à sa durée. Il a, si nous pouvons ainsi parler, ramassé les miettes et recomposé la population chevaline avec les derniers restes de nos précieuses races. Il leur avait rendu tout juste assez d'énergie pour supporter cette immense et dernière consommation qui devait achever leur ruine et compléter leur destruction.

Tableau d'organisation de 1806.

Haras.	Etalons.		Dépôts.	Etalons.	
	Mini-mum.	Maxi-mum.		Mini-mum.	Maxi-mum.
			Arrondissement du nord.		
			Somme, à Abbeville	50	60
			Seine-et-Marne, à Meaux. . . .	50	40
Au Pin. . . .	1 0	100	Haute-Marne, non encore désigné.	30	40
			Eure, au Bec.	40	50
			Manche, à Saint-Lô	40	50
			Arrondissement de l'ouest.		
			Mayenne, à Craon	50	60
			Maine-et-Loire, à Angers. . .	25	30
			Deux-Sèvres, à Saint-Maixent. .	40	50
A Langonnet. .	80	80	Côtes-du-Nord, non encore dés.;		
			de préfér. à Dinan, ou sur les li-		
			mites d'Ille-et-Vilaine	50	40
			Charente-Infér., non encore désig.	30	40
			Arrondissement du centre.		
			Loir-et-Cher, non encore désigné.	40	50
			Saône-et-Loire, à Cluny	40	50
A Pompadour. .	60	60	Yonne, non encore désigné. . .	25	30
			Cantal, à Aurillac	30	40
			Allier, non encore désigné . . .	30	40
			Arrondissement du midi.		
			Hautes-Pyrénées, à Tarbes . . .	30	40
			Pyrénées-Orient., non enc. désign.	30	40
A Pau	40	50	Aveyron, à Rodez	30	40
			Lot-et-Garonne, non encore désig.	30	40
			Hérault, non encore désigné. . .	30	40
			Arrondissement de l'est.		
A la Manderie			Doubs, à Besançon.	60	80
de la Vénerie.	50	60	Isère, à Grenoble	60	80
			Bouches-du-Rhône, à la Camargue.	10	15
			Un dans le Piémont, non enc. dés.	40	50
			Arrondissement du nord-est.		
			Dyle, à Tervueren.	50	80
			Ardennes, à Grandpré. . . .	50	40
A Deux–Ponts.	50	60	Bas-Rhin, à Strasbourg . . .	40	50
			Roer, non encore désigné. . .	40	50
			Lys, non encore désigné . . .	30	40
			Meurthe, à Rosières	50	40
	380	410	Total.	1,070	1,395
Pour expériences:					
A l'école d'Alfort	10	10			
— de Lyon.	10	10			
Total. . .	400	430			
Total de chevaux dans les dépôts.	1,070	1,395			
Total général.	1,470	1,825			

La destruction avait été si complète en **1790**, et les tentatives d'intervention postérieures à cette époque si peu sérieuses, que la nouvelle administration ne trouva en marche, en **1806**, que les haras du Pin, de Pompadour et de Rosières, et le dépôt d'Angers.

Rosières, Pompadour et le Pin végétaient depuis **1795**. Angers avait reçu quelques animaux dès **1803**. La réorganisation de **1806** leur donna une grande activité en les peuplant autant et aussi bien que possible. On organisait en même temps — Abbeville, — Le Bec, — Saint-Lô, — Aurillac, — Pau, — Tarbes, — Rodez, — Besançon, — Arles, — La Manderie de la Vénerie — et Deux-Ponts.

L'année suivante, on établissait le haras de Langonnet et les dépôts de Craon, — Saint-Maixent, — Cluny, — Corbigny, — Perpignan, — Villeneuve-Sur-Lot, — Grenoble, — Tervueren — et Strasbourg.

En **1808**, l'administration poursuivait son œuvre par la création des dépôts de Montier-en-Der, — Saint-Jean-d'Angely, — Grandpré, — Wickrath (Prusse) — et Bruges, qui, plus tard, fut transféré à Lille, puis à Braisne.

Les dépôts de Blois et Annecy furent formés en **1810**, celui d'Auxerre en septembre **1811**.

Ceux de Seine-et-Marne, des Côtes-du-Nord et de l'Hérault, seuls, restèrent à l'état de projet.

Il eût été difficile de procéder plus rapidement. Cette activité portait ses fruits. On voulait arriver à d'utiles résultats ; on ne perdait pas de temps ; on allait droit au but.

En **1806**, dès la réorganisation, les établissements de l'état possédèrent 380 étalons.

Les documents nous manquent pour dire combien ils en reçurent pendant les années **1807** et **1808** ; mais à partir de **1809**, nous possédons des données certaines.

Les voici :

En 1809, les établissements de l'état renfermaient 997 étalons.

En 1810,	—	—	1,157	—
En 1181,	—	—	1,235	—
En 1812,	—	—	1,300	—
En 1813,	—	—	1,268	—
En 1814,	—	—	999	—
En 1815,	—	—	1,109	—

Quelle fut donc l'importance des services rendus?

En 1809 —	21,401 jum. saillies,	moyenne par étal.	21.50
En 1810 —	29,220	— —	24.25
En 1811 —	30,913	— —	25. »
En 1812 —	32,985	— —	25.33
En 1813 —	37.031	— —	29. »
En 1814 —	18,176	— —	18. «
En 1815 —	22,307	— —	20. »

Nous trouvons ainsi que de 1809 à 1815 inclusivement, 192,033 juments ont été saillies par les étalons du gouvernement. Si nous raisonnons par analogie ou par approximations, nous pouvons porter à 215,000 le nombre des juments saillies de 1807 à 1815 et à 80,000 environ la quantité de produits nés de leurs œuvres.

De même que pour les étalons, les renseignements manquent pour le nombre de poulinières et de produits entretenus dans les haras en 1807 et 1808. A partir de l'année suivante, les chiffres ont une certitude officielle. Nous les transcrivons dans le tableau ci-après:

Années.	Poulinières.	Poulains.	Pouliches.	Total.
1809	94	182	81	357
1810	80	178	92	350
1811	91	217	109	411
1812	77	242	88	407
1813	85	240	94	419
1814	82	173	70	325
1815	62	117	57	237
Totaux. . . .	571	1,349	591	2,506

Dix-sept millions au plus avaient été dépensés pour organiser 35 établissements, pour les peupler de 1,300 têtes d'étalons (chiffre de 1812), faire naître au moins 80,000 poulains
ou pouliches plus ou moins améliorés entre les mains des particuliers, et pour entretenir une moyenne de 358 têtes de
juments, poulains et pouliches.

En ne portant qu'à 150 fr. la valeur moyenne de chaque
naissance, on retrouve une richesse produite de douze millions
de francs, ci. . . . . 12,000,000 fr.

En 1815, il restait 1,109 étalons. En les
estimant à 1,200 fr. l'un, on représente un
capital de. 1,330,000

En ne donnant à la population des poulinières et des produits qu'une valeur égale de
1,200 fr. par tête, on trouve une autre
somme de. 304,400

Enfin, les allocations spéciales, prélevées
pour encouragements divers, forment un total
de. 433,900

En tout. . . . . . 14,068,300 fr.

Restent 2,931,700 fr. pour représenter — les immeubles créés en vue du nouveau service, — les pertes qu'il avait essuyées soit par usure et dépréciation, soit par surprise et enlèvement à la suite des deux invasions de 1814 et 1815; — la part du mobilier spécial encore existant, tels que effets de sellerie et de monte, ustensiles d'écurie, objets de pansage, et tous autres quelconques ayant une valeur réalisable en espèces.

Les deux écoles d'expériences ne furent point établies. Alfort reçut une station permanente d'étalons, mais les questions de science ne furent point engagées d'une manière pratique et ne reçurent de ce côté aucune solution. Au surplus, la théorie appliquée était bien simple.

Toute régénération procédait du sang oriental ; nul autre n'était admis à concourir à l'amélioration. On enveloppait sous la dénomination de cheval arabe tous les individus qui nous étaient venus par la voie de l'Egypte. L'ancienneté de la race, son homogénéité, sa pureté, inquiétaient peu. On ne se montrait pas trop difficile, on utilisait, sans y regarder de bien près, tous les éléments que les circonstances avaient permis de se procurer.

Le gros de la production, au contraire, était le fait des races indigènes. Chacune d'elles employait les meilleurs étalons qui lui étaient nés. L'administration avait eu le soin de les recueillir et les entretenait avec sollicitude dans ses établissements.

Il y avait donc deux ordres de reproducteurs et deux degrés de production, si l'on veut bien nous passer le mot. L'étalon indigène appareillait la femelle de sa race et la préparait, dans ses suites, à recevoir le bienfait du croisement. Au dessus de lui, se trouvait le cheval arabe dont la tâche consistait à avancer les races, à leur donner des qualités plus élevées, à les régénérer par le sang.

C'étaient les idées de Huzard père appliquées sur une vaste échelle et d'une manière aussi immédiate que peut le permettre la pratique en grand.

Voici comment il les avait formulées :

« On chercherait en vain à multiplier et à régénérer nos races de chevaux par les croisements ; dans l'état où elles sont les croisements n'ont été que trop fréquents, et les préceptes qui doivent les diriger trop méconnus, pour pouvoir en attendre des résultats très utiles.......

» Pour faciliter les bons effets des croisements, il faut d'abord faire acquérir à nos races le parfait, le point de pureté qui les caractérise et dont elles se sont écartées depuis longtemps.

» Il faut, dans tous les départements qui possèdent quelques races de chevaux recherchées par leur bonté, leur beauté, ou par leurs qualités, comme dans ceux que possèdent la Normandie, la Bretagne, le Limousin, le Poitou, la Navarre, etc., s'attacher avec soin et même presque minutieusement à retrouver quelques rejetons de ces races et à les accoupler ensemble ; c'est, par exemple, en recherchant l'étalon qui approche le plus de la perfection de la race normande et en l'accouplant avec la jument qui approchera également le plus de cette race, que l'on obtiendra un individu plus parfait que le père et la mère.

» Cet individu, uni lui-même à son tour avec un autre de la même race, également perfectionné, reproduira enfin cette race, aussi pure qu'il sera possible de l'obtenir, et telle que l'influence du climat et du sol en a déterminé et fixé, pour ainsi dire, le maximum au delà duquel on tenterait vainement d'atteindre.

» C'est alors qu'il suffira, pour conserver cette race dans toute sa pureté, de n'accoupler ensemble que les individus les plus parfaits en beautés et en qualités. C'est alors que les croisements avec des races étrangères appropriées produiront, promptement et sûrement, l'amélioration dont la race aura besoin (1) ».

Les races étrangères se réduisant, en fait, au cheval arabe

(1) *Instruction sur l'amélioration des chevaux en France*, an X.

ou tout au moins à ce qu'on appelait de ce nom, il n'y avait pas lieu à organiser les écoles d'expériences. On n'aurait pu qu'y répéter en petit ce qui se pratiquait partout sur les masses. La science n'avait ainsi à rendre aucun service bien marqué. Dès lors on ne s'arrêta point à cette partie du plan d'organisation. On passa outre, appliquant à la tenue d'un plus grand nombre d'étalons les dépenses qu'auraient occasionnées les deux écoles d'expériences et qui d'ailleurs auraient fait double emploi avec celles qui résultaient de l'entretien des juments et de l'élevage.

Les haras de Deux-Ponts, de Pompadour, de la Vénerie et de Pau, furent les mieux peuplés pendant cette première période de l'existence des haras. On y réunit quelques juments arabes, mais en petit nombre; le gros de la population se composa principalement de juments indigènes à la contrée au milieu de laquelle était assis l'établissement.

Les poulains provenaient surtout d'achat. En se chargeant de l'élève, de l'éducation des poulains d'espérance nés dans le voisinage du haras, on donnait un intérêt à conserver la poulinière de mérite et à la consacrer à la production améliorée. En faisant tous les frais d'un élevage riche et substantiel, l'administration créait de bonne heure, chez les animaux dont elle voulait faire des étalons, ces qualités solides, cette valeur intrinsèque qui assurent le succès dans toute œuvre de régénération bien conçue.

Toutes ces opérations, tous ces actes étaient bien combinés, se tenaient étroitement entre eux et procédaient d'une seule et même idée. Rien ne jurait dans les détails, et ceux-ci formaient un tout complet.

Nous ne saurions dire en quelle proportion les dignitaires de l'État, les puissants du jour, aidèrent à l'action du gouvernement. Ils y prirent une certaine part, cela est incontestable; mais rien ne permet de l'apprécier d'une manière quelque peu satisfaisante.

D'après la statistique établie en **1812**, la population cheva-

line de la France s'élevait alors à 2,176,000 têtes et se re-
nouvelait par treizième environ, soit par conséquent 165,000
naissances annuelles.

Relativement à ces chiffres, la participation de l'Etat était
bien faible assurément, puisque les naissances résultant de
l'emploi des étalons fournis par les haras n'atteignaient pas le
nombre de 10,000. Il était bien plus important si on l'isolait,
si l'on attachait à la nature, au mérite des animaux obtenus, le
prix qu'ils avaient réellement et qu'ils tenaient des qualités des
pères. Comme tout ce qui était valide alors, ces produits ont
payé leur dette aux exigences du temps.

XVII. — DE 1815 A 1833.

Les haras obtinrent, nous venons de le constater, un succès réel. Il ne faut pourtant pas l'exagérer. Nous en avons
donné l'étendue et la force. Les chiffres officiels ont leur valeur, mais on ne peut leur rien faire dire au delà de leur véritable signification.

L'activité prodigieuse de la consommation, qui n'employait
que des chevaux français, fut, pour les haras, le fait saillant,
considérable, important de l'époque. Il en fit la fortune. Ils
eussent langui impuissants si n'avaient été les immenses besoins à remplir, et si, pour satisfaire ces besoins, on s'était
adressé à l'industrie rivale au lieu de solliciter la production indigène. A ces causes réunies, la France dut de pouvoir se
suffire à elle-même jusqu'en 1812.

« Arrivèrent les événements de la campagne de Russie, dit
un ancien inspecteur général des haras (1), il fallut créer une
nouvelle cavalerie; les ressources de l'étranger nous manquaient; les pays occupés par nos armées étaient épuisés. Dans
l'espace de quatre mois, la France eut à fournir près de

(1) *Lettre* de M. le comte de Lastic Saint-Jal *sur les haras.*

quarante mille chevaux. Chaque commune eut son contingent, chaque administration locale dut contribuer à titre de *dons volontaires*; les gardes-d'honneur formés dans tous les départements absorbèrent à eux seuls dix mille chevaux. Les mâles ne pouvant suffire, on eut recours aux femelles : les poulinières furent enlevées comme en 1792, et les haras éprouvèrent une seconde révolution.

» Peu d'années après, les armées étrangères envahissent la France, les réquisitions se multiplient. De toutes parts, les établissements de haras doivent fuir à l'approche d'un ennemi qui les menace de représailles. Nombre d'étalons précieux sont perdus dans des marches et contre-marches faites au milieu de l'hiver; cent quatre-vingts de ces animaux, dont se composaient trois de nos plus beaux établissements, sont enlevés par les Autrichiens à Auxerre.

»Bientôt de nouveaux événements suscitent une nouvelle guerre. Que de chevaux ne fallut-il pas, en 1815, pour préparer cette bataille qui décida du sort de la France! On sait que 8,000 furent pris à la fois aux gendarmes, qui cependant trouvèrent à les remplacer. La France est en proie à une seconde invasion. L'ennemi, en possession de nos plus belles provinces, y fait aussi des réquisitions. Ainsi on peut dire que 1814 et 1815 furent pour les haras français une troisième révolution.

»La paix arrive enfin; cette institution va prospérer dans le repos. Point du tout : la paix devient la source d'un nouveau désastre.

» A cette époque, l'Espagne, épuisée par le séjour de nos armées, était entièrement dépourvue de chevaux. Ses nombreux haras avaient été détruits; elle ne pouvait, sans le secours de la France, remonter sa cavalerie. Le Portugal se trouvait à peu près dans la même situation.

»Que prescrivait au gouvernement une sage politique?

» Livrer à la Péninsule le superflu de nos chevaux mâles, mais se garder de lui fournir des éléments de reproduction, n'est-ce pas ainsi que les étrangers en auraient agi avec nous? Alors s'ouvrait pour le commerce et l'agriculture un débouché immense et perpétuel qui, dans le midi surtout, eût porté les haras au plus haut degré de prospérité.

»Au lieu de profiter ainsi d'une circonstance unique, l'administration des douanes n'y voit qu'une question de finances; elle ne calcule que le produit des droits de sortie. Les frontières sont ouvertes à l'exportation des chevaux des deux sexes. Huit mille poulinières passent en Espagne en même temps que 10,000 chevaux, moyennant un droit de 15 fr. par tête. Les haras de l'Espagne se recomposent de juments et d'étalons français. Vainement les préfets et les officiers des haras élèvent des réclamations; elles ne sont écoutées que lorsqu'il n'est plus temps, et c'est quand l'Espagne est peuplée de juments qu'on en prohibe la sortie.

»Les personnes qui, à cette époque, étaient attachées aux haras, savent combien cette exportation fut désastreuse. J'ai vu dans le centre et dans le midi enlever nos plus belles poulinières et les pouliches provenant des meilleurs étalons de sang, sur lesquelles se fondaient nos moyens de réparation.

»Voilà donc encore une fois nos haras dépouillés de leurs éléments d'amélioration. Ainsi l'on peut dire qu'ils ont éprouvé quatre grandes catastrophes en moins de vingt-cinq annéees ».

Nous avons cité ce passage pour qu'on pût se représenter la situation dans laquelle les événements qui se sont succédé depuis 1790 à 1816 ont jeté la population chevaline de la France. Quatre fois atteinte jusque dans ses sources et quatre fois ruinée, telle elle apparaît à l'impartialité du juge, à l'appréciation de l'historien. Le pays se souvient encore de ce qu'il a eu à souffrir du dénuement auquel il avait été réduit; le cultivateur n'a point oublié qu'il a fourni aux levées extraordinaires et aux réquisitions jusqu'à ses derniers attelages; il n'a point perdu le souvenir de toutes les pertes qu'il a éprouvées. Nous savons tous enfin qu'il n'est resté en sa possession que les animaux les plus chétifs, les plus défectueux, les plus incapables. L'espèce était dans un épuisement absolu ; la détresse de l'industrie était extrême ; les races n'étaient point abâtardies, mais détruites, complétement anéanties dans la majeure partie de la France. La paix, en rouvrant toutes les sources de la prospérité publique, aurait dû leur être utile et profitable ; elle ne fut pour elles, en quelque sorte et ainsi que l'a constaté M. de Lastic Saint-Jal, que le point de départ d'un nouveau désastre, non parce que le gouvernement d'alors ne songea point à défendre la sortie des poulinières que possédaient encore nos contrées méridionales, mais parce qu'il arrêta tout essor de régénération en fermant à la production nationale tous les débouchés qui l'avaient si heureusement et si puissamment stimulée sous l'empire. Les propriétaires de juments ne les ont livrées aux étrangers que parce qu'en leurs mains elles n'étaient plus que des non-valeurs.

La Restauration changea de fond en comble toutes les conditions de l'industrie chevaline. « L'Empereur, ses frères, ses généraux, les grands dignitaires de l'État, les amateurs de toutes les classes, ne s'étaient montés que dans nos herbages. Avant 1814, les chevaux se vendaient à tous prix. Les bénéfices réels ou apparents de l'éducation excitaient une grande émulation. Les cultivateurs ne reculaient devant aucun sacrifice, dans l'espoir d'un gros lot à cette espèce de loterie (1) ».

Les Bourbons, au contraire, « et les personnes rentrées avec eux, avaient pris en Angleterre le goût des choses anglaises. La France était ouverte de nouveau à l'avide curiosité de nos voisins. Ils y vinrent en grand nombre et amenèrent avec eux des chevaux remarquables par leur figure et plus encore peut-être par l'art et le soin infini avec lesquels ils étaient tenus. Nos jeunes élégants s'y laissèrent prendre et attribuèrent souvent au cheval ce qui appartenait au talent du groom. Le goût des chevaux anglais prévalut. Des sommes de quatre, six et dix mille francs, devinrent fréquemment le prix d'un che-

(1) M. le comte J. de Turenne.

val anglais, et l'on peut être assuré qu'à partir de ce jour, toute somme de 2,000 fr. et au dessus, consacrée à l'achat d'un cheval, fut portée en Angleterre, au grand détriment de notre agriculture. De leur côté, les marchands en renom ne tardèrent pas à reconnaître qu'eux seuls pouvant faire le commerce des chevaux étrangers; ils avaient intérêt de déprécier et détruire les races de chevaux français, dont la vente pouvait toujours se faire sans leur coûteux intermédiaire. Nos chevaux cessèrent d'être demandés pour le luxe, pour la cour, pour les hauts fonctionnaires. La seule Normandie, à cause de ses croisements avec la race anglaise, vendit encore quelques sujets. Mais tout le bénéfice de l'éducation passait aux mains des maquignons, qui, faisant la loi aux cultivateurs, en obtenaient à vil prix des élèves auxquels leur charlatanisme savait donner, avec le nom d'anglais, une valeur triple et quadruple du prix d'achat. Enfin, soit séduction, soit isolement, les officiers de l'armée eux-mêmes, obligés de se monter chez les marchands, ont fini par ne plus avoir que des chevaux étrangers, de sorte que tout débouché resta fermé à nos chevaux de prix.

» Les conséquences de ce nouvel état de choses furent aussi promptes que funestes. Les éleveurs, une fois déshérités de la vente des chevaux de luxe, obligés de garder à leur charge leurs plus beaux produits ou de les donner à vil prix, perdirent tous les bénéfices de leur industrie et furent jetés forcément dans des voies parcimonieuses incompatibles avec toute bonne production. Il ne leur reste plus que la vente du cheval de remonte; mais on ne saurait faire des chevaux en vue de la remonte....... (1) ».

Avant M. de Turenne, M. le vicomte d'Aure avait dit la même chose en très bons termes et d'une manière plus explicite et plus vraie, car, sous la Restauration, nos éleveurs ne conservèrent même pas la vente du cheval de remonte. Voici comment s'est exprimé le célèbre écuyer, pages 40 et suivantes

(1) M. le comte J. de Turenne.

de son livre, intitulé : *De l'industrie chevaline en France :*

« La Restauration était dans des conditions excellentes pour travailler à la régénération de nos races indigènes. La cour et les princes, long-temps exilés en Angleterre, avaient pu apprécier la supériorité des moyens de production et d'éducation en usage dans ce pays : rien n'était plus simple que d'importer ces moyens et de les appliquer à nos provinces chevalines. Il eût été d'une bonne politique d'en agir ainsi ; mais on aima mieux importer des chevaux tout prêts. Les princes donnèrent l'exemple, et la mode des chevaux anglais se répandit avec plus de force que jamais, au détriment de nos espèces de luxe du Limousin et de la Normandie. Le discrédit dont ce nouvel accès d'anglomanie frappa les chevaux français servit de prétexte aux agioteurs pour établir de larges spéculations sur les remontes de l'armée, au moyen de chevaux allemands. Non seulement nos provinces françaises furent déshéritées des remontes royales, mais aussi de toutes les remontes des corps d'élite. L'Allemagne eut le privilége de fournir nos chevaux de guerre, et l'Angleterre nos chevaux de luxe. Ces deux pays nous inondèrent de leurs produits ; on ne vendit plus en France de chevaux français : si des marchands achetaient par hasard sur nos marchés quelques chevaux de distinction, ils avaient soin de les faire passer pour chevaux étrangers, afin d'en trouver un débit facile.

» On motivait ce fâcheux abandon de nos espèces sur le prétexte que la France épuisée n'avait plus de chevaux, sans songer que l'Allemagne, où on allait se fournir, en avait moins encore, ce pays ayant été pendant plus de quatorze ans le théâtre de la guerre.

» Il eût suffi, pour se convaincre de cette vérité, de lever le voile jeté par les intéressés sur les opérations des éleveurs de Normandie. Leur industrie se soutenait précisément à cette époque en vendant outre Rhin, à des prix élevés, de belles poulinières et des étalons aux moyens desquels, grâce aux débouchés nombreux que notre commerce et nos remontes lui

présentèrent, l'Allemagne sortit promptement de l'état d'épuisement où l'avait laissée la paix de 1814 ».

Nous pourrions multiplier ces citations et trouver dans de
nombreux extraits de livres ou de brochures sur la matière les
mêmes faits sans cesse répétés. Ils n'ajouteraient à ce qui précède que la force du nombre. Pour être acceptée, une opinion
n'a pas besoin d'être pesée ainsi. Celle qui se produit ici n'est
pas contestée ; elle ne saurait même l'être de bonne foi.

Passons, après avoir dit qu'avant M. d'Aure, le lieutenant-
général de la Roche-Aymon avait aussi exposé les mêmes faits
sous des couleurs non moins vives et en termes non moins
certains.

Voilà donc notre situation, déjà si affaiblie par les événements, encore aggravée par un abandon blâmable. La consommation aurait certainement eu à souffrir de notre misère pendant quelques années, mais elle aurait puissamment soulagé,
facilement éteint cette dernière, si, comme dans les années
antérieures, elle avait sollicité avec force, stimulé avec ardeur
les différentes sources de la production nationale.

On vient de voir comment elle a travaillé en sens inverse. Toutefois, il est juste d'ajouter qu'à cette époque les besoins changè-
rent. Le goût du cheval de selle diminua rapidement ; l'usage du
cheval de trait, — rapide ou lent, — se répandit avec une grande
promptitude. Cette dernière espèce gagna tout le terrain que
l'autre avait perdu. Mais cette révolution dans les besoins, favorisée par une grande activité du commerce, par l'ouverture
d'un grand nombre de voies de communication, par l'achèvement et l'amélioration de beaucoup d'autres qui existaient déjà,
fut trop précipitée pour permettre à l'industrie chevaline de
marcher à l'unisson, de se transformer dans un délai aussi
court, d'approprier enfin en aussi peu de temps ses produits
aux nouvelles exigences.

Toutes nos espèces méridionales, celles dont on s'était plus
spécialement occupé jusque là, étaient trop légères, peu propres par conséquent à remplir les nouveaux besoins. Elles fu-

rent d'abord négligées, puis complétement abandonnées par le consommateur; elles périrent de consomption.

Affaiblissement de la population, destruction des éléments de régénération, transformation des besoins, éloignement du consommateur, déplacement de la production, telle a été la la condition de notre industrie chevaline pendant les quinze années qui ont suivi le retour des Bourbons en France.

On a dit avec justice que ce fut toujours une pensée de guerre qui vint stimuler l'action du gouvernement et l'intéresser à la production améliorée, bien entendue du cheval, en raison des pertes éprouvées ou des besoins plus ou moins prochains.

L'expérience justifie cette assertion.

En rétablissant les haras, l'empereur avait eu moins en vue le présent que l'avenir. Il prévoyait l'utilité qu'à un moment donné il retirerait de cette institution. Il travailla, pendant les années de trève et de calme, à se préparer les moyens de guerroyer avec honneur.

La restauration, au contraire, ouvrait une ère de paix et de repos. Aucune éventualité de guerre ne se présentait à elle; elle ne songea point à s'y préparer. Elle trouva debout une administration des haras, elle la maintint. Mais, disons-le bien vite, elle la priva tout d'abord de son plus puissant auxiliaire en déshéritant l'industrie indigène de la fourniture de tous les chevaux de luxe qui se consommaient en France et de celle, non moins importante pour elle, de toutes les remontes de la cavalerie. On ne pouvait nuire davantage ni à la production nationale, ni à l'amélioration de nos principales races. En les abandonnant ainsi, on porta un coup funeste à la richesse publique.

Quand le débouché manque à une nature de produit, sa fabrication commence par lutter contre les pertes, elle languit ensuite, puis s'affaisse et s'arrête.

Dans l'espèce, l'administration des haras, qui aurait dû se charger de l'amélioration, ne pouvait rien sur le consommateur. Sa voix se perdait dans le vide. C'est que le producteur n'a d'activité et ne perfectionne ses produits qu'à la condition de vendre : il ne trouvait pas d'acheteur.

Au lieu donc de travailler pour le luxe et le haut commerce, au lieu de multiplier les races distinguées qui fournissent abondamment aux exigences de l'armée lorsqu'elles sont prospères, les haras et l'industrie bornèrent leur action aux espèces moyennes et s'occupèrent très spécialement de leur reproduction la meilleure possible. Mieux eût été, sans doute, qu'ils agissent efficacement sur les classes élevées de la population, sur celles dont nous manquons surtout en France, mais dont rien ne favorisait, n'excitait, à vrai dire, ni l'élève ni la bonne éducation.

Quoi qu'il en soit, les haras furent conservés. Ils fonctionnèrent même, et nous le démontrerons aisément, autant bien que purent le permettre la situation de l'espèce, l'abandon du consommateur riche ou considérable, et la modicité des ressources du budget, eu égard à l'étendue de terrain que devait envelopper leur action.

En effet, la dotation fut réduite à **1,320,000** fr. pour **1816** et **1817.** Elle se releva ensuite peu à peu et jusqu'au chiffre de **1,815,000** fr., y compris la subvention accordée aux écoles d'équitation. En prenant une moyenne et la fixant à **1,500,000** fr. par an, nous trouverons, — de **1816** à **1833,** — dans une période de **18** années d'existence, une dépense totale de **27,000,000** de francs.

Voyons quel a été l'emploi de cette somme et quels résultats il a produits.

Avant **1815,** l'administration avait eu jusqu'à **35** établissements. Par suite des événements, ce nombre fut réduit à **26** en **1816.** A partir de **1820** et jusqu'en **1832,** il revint au chiffre **29** pour descendre à **21** en **1833.**

Les relevés qui suivent montrent quels efforts dut faire l'administration pour se soutenir pendant cette seconde période de son existence.

Ressources offertes à l'industrie de 1816 à 1833, et résultats obtenus.

Années.	Nombre d'établissements.	Nombre des stations.	Nombre d'étalons.	Juments saillies.	Moyenne par étalon.	Nombre des produits.
1816	26	453	963	19,860	20.63	11,206
1817	27	452	962	25,286	26.27	10,743
1818	28	467	1,040	29,231	28.10	12,459
1819	28	461	996	29,624	29.75	13,143
1820	29	500	1,076	31,206	27.14	13,534
1821	29	520	1,136	33,290	29.30	14,059
1822	29	521	1,148	37,061	32.28	13,965
1823	28	515	1,167	36,505	31.28	16,527
1824	28	483	1,210	37,202	30.60	15,421
1825	29	490	1,274	38,281	30	16,595
1826	29	462	1,285	36,189	28.16	17,051
1827	29	474	1,297	37,369	28.81	17,655
1828	29	467	1,281	40,731	31.80	19,802
1829	29	475	1,237	42,474	34.34	20,813
1830	29	442	1,211	40,316	33.29	19,668
1831	29	455	1,260	41,027	32.56	20,126
1832	29	426	1,174	38,896	33.13	21,014
1833	21	325	963	31,544	32.69	16,074
Totaux......		7,788	20,682	626,092	»	289,853
Moyennes.....		432	1,149	34,894	30	16,103

Si nous comparons ces premières données avec ce qui avait existé et ce qui avait été produit pendant les neuf premières années du rétablissement des haras, nous trouvons que les résultats obtenus sont tout à l'avantage de cette seconde période. Quelques chiffres le démontreront d'une manière irrécusable.

Ainsi, sous l'Empire, pour un territoire beaucoup plus vaste et une population chevaline à la fois plus nombreuse et plus disséminée, la moyenne des étalons entretenus fut de 1,152 par an; de 1816 à 1833, nous la voyons maintenue à 1,149.

Sous l'Empire, la moyenne annuelle des saillies est seulement de 24,444; elle s'élève, sous la Restauration, et jusqu'en 1833 inclusivement, à la moyenne annuelle de 34,894.

Enfin, en 1816, la moyenne des produits n'excède pas 8,800 par an, tandis qu'elle dépasse le chiffre de 16,000 dans les dix-huit années qui suivent.

Ces rapprochements ont leur signification. Ils ne disent pas que les haras ont été sans influence sur la production du cheval en France pendant cette phase si tourmentée de leur existence. Ils mettent à néant cette assertion, tant de fois avancée et jamais détruite, que les haras, si favorables à l'amélioration jusqu'à la chute de l'Empire, n'ont plus rempli aucune utilité, n'ont plus rendu aucuns services sous la Restauration.

Rien n'avait été changé à leur organisation. Le système adopté en 1806 fut, au contraire, rigoureusement suivi. C'étaient la même nature, le même ordre de reproducteurs, le même mode d'emploi. Les forces de l'administration s'accrurent, les résultats furent plus nombreux; mais l'espèce s'était affaiblie.

Pour la relever de son état de misère, répétons-le, il ne lui manqua que les encouragements du riche, que la puissante intervention du consommateur fashionable et de l'armée. En leur absence, les résultats obtenus se perdirent dans les masses. Nous verrons bientôt comment la production se lassa à la fin.

Le décret de 1806 avait établi les haras sur le terrain mixte de l'intervention directe de l'État et des moyens auxiliaires puisés dans le concours large et efficace de l'industrie privée. Celle-ci devait être dirigée, éclairée, stimulée; on devait travailler à son émancipation dont le principe avait été posé en 1790, lors de la suppression du régime prohibitif, à l'ombre duquel l'ancienne administration avait vécu longues années.

Nous avons dit quelle part on avait faite à ce principe d'intervention indirecte, et comment on l'oublia dans la pratique du jour où l'on se mit sérieusement à l'œuvre. Nous reviendrons ailleurs sur ce point; mais il importe de faire connaître, dès à présent, que les encouragements à l'industrie privée ne datent pas d'aussi loin et ne remontent pas si haut que quelques personnes le croient, que beaucoup l'ont écrit. Nous l'avons déjà fait remarquer, les seules encouragements donnés à la production, à l'industrie tout entière, consistaient dans une immense consommation, dans un immense débouché. Ils faisaient que les éléments d'amélioration étaient judicieusement utilisés, et que la science et la sollicitude étaient de la partie quand il s'agissait ou de décider un accouplement ou d'élever convenablement un produit.

Quoi qu'il en soit, c'est à partir de 1820, pour la monte de 1821, que l'administration des haras approuve des étalons. Jusques et y compris 1833, le nombre s'en élève à 3,220; mais 2,934 seulement remplissent les conditions fixées pour l'obtention de la prime attachée à leur service. Ils saillissent 138,625 juments et donnent 57,785 produits. — Une somme de 437,270 fr. a été appliquée, pendant ces douze années, à cette sorte d'encouragement.

La moyenne annuelle des saillies est de 10,663 ; celle des naissances constatées de 4,445.

Ces chiffres portent le nombre des naissances dues à l'action des haras à 20,548 par an, à partir de l'année 1821; il n'était que de 8,800, avons-nous dit, avant 1815. La différence est notable.....

Indépendamment des 7,788 étalons que l'administration a entretenus dans ses établissements, ses contrôles d'animaux, ses registres disent encore' qu'elle a possédé, pendant cette même période de 18 années, savoir :

Poulinières.	**765**
Poulains.	**3,316**
Pouliches.	**818**

Soit donc 4,899 têtes, ou, en moyenne, 272 par an. Il est évident qu'elle élevait elle-même une grande partie de ses étalons, soit qu'elle les produisît dans ses établissements, soit qu'elle les fît naître chez les particuliers. Elle se chargeait, pour ces derniers, des soins d'une éducation coûteuse que l'industrie n'a jamais trouvé profit à faire, surtout dans les contrées montagneuses du centre et dans le midi de la France. Il faut pourtant bien songer à ces contrées, si l'on ne veut voir tarir en elles toutes les sources de la production chevaline.

C'est en 1816 que l'administration commence à appliquer le système des primes aux juments et aux produits.

Le tableau qui suit en présente le chiffre par année :

1816.	17,600
1817.	21,700
1818.	29,450
1819.	34,140
1820.	29,100
1821.	42,843
1822.	56,200
1823.	57,200
1824.	58,200
1825.	56,400
1826.	59,550
1827.	58,500
1828.	102,600
A reporter.	623,483

11

Report.	623,483
1829.	120,450
1830.	70,350
1831.	71,150
1832.	54,470
1833.	54,580
Total. . .	994,483

C'est une moyenne de 55,249 francs par an. Cette somme est bien minime assurément : toutefois, elle ne représente pas la totalité des primes offertes aux producteurs. Les votes des conseils généraux triplaient, peut-être, le chiffre de la subvention ministérielle. Mais qu'est-ce que cela pour une population aussi considérable par le nombre et aussi affaiblie dans ses qualités, pour un genre de reproduction que le débouché ne soutient plus, auquel manque le seul aliment utile, celui qui donne la vie et la puissance ? Il n'y a rien de sérieux, rien de durable à attendre d'une industrie qui n'a d'autre stimulant que des encouragements officiels : tout éducateur de chevaux qui spécule sur des primes, qui songe à y puiser des forces, fait fausse route et s'égare ; il ne s'appuie que sur une base fragile, sur un fait incertain. Ce serait folie, en ce qui le concerne, que de compter sur des efforts persévérants : il est par avance frappé de stérilité.

Nous traiterons ailleurs cette question. Ici, nous faisons de l'histoire, nous ne pouvons ni changer ni forcer les faits : nous avons donné les chiffres vrais. Ils ne disent pas que les encouragements aient été suffisants, ni même considérables ; mais ils témoignent de la tendance de l'administration à provoquer l'industrie particulière, à faire en sorte qu'elle conserve ses meilleures poulinières, qu'elle élève avec soin ses pouliches d'espérance. Ils disent que les idées sur lesquelles avait été assis le système des haras adopté et mis en vigueur en 1806, loin d'avoir été méconnues, oubliées par l'administration, dans la seconde période de son existence, ont été reprises par elle, au contraire, et aussi largement appliquées que possible, eu égard à l'importance de la dotation annuelle.

Nous étudierons plus loin les principes qui ont prévalu dans toutes les concessions de primes, et leurs divers modes de distribution. Nous ne faisons en ce moment, pour ainsi dire, que le décompte d'emploi des fonds mis à la disposition des haras de 1816 à 1833. Chacune des faces de la question sera examinée en son temps.

Les courses et les écoles d'équitation avaient leur inscription au budget. Elles ont reçu, durant ces dix-huit années, savoir :

— Les écoles d'équitation, une subvention qui, au total, s'est élevée à 641,000 fr.;

— Les courses, une somme de 1,166,670 fr., soit en moyenne, par année, 64,815 fr.

La part de budget consacrée à la remonte des établissements forme un chiffre important de la dépense. Les achats effectués soit en France, soit à l'étranger, ont absorbé une somme de 5,715,900 francs; c'est en chiffres ronds une moyenne de 317,610 fr.

Récapitulons maintenant ces données diverses.

La recette est de 27 millions : voyons la dépense.

Il été donné :

Aux étalons approuvés.	437,270	
Aux juments primées.	994,483	
Aux écoles d'équitation.	641,000	
A l'institution des courses. . . .	1,166,670	
A la remonte des haras et dépôts. .	5,715,900	
Ci. . . . —————		8,955,323
A l'entretien des animaux et des établissements,		
A leur administration et à leur surveillance, au service général de la monte.		18,044,677

Cette dernière somme, répartie entre les 25,581 têtes d'étalons, juments et poulains entretenus de 1816 à 1833, donne une dépense moyenne de 705 fr. par tête et par an.

Envisagée sous un autre point de vue, cette dépense de 27 millions a produit, savoir :

1º Par les étalons de l'Etat... 289,853 poulains et pouliches ;

2º Par les étalons approuvés... 57,785 idem.

En tout... 347,638

Ce serait une dépense de 77 fr. par tête.

Mais, indépendamment de l'action générale produite sur les races, il faudrait tenir compte à l'Etat des valeurs acquises au moyen du budget spécial des haras, valeurs représentées, à la fin de 1833, — par 1,240 têtes d'étalons, juments et poulains, — et par le matériel complet des établissements.

Ces valeurs sont assurément d'une estimation fort difficile, mais enfin elles existaient.

Quoi qu'il en soit, les chiffres qui précèdent jettent une lumière assez vive sur l'action des haras et font ressortir l'économie qui a présidé à l'emploi de la dotation qui leur avait été affectée.

XVIII. — SITUATION RESPECTIVE DES HARAS ET DE L'INDUSTRIE CHEVALINE DE 1815 A 1833.

Les résultats que nous venons de constater n'ont pas préservé les haras des critiques les plus vives, des attaques les plus passionnées. Jamais administration n'avait été peut-être en butte à tant d'hostilités. L'histoire ne peut être partiale ; les documents officiels prouvent que cette administration a rendu plus de services à l'industrie chevaline dans la seconde période de son existence qu'elle n'avait pu lui en rendre sous l'Empire.

D'où viennent donc ces critiques imméritées, cette sorte d'acharnement systématique, qui ne remontent point au delà de la seconde restauration? Nous le dirons bientôt.

C'est en 1818 que la guerre commence. Pourtant 1815 n'était pas loin encore dans le passé. En 1815, le fait n'est pas récusable, notre population chevaline était dans un état d'épuisement absolu. N'importe! à partir de 1818, tout sera abus et ignorance dans l'administration des haras. Elle n'a pas encore su faire sortir de cette profonde misère une population nombreuse et perfectionnée. Aussi, on ne lui laissera pas un jour de répit; — elle sera désormais l'objet d'incessantes réclamations, le point de mire de criailleries universelles.

Les économistes, les partisans du *laissez-faire* glissent alors le poison de leur théorie. Puisque les haras n'ont point empêché des guerres désastreuses d'anéantir toutes nos races, en quoi donc ont-ils été utiles? Le seul moyen efficace de rétablir la population chevaline de la France et de rendre quelque valeur à ses races perdues, c'est de supprimer les haras et d'abandonner l'élève du cheval aux soins exclusifs de l'industrie privée. Libre d'agir, cette dernière saura suffire à toutes les exigences et prendre les voies les plus courtes pour assurer tous les besoins. Les encouragements qu'on lui a donnés, la protection dont on a prétendu l'entourer, n'ont servi qu'à entraver son action, à paralyser ses efforts. Diriger, secourir, éclairer les particuliers, c'est, de la part d'un gouvernement, porter atteinte au libre arbitre, créer des priviléges et des monopoles.

On ne comprend pas bien comment des encouragements de toute nature peuvent nuire à ce point à une industrie; comment, privée de tout appui, elle arriverait plus vite au terme du perfectionnement.

Mais trève de réflexions à cet égard; allons à la source du mal et mettons-en bien à nu le principe.

Quand l'Empereur songea au rétablissement d'une administration des haras, la France chevaline n'était certainement pas prospère ; la cause de cette organisation était précisément la ruine de toutes nos races.

Le rapport qui précède le projet de décret rendu en 1806 expose fort bien d'ailleurs les motifs sur lesquels s'appuyait la nécessité d'une intervention directe de l'État dans la production et l'amélioration des races chevalines.

Regnault (de Saint-Jean d'Angely) s'exprimait ainsi dans ce rapport qui porte la date du 27 avril 1806 :

« Dans un pays où cette branche d'agriculture (les haras) serait en pleine prospérité, le gouvernement n'aurait aucun besoin d'y intervenir ; il n'y aurait autre chose à faire qu'à la protéger. C'est à ce but qu'on doit tendre, et plus on s'en rapprochera, plus il sera évident que l'on est arrivé à d'heureux résultats.

» Le moyen le plus simple serait, sans aucun doute, de distribuer des étalons achetés par le gouvernement aux particuliers propriétaires de haras qui mériteraient le mieux cette récompense et cet encouragement.

» Mais si les haras de la France ne demandaient d'autres secours que celui-là, ce serait une grande preuve qu'ils ne sont pas en décadence ; et l'on peut même dire que quand un pays n'a besoin, pour perfectionner les races, que de cette seule mesure, elle est à peu près inutile.

» Elle suppose, en effet, qu'il existe de grands propriétaires ayant beaucoup de juments et faisant un commerce de chevaux très profitable pour eux ; sans cela, ils ne présenteraient pas une garantie suffisante pour que des étalons leur fussent confiés et pussent leur devenir utiles. Mais alors on peut assurer que dans un tel état de fortune ils n'auraient pas attendu les bienfaits du gouvernement ; et sans son secours, ils se seraient procuré des étalons pour améliorer leur race et tirer un meilleur parti de leur spéculation. Les faits correspondent entièrement à ce raisonnement, qui n'en est qu'une explication. Il n'y a pas une province de France où l'on puisse adopter la distribution des étalons comme mesure générale ; et le très petit nombre de particuliers qui pourraient mériter cette faveur achètent très chèrement des étalons, sans avoir recours à l'administration.

» Plus on examine les causes de décadence des races de chevaux, plus on voit que la première, et presque la seule, vient de la division des propriétés.

» Bien avant la révolution, on se plaignait du dépérissement des races; le nombre des beaux chevaux allait depuis long-temps toujours en diminuant. Colbert avait déjà eu à s'occuper de restaurer les haras; et avant lui, Sully exprimait des regrets sur la négligence de l'administration passée à cet égard.

» Il paraît bien certain que l'anéantissement ou le décroissement progressif des grands propriétaires féodaux avait amené cette décadence des haras. Tant que les grands seigneurs avaient eu à défendre ou à accroître leur puissance, tant qu'ils avaient été à la fois et des propriétaires et des souverains, les haras avaient eu toute leur sollicitude. Ils en avaient besoin pour équiper leurs vassaux et leurs hommes d'armes. Ces vassaux eux-mêmes avaient des propriétés où ils nourrissaient des chevaux pour s'en servir dans les batailles. On voit tout de suite qu'un tel ensemble de circonstances était tout ce qu'on peut concevoir de plus favorable à la conservation et à l'amélioration des races de chevaux : en outre, il y avait en ces temps peu de luxe dans les cités, encore moins dans les campagnes, et la vanité des gentilshommes se portait sur la beauté de leurs chevaux.

» On ne peut plus retrouver dans notre organisation actuelle de telles sources de prospérité, et il faut aviser à les remplacer. Ce qui, dans l'état présent de la société, doit remplacer l'amour de la puissance et de la force, c'est l'amour du gain.

» Les anciens gentilshommes nourrissaient et élevaient des chevaux pour monter leurs soldats; nos grands propriétaires en élèveront pour accroître leur revenu.

» C'est dans ce sens qu'il faut travailler à la restauration des haras; c'est par cette voie que l'Angleterre a tiré parti de cette branche d'industrie.

» Mais, par malheur, nous n'avons plus en ce moment, non seulement de grands vassaux, mais même de grands propriétaires et de riches capitalistes.

» Peu à peu cette classe pourra devenir nombreuse, et elle pourra, parmi les spéculations agricoles qu'elle entreprendra, s'occuper des haras.

» Mais le gouvernement ne doit pas attendre ce moment, peut-être encore éloigné; il est dans ses intentions bienfaisantes de le prévenir et de le hâter. Si les races de chevaux s'abâtardissaient encore pendant quelques années, le mal serait bien plus difficile à réparer; et s'il existe déjà une grande difficulté à trouver des propriétaires assez riches pour spéculer sur la restauration de la race des chevaux, on en trouverait encore moins quand cette restauration serait devenue comme impossible. »

Cette citation montre bien la nécessité de l'organisation à laquelle songeait le chef de l'État. La production avait été atteinte dans ses sources, aucune cause d'amélioration n'existait plus. L'étude avait constaté ce fait et recherché les moyens de suppléer à l'action intéressée des grands propriétaires absents. L'État seul pouvait les remplacer avec avantage : de là le rétablissement des haras.

La question était simple alors. On se préoccupait de production et d'amélioration; rien de plus. Une consommation active devait assurer un débouché facile : cette partie du problème restait dans l'ombre, on n'avait point encore imaginé d'oublier les produits indigènes et de porter à nos rivaux d'outre-Manche et d'outre-Rhin les sollicitations puissantes du luxe et du haut commerce.

En effet, sous l'Empire, toutes les branches des services publics, tous les besoins privés encourageaient à l'envi les efforts des producteurs indigènes; la spéculation de l'élève était incessamment stimulée par la certitude d'une consommation immense et permanente. Les exigences du riche alimentaient tous les besoins de la cavalerie par cette seule raison « que la vente à bon prix d'un cheval de luxe fait élever vingt chevaux de remonte (1) ».

Après 1815, cette condition économique change. Les moyens de production restent en place et continuent d'être offerts à l'industrie ; mais l'excitation à produire et à élever cesse, la consommation est détournée, et le débouché se ferme à l'intérieur. Contrairement à ce qui s'était pratiqué jusque là au grand avantage de nos éleveurs, la Restauration n'achète pas, ne consomme pas un seul cheval français. Elle introduit l'usage exclusif du cheval anglais dans les hautes classes de la société et parmi les gens qui, sans leur appartenir, les imitent par ton et pour suivre la mode. Les spéculateurs, le haut maquignonnage et l'armée ne demeurèrent pas en reste. Les officiers suivirent le torrent ; ils oublièrent tout à coup la valeur de ces belles et bonnes races françaises qu'ils avaient connues à l'œuvre, et qu'ils paraissent tant regretter aujourd'hui qu'ils ne les connaissent plus. Dans leur patriotisme, ils ne montèrent que des chevaux étrangers. Les remontes générales furent toutes puisées en Allemagne.

Ainsi déshéritée, notre industrie succomba rapidement. La cour, le luxe et l'armée portèrent à l'étranger l'or de la France ; les uns à l'Angleterre, les autres à l'Allemagne ; cette dernière plus épuisée encore peut-être que nous l'étions nous-mêmes à la paix de 1814. Mais telle est l'influence d'une consommation active et régulière sur la production, que l'industrie chevaline prit un grand essor outre Rhin, à la faveur du débouché constant offert par la France à ses produits, tandis que le manque complet d'écoulement achevait d'anéantir nos ressources et réduisait l'élève du cheval indigène aux besoins exclusifs, ou à peu près, des producteurs eux-mêmes.

(1) **M. J. de Turenne** (*loco citato*).

Tels furent les premiers temps de la Restauration.

Sous l'Empire donc, la vente à bon prix d'un cheval de luxe français faisait produire et élever vingt chevaux de race moyenne : sous les Bourbons, chaque cheval étranger introduit en France tuait dix chevaux indigènes que l'agriculture eût élevés (1).

Les faits qui dominent à ces deux époques sont bien divers : sous l'Empire, une immense consommation et une excitation puissante à la production ; dans les années qui suivent, au contraire, absence complète de débouchés et détournement absolu de la consommation.

Dans le même temps, qu'on nous permette de le rappeler, un autre obstacle surgit et vint nuire encore à l'action des haras spécialement préposés au perfectionnement du cheval léger.

Partout les anciennes routes s'amélioraient, d'autres voies répondant à des besoins nouveaux multipliaient les moyens de communication et de transport. Le commerce prit alors un développement immense, une activité jusque là inconnue. Les postes, les diligences, le roulage ont, en peu d'années, doublé et triplé leurs services, demandant à la grosse espèce, à celle de trait, ses moteurs les plus puissants et les plus énergiques. Cette époque, toute de transition, déplaça la production du cheval français. Elle la ralentit considérablement, au point même de l'éteindre ou à peu près, dans les localités où le cheval reste léger, et la développa prodigieusement, au contraire, vers les contrées du nord où la richesse du sol et l'abondance des hautes herbes créent ce produit — massif, trapu, lourd et puissant.

C'en était fait du cheval de selle ; il disparaissait des besoins. La cavalerie seule était appelée désormais à en faire usage. Elle devenait, par le fait, en l'absence du luxe, l'unique consommateur important. Seule, elle aurait pu sauver de la ruine

(1) M. de Torcy, *Des remontes de l'armée et de leurs rapports avec l'agriculture.*

nos principales races légères; mais loin de leur venir en aide,
nous l'avons déjà constaté, elle précipitait leur anéantissement
absolu en se pourvoyant au delà du Rhin.

Les localités en position de faire le cheval de trait répondi-
rent intelligemment aux sollicitations du commerce; elles se
mirent résolûment à l'œuvre et purent satisfaire à toutes les demandes : la production se maintint au niveau de la consommation; chacun y trouva son compte.

Les contrées montagneuses du centre et le midi qui ne peuvent faire que le cheval de selle, certaines parties de la Normandie et la Vendée qui doivent essentiellement produire pour
les attelages du luxe et pour les différentes armes de la grosse
cavalerie, abandonnées, au contraire, par les pourvoyeurs du
luxe et de l'armée, eurent beaucoup à souffrir de la transformation qui s'était opérée dans les besoins. La production languit, et le possesseur des bonnes poulinières ne songea plus qu'à
s'en défaire aussi avantageusement et aussi promptement que
possible.

C'est alors que l'on vit passer à l'étranger plusieurs milliers
de nos meilleures juments, et que la source de toute bonne
production fut tarie en France au sein des contrées les plus
favorisées jusque là. L'Espagne, le Portugal et l'Allemagne,
profitant de nos dédains, se sont enrichis de nos dépouilles.

L'administration des haras a été violemment attaquée au
sujet de ces exportations. On lui a reproché de n'avoir point su
élever un obstacle à la frontière, laissée libre et ouverte de toutes parts. Ce blâme est-il donc fondé? La douane est-elle puissante à empêcher l'entrée ou la sortie d'un seul cheval? Les
hommes de sens, les esprits pratiques savent bien le contraire.
Quand l'intérêt commandait d'élever avec soin la meilleure
pouliche et de conserver la mère, le producteur ne cherchait à
se défaire ni de l'une ni de l'autre; elles appartenaient au sol,
elles étaient essentiellement vouées à la bonne production et
régénéraient constamment la race locale en continuant ses mérites; elles en formaient le fond, et ce fond était en quelque sorte

inaliénable. C'est que les résultats étaient fructueux. La recherche des produits, suivie et lucrative, assurait la permanence des efforts de tous et le succès de chacun. L'espèce prospérait et l'on ne réclamait pour elle aucune disposition douanière : loin de là, on eût gêné ainsi sa liberté, nui à son développement, entravé son action. Dès qu'on a pu croire nécessaire, opportune, efficace, une mesure de cet ordre, on peut être certain qu'elle était déjà inutile et dérisoire. En effet, elle n'eût pas créé l'intérêt, sans lequel il n'y a rien de possible en fait de production équestre.

Aucun moyen protecteur, emprunté à la loi, n'a concouru à la multiplication de la grosse espèce. L'excitation du commerce et les bénéfices qui en résultaient ont été bien plus puissants que tout ce que l'on aurait pu imaginer pour la favoriser. Les encouragements de toute espèce donnés à l'éducation du cheval léger n'ont pas réussi à le sauver. Aucune force n'est assez vive pour tenir lieu de l'intérêt.

Les encouragements peuvent ouvrir avec avantage une voie nouvelle, engager l'industrie dans des routes qui ne lui sont pas encore bien connues, mais ils ne peuvent rien contre l'intérêt direct de l'éleveur. Tout encouragement qui contrarie cet intérêt ne détermine que des résultats exceptionnels, factices et passagers.

Ç'a été, pendant bien des années, la condition de la production du cheval de selle en France. Elle n'a été soutenue d'une manière factice qu'à la faveur d'encouragements multipliés et divers. Ceux-ci ont eu l'avantage de lui faire traverser des temps bien durs et de lui permettre d'attendre des jours meilleurs.

Les jours meilleurs pour une industrie en souffrance, c'est le retour du consommateur.

Après avoir obtenu toutes les faveurs de débouchés immenses, la grosse espèce tend, à son tour, à perdre de ses avantages. Les changements qui s'introduisent dans les moyens de transport, en les perfectionnant, en faisant une nécessité de raccourcir les distances par une plus grande vitesse, — vont rejeter, comme autrefois, sur le second plan, le cheval lourd et massif. Ils ne rappelleront pas l'usage général du cheval de selle comme au temps où les routes n'étaient que des chemins imparfaits ; mais ils généraliseront l'emploi d'un moteur intermédiaire, de ce cheval moyen que l'on définit fort et léger parce qu'à l'énergie musculaire, à une certaine ampleur des formes, il joint la rapidité soutenue de l'allure, laquelle a son principe dans le *sang*, dans la force d'innervation. Ce nouveau produit dont l'usage deviendra universel s'obtiendra partout : dans les contrées jadis peu fertiles, l'agriculture en progressant donnera plus de richesse aux aliments, et la production animale en acquerra tout à la fois plus de taille, plus d'étoffe, plus d'aptitude aux nouveaux services ; dans les localités où s'élève aujourd'hui le cheval de trait, informe et lourd, la charpente perdra de son volume et de son poids, la vie se concentrera davantage, et plus de puissance active sera accumulée dans des organes plus sanguins et plus nerveux.

Les améliorations en cours d'exécution se poursuivent dans ce sens et préparent la transformation complète des deux espèces qui se partagent encore notre pays.

Mais revenons à l'époque dont nous nous occupions, et voyons quelles mesures l'administration avait prises pour combattre autant que possible l'abandon dans lequel le consommateur avait subitement laissé nos races légères.

Les bonnes poulinières quittaient le pays. Sans elles, pourtant, point d'amélioration, point de conservation possible. Quel que fût le mérite des étalons offerts à l'industrie, il n'y avait rien à en attendre si on ne pouvait les allier qu'à des juments sans valeur, sans distinction, ni caractère de race.

L'administration dirigea ses vues vers ce point important ; elle fonda un système de primes très propre à retenir dans les mains des propriétaires amateurs les meilleures poulinières du pays ; elle les attacha à la glèbe.

Ce système, appliqué sur une certaine échelle, a donné relativement de très bons résultats. Il fut généralement bien accueilli, et excita parmi les éleveurs une vive émulation. Nous le ferons connaître dans une autre partie de ce travail.

Il fut, d'ailleurs, secondé par un retour aux saines idées d'économie publique. Harcelés de toutes parts, les haras rejetèrent avec raison sur le mode anti-national suivi pour la remonte de l'armée la responsabilité que, de parti pris, la malveillance attachait à la marche tant critiquée de l'administration. Ils firent reconnaître, ainsi que l'a judicieusement constaté M. d'Aure, « après dix ans d'une funeste expérience, que la guerre était pour beaucoup dans le malaise de l'industrie chevaline. » Le système des remontes, attaqué avec force, succomba enfin. Une ordonnance du Roi décida qu'à l'avenir les chevaux achetés par le gouvernement seraient achetés en France.

« Dès lors, les compagnies des gardes du corps se remontèrent en Normandie ; les remontes des maisons royales se firent moitié en France, moitié à l'étranger, ce qui fut à moitié national. Toutefois, cette mesure réveilla le zèle des éleveurs. Ceux qui avaient abandonné l'éducation du cheval rachetèrent des poulinières. Confiants dans le nouvel essor qu'on paraissait vouloir donner à leur industrie, ils se préparèrent à lutter contre la concurrence étrangère et à prouver que, si nos races avaient perdu leur vogue, ce n'était nullement parce qu'elles avaient dégénéré, mais qu'au contraire, elles avaient dégénéré — parce qu'elles avaient perdu leur vogue ; ils se promirent de la ressaisir. Il y eut beaucoup d'illusions dans ce premier mouvement ; on avait fait le pas le plus essentiel, sans doute, en rendant à l'industrie des débouchés, dont une privation plus long-temps prolongée eût complété la ruine ; mais il restait à faire suivre cette mesure d'autres dispositions non moins utiles (1) ».

Ces dispositions ne furent point arrêtées ; le luxe continua

(1) M. d'Aure, *De l'industrie chevaline en France.*

de se pourvoir à l'étranger, et l'administration de la guerre mit toute la bonne grâce imaginable à fausser dès son principe, selon l'expression de M. le général Oudinot, l'institution des dépôts de remontes, créée pour assurer les remontes générales de l'armée en ouvrant aux producteurs indigènes un débouché permanent et certain.

Nous reviendrons en temps et lieu sur ce chapitre plein d'intérêt et d'importance. Nous nous bornons, quant à présent, à constater que l'administration de la guerre, loin de concourir pour sa part à la prospérité de notre industrie chevaline, continua d'encourager par ses achats la production rivale d'outre-Rhin.

L'administration des haras demeura debout pour être flagellée à merci. On se montra à son égard d'une partialité révoltante. Elle restait complétement désarmée en face de difficultés insurmontables, et sans action possible sur le consommateur, près de qui tous ses soins avaient échoué. Que pouvait-elle alors? Pourtant, ce n'était pas encore assez; il fallait qu'elle portât la peine de toute l'impopularité qui s'était attachée à la personne de son directeur général : elle vécut donc misérablement, après des efforts inouïs pour conjurer l'orage. Au lieu de la seconder, on la laissa languir. En différentes circonstances même, on l'affaiblit en enlevant à sa dotation quelques centaines de mille francs. Elle n'eut point alors le courage de la pauvreté. Pour éviter les plaintes, les vives réclamations que suscitent toujours les suppressions, elle maintint le même nombre de stations. Pour les meubler, elle conserva des étalons qui avaient fait leur temps et que la réforme avait même singulièrement épargnés.

La force du nombre ne fait pas toujours la puissance.

On aurait crié contre la réduction de l'effectif qui aurait conduit à la suppression de beaucoup de stations, on cria contre ces vieux animaux qui trompaient l'attente du grand nombre.

L'état des races ne permettait guère d'ailleurs de faire des acquisitions dont on pût se prévaloir auprès de l'industrie, et lorsqu'on se bornait au nombre, c'est qu'il était réellement bien difficile de s'arrêter au choix. La France ne produisait guère d'étalons capables. Les sujets hors ligne, les régénérateurs de l'espèce, sont d'autant plus rares, en effet, que les races elles-mêmes se sont plus abaissées, plus affaiblies ; nous en étions là.

Dans le midi, la destination de la jument avait changé. La spéculation l'avait transformée en mulassière. On ne la rendait à l'étalon de son espèce que par une nécessité de remplacement. En Normandie, les bonnes races étaient tombées dans un discrédit absolu, et par suite dans l'avilissement. Il n'y avait plus, dans le sang, aucune chaleur, aucun principe généreux; la forme s'était abâtardie au dernier point. La dégénération égalait le découragement : c'était un niveau logique.

On n'avait rien tenté pour prévenir ce résultat ; tout au contraire, on y avait fatalement poussé.

L'industrie chevaline n'est pas un fait à part, un détail isolé, indépendant, qu'on puisse abandonner à lui-même. Elle forme un tout complet, elle ressort d'un ensemble de moyens qui, tous, doivent contribuer à sa force. Ainsi que l'a spirituellement écrit M. d'Aure, elle n'a pas le privilége de vivre comme le géant de l'Arioste, dont les membres séparés conservaient encore l'existence qui leur était propre; sa conservation, sa prospérité tiennent essentiellement à l'harmonie de toutes ses parties. Elle est nécessairement compromise quand elle ne s'attache pas à satisfaire les besoins ; mais elle n'arrive à remplir les exigences diverses qu'autant que l'agriculture lui en fournit les moyens, et que la consommation sait la solliciter en lui créant un intérêt à entrer franchement dans ses vues.

Ces deux conditions premières et essentielles ont à la fois manqué aux efforts des haras. Dans le midi, l'agriculture, demeurée stationnaire, n'a pas donné à l'éleveur de chevaux les moyens de modifier la forme et de fortifier la structure; partout le consommateur du cheval léger a fait défaut au producteur.

Dans cette situation isolée, il n'y a d'avenir pour personne, tous les efforts restent infructueux, nul n'est satisfait.

Le succès ne peut sortir que d'une entente parfaite entre les branches diverses qui constituent ce tout, cet ensemble que l'on doit appeler du nom d'industrie chevaline.

XIX. — L'ADMINISTRATION DES HARAS AVAIT-ELLE UN SYSTÈME ?

Cette question ne paraîtrait étrange qu'à ceux qui seraient restés étrangers à tout ce qui s'est dit, à tout ce qui a été écrit depuis trente ans en matière de haras. En effet, le reproche le plus constant qu'on ait adressé à cette partie de l'administration publique est d'avoir marché au hasard, sans principes arrêtés, sans données économiques, quant au but à atteindre.

Au moment où elle a repris sa course, en 1815, l'administration était-elle en position d'arrêter un système d'amélioration scientifique dans la véritable et bonne acception du mot ? L'amélioration, comme on l'entend aujourd'hui, n'était pas possible il y a trente ans. Les *puristes*, en fait de production chevaline, n'admettent d'amélioration que par le cheval de sang; les hommes de pratique vont moins loin dans la théorie, et, pour commencer, ne repoussent aucun élément. Moins pressés, ces derniers, croyons-nous, font de meilleure besogne et arrivent plus sûrement et plus vite.

L'absence de système, ou plutôt le retard apporté par l'administration, non à l'adoption, mais à l'application générale du principe du pur sang, était une nécessité. C'était une question de temps. Les races n'existaient plus, nous l'avons dit. Il ne restait en quelque sorte que le *caput mortuum* de l'ancienne population équestre. Il fallait se livrer, avant tout, à une œuvre de patience et tenter de relever, de restaurer les races, non par des croisements judicieux et savants, mais par le mariage entre eux des mâles et des femelles les meilleurs qu'on pût trouver. Le mé-

12

rite ici ne pouvait présenter rien d'absolu; il était relatif, et ce n'était pas beaucoup dire.

A part qu'il eût été fort difficile de se procurer en grand nombre des étalons de bon choix et de haut sang, on se demande à quelle fin on les eût acquis. Nul n'a jamais recommandé de prostituer le reproducteur précieux à des femelles sans valeur, car ces accouplements ne répondent jamais à des espérances que la théorie la plus hardie n'ose même pas carresser. L'expérience parle, au contraire, avec décision et montre très bien par des faits d'une constance accablante pour les impatients que les améliorations successives sont les seules possibles, les seules qui se réalisent dans la pratique de tous les jours.

Les idées d'aujourd'hui sur l'application du pur sang ne pouvaient donc être de mise à l'époque, et le système des bons *appareillements* était bien mieux approprié à l'état de notre population entière que le principe du *croisement* tel qu'on le recommande depuis quinze ans.

Pour beaucoup de praticiens, de ces hommes qui observent avec fruit, qui se rendent compte des faits et savent les juger sainement, l'emploi du cheval de sang a été prématuré en France. La précipitation apportée lui aurait nui et en aurait beaucoup retardé l'adoption générale. Pour d'autres, au contraire, la prospérité de nos races serait étroitement liée à l'emploi exclusif de l'étalon de pur sang à la reproduction. Ces derniers blâment nécessairement l'administration des haras de n'être entrée qu'à son corps défendant, pour ainsi dire, dans la seule voie ouverte aux améliorations larges et réelles.

Les uns et les autres ont également reproché aux haras d'être vacillants dans leur marche et d'essayer de tous les systèmes sans s'arrêter à aucune vue bien déterminée : les uns et les autres sont tombés dans une même exagération.

Un principe exclusif n'était point praticable, nous venons de le dire, et cette assertion n'est pas contestable. Elle n'est pas contestable parce que les familles pures n'étaient point assez nombreuses pour fournir à la quantité d'étalons nécessaire parce que les juments auxquelles ces étalons auraient pu être alliés n'étaient pas prêtes pour un croisement de cet ordre, parce que le cultivateur était peu disposé à l'élève du cheval distingué, et enfin parce que la science hippique, moins connue, moins répandue qu'à présent, ne prescrivait pas encore l'adoption des méthodes qui, depuis quelques années surtout, hâtent le progrès et appellent le succès.

A partir de 1815, l'administration des haras a certainement éprouvé de grandes difficultés à remonter ses établissements. Les races-mères n'avaient point été les moins maltraitées dans la tourmente des années antérieures, et les pays voisins, l'Angleterre exceptée, n'offraient aucune ressource digne de l'œuvre à reprendre, du but à poursuivre.

Pourtant, les haras firent de leur mieux. De 1815 à 1833, ils ont acheté 1,902 étalons : c'est une moyenne annuelle de 105. Dans ce nombre, 223 sont venus directement d'Arabie ou d'Angleterre, 853 ont été choisis parmi les meilleurs produits des races normandes, et 826 parmi les élèves les mieux réussis dans les différentes parties de la France.

La remonte faite en Syrie avait enrichi la France de reproducteurs précieux ; mais on n'a reconnu que tardivement leurs qualités, et les éleveurs n'en ont pas, à beaucoup près, retiré les avantages que le gouvernement avait pu s'en promettre.

Les importations d'outre Manche ont rendu des services plus appréciables. Un certain nombre de forts carrossiers de demi-sang, quelques étalons de race pure, de haute distinction quant à l'origine et d'un mérite réel quant aux formes, ont jeté les bases d'une amélioration solide et durable. La Normandie a été particulièrement favorisée dans la répartition des étalons de cette provenance : c'était justice.

Les autres contrées de France recevaient des étalons nés en Normandie, ou dans le voisinage des divers établissements hippiques de l'État.

Cette classe était sans doute peu propre à régénérer la population ; mais où aurions-nous trouvé meilleur ?

Indépendamment de ces acquisitions, l'administration élevait un certain nombre de poulains nés dans ses haras ou chez des particuliers qui ne pouvaient se livrer à la spéculation de l'élevage. Cette catégorie de produits versait encore, chaque année, quelques reproducteurs dans les dépôts : c'étaient 30 ou 40 têtes à ajouter à la remonte annuelle.

Un bien petit nombre de ces animaux avaient une commune origine, — des formes identiques. Il était beaucoup plus facile de les étudier au point de vue de leur dissemblance que de les rapprocher les uns des autres par l'analogie de leurs caractères extérieurs. C'était la même variété quant au sang ; la plupart même étaient si éloignés de la souche, qu'il eût été impossible de leur assigner aucun degré de sang. Nul n'y songeait ; l'usage avait d'ailleurs consacré des dénominations spéciales entièrement oubliées aujourd'hui. Nos étalons étaient — des chevaux de selle légers ou étoffés, — de gros, demi ou petits carrossiers ; — des chevaux de trait lourds ou agiles. Ces désignations, tant soit peu bizarres aujourd'hui, étaient fort bien appropriées à la variété de taille, de conformation et de calibre, qui se partageait ces individualités isolées, lesquelles n'appartenaient, à vrai dire, à aucune espèce distincte, à aucune race bien fondée.

Les juments offraient peut-être encore plus de disparates entre elles. C'était une population mêlée et présentant, par la diversité des physionomies, comme une colonie formée de transfuges de toutes les races. Il en sortait, par la reproduction, je ne sais quelles variétés douteuses, sans caractères propres et sans aspect spécial. Cette confusion, ce désordre, étaient la conséquence forcée du mouvement immense imprimé à toutes les existences par les événements qui avaient marqué ou suivi la révolution de 1789 et qui s'étaient prolongés jusqu'à la seconde restauration.

Voilà pour les masses, pour la part d'action que les dépôts

d'étalons étaient chargés d'exercer sur la reproduction de l'espèce légère, sur l'amélioration des races de chevaux de selle ou d'attelage rapide. Nous avons dit comment cette action s'est trouvée partout affaiblie, partout compromise par le détournement de la consommation et la transformation des besoins.

Cependant, l'administration agissait encore sur les éleveurs par l'enseignement écrit et les conseils parlés. On n'a pas assez connu ce qu'elle a tenté dans ce sens ; on ne lui a pas assez tenu compte de ses efforts en vue d'un succès vraiment impossible dans les conditions qui lui étaient faites.

La science des haras n'était alors ni aussi avancée ni aussi répandue qu'elle l'est de nos jours. Pour s'en convaincre, il suffit d'ouvrir quelques unes des nombreuses brochures qui, alors comme avant et depuis, inondaient les bibliothèques et pleuvaient sur les lecteurs ; mieux que cela, il suffit de consulter les leçons de nos professeurs pour en reconnaître le vide, quand l'erreur ne saute pas aux yeux.

L'administration des haras n'était peut-être pas beaucoup plus savante, mais elle avait recueilli quelques bonnes traditions et avait quelque expérience. Les indications qui suivent, répandues sous forme d'instruction aux éleveurs, prouvent au moins que ce qu'elle savait elle le savait bien.

Nous constatons ce fait en rapportant textuellement dans cette note si courte, mais substantielle, que l'administration s'attachait exclusivement à la forme et montrait aux éleveurs le modèle qu'ils devaient s'efforcer de réaliser : c'était le but à atteindre qu'elle signalait et éclairait de la lumière du temps.

Quoi qu'il en soit, voilà l'instruction tout entière :

« *Cheval de selle.* — Le cheval peut être considéré comme étant convenable pour la selle, lorsqu'ayant de 1 mètre 516 millimètres à 1 mètre 624 millimètres (de 4 pieds 8 pouces à 5 pieds), il a la tête sèche, fine, légère et bien attachée ; l'encolure suffisamment développée, sans être trop chargée de chair et de crins ; le garrot tranchant, l'épaule plate et convenablement inclinée, le dos et le rein d'une largeur convenable, mais bien soutenus ; la hanche bien effacée et cependant prolongée, le poitrail modérément ouvert et peu saillant, la poitrine haute et profonde, le cerceau légèrement arrondi, le flanc plein, l'avant-bras musculeux ; le genou prononcé, mais effacé antérieurement ; le canon sec, bien proportionné et large ; le tendon large et détaché, le boulet bien établi ; le paturon suffisamment développé, sans être long jointé ; les pieds proportionnés, la partie supérieure de la jambe ample et musculeuse ; le jarret suffisamment élevé, plat, évidé et prononcé dans ses parties osseuses.

» Cette structure doit présenter dans son ensemble l'image de la vigueur et en même temps de la légèreté que doit avoir tout bon cheval de selle.

» Le caractère particulier de cette espèce, ainsi conformée, est de porter facilement et commodément le cavalier, de marcher à toute allure long-temps, avec légèreté, souplesse et vigueur, surtout si le cheval est de bonne race, de bon tempérament, et s'il est bien entretenu.

» *Cheval de chasse.* — Le cheval de chasse se distingue du cheval de selle proprement dit par des proportions plus largement, plus solidement établies : aussi doit-il être plus fortement soudé dans toutes ses parties. Il doit avoir le rein plus court et plus large, la croupe et la cuisse plus fournies, être plus gigoté, avoir les canons plus forts et les pieds en proportion. Avec cette conformation, il a moins de légèreté et donne communément moins d'agrément que le cheval de selle ; mais il convient sensiblement mieux pour la guerre, la chasse, le voyage, ou toute autre destination qui exige des moyens de résistance à la fatigue.

» Le caractère distinctif du cheval dit de chasse est d'être propre à peu près à tout service de maître.

» *Carrossier.* — Un cheval peut être considéré comme carrossier, lorsque, ayant en taille de 1 mètre 597 millimètres à 1 mètre 733 millimètres (de 4 pieds 11 pouces à 5 pieds 4 pouces), il est parfaitement relevé dans son avant-main, bien traversé, et cependant d'une longueur convenable, en ayant toutefois le rein suffisamment large et soutenu ; lorsqu'il a les épaules bien libres et qu'elles ne sont pas trop chargées, c'est-à-dire lorsqu'elles sont moins plates que celles du cheval de selle, et moins garnies que celles du cheval de trait propre-dit ; que son poitrail ne pèche pas par un excès de largeur, et son corps par trop de volume ; lorsque ses jambes plates et larges ne sont pas garnies d'une infinité de poils ; que ses jarrets sont amples, bien évidés, bien conformés ; que ses pieds sont bons, forts, sans être évasés, et que le cheval manifeste une certaine grâce et beaucoup de liberté dans ses mouvements.

» Le caractère de cette espèce est de conserver d'une manière soutenue une belle attitude, une belle allure, conséquemment de s'entretenir dans une assez grande valeur, lorsque les chevaux sont bien choisis, bien appareillés, bien menés, et convenablement soignés.

» *Carrossier léger.* — Le carrossier léger comporte cette dénomination lorsque, réunissant les détails de conformation qui appartiennent au carrossier proprement dit, sa taille n'est que de 1 mètre 516 millimètres à 1 mètre 597 millimètres (de 4 pieds 8 pouces à 4 pieds 11 pouces) et que ses proportions sont bien en rapport avec cette taille. On doit exiger de lui plus de légèreté et de rapidité dans les allures, enfin plus de train.

» Le caractère particulier de cette espèce est d'être aujourd'hui propre à tout usage en quelque sorte, notamment pour fournir à la plupart des remontes militaires.

» *Cheval de gros trait.* — Le cheval de gros trait ou de charrette doit avoir de 1 mètre 543 millimètres à 1 mètre 264 millimètres (de 4 pieds 9 pouces à 5 pieds) et une certaine longueur de corps, ce qui lui donne évidemment beaucoup d'empire sur le fardeau qu'il doit traîner lentement, et lui procure de l'avantage pour embrasser plus de terrain à chaque pas. Son épine dorsale doit être prononcée et soutenue, ses reins et sa croupe doivent être larges, ses fesses bien fournies.

Il doit être lui-même épais, très ouvert du devant, ce qui suppose un grand poitrail ; ses épaules doivent être bien charnues, son encolure forte, sa crinière bien fournie. Ses membres doivent être proportionnés à cette conformation colossale. L'ampleur des membres devant être considérable, les aplombs doivent être, plus que toute autre espèce, exacts et positifs. Les pieds doivent être également de forte dimension, sans être plats ni combles. Les jarrets ne doivent pas être gras, mais être évidés, autant que possible, pour cette espèce de chevaux, et suffisamment coudés.

» Le caractère distinctif du cheval de gros trait est de suffire pour l'ébranlement et le transport des plus lourds fardeaux.

» *Cheval de petit trait.* — Le cheval de petit trait doit, pour être considéré comme tel, n'avoir en taille que de 1 mètre 488 millimètres à 1 mètre 570 millimètres (de 4 pieds 7 pouces à 4 pieds 10 pouces) et une conformation analogue à celle du cheval de gros trait, toutefois avec cette différence qu'elle doit être plus légère et plus en rapport avec une taille moyenne. Le cheval de trait léger étant fréquemment dans le cas de trotter, il doit être, dans toutes ses parties, de moindre volume, mais toujours bien membré et bien gigoté. Il doit avoir la tête moins forte, l'encolure moins épaisse, le rein plus court, le poitrail moins chargé, le poil aux jambes plus rare, le pied plus léger que ne l'a le cheval de gros trait.

» Le caractère distinctif du cheval de trait léger est d'être propre à tout usage autre que la selle ; encore convient-il souvent comme bidet de poste. Il est propre au service de l'artillerie, du train, des messageries, des postes, et généralement à l'industrie, notamment à l'agriculture ».

Les vues de l'administration, en ce qui regardait la part qu'on lui permettait de prendre à la reproduction générale, étaient donc bien définies. Elles peuvent, au reste, se résumer en quelques mots.

Par ses dépôts d'étalons, situés dans les diverses parties de la France, elle s'efforçait de mettre à la disposition des producteurs des étalons les plus appropriés à la condition des juments dans chaque localité. Elle poursuivait ici des améliorations lentes et peu appréciables, car le point de départ était bas et défectueux, mais elle s'acheminait pourtant, quoique sans éclat, vers le but, tant éloigné fût-il.

Par le système des approbations d'étalons, elle se faisait aider et appelait en concours le bon vouloir, les sacrifices, les connaissances des particuliers. L'insuffisance du budget l'arrêta dans cette voie ; elle n'en a pas moins et à plusieurs reprises appelé l'intention du pouvoir sur la nécessité d'étendre à mille chevaux de bon choix le bienfait des approbations, l'excitation efficace des primes.

Mais le mâle, l'étalon, ne représentait que l'un des côtés de la question. Ce n'était pas assez que de l'avoir multiplié autant que possible et choisi aussi parfait que les ressources le permettaient ; il fallait songer aussi à la jument et préparer l'amélioration de cet élément essentiel de toute bonne production. On répondit à ce besoin par un mode d'encouragement que nous avons déjà signalé, que nous étudierons plus tard dans son économie, dans ses détails, et l'on assura par lui la conservation des poulinières les plus propres à féconder le système général du perfectionement de nos races.

Les primes aux juments vinrent, sans doute, un peu tard dans la pratique, mais l'administration avait dû aller au plus pressé ; elle avait ainsi fait en portant d'abord toutes ses ressources sur de larges remontes en étalons, en comblant les vides qui étaient résultés des graves événements dont la France avait été le théâtre. Quoi qu'il en soit, le système des primes reçut une grande extension ; plus de 1,500 poulinières étaient inscrites et pensionnées en 1827. Le nombre en fut plus considérable encore l'année suivante.

Bien que le choix des étalons admis dans les établissements de l'État fût aussi judicieux que possible, bien que la classe les étalons approuvés ne renfermât également que des animaux relativement bons, malgré le soin et la justice qui présidaient à l'élection des juments appelées à profiter du bénéfice des pensionnements, malgré enfin les instructions et les conseils répandus parmi les éleveurs, on ne saurait disconvenir que, dans ces actes et ces efforts, la science proprement dite, la vraie science de l'amélioration du cheval, ne fût reléguée au second plan. Toutes ces mesures tiennent bien plus assurément aux idées économiques qu'aux principes scientifiques. Mais nous avons déjà dit que l'application savante des préceptes qui prévalent avec raison aujourd'hui eût été à la fois une impossibilité et des sacrifices en pure perte.

Ce qui est à regretter, c'est que la situation n'ait pas été mieux définie, c'est que l'administration n'ait pas posé ceci d'une manière plus nette, à savoir : qu'avant de frapper les races par le pur sang, elle se proposait une tâche plus modeste, et poursuivrait systématiquement, dans des vues bien arrêtées, le rétablissement de la population, la restauration de l'espèce par des *appareillements* raisonnés, par des alliances rationnelles. Celles-ci n'eussent point eu l'ambition d'opérer la *régénération* de nos races, elles auraient simplement élevé la taille et donné de l'étoffe là où le fond était chétif et misérable ; le choix des reproducteurs, une alimentation moins pauvre, eussent aidé à ce résultat. Des alliances bien combinées auraient encore amoindri les défauts de conformation et effacé les tares chez les races abâtardies ; elles auraient combattu partout les vices du sang par une hygiène honorable et soigneuse, et fortifié toute cette population affaiblie par une consommation immense, par des pertes hors de toute proportion avec le renouvellement possible.

Les vues de l'administration eussent dès lors été mieux appréciées ; l'opinion publique ne se fût point égarée quant à sa marche et à ses résultats. Son œuvre devait être d'une lenteur désespérante pour notre impatience nationale ; mais les générations de l'espèce du cheval sont lentes à se parfaire, et la raison ne peut que se soumettre aux lois immuables de la nature.

Les haras n'ont pas su dire ou faire comprendre qu'ils avaient à prendre leur tâche de très bas, qu'ils ne pouvaient procéder que par gradation, commencer par le commencement. Leur système devait s'arrêter tout d'abord à une saine et judicieuse application des règles de l'appareillement. En effet, cette opération, bien entendue et sagement conduite dans la pratique, est au perfectionnement d'une espèce animale quelconque ce que sont de bonnes fondations à un édifice important, un puissant moyen d'édification qui fait résister l'œuvre, pendant des siècles, à la main destructive du temps. Les haras de la Restauration ne pouvaient que travailler pour l'avenir : ils ont préparé l'espèce à recevoir les améliorations qui ont été développées à partir de 1834. On a long-temps méconnu leurs efforts.

A côté de ses dépôts, l'administration avait, comme elle a encore, des haras. Ici, c'était un système plus avancé et l'application d'une donnée plus élevée, il s'agissait de faire de la science et de traduire une théorie en faits vivants. .

Ce n'était non plus qu'un point de départ, un commencement, une véritable école d'expérience. Les essais n'en ont pas été aussi malheureux qu'on a bien voulu le dire ; mais la persévérance a encore manqué à cet effort.

Quoi qu'il en soit, les vieilles idées sur le mélange incohérent de toutes les beautés éparses, de toutes les perfections isolées, sont abandonnées, on ne tente aucune faute en ce sens ; on proclame la supériorité du sang et l'on se livre avec bonne foi, avec courage, à la reproduction des races pures en vue de leur propre amélioration quant à l'ampleur des formes. On croyait en France aux plaintes de quelques hippologues anglais qui reprochaient aux chevaux de l'époque de ne pas valoir ce qu'avaient valu les chevaux des générations antérieures, et l'on demandait la création d'une race plus forte, mieux membrée, et conséquemment plus utile au pays.

L'administration conçut la pensée de commencer la race nouvelle et de n'y employer que les éléments les plus purs.

L'Arabie et l'Angleterre étaient les sources fécondes auxquelles elle devait puiser à la fois des moyens et des exemples. Elle avait la prétention de réussir et de prouver à l'industrie qu'il était possible d'élever en France, aussi bien qu'ailleurs, des chevaux remarquables par toutes les perfections dévolues à l'espèce.

La prétention était digne d'une administration publique, et ce qui prouve qu'il y avait en elle conscience des difficultés, c'est que son école d'expérience ne fut établie que sur une petite échelle. Les deux haras ne devaient pas renfermer ensemble plus de cent juments; ils furent confiés, pourquoi ne le dirions-nous pas? à des hommes d'un véritable savoir et nourris des leçons les plus utiles de la science (1).

Nous ferons plus tard l'histoire de ces établissements. Nous ne pouvons entrer ici dans les détails; mais, en nous arrêtant au sommet de la pensée, nous ne voyons pas qu'elle ait été déraisonnable, ni qu'elle indiquât chez l'administration absence de connaissances ni de vues.

Elle avait donc un système dans la meilleure acception du mot; elle savait bien ce qu'elle voulait, ce qui était pratiquement utile à la France. Ses adversaires lui ont beaucoup nui en entravant sa marche, en faisant toujours obstacle au progrès, en niant ses résultats. Voyons comment elle fut jugée par le tribunal compétent auquel un ministre, de regrettable mémoire, crut devoir à la fin soumettre ses actes pour décider de son avenir.

XX. — COMMISSION ADMINISTRATIVE DES HARAS (1829).

« Les attaques dirigées depuis tant d'années contre les haras avaient été trop violentes et trop répétées pour ne pas avoir

(1) Le haras du Pin était commandé par M. de Bonneval, et celui de Rosières par M. de Vaugiraud; l'un et l'autre étaient en grande estime auprès

excité à différentes époques toute l'attention du gouvernement. M. de Martignac, ministre de l'intérieur, veut enfin s'assurer si la France est unanime et si elle partage l'opinion d'un assez grand nombre de ses représentants. Pour parvenir à ce but, il tente une mesure hardie et qui lui paraît décisive; il crée une commission d'hommes à qui les matières hippiques sont familières, mais dont le plus grand nombre partage les préventions répandues contre les haras et même parmi lesquels il s'en trouve plusieurs qui sont bien connus par leurs attaques réitérées, soit à la tribune, soit dans les journaux, soit enfin dans des ouvrages spéciaux.

» Cette commission est chargée de l'administration tout entière; les haras lui sont livrés; le gouvernement se réserve seulement le droit d'approuver ou de rejeter les propositions qui pourraient lui être faites soit pour édifier, soit pour détruire.

» Le moyen était hardi, mais il donnait l'espérance de voir se terminer enfin une controverse fatigante, un combat pénible et désastreux pour tous et tout.

» La nouvelle commission s'occupe pendant six mois à examiner toutes les parties du service, et, à la suite de l'investigation la plus scrupuleuse, non seulement le mode administratif est approuvé, mais encore le système tout entier est proclamé le seul *possible* et *admissible* dans l'état actuel des choses : le succès est donc complet.

Pour arriver à ce résultat remarquable, rien n'avait été négligé afin de s'éclairer; des sous-commissions avaient été créées et réunies dans chaque département, composées assez généralement d'hommes partageant les mêmes préventions que la commission centrale; on pouvait croire que les renseignements, les avis donnés, seraient défavorables; il n'en est rien. La grande majorité se prononce en faveur du mode et du régime existants ».

des éleveurs et ont laissé un nom, — celui-ci en Lorraine et celui-là en Normandie.

Telle est l'analyse qu'a faite M. de Montendre (1) du rapport présenté par le président de la commission à M. le ministre de l'intérieur, le 1er juin 1829. Nous croyons devoir entrer, sur ce travail que la presse a beaucoup loué, dans des développements qui en feront mieux apprécier la portée.

La commission de 1829, composée de dix membres à la nomination du Roi, fut instituée par une ordonnance qui porte la date du 12 novembre 1828.

Elle a réuni, sous la présidence de M. le duc d'Escars, les lieutenants-généraux comte de France et comte de la Roche-Aymon, le maréchal de camp Wolff, les inspecteurs généraux des haras Dupont, Lenormant d'Etioles, Solanet, et trois grands propriétaires des départements, MM. comte François de Canisy, baron de la Bastide et Rieussec.

Elle avait tout pouvoir pour étudier, examiner et proposer. Il n'y avait aucun intermédiaire, aucun obstacle entre elle et le ministre; elle composait, seule, toute l'administration supérieure; elle dirigeait et administrait le service entier.

Quels furent les résultats de l'étude approfondie à laquelle elle soumit et les hautes questions et les plus minces détails?

Elle n'était pas encore installée que le ministre de la guerre la sollicitait dans un intérêt puissant. Dès la première séance, elle dut s'occuper d'une réponse à une demande qui avait pour objet de savoir quels seraient les moyens d'effectuer, dans un bref délai, les remontes nécessaires pour le complément actuel de la cavalerie, et successivement pour celles qui devraient subvenir aux remplacements annuels.

Pour le moment, il s'agissait d'une acquisition de 11,679 chevaux à faire dans le courant de l'année 1829.

La question des remontes a souvent été reprise depuis cette époque par des commissions diverses, toutes ont donné la même solution qu'en janvier 1829, à savoir :

(1) *Des institutions hippiques*, t. II.

Les ressources du pays sont suffisantes ; elles seraient même bientôt exubérantes si un mode de remonte bien entendu et judicieusement appliqué savait solliciter le producteur d'une manière directe et permanente.

On insiste expressément pour que les remontes militaires ne se fassent plus au dehors. Les achats à l'étranger sont une honte pour la France, un préjudice immense pour l'industrie indigène. Pour remplir tous les besoins, la production ne demande qu'une excitation salutaire, un encouragement efficace dans la certitude du placement de ses produits.

Ces prémisses posées, la commission conseille, pour cette première remonte, d'explorer avec soin tous les départements producteurs, toutes les contrées d'élèves, et de demander à l'industrie tous ses chevaux disponibles ; elle recommande l'achat direct par les corps concurremment avec les acquisitions plus nombreuses confiées aux dépôts ; elle voudrait qu'on fît fléchir la rigueur des réglements quant à certaines exigences, et, par exemple, qu'on renonçât à l'exclusion de certaines robes ; elle repousse à toujours, comme désastreux pour tous les intérêts, le mode des entreprises et des grandes fournitures ; elle demande par dessus tout que, le cas échéant de l'absolue nécessité de compléter la remonte extraordinaire de 1829 à l'étranger, l'administration de la guerre veuille bien déclarer très positivement que cette mesure est tout exceptionnelle et ne se renouvellera pas.

On le voit, la solution donnée à la question des remontes militaires n'est pas une invention du jour, les moyens de trouver facilement, chez nos éleveurs, tous les chevaux nécessaires à notre cavalerie n'ont rien de bien neuf, rien de bien difficile dans la pratique. C'est une affaire de débouché permanent et intelligent. Il n'y a rien en deçà, rien au delà : tout est là en fait de production équestre comme en tout autre.

Ce point vidé, ce petit embarras écarté, la commission entre en plein et franchement dans l'examen du système des haras.

Sa première résolution attaque le principe de liberté absolue laissée à l'industrie chevaline depuis 1789. Conséquente avec elle-même, elle recherche si la loi ne pourrait pas intervenir et puissamment aider à l'action des haras, fort affaiblie — 1° par l'emploi à la reproduction des étalons trop jeunes, défectueux ou tarés, atteints de vices ou de maladies héréditaires ; — 2° par l'usage assez général de laisser ensemble chevaux entiers et juments de tout âge dans les pâtures communes.

Approfondissant la question, elle la résout par l'affirmative ; elle étudie et rédige un projet de loi répressive qui est aussitôt renvoyé à l'examen du conseil d'état.

Nous reviendrons plus tard sur ce projet, qui n'a point abouti.

Une autre question, préjudicielle en quelque sorte, arrête encore la commission dans sa marche. Consultée par l'administration des douanes sur ce qu'il conviendrait de faire par rapport à la sortie des juments, elle revoit toutes les dispositions du tarif concernant les droits d'importation et d'exportation des chevaux. Ce point reviendra plus spécialement ailleurs ; passons.

L'Etat doit-il intervenir d'une manière quelconque dans — la production, — l'amélioration — et l'éducation des chevaux ?

Ceci ne fait pas l'ombre d'un doute. Il s'agit seulement de déterminer le mode et les limites de l'intervention.

L'action de l'Etat ne peut embrasser que les races principales, celles dont l'amélioration est le plus désirable. Il y aurait impossibilité absolue d'agir utilement, par voie directe, sur toutes les espèces bonnes ou mauvaises ; aucun système ne saurait atteindre une population tout entière. Quand elles sont améliorées, les races-mères réagissent sur les autres par le seul fait de la reproduction générale.

Toutefois, deux moyens d'intervention se présentent ; l'un et l'autre sont déjà en pratique. Le premier agit directement et comprend le système de haras, dépôts d'étalons et dépôts de poulains appartenant à l'Etat. Il embrasse les questions sui-

vantes : — production des types dans les haras , — entretien
d'étalons améliorateurs mis à la disposition des particuliers à
l'époque de la monte, — élevage perfectionné de poulains précieux que les éleveurs ne peuvent ou ne veulent pas conserver
au delà de leur première année , — achat d'étalons nés et
élevés chez les particuliers pour la remonte des établissements.

La commission a trouvé ce système existant. Dans son opinion, il doit être maintenu, car il se prête merveilleusement à
toutes les améliorations que l'expérience peut conseiller, que
les temps peuvent réclamer, sans exclure aucunement le concours de l'industrie particulière, destinée à le remplacer dès
qu'elle aura été suffisamment développée.

Quant au présent, il y a lieu d'examiner si le nombre, l'organisation et la composition des établissements, sont en rapport
avec les besoins.

Le personnel attire tout d'abord son attention. Elle en reconnaît l'organisation bonne et judicieuse quant à l'importance, mais insuffisante relativement aux garanties d'instruction
qu'il doit offrir. A cet égard, le rapport s'exprime ainsi :

« Toutes les parties du service public qui exigent des connaissances positives ont des écoles spéciales où même on n'est
admis qu'en justifiant déjà d'un certain degré d'instruction ; or,
le service des haras n'exige pas moins qu'aucun autre des connaissances de cette nature, des dispositions et un goût particulier pour la chose. »

A défaut d'école, la commission veut un concours sérieux
pour l'admission, dans les haras, d'*élèves écuyers* qui seraient
soumis à un surnumérariat dont les exigences restaient à déterminer, et à l'issue duquel les élèves concourraient entre eux
pour les places d'*écuyers*, dénomination à substituer à celle de
surveillant.

Du reste, toute l'organisation du personnel est conservée,
sauf la réduction de huit à six du nombre des inspecteurs gé-

néraux, dont le traitement doit être élevé (1), aussi bien que celui des deux agents généraux des remontes.

Nous ne pouvons rien retrancher de ce que dit le rapport touchant le nombre, le placement et la composition des établissements. Ce résumé de l'étude de la commission est vraiment remarquable quand on veut bien se rappeler qu'elle était un tribunal suprême, qu'elle avait à rendre un jugement.

Voici son opinion, son verdict, allions-nous dire :

« C'est particulièrement en examinant les questions relatives au nombre et à la composition des haras et dépôts tels qu'ils devraient être pour remplir le but, que la commission a plus vivement senti combien le budget des haras était insuffisant.

» Tel qu'il est, il ne saurait déjà satisfaire aux besoins de ce service dans son état d'organisation actuelle; et cependant le nombre des haras devrait être augmenté : ces établissements devraient entretenir un plus grand nombre de juments. Une partie de nos étalons, le quart au moins, devraient être remplacés par de meilleurs, de plus jeunes, et de qualités plus analogues à la nature des besoins actuels. Le nombre de ces étalons devrait être augmenté; les dépôts de poulains devraient aussi être, sinon plus multipliés, du moins composés d'un plus grand nombre d'élèves, non seulement pour fournir à la remonte de nos établissements, mais encore pour pouvoir offrir des étalons à l'industrie particulière qui voudrait seconder les vues de l'administration. Des encouragements plus considérables devraient aussi être offerts à cette industrie, pour la déterminer à entrer dans ces vues.

» Sans parler des espèces de qualités trop inférieures pour qu'on puisse s'en occuper, on ne saurait évaluer à moins de 4,000 le nombre des étalons nécessaires pour la saillie des ju-

(1) Les inspecteurs généraux n'avaient alors que 5,000 fr. d'appointements et une indemnité fixe de 2,000 fr. pour frais de tournées ; ils résidaient en province, au centre de leur arrondissement d'inspection.

ments d'espèces susceptibles d'amélioration. Or, l'administration n'en possède que 1,200 environ ; encore sur ce nombre y
en a-t-il une partie notable qui, ainsi qu'on vient de le dire,
devraient être réformés, et qu'on est forcé de conserver, d'une
part, parce qu'on n'a pas les moyens de les remplacer, et que
leur absence sans remplacement laisserait de trop grands vides
pour le service de la monte ; et de l'autre, parce que, malgré
leurs défauts, ils sont encore préférables, pour l'amélioration,
aux étalons du pays.

» Les étalons particuliers ne peuvent nullement suppléer à
cette insuffisance. Il résulte en effet des plaintes nombreuses
qui parviennent à l'administration contre ces étalons qu'en général on ne saurait attendre d'eux aucune amélioration, et que
la plupart même sont de nature à faire plutôt dégénérer les races. Ces plaintes s'appliquent plus spécialement aux étalons
employés à la reproduction des espèces qui devraient particulièrement alimenter les remontes militaires, et fournir les
chevaux de luxe, que nous sommes encore forcés de tirer à
grands frais de l'étranger.

» Il y a par conséquent nécessité de la part du gouvernement
de s'occuper incessamment des moyens d'augmenter le nombre
des bons étalons, et de faire en sorte que ce nombre arrive
le plus tôt possible à un taux qui soit en proportion des
besoins.

» Un des moyens les plus efficaces de parvenir à ce but serait, suivant la commission, d'organiser sur de larges bases la
reproduction et l'éducation des chevaux dans nos établissements.

» La commission voudrait que l'administration pût porter à
cinq au moins le nombre des haras royaux, en y comprenant
celui du Pin et celui de Rosières, les seuls qui existent aujour-
d'hui.

» Des trois nouveaux, le premier devrait être établi dans le
Limousin, à Pompadour, s'il est reconnu, d'après une enquête qui a été ordonnée, que le local n'est pour rien dans les

causes de la fluxion périodique qui a régné si long-temps dans cet établissement , et qu'il offre toutes les garanties nécessaires pour favoriser l'éducation des meilleures races de chevaux.

» Le second serait placé dans la Bretagne, et le troisième dans un des départements qui avoisinent les Pyrénées.

» Le haras du Pin devrait être porté, quant au nombre des juments à y entretenir , aussi haut que ses ressources en domaines pourraient le permettre ; son minimum serait fixé à cinquante juments.

» Le haras de Rosières n'éprouverait, quant à présent, aucune modification.

» Pour ce qui regarde celui du Limousin et les deux autres à créer dans la Bretagne et dans le midi , ils seraient portés successivement chacun à un nombre de juments en rapport avec les besoins du pays et les ressources que l'administration pourrait y employer.

» L'établissement du Pin ne devrait admettre dans sa composition , comme haras, que des étalons et des juments de race pure et des carrossières ; celles-ci pour faire, avec les chevaux de race pure , des chevaux de demi-race.

» La commission entend par race pure celle qui descend en ligne directe de pères et de mères arabes , barbes , turcs et persans. C'est ainsi que les Anglais entendent eux-mêmes ce qu'ils appellent chevaux de race pure.

» Le haras de Rosières devait être composé dans les mêmes principes que celui du Pin , toutefois avec des carrossières de plus petite taille.

» Le haras du Pin étant l'intermédiaire le plus facile pour acclimater les chevaux anglais, c'est cet établissement qui devrait par la suite fournir aux autres les étalons et juments de cette race dont ils pourraient avoir besoin.

» Les opinions ont varié par rapport aux juments à entretenir dans le haras que l'on proposerait de rétablir en Limousin. les uns inclinaient pour la race anglaise , qui réussit très bien dans ce pays; les autres pour les races orientales, dont le

Limousin a également obtenu de très bons effets. En définitive, la commission a été unanimement d'avis que cet établissement devrait se composer d'étalons et de juments de race pure, sans autre désignation.

» Avant de s'occuper de la question relative aux dépôts d'étalons, la commission a long-temps agité celle de savoir de quelle manière on pourrait, en excitant les concours des départements et de l'industrie particulière, arriver à obtenir, avec les mêmes moyens pécuniaires, des résultats plus importants et plus satisfaisants, c'est-à-dire à faire qu'un plus grand nombre de bons étalons que nos établissements n'en peuvent fournir fussent employés à la reproduction, sans qu'il en résultât pour l'administration une dépense plus forte que celle qu'exige actuellement l'entretien de ses dépôts.   .

» Plusieurs moyens étaient proposés :

» 1o Confier aux départements qui voudraient s'en charger l'administration de leurs intérêts, sous ce rapport, en leur allouant sur les fonds des haras une somme déterminée ;

» 2o Concéder soit aux départements, pour les remettre à des particuliers, soit aux particuliers eux-mêmes, des étalons, à la charge de les employer à la reproduction, et ce, à des conditions propres à garantir les intérêts de l'amélioration, ainsi que ceux du gouvernement et des concessionnaires.

La proposition de s'en remettre aux départements pour l'entretien et l'emploi des étalons nécessaires à leur usage respectif a dû être écartée.

« 1° Cette mesure n'offrait réellement aucune économie. La dépense des dépôts entre les mains des départements serait, en effet, la même, si elle n'était plus forte, qu'elle peut être entre les mains du gouvernement ; soit que les départements prissent cette administration à leur charge ou non, en tout ou en partie, il n'y aurait réellement qu'un déplacement de dépense, et, par conséquent, en définitive, aucun allégement réel pour les contribuables.

» 2o Une telle mesure ne présenterait aucune espèce de sta ;

bilité, soit pour la conservation des établissements ou leur composition, soit pour la direction à y donner : un préfet, un conseil général pouvant vouloir aujourd'hui autrement qu'un autre ne voudra demain.

» Le système des concessions s'est d'abord présenté sous un aspect plus favorable.

» Soit que la concession dût être purement gratuite, soit que le gouvernement dût ajouter au don de l'étalon une indemnité ou prime d'entretien, soit enfin que la concession dût se faire à prix d'argent et avec la promesse d'une prime annuelle proportionnée à ce prix et aux autres charges imposées au détenteur, on croyait toujours y voir l'avantage d'une économie réelle sur la dépense comparée à ce que coûtent l'entretien et le renouvellement des étalons royaux, et, par conséquent, le moyen d'entretenir un plus grand nombre d'étalons sans dépenser davantage.

» Mais bientôt l'examen et la discussion de ce système dans ses différentes suppositions ont démontré que, si, d'un côté, il peut offrir quelque économie, ce qui n'est pas même certain, de l'autre, il expose à des inconvénients qui ne permettent pas de s'y arrêter.

» L'expérience de tous les temps est contre les concessions gratuites.

» Les étalons qu'avant la Révolution le gouvernement confiait à des particuliers étaient, en général, très mal soignés, souvent aussi mal employés relativement à leur destination.

» Les états provinciaux où le mode des étalons particuliers était en usage y avaient substitué le système des dépôts.

» On pourrait citer aussi des exemples de concessions faites dans ces derniers temps, qui toutes ont mal répondu au but qui les avait déterminées.

» Quant aux concessions à prix d'argent, c'est-à-dire celles où le gouvernement céderait soit au prix coûtant, soit pour une partie de ce prix, avec la promesse d'une prime annuelle pendant un temps donné, les étalons offerts à l'industrie particulière, la commission a dû reconnaître que ce mode serait une source de difficultés et de désagréments sans nombre, tant de la part des départements que de celle des particuliers, à raison soit du prix des chevaux, soit de leurs espèce et qualité, soit des pertes que les concessionnaires pourraient faire des animaux acquis, soit enfin de leur inexactitude dans l'accomplissement des obligations qui leur auraient été imposées.

» Le seul changement qui lui a paru devoir être apporté dans l'état actuel des choses relativement aux étalons royaux serait d'éloigner peu à peu de nos établissements les étalons de trait, le gouvernement pouvant, au moins pour un assez grand nombre de localités, s'en fier à l'industrie particulière pour la reproduction des chevaux de cette espèce. Les réductions qu'il pourra faire sous ce rapport lui fourniront les moyens d'augmenter proportionnellement le nombre des étalons des autres espèces.

» Du reste, la commission n'a proposé la création d'aucun nouveau dépôt d'étalons ; quant à la réduction de quelques uns de ces établissements, elle a pensé qu'un parti semblable ne devait être pris qu'après un mûr examen : qu'il ne fallait supprimer aucun dépôt qu'après s'être assuré que les départements desservis par lui peuvent se passer de son secours, et que l'industrie particulière, aidée par les primes du gouvernement, peut subvenir utilement à la reproduction chevaline.

» Relativement aux dépôts de poulains, la commission, considérant que nos ressources pécuniaires ne permettaient pas d'augmenter le nombre de ses établissements, s'est bornée à exprimer le vœu que l'administration soit mise à même avec des moyens pécuniaires suffisants de donner à l'institution des haras le développement et l'extension nécessaires pour qu'elle puisse remplir son but. De nombreux achats de beaux poulains mâles lui paraissent un des encouragements les plus avantageux, et en même temps le plus sûr moyen d'avoir des étalons dans toute leur vigueur ».

Nous pourrions commenter cet extrait du rapport de la commission, et en tirer, croyons-nous, grand avantage pour les efforts des haras ; — nous préférons livrer les observations et les vues qu'il renferme à la méditation des esprits même les plus prévenus.

Nos races ont bien marché depuis 1829 : quelles améliorations n'aurions-nous pas réalisées si l'administration des haras avait eu les moyens d'action et la force qu'on jugeait utile de mettre entre ses mains?

Les réclamations élevées contre la rétribution perçue pour la saillie ont été écartées par la Commission. Nous constatons le fait sans l'appuyer des considérants qui ont prévalu dans le débat. Néanmoins le rapport dit : « Ceux mêmes dont l'opinion était le plus fortement prononcée contre le prix du saut ont bientôt abandonné leurs préventions sur ce point pour se rallier à l'opinion qui le défendait. Ils ont reconnu que ce n'est pas là qu'est l'encouragement, mais dans les primes et surtout dans l'écoulement facile, régulier et avantageux, des productions ».

Arrivons à l'intervention indirecte.

Cette dernière se fait sentir par les autorisations et les approbations d'étalons, — par les primes aux juments, — par l'émulation que déterminent les courses, — et par quelques autres encouragements qui ont leur source dans l'équitation et dans les mesures propres à favoriser l'élevage des poulains de certaines contrées par d'autres qui font naître volontiers, mais qui ne peuvent élever avec le même avantage pour elles, ni avec un grand succès pour le consommateur.

Comme pour l'action directe, la commission a trouvé tous ces moyens à l'état d'application, mais d'application impuissante par insuffisance du budget.

Le système des étalons autorisés est la conséquence immédiate de la présentation d'un projet de loi pour la répression des étalons défectueux. Nous ajouterons que ce système aurait des résultats d'autant plus utiles que la répression des mauvais étalons serait moins exercée, moins effective En l'absence de

dispositions pénales, il désignerait toujours à l'industrie les étalons les plus capables et tout au moins ceux qui ne sauraient
nuire à l'espèce.

En ce qui touche les étalons approuvés, la commission a
reconnu la nécessité de primes plus nombreuses et plus fortes
pour les chevaux de selle. Elle veut des garanties certaines pour
une bonne application de la prime; mais le taux de cette dernière doit être porté à 600 fr. Il n'y a qu'une voix à cet égard.
C'est une question d'argent.

Le système des primes aux poulinières de choix et de distinction est considéré comme l'un des véhicules les plus puissants
à la production améliorée. On ne lui trouve qu'un inconvénient,
celui de coûter fort cher, et qu'un seul tort, celui de n'avoir
point assez coûté. Engagé dans une telle voie, poussé et retenu tout à la fois par de telles considérations, ne semble-t-il
pas qu'on éprouve une égale difficulté à avancer ou à reculer?
Insuffisantes, les primes découragent plus, peut être, qu'elles
ne promettent et ne tiennent de résultats utiles; — réparties
en proportion de l'excitation qu'elles produisent alors, il n'y a
plus de budget assez gros pour y suffire. Que faire?...

Que faire!... Combiner l'action salutaire de ce mode d'encouragement avec un autre, bien plus efficace vraiment, celui
d'une vente assurée et toujours fructueuse dès que la demande abonde.

La commission proclame comme une nécessité l'extension
à donner aux courses. Rien ne lui paraît plus propre à propa-
ger en France les meilleures races étrangères et indigènes.
Sous ce rapport, leurs effets sont déjà sensibles et appréciables.
On commence à reconnaître le besoin de luttes moins solen-
nelles, de courses du second degré, plus spéciales aux races
diverses. Il appartiendra à l'administration de favoriser toute
initiative qui serait prise en ce sens par les départements.

La conservation des écoles royales d'équitation est fondée
sur les motifs les plus plausibles. L'État seul peut soutenir cette institution, éminemment utile, en subventionnant

des écoles particulières dans les villes les plus importantes.

Enfin, l'impossibilité où se trouvent actuellement d'élever leur produits, — le petit propriétaire et le métayer des contrées montagneuses du centre et de certaines parties du midi, engage la commission à recommander d'une manière toute spéciale les mesures qui tendraient à donner une grande extension aux achats de poulains. Elle pense qu'il serait possible d'en réunir un certain nombre dans plusieurs grands dépôts et de leur donner une éducation profitable pour l'État, qui y trouverait de précieuses ressources pour la remonte de sa cavalerie.

Ce côté de la question ne nous semble pas avoir obtenu une solution aussi satisfaisante que tous les autres. Ici, la commission s'est mise à la recherche d'un remède pour un mal sérieux. Il n'a été trouvé que depuis. Nous l'examinerons en temps et lieu.

Le rapport de M. le duc d'Escars se termine par l'analyse sommaire de tous les documents réunis des divers points de la France, — par suite de l'enquête générale provoquée par ses soins.

Nous donnerons entière cette partie du rapport, après quoi nous conclurons.

L'enquête dont il s'agit est résultée d'une circulaire du ministre de l'intérieur aux préfets. Cette circulaire portait la date du 30 décembre 1828.

« Je rappellerai d'abord, dit le rapporteur, que le but de cette circulaire était principalement d'éclairer la question, de savoir quels sont les encouragements les plus propres à favoriser l'éducation des chevaux dans chaque localité.

» C'est dans cette vue que les préfets, dans chaque département, ont été invités à réunir une commission formée des propriétaires les plus capables de répondre à cette intention.

» Cette commission devait examiner si le mode actuel de primes pour les juments de selle, d'approbation pour les étalons, et de primes dans les concours publics, était réellement le plus convenable aux diverses circonstances dans lesquelles le

département se trouve par rapport à l'éducation des chevaux.
et, dans le cas contraire, indiquer quel serait le mode à préférer.

» Elle avait aussi à donner son avis sur la question de savoir
jusqu'à quel point il serait possible de remplacer en partie le
service des étalons royaux, et même de suppléer à l'insuffisance
du nombre de ces animaux par des concessions d'étalons faites
soit à des particuliers, soit au département, pour les remettre
lui-même à des particuliers), à la charge de les employer à la
reproduction.

» Du reste, la circulaire recommandait essentiellement de
ne pas perdre de vue, dans le travail à disposer d'après ces indications, que les avis ou propositions à y consigner devaient
avoir pour but un ordre de choses d'une exécution possible,
eu égard aux ressources dont l'administration peut disposer et
à celles que le département pourrait y ajouter, et qui pût offrir aussi toute sécurité quant à sa stabilité.

» Ceux des inspecteurs généraux des haras qui n'étaient
pas membres de la commission, ainsi que les directeurs et
chefs des haras et dépôts, ont été également consultés, et invités à donner leur avis sur ces questions.

» Plusieurs départements sont restés jusqu'ici sans avoir
envoyé leur travail. Il en est plusieurs aussi où les préfets
n'ont pas pu réunir de commission, et, parmi les rapports
parvenus, il en est un certain nombre qui ne traitent que très
incomplétement les questions proposées.

» Voici, au surplus, le résultat que présente le dépouille-
ment des rapports qui sont parvenus.

» *Primes aux juments de selle.* — La majorité des opinions
émises au sujet de ces primes, tant de la part des commissions
départementales que de celles des officiers des haras, est en
faveur de leur conservation ; mais, parmi ceux mêmes qui pro-
fessent cette opinion, plusieurs demandent que l'application
de ces encouragements ait lieu d'après l'avis d'un jury, ce qui
rentrerait dans l'intention de ceux qui proposent de réunir les
fonds affectés à ces encouragements à ceux que les départements

votent pour les primes à décerner dans les concours publics.

» *Primes dans les concours publics.* — Quelques commissions, et même plusieurs chefs d'établissements, se sont prononcés contre ces encouragements, qu'ils paraîtraient regarder comme inutiles et sans effet ; mais la grande majorité des opinions est pour qu'ils soient maintenus.

» Il serait superflu d'entrer ici dans les détails relatifs aux propositions faites pour l'emploi des fonds à distribuer en primes, et pour l'application de ces primes aux différentes classes et espèces de chevaux. Il suffit de dire que les avis sont très divers sous ce rapport. On remarque cependant que ces propositions annoncent une amélioration notable dans les idées, en ce que généralement elles se rapprochent beaucoup plus des vues qui dirigent l'administration que celles qui ont été faites dans d'autres temps pour le même objet.

» Les conseils qui pourront être donnés aux départements dans le sens des avis de la commission, si Votre Excellence les approuve, concourront sans doute à rectifier encore davantage ces idées, qui, au surplus, n'auront d'influence réelle que sur la distribution des fonds appartenant aux départements, puisque l'emploi de ceux que le gouvernement pourra y ajouter serait déterminé.

» Je ne relaterai pas non plus les demandes faites par rapport à la quotité des sommes que le gouvernement devrait accorder pour ces encouragements. J'observerai seulement que plusieurs de ces demandes sont hors de toute proportion avec les ressources que l'administration peut consacrer à cette destination.

» *Approbations d'étalons.* — On sollicite généralement le maintien de cette espèce d'encouragement ; on réclame aussi pour qu'il y soit donné plus d'extension, et pour que les primes d'approbation soient portées à un taux plus élevé.

» Si quelques voix, en très petit nombre, se sont prononcées contre ce système, elles ne portaient évidemment que sur l'application qui en a été faite à des étalons défectueux, et qui n'auraient pas dû être proposés à l'approbation.

» *Concessions d'étalons.* — A un très petit nombre d'exemples près, les inspecteurs généraux, les directeurs et les chefs des haras et dépôts, se sont unanimement prononcés contre tout système de concessions d'étalons.

« Les uns motivent leur avis sur ce que ce système ne serait pas applicable aux contrées qui forment leur arrondissement ou circonscription, les autres sur ce qu'il serait une source d'abus et de difficultés sans nombre, et sur ce qu'il entraînerait à des dépenses considérables, et le plus souvent sans garantie suffisante quant aux résultats qu'on voudrait en obtenir.

» Soixante-deux commissions départementales ont traité cette question. Sur ce nombre, vingt-quatre ont émis des opinions dans le sens de celles qu'on vient de rapporter; dix proposent des concessions gratuites; vingt voudraient qu'on accordât en outre au détenteur une indemnité annuelle, que quelques unes portent jusqu'à 600 fr. Quatre sont d'avis que les étalons soient cédés à prix d'argent, et avec la promesse d'une indemnité annuelle; deux autres proposeraient aussi des concessions à prix d'argent, mais sans parler d'indemnité; enfin, une de ces commissions voudrait que le gouvernement concédât au département un certain nombre d'étalons d'espèce et de qualités déterminées, lesquels resteraient au dépôt royal, où ils seraient entretenus en partie aux frais de l'établissement, et en partie à ceux du département au service duquel ils seraient exclusivement affectés.

» Il convient de faire remarquer ici, par rapport aux concessions demandées, que ces concessions, d'après les propositions faites, devraient presque uniquement consister en chevaux de trait, de poste ou de diligence, c'est-à-dire en chevaux des espèces qui peuvent payer leur nourriture par leur travail, dont la reproduction et l'éducation sont en outre le plus favorisées par la consommation, et qui ont, par conséquent, le moins besoin des encouragements du gouvernement.

» Les demandes d'étalons de selle sont en très petit nombre, encore plusieurs des commissions ou préfets qui ont proposé des concessions d'étalons de cette espèce semblent-ils douter qu'on trouve des propriétaires qui veuillent en accepter.

» Du reste, il y a à peu près unanimité, tant de la part des commissions départementales que de celle des officiers des haras, sur la nécessité d'augmenter le nombre des étalons royaux, et de remplacer ceux de ces étalons qui ne peuvent plus servir utilement à l'amélioration.

» Outre les demandes et observations qui se rapportent directement aux questions proposées par la circulaire, les rapports dont j'ai l'honneur de rendre compte ici à Votre Excellence en contiennent encore d'autres sur divers points intéressant plus ou moins l'éducation et l'amélioration des chevaux. Les achats de poulains, la répression des étalons défectueux, la rétribution exigée pour la saillie des juments par les étalons royaux, et les achats pour les remontes militaires, sont particulièrement l'objet de ces observations.

» On sollicite généralement des mesures qui puissent assurer aux productions en chevaux un écoulement utile et avantageux pour les propriétaires; on réclame particulièrement l'établissement de dépôts de poulains où ces jeunes animaux soient recueillis et élevés pour servir ensuite aux remontes de l'armée.

» De toutes parts on réclame également des mesures répressives contre l'emploi des mauvais étalons, et spécialement contre le mélange des chevaux mâles et femelles dans les pâtures publiques.

» Relativement au prix du saut, les uns voudraient que la saillie fût gratuite pour toutes les juments; d'autres seulement pour les juments les meilleures, pour celles qui auraient obtenu des primes, et pour certaines localités. Quelques uns demandent seulement que le prix du saut soit réduit.

» Enfin, des demandes multipliées sont faites pour obtenir que, définitivement, on n'achète qu'en France les chevaux pour les remontes militaires, que ces achats soient faits directement des propriétaires, et sans aucun intermédiaire entre eux et les agents militaires, et enfin que le prix des remontes soit plus élevé. »

Cet examen approfondi, consciencieux, de toutes les questions ressortissant ou aboutissant à l'administration des haras, qui est devenue leur centre commun, a-t-il mis en lumière — l'incapacité de ses membres ou l'insuffisance de ses moyens d'action, — le mauvais vouloir de ses agents ou les difficultés de toutes sortes qui entravaient la marche de l'amélioration, — l'absence de données économiques bien arrêtées, ou la force des choses qui détournait le courant et rendait impuissants des efforts judicieusement combinés, mais trop isolés dans leur action?

Le procès s'est instruit, les pièces officielles peuvent être consultées : que l'on juge avec impartialité, sans prévention.

Que reste-t-il de ces grandes colères amassées contre les haras?

L'état de la propriété fait au gouvernement une nécessité, une loi d'intervenir dans une branche de production qui exige savoir et pouvoir. L'industrie privée ne sait pas, ne peut pas, et par suite ne veut pas. La tâche consiste à développer chez les particuliers la capacité, le goût, l'intérêt. En attendant ces résultats, l'état doit intervenir d'une certaine manière et dans certaines limites. Il faut instruire et suppléer à l'insuffisance ; il faut organiser des moyens d'action qui éclairent, encouragent, entraînent par l'exemple et l'intérêt.

Tous ces moyens existent à l'état de fait. Les petites querelles de détails restent sans importance devant les principes : le fond et la forme demeurent debout. On consolide l'institution, mais elle sera plus brillamment parée....., si la richesse vient en aide.

Si l'administration des haras n'a pas donné des résultats plus nombreux et plus satisfaisants, ce n'est pas qu'elle ait gaspillé ses ressources, qu'elle les ait dévorées sans intelligence, appliqué sans vouloir le bien ; non : c'est que mille causes d'insuccès lui ont fait obstacle, et que tout a conspiré pour empêcher que la force de les surmonter fût remise en ses mains.

Aussi, le travail de la Commission ne tend qu'à un but. Il veut grouper autour de l'institution, considérée comme une nécessité, toutes les mesures éparses qui peuvent la fortifier et en faire une puissance. Il demande à la loi son concours, à une action directe plus étendue des résultats plus pressés et plus immédiats, à des encouragements plus larges l'influence d'une excitation plus grande, à la certitude d'un débouché facile et permanent la première et la plus importante condition du succès.

L'administration n'avait demandé ni plus ni moins ; mais sa voix était trop faible pour être entendue au milieu de ce concert assourdissant de reproches. Si le blâme eût été mérité, l'administration eût disparu. Loin de là, on la relève ; on la relève après avoir constaté que sa défaillance tenait à l'isolement dans lequel la consommation avait laissé l'amélioration, et à l'insuffisance du budget, qui ne permettait pas d'agir assez puissamment sur la production.

XXI. — COMMISSIONS CONSULTATIVES DE 1831 ET 1832.

Cette solution ne faisait pas le compte des ennemis des haras. Elle était trop éloignée de leurs vues pour qu'ils ne s'empressassent pas, à l'occasion, de reproduire leurs plaintes et leurs attaques.

Les événements de 1830 les servirent à souhait. L'œuvre de destruction fut reprise ; la lutte recommença violente et acharnée. De toutes parts on sonna la charge ; l'espoir du succès soutint les assaillants et anima le combat.

Le nouveau système trouva d'ailleurs dans le ministre du commerce et des travaux publics un homme tout prêt à l'action et tout disposé à en finir. M. d'Argout promit de la vigueur et de la résolution.

Toutefois, étranger à la spécialité des haras, il institua, sous sa présidence, une commission de onze membres (1) : il se réserva d'en diriger les travaux, M. d'Argout ne voulait point errer dans les mesures de détail; mais, avant d'ouvrir cette consultation, il était fixé quant au système à suivre. C'était un système d'économie à tout prix. Il y ramena la commission à chaque effort qu'elle fit pour sortir du cercle dans lequel il avait tout d'abord circonscrit ses délibérations.

Le budget des haras était alors de 1,800,000 fr. M. d'Argout le réduisait de 300,000 fr. pour l'exercice 1832. Il demandait à la commission de lui indiquer la meilleure application à faire du crédit de 1,500,000 fr. qu'il se proposait de dépenser en faveur de l'amélioration des races chevalines de la France. La commission eut beau se récrier sur l'insuffisance d'une semblable allocation ; les considérations les plus élevées, les détails les plus précis et les plus techniques, n'entamèrent pas la volonté du ministre. Rien ne put le désarçonner, il resta ferme devant l'opposition unanime de la commission et lui rappela son désir : — connaître le meilleur emploi à faire d'une dotation annuelle de 1,500,000 fr. dans l'intérêt hippique du pays.

La commission se mit à l'œuvre ; elle étudia dans une discussion très approfondie les systèmes que l'on opposait, dans le public et dans les chambres, au mode définitivement adopté par l'Empereur après un examen longuement réfléchi, et debout encore malgré les attaques passionnées auxquelles il était en butte depuis 15 ans.

De nombreuses préventions le battaient en brèche, l'opinion du ministre ne lui était pas précisément favorable, et plusieurs membres de la commission n'eussent pas été fâchés non plus d'essayer d'autre chose et de faire du nouveau. Cependant, la commission n'y réussit pas. Tout bien pesé, tout bien considéré, elle ne trouva rien de mieux pour se conformer à la vo-

(1) Faisaient partie de la commission : MM. duc Decazes, marquis de Pange, les généraux comte de La Roche-Aymon, Harispe, Jacqueminot et Préval, duc de Marmier, marquis de Dréc, de Rambuteau, Chevandier et le baron Lenormant de Tournehem.

lonté si ferme de réaliser une somme d'économies dont le chiffre était posé à l'avance, elle ne trouva rien de mieux que de proposer la suppression de neuf dépôts, et, par ailleurs, le maintien de l'organisation actuelle. Cependant, cette mesure ne doit nuire en rien aux bonnes contrées de production, aux localités les plus favorables à l'industrie chevaline ; l'administration devra tendre, au contraire, à concentrer ses soins et ses ressources sur les points les plus importants, et, nonobstant les suppressions qu'il va ordonner, le ministre n'en insistera pas moins auprès du gouvernement et des chambres pour que la dotation des haras soit maintenue au chiffre de 1,800,000 fr.

La commission aurait désiré qu'on pût améliorer la qualité des étalons, et donner une grande extension à l'élevage dans les haras de l'Etat. Elle revenait ainsi aux idées de la commission administrative de 1829, qui l'avait précédée dans l'examen et dans l'étude des mêmes questions.

Par suite, Arles, Villeneuve d'Agen, Parentignac, Grenoble, Corbigny, Perpignan, Auxerre, Saint-Jean-d'Angely, le Bec, furent condamnés. Les débats ont été longs pour cette désignation ; les intérêts les plus vifs se trouvaient engagés, et la défense a été chaleureuse ; mais le ministre demeura inébranlable : les établissements disparurent.

Voici en quels termes la commission repoussa le système des garde-étalons :

« L'expérience de tous les temps est contre le système dont il s'agit ; que les étalons soient remis à titre de concessions gratuites, ou vendus par les soins d'une administration quelconque, peu importe.

» La dépense des primes, sur laquelle il repose, ne rend pas en raison de ce qu'elle coûte.

» Les concessions ou les ventes d'étalons ne pourraient être tentées que pour des chevaux d'un prix médiocre et d'espèce commune, particulièrement propres aux travaux de l'agriculture. Il est incontestable que la reproduction de cette espèce peut, à quelques exceptions près, être sans inconvénient abandonnée à l'industrie privée ; le gouvernemeut n'a réellement point à s'en occuper.

» Ce système irait à l'encontre du but de la suppression des dépôts ; il rendrait nécessaire, indispensable, plus tard, leur rétablissement à grands frais et compromettrait, pour longues années, l'avenir de nos races de chevaux (1). »

Voilà donc l'organisation de 1806 sauvée une fois encore du naufrage.—Avouons qu'il faut qu'elle ait pour des esprits sé-rieux, dès qu'ils l'étudient, une bien grande force de cohésion pour résister à tous les efforts et à tous les mauvais vouloirs qui l'attaquent sans pouvoir la détruire.

Nous ne mentionnons que pour mémoire les travaux de la commission consultative de 1832. Son aînée lui avait laissé les détails à régler ; elle s'est acquittée de cette tâche, à laquelle nous ne saurions nous arrêter. C'est elle qui a préparé, en 1833, le règlement du 10 décembre.

Ici, commence une ère nouvelle que nous devons apprécier avec soin. Quelques mots néanmoins avant d'arriver à cette appréciation.

Le petit coup d'état qui avait frappé les haras ne contribua pas à leur faire beaucoup d'amis. Les localités privées de leur dépôt d'étalons, tous les points secondaires qui se virent retirer leurs stations, firent entendre les plaintes les plus vives. D'un autre côté, le nombre des étalons tombant de 1260 à 965, un certain nombre d'employés subalternes fut remercié. Le personnel des officiers subit de mortelles épurations. Il y en avait de capables dont on pouvait attendre les meilleurs ser-vices, on n'eut pas la main heureuse pour les remplacer ; on mit à la tête des établissements des hommes du jour, sans expé-rience ni savoir, sans connaissances théoriques ni pratiques.

Cette faute ajouta certainement aux conséquences fâcheuses de la suppression. L'avenir le prouvera, car l'administration

(1) Procès-verbal de la séance du 25 octobre 1851.

sera bientôt forcée de se séparer d'une partie de ce nouveau personnel et de rétablir la moitié des dépôts condamnés.

Les révolutions n'ont jamais favorisé l'industrie chevaline. Celle de 1830 a été pour cette dernière la cause d'une longue crise. Si nous écrivions pour des esprits préparés, nous hasarderions un chiffre approximatif des pertes qu'elle a éprouvées. On n'y croirait pas, — et cependant nous serions encore au dessous de la vérité. Nous garderons pour nous le secret de cette banqueroute forcée. L'industrie a cessé de produire et d'améliorer sa production, au même titre qu'un banquier suspend ses paiements lorsqu'autour de lui tout manque à la fois.

A partir de 1824, déjà nous l'avons dit, une ordonnance royale ayant donné aux éleveurs la certitude qu'à l'avenir les remontes militaires se feraient en France, un débouché d'une certaine importance s'était rouvert et la production s'était ranimée. Avant 1830, donc, l'espoir de remonter les régiments de ligne, la garde royale, les compagnies des gardes du corps, les maisons royales même, sollicitait puissamment l'industrie indigène. Celle-ci avait repris des forces et marchait à grands pas vers le progrès.

La révolution de juillet éclate. Avec la branche aînée disparaissent les gardes du corps et la garde royale, mais le nombre des régiments de ligne doit être accru; l'arme de la cavalerie va prendre une importance nouvelle, les éventualités de guerre rendent indispensable l'acquisition d'une grande quantité de chevaux, et les écuries du roi-citoyen se repeupleront à neuf. L'éleveur attend et prépare sa marchandise. La concurrence lui promet une bonne aubaine; il trouvera dans une vente facile un dédommagement aux lourdes charges du budget, qui s'est immédiatement grossi. Vain espoir ! Ecoutons les plaintes.

« Maintes fois déjà nous nous sommes élevés contre les motifs anti-nationaux qui portent le département de la guerre à aller demander les chevaux de remonte à l'étranger, et nous n'avons pas hésité davantage à nous récrier sur les achats que S. M.

Louis-Philippe, avant comme depuis son avénement au trône, n'a cessé de faire en Allemagne ou en Angleterre. Toutes nos plaintes sur les coupables et désastreuses déterminations de M. le ministre de la guerre ont été sans fruit; mêmes résultats ont accueilli les démarches faites par nous pour engager la direction des écuries royales à encourager par ses achats quelques unes de nos provinces d'élève; jamais même elles ne se sont donné la peine d'essayer s'il était possible de rencontrer en France un nombre, quelque minime qu'il fût, de ces beaux carrossiers et de ces bons chevaux de selle que les princes de la branche aînée de Bourbon surent enfin y découvrir pour le service ordinaire de leurs maisons.

» Peu de temps avant les événements du mois de juillet 1830, M. le marquis de Strada avait fait en Allemagne de nombreux achats pour Sa Majesté, alors duc d'Orléans. Depuis six mois, deux voyages de M. l'écuyer-commandant en Angleterre ont de nouveau fait entrer dans les écuries royales trente à trente-cinq chevaux de voiture et de selle, et placé au haras de Meudon un étalon de demi-sang et une poulinière avec son poulain. M. le marquis de Strada vient encore une fois de partir pour l'Allemagne. Sa tournée doit être longue, et il a l'ordre d'en ramener un nombre considérable de chevaux de selle et probablement aussi de chevaux de voiture. Lorsque arrivera ce convoi, nous dirons si les individus qui le composent ne pouvaient que se trouver hors de France; mais, en attendant, il nous est impossible de ne pas déplorer une importation *qui est un larcin manifeste fait à nos éleveurs.* Le moyen qu'en présence de pareils faits le découragement ne s'empare point d'un grand nombre de producteurs de chevaux distingués que ruine le manque de débouchés où les place une prédilection aussi ennemie de tous les intérêts du pays!

» Une destinée fatale semble depuis quelque temps présider à la fortune chevaline de la France. Ces éléments les plus précieux de prospérité périssent en ses mains. C'est à cette fatalité seule qu'il faut sans doute attribuer cette détestable résolution

des conseillers intimes d'un prince dont on se plaît à reconnaître les bonnes intentions, qui les fait priver l'une des branches
les plus souffrantes de notre industrie agricole des faibles ressources sur lesquelles elle avait droit de compter ; qui les porte
à ajouter de nouveaux tributs aux millions qu'ont donnés à l'é-
tranger les remontes de notre cavalerie, et cela lorsque plusieurs de nos provinces regorgent d'élèves et qu'elles ploient
sous la charge des impôts qu'on leur demande pour mettre l'armée sur un pied respectable. Devrait-on donc les épuiser pour
aller enrichir les Anglais et les Allemands, surtout lorsqu'elles
peuvent faire mieux et avec plus d'avantages pour le pays !

» Le premier des deux transports de chevaux anglais dont nous
avons parlé venait à peine d'arriver lorsque nous nous permîmes
de faire verbalement sur cet acte anti-patriotique quelques unes
des observations que nous venons d'effleurer. Nous insistâmes
pour que l'on fît, au moins à titre d'essai, quelques recherches
dans celles de nos provinces qui sont le plus riches en chevaux
de selle et d'attelage. Nous citâmes des preuves nombreuses de
la possibilité qu'il y avait d'y trouver des chevaux propres à satisfaire les exigences de Sa Majesté, et nous conseillâmes, entre
autres choses, d'envoyer en Normandie un agent bien connu,
qui, pendant nombre d'années, avait constamment trouvé dans
cette province les puissantes remontes qu'exigèrent les immenses écuries de l'Empereur et celles non moins bien montées des
deux rois Louis XVIII et Charles X. On nous fit espérer que la
Normandie serait parcourue, mais on nous manifesta à l'avance
quelques doutes sur la réalité des ressources que nous annon-
cions. Un second voyage en Angleterre et celui que vient d'entreprendre M. de Strada pour l'Allemagne nous ont, en effet,
convaincus que toute espèce de réclamations était inutile, et
qu'il y avait projet bien arrêté d'enlever à l'élève indigène tout
espoir de trouver dans les écuries du Roi des Français et dans
l'armée une compensation aux pertes qu'a fait peser sur elle le
dernier changement de gouvernement. Nous nous perdons en
conjectures sur les motifs cachés qui font ainsi sacrifier les in-

térêts industriels et agricoles de la France à ceux de l'Angleterre et de l'Allemagne. Quelques personnes y voient le projet de dépopulariser le roi-citoyen. S'il en est ainsi, nous devons a- vouer que jamais politique n'eut plus de chances de succès (1). »

Voilà dans ses commencements ce que la révolution de juillet fit pour l'industrie chevaline : elle lui retira tous les débouchés à la fois. M. d'Argout se montrait conséquent avec cet ordre de faits en réduisant le budget des haras et en supprimant une par- tie des établissements que l'administration avait eu tant de peine à soutenir jusque là.

De son côté, l'administration des remontes fit un grand mal à la production. Elle avait déjà son arrière-pensée et prépa- rait sa conquête. Elle mit d'ailleurs le public dans la confi- dence de ses projets d'absorption en livrant à la publicité le rapport au Roi du maréchal Soult, alors ministre de la guerre, sur la nécessité d'une nouvelle organisation du service des re- montes. — Ce document officiel est du 29 mars 1831 ; nous l'examinerons plus tard.

XXII. — A PARTIR DE 1834.

Tandis que l'on discutait ainsi sur le principe économique, sur le fait même de l'existence utile d'une administration pré- posée à l'amélioration des races chevalines, tandis qu'on se disputait sur de petits détails et qu'on ramenait le débat à des questions de personnes, le temps avançait poussant devant lui la science et les saines idées qu'elle répand.

Nos relations avec l'Angleterre s'étaient multipliées. Frappés de la supériorité des chevaux d'outre-Manche et du lourd tri- but que cette supériorité nous imposait comme à tous les peu ples du continent, des hommes intelligents, des observateurs

---

(1) *Journal des haras*, t. VII, p. 300.

éclairés résolurent d'importer en France les moyens qui avaient conduit les Anglais à une prospérité si enviable.

Tel a été le point de départ sérieux du système actuel.

Il a proclamé quelques principes dont la judicieuse application peut être la source toujours vive et féconde des plus grands progrès, d'une richesse réelle.

Ces principes, les voici :

Le pur sang est l'agent essentiel, indispensable, de l'amélioration des races; il a sur leur régénération une action immédiate, une influence précieuse que l'expérience et les résultats séculaires des Anglais ne permettent pas de contester.

Les races les plus parfaites ont été dans tous les temps et sont encore celles qui ont le plus d'affinité avec le cheval arabe, resté pur de toute souillure et conservé dans toute sa perfection native.

Le cheval de pur sang anglais n'est autre que le cheval de pur sang arabe, — grandi et développé sous l'influence d'agents producteurs plus abondants et plus substantiels, — maintenu dans la pureté de son extraction par les soins qui ont toujours présidé à sa conservation, libre de toute mésalliance.

Si l'étalon de pur sang est l'élément régénérateur par excellence, le principe même de l'amélioration, la jument détermine particulièrement le genre de cheval à produire, le modèle sous lequel doit se rencontrer telle ou telle aptitude spéciale.

Le principe de l'énergie, de la vitalité et de la distinction du produit, appartient plus au mâle ; les formes dans leur ensemble et leur disposition, la force corporelle, la conformation générale et spéciale, tout ce qui fait qu'un cheval peut devenir propre à tel ou tel usage, sont plutôt le partage de la femelle. Une hygiène appropriée, une éducation rationnelle assurent, fixent ces influences diverses et permettent, par d'heureuses alliances, par le mariage bien compris des sexes, de réaliser des améliorations nouvelles et d'obtenir les chevaux de tous les besoins.

Enfin, plus une race s'éloigne du pur sang (dans les vei-

nes de toutes peut couler une dose de pur sang très variable),
et moins elle a de valeur, plus vite elle dégénère.

Tel fut le dogme de la nouvelle administration. Ce qui la
distingue essentiellement et ce qui la sépare complètement de
son aînée, c'est la vérité scientifique sur laquelle est posé son
système d'amélioration. Elle a désormais un point fixe, une
base inébranlable, des principes qu'elle n'oubliera pas. Elle
prend à tâche de faire passer dans la pratique, dans les faits
généraux, l'application, jusque là isolée en France, d'une
science bien fondée par ses résultats et partout adoptée, car
l'Allemagne nous avait déjà devancés dans cette voie ouverte
par l'Angleterre et persévéramment suivie par elle depuis plus
de deux cents ans.

L'ancienne administration s'était proposé de refaire, de rétablir la population chevaline de la France; celle qui lui suc-
cède ne va se préoccuper que de l'amélioration des races principales.

Certes, le moment était venu d'arrêter les bases d'un système rationnel et bien compris; mais toute action qui porte
sur les masses a cet inconvénient inévitable d'arriver à la fois
trop tard et trop vite. Si, pour les retardataires, elle vient
avant le temps, elle s'est fait trop attendre pour les plus avancés. — Entre ces extrêmes, une partie seulement se trouve
touchée au moment opportun. Il en résulte — ici des plaintes,
— là des réclamations. Les unes et les autres, également fondées et soutenables, se renvoient leurs raisons et jettent une
grande hésitation sur les vues et la marche de ceux qui, n'ayant
ni à réclamer ni à se plaindre, pourraient fermer les yeux et
faire la sourde oreille.

Telle sera la situation des haras à partir de 1834. Ils feront
le bien, les améliorations s'étendront successivement, mais lentement, autour d'eux. Cependant, on les attaquera plus vivement que jamais. L'opinion, faussée sur les résultats dus à
leur concours, sera long-temps partiale, hostile, tracassière.
Néanmoins, la vérité percera et la raison finira par avoir raison.

Cette période de l'existence administrative des haras ne sera qu'une longue lutte, la lutte acharnée que partout et toujours la routine livre au progrès. Mais n'anticipons pas sur le temps, procédons par ordre dans l'examen de tous ces faits qu'un lien commun rattache les uns aux autres et dans lesquels se trouve écrite l'histoire des haras.

Toute institution, qu'elle commence ou se régénère, dépose ses principes dans une charte. Voyons celle qui a fixé les vues nouvelles de l'administration.

C'est un parallèle à établir entre les ordonnances constitutives du 16 janvier 1825 et du 10 décembre 1833.

En 1825.	*En* 1833.
2 haras d'étalons, juments et poulains.	3 haras d'étalons, juments et poulains.
3 dépôts d'étalons et poulains.	3 dépôts d'étalons et poulains.
24 dépôts d'étalons.	16 dépôts d'étalons.
8 inspecteurs généraux résidant au centre de chaque arrondissement d'inspection.	5 inspecteurs généraux résidant à Paris.
Un conseil des haras, composé de sept membres, étrangers à l'administration, et à la nomination du roi.	Un conseil des haras, présidé par le ministre et composé du secrétaire général du ministère, vice-président; des inspecteurs généraux en activité, et d'un secrétaire nommé par le ministre : les inspecteurs généraux en retraite pouvant être appelés à faire partie du conseil.
Deux agents généraux des remontes préposés aux achats.	Fonctions supprimées, — les achats devant être confiés temporairement à des officiers capables.
Des conditions pour l'admission et pour l'avancement hiérarchique.	Aucune condition pour l'admission, aucune hiérarchie pour l'avancement.
Des primes de 100 à 300 fr. pour les étalons particuliers et de préférence pour les chevaux de selle, auxquels étaient réservées les primes les plus élevées.	Des primes de 300 à 600 fr. pour les étalons de selle. Des primes de 200 à 300 pour les étalons carrossiers. Des primes de 100 à 200 pour les étalons de gros trait.
Des brevets d'autorisation pour une deuxième classe d'étalons privés.	Suppression des brevets d'autorisation.

Des primes de 100 à 200 fr. pour les juments de selle.	Des primes de 200 à 400 fr. pour les juments de races pures.
	Des primes de 100 à 200 fr. pour les juments de races indigènes suivies d'un produit issu d'un étalon de pur sang.
Des courses sans système bien arrêté.	Un système de courses mieux compris et plus largement doté.
	La formation de commissions consultatives dans chaque département, composées de 14 membres et chargées de suivre les progrès de l'élève chevaline.
	Des concessions de poulinières, poulains ou pouliches ; des médailles d'or ou d'argent aux éleveurs les plus avancés et faisant le plus de sacrifices en faveur du perfectionnement des races.

Certes, le progrès tient moins aux dispositions organiques et réglementaires qu'à leur bonne application, qu'à leur saine pratique. Cependant, les déclarations de principes ne sont pas tout à fait sans valeur, on peut au moins les considérer comme un gage, comme une première émission de vues, comme un centre duquel partiront toutes les mesures secondaires, comme le foyer duquel rayonnera la lumière.

Quoi qu'il en soit, et pour nous arrêter à ce qui nous occupe en ce moment, on ne saurait nier que l'ordonnance de 1833 ne consacre un système plus complet et plus rationnel que l'organisation de 1825. Celle-ci était plus administrative et d'intérieur, si l'on peut dire ; celle-là plus scientifique et plus extérieure. La centralisation était le fait saillant de l'ordonnance de 1825 ; chaque ligne rapporte tout à un seul, et les idées absolues de son auteur se retrouveront au règlement spécial, jusque dans les plus minces détails. M. Syrieys de Marinhac imprimait à chaque page de ses œuvres ces mots : « L'administration, c'est moi ». L'ordonnance de 1833 est plus libérale ; elle veut donner, à chaque département, un siége et voix consultative au conseil des haras ; on peut espérer que tous les intérêts y seront désormais convenablement représentés et discutés.

C'était une grande conquête pour l'industrie, et ce n'était pas la seule. En effet, le système des primes aux étalons était plus puissant, plus convenablement rémunéré dans la seconde ordonnance que dans la première. Les encouragements qui s'attachaient à la pouliniere étaient aussi mieux compris et devaient porter des fruits plus abondants.

On ne s'explique pas bien la suppression des brevets d'autorisation accordés à des étalons qui, à la vérité, sans puissance régénératrice sur les races, étaient néanmoins incapables de nuire à leur mérite actuel; car on n'admettait dans cette classe que des animaux exempts de tares et de maladies héréditaires. Cet éligement des reproducteurs, qui n'entraînait à aucune dépense, avait l'avantage de recommander à l'industrie, préférablement aux étalons nuisibles, des animaux conservateurs des qualités acquises, si peu saillantes qu'elles fussent. Les autorisations auraient dû être confiées aux commissions départementales et non supprimées. Nous reviendrons ailleurs sur ce sujet, qui a pour nous une importance réelle.

On ne peut songer à produire des chevaux de pur sang sans donner aux courses publiques une attention commandée par la nécessité de pousser aux méthodes d'élevage les plus perfectionnées. Le nombre des éleveurs de chevaux de pur sang promettant de s'accroître sous l'influence des habitudes nouvelles, stimulées par l'appât des primes aux juments de races pures, il était impossible de ne pas augmenter l'allocation précédemment consacrée aux épreuves de vitesse et de fond, impossible de ne pas réviser les règlements qui les concernaient. Ce qui a été fait alors dans ce sens a été un progrès, une amélioration du passé.

La nouvelle ordonnance s'est montrée moins avancée, au contraire, dans la question du personnel de l'administration. Particulièrement élaborée par les inspecteurs généraux, traités un peu cavalièrement par M. Syrieys de Marinhac, cette ordonnance a voulu mettre les hauts fonctionnaires des haras à l'abri des petits inconvénients qui les avaient atteints. Un directeur général sérieux étant à redouter, on a annihilé sa force et son pouvoir pour y substituer l'autorité irresponsable, mais effective et exclusivement prépondérante, du conseil des haras, dont la composition était bien déterminée à l'avance. La création de commissions départementales était en quelque sorte la compensation donnée à l'industrie au sein de laquelle, précédemment, on devait prendre les conseillers de l'administration.

Les agents généraux, préposés aux achats des étalons, des poulains destinés à le devenir et des poulinières que pouvaient renfermer les haras, furent supprimés par l'ordonnance de **1833.** Sous l'administration précédente, les achats d'animaux avaient été l'objet d'une préoccupation tellement vive que cette partie du service était considérée comme la plus essentielle et la plus importante. On en avait fait la base, la pierre fondamentale, de l'institution tout entière. Cette exagération n'avait pas un grand inconvénient, peut-être y en avait-il davantage, en présence de l'organisation nouvelle donnée à l'inspection générale, à supprimer des fonctions qui entraînent une grande responsabilité et exigent des connaissances très positives et toutes spéciales. Nous verrons plus loin.

Enfin, toute garantie fut enlevée au personnel des établissements. — L'ordonnance de **1825** établissait des conditions d'admissibilité aux emplois et des règles hiérarchiques pour l'avancement dans le corps. Rien n'était plus normal en principe. En fait, il y avait à améliorer la situation, qui n'était pas encore satisfaisante, ainsi que l'avait déclaré la commission administrative de **1829.** Au lieu d'entrer dans cette voie, l'ordonnance de **1833** revint sur le passé et remit toutes les nominations et promotions à faire au caprice, au favoritisme, au hasard, et surtout à la camaraderie. Ce fut le côté faible de la nouvelle administration. Passons; toutes ces questions reviendront plus tard.

Reste à examiner le système d'amélioration dont le germe était déposé dans les articles 1, 9, 10 et 11 de l'ordonnance. Ces articles concernaient la répartition et la composition des établissements, et les différents modes d'encouragements offerts sous forme de primes à l'industrie privée.

En 1825 deux haras seulement, l'ordonnance de 1833 en établit trois. La commission de 1829 avait conseillé d'en établir cinq : M. le duc de Guiche ne s'arrêtait pas à ce nombre, et, long-temps avant lui, Préseau de Dompierre démontrait la nécessité d'avoir de nombreux *haras de pépinière*.

L'établissement de ces haras décide une grande question, celle de la production des types par l'Etat. Voici en quels termes M. de Guiche démontrait, en 1829, la nécessité de cette production.

« En France, où la grande division des propriétés, l'exiguïté des fortunes particulières, la difficulté des communications, les habitudes et les goûts des habitants, sont des obstacles aux améliorations de l'espèce chevaline, il est du devoir du gouvernement, non seulement d'encourager les riches agriculteurs à ne pas abandonner cette branche d'industrie, mais encore de donner l'exemple en formant des haras où on puisse créer par la naturalisation et maintenir par de constants perfectionnements *une race pure et régénératrice*. »

M. de Guiche demandait donc que l'administration des haras fît sur une grande échelle ce qu'elle n'avait fait, jusque là, qu'à l'état d'essai fort restreint. Il ne se proposait pas, quant au fond, d'autre but que celui des haras, mais il ne voulait pas une production insignifiante quant au nombre, imperceptible par conséquent quant aux résultats. Il reconnaissait la nécessité d'une intervention active et la développait assez pour la mettre au niveau des besoins.

La commission administrative de 1829 était entrée dans les vues exposées par M. de Guiche. Mais, dans les développements donnés à son opinion, une nuance se fait remarquer en ce qui touche au principe.

M. de Guiche voulait créer exclusivement des types, il ne les voyait que dans la naturalisation et le perfectionnement toujours poursuivi des deux races pures,— arabe et anglaise. Les moyens de production d'un sang inférieur, d'un sang mêlé, il ne s'en occupait pas et les abandonnait à l'industrie privée. Il sollicitait, au contraire, le gouvernement de suppléer à l'insuffisance de cette dernière, en ce qui concerne la reproduction et la conservation des races pures, parce qu'il n'en trouvait nulle part ni la connaissance, ni le goût, ni les moyens. Au lieu donc de se borner à un simple spécimen, à l'exemple donné, il voulait que l'administration des haras fît vite et bien à la fois, deux choses qui ne s'obtiennent pas en restant dans des conditions étroites, en n'ayant que des établissements incomplets.

M. le duc d'Escars, président de la commission de 1829, partageait l'opinion de M. le duc de Guiche; mais la majorité de cette commission dévia, et la résolution qu'elle prit s'écarta un peu du principe même du pur sang. Elle s'attachait à faire produire abondamment dans les haras de l'État, mais elle voulait qu'ils produisissent à la fois le pur sang et le demi-sang. Elle ne pensait pas que l'industrie privée fût encore en mesure de faire naître et d'élever l'étalon de demi-sang capable, une nature de reproducteur qu'elle croyait utile de mettre à la disposition des éducateurs de chevaux. Elle demandait donc que l'État intervînt et produisît directement, quoique sur une petite échelle, une espèce d'étalons réclamée par les besoins. Elle faisait dire à son rapporteur : « On s'en est trop rapporté jusqu'ici sur l'industrie particulière, pour la création des ressources nécessaires à la remonte de nos établissements. Il est bien reconnu que, dans l'état actuel des choses, les propriétaires éleveurs de chevaux ne sont pas encore en mesure de nous fournir ni en nombre ni en qualité, et particulièrement sous le rapport des éléments de premier ordre, les étalons dont nous aurions besoin. Aussi l'administration est-elle obligée d'y suppléer par de fréquents et onéreux achats à l'étranger. Nous devons tendre à nous affranchir de cette obligation, et nous ne le pouvons qu'en prenant les moyens de créer chez nous les ressources que nous sommes aujourd'hui forcés d'aller chercher au dehors. Or, ces moyens ne peuvent consister que dans des haras organisés d'après les vues proposées par la commission.

» Ces établissements fourniraient à nos besoins en étalons des espèces que l'industrie particulière ne saurait nous offrir dans ce moment, et nous mettraient par là dans le cas de nous passer de l'étranger, si ce n'est de loin en loin, pour quelques étalons du plus haut mérite; ils mettraient encore l'administration dans le cas de verser chaque année dans la circulation un certain nombre d'élèves d'espèces choisies qui viendraient augmenter successivement la masse des bons éléments de reproduction. »

Les auteurs de l'ordonnance de 1833 limitèrent à trois le nombre des haras par la nécessité de se renfermer dans les chiffres du budget ordinaire. Ils partageaient à leur égard l'opinion de la commission de 1829; mais une prédilection marquée pour le pur sang anglais les portait à s'occuper plus spécialement de la reproduction de cette race, dont les fruits, dans leur esprit, devaient être plus utilement employés à l'amélioration des races indigènes. Toutefois, à chacun on distribue son rôle. Chaque haras aura pour ainsi dire sa spécialité : au Pin, la race anglaise dominera; à Pompadour sera réuni tout ce que l'administration possède et pourra se procurer d'étalons et de juments de sang arabe; à Rosières, enfin, le fonds du haras est tout formé par l'existence des derniers représentants de l'ancienne race ducale ou deux-pontoise. En Normandie donc, l'étalon de pur sang anglais régnera sans partage; en Limousin, la jument arabe recevra l'étalon de sa race, mais la jument anglaise pure ou de demi-sang sera croisée avec l'étalon anglais, et de même en Lorraine la jument de Deux-Ponts expérimentera son alliance avec le pur sang anglais.

Quant à l'importance de la production et de l'élève, elle ne

devait s'arrêter que devant la barrière du budget ou l'insuffisance même des propriétés. — Celles-ci ne sont point assez
étendues pour qu'il fût permis de dépasser les limites d'un
simple spécimen. C'était le but. En le remplissant, on travaillait néanmoins à multiplier les éléments de régénération par le
pur sang, on poussait les particuliers à imiter l'administration,
afin que celle-ci, confiante un jour dans les forces développées
autour d'elle par son propre concours, pût enfin se retirer et
laisser libre carrière à l'industrie.

Après la constitution des haras, venaient la composition des
dépôts d'étalons et poulains, et celle des dépôts d'étalons.

L'ordonnance de 1833 ne modifia en rien les dispositions
prises en 1825 relativement aux dépôts d'étalons et poulains.
Elle trouva réduit à 23 le nombre des dépôts d'étalons et le
porta à 24 par le rétablissement du dépôt d'Arles, auquel fut
annexée une manade-modèle, dont nous nous occuperons en
son lieu.

Toutefois, le système d'amélioration arrêté tendait nécessairement à réunir dans les dépôts le plus grand nombre possible d'étalons de pur sang et à n'acheter, en Limousin, en
Auvergne et dans les Pyrénées, que des poulains tracés ou tout
au moins très près du pur sang.

Ces diverses mesures, on ne saurait le nier, avaient un caractère de certitude que n'avaient point encore eu les règles posées par l'administration. C'était un changement profond, radical, duquel on attendait de prompts résultats, une amélioration prochaine et partout appréciable.

Dans la fixation des primes affectées aux étalons et aux juments, les plus fortes sont naturellement offertes aux animaux
de la race pure; mais, afin de pousser à l'alliance de la jument
indigène et de l'étalon de race, on attache à l'existence du
produit de demi-sang une faveur pécuniaire, de tous les encouragements le plus immédiat et le plus certain.

Enfin, les acquisitions d'étalons donneront, à l'avenir, une
préférence marquée aussi au cheval de pur sang et à ses déri-

15

vés les mieux réussis. Les prix d'achat seront proportionnés au mérite propre de l'étalon de pur sang et au degré de croisement plus ou moins avancé des animaux non tracés.

En principe, rien à reprendre assurément dans toutes ces dispositions. En fait, cependant, elles n'ont point eu des résultats aussi prochains, ni aussi étendus qu'on se l'était promis. C'est que la pratique offre des difficultés immenses et qu'elle n'admet jamais l'application générale, exclusive, d'une théorie qui est l'antipode des habitudes prises.

Quand l'administration a proclamé le système anglais, elle s'est trouvée en présence de deux forces complétement opposées, — celle de l'idée et celle des faits. Une transition eût été nécessaire, elle était forcément dans la pratique; mais on combattait la pratique par la théorie et, maladroitement, on les rendit hostiles l'une à l'autre. La resistance fut longue et opiniâtre. Cela devait être. La théorie, ayant pour elle la puissance de la vérité, compta sur le temps et les générations, qui lui ont enfin donné raison; la pratique, dont l'aversion pour l'idée nouvelle était grande, ayant en mains la force principale, la puissance de la matière, refusa tout d'abord de la mettre au service du système et en attarda singulièrement les bons résultats.

Il y eut sans doute quelque chose de trop absolu et de trop exclusif, non dans la première application des principes, laquelle, après quatorze ans d'efforts, est loin d'être aussi large qu'elle devra le devenir si on ne dévie pas, mais dans l'émission première de l'idée, dans l'exposition brusque de la doctrine.

La faute commise trouve son excuse dans l'inexpérience des uns et dans l'ignorance des autres; dans l'impatience de la théorie et dans la résistance des vieux praticiens, plus routiniers que novateurs. Une simple déclaration de principes se produisant sous forme d'articles, dans une ordonnance, n'était pas un enseignement bien propre à changer subitement les idées, les goûts, les habitudes des éleveurs; il aurait fallu pré-

parer le terrain avec plus de soin et ne point brusquer une semaille qui, pour porter des fruits abondants, ne devait être
faite qu'en saison convenable. La théorie était en avance sur
la pratique. Elle eût rendu des services plus complets et moins
tardifs si, au préalable, on l'avait fait mieux comprendre à
ceux qui devaient en généraliser l'application. L'enseignement
a manqué, la lumière a fait défaut ; il a fallu attendre du
temps un succès long-temps contesté, quand la réussite était
certaine avec un peu plus d'art et de préparation.

Cette fausse position, faite aux éleveurs par les haras et à
ces derniers par ceux-là, rendit très difficile la marche de l'administration dans les premières années de cette période de son
existence. Le pays se déclara ouvertement hostile au système
adopté ; l'administration eut le tort de ne pas ramener le pays
par l'enseignement qui persuade. Elle se voyait dans la bonne
voie et dédaignait ses détracteurs, au lieu de les instruire et de
les convaincre. Elle se fit ainsi des ennemis de ceux dont elle
aurait dû se faire des auxiliaires. Elle voulait soulever le monde et ne s'inquiétait ni du levier ni du point d'appui, sans lesquels sa volonté n'était que folie. Au lieu d'être puissante,
son action fut faible et ses forces allaient décroissant.

Cependant, le temps la servit, l'expérience vint la fortifier;
une ère nouvelle s'ouvrit et présagea un meilleur avenir.

En 1840, un homme éminent par son savoir et par ses qualités, celui des inspecteurs généraux du service qui avait le
plus de valeur, fut placé à la tête de l'administration : il en
devint, de fait, le directeur général. Quelques modifications
furent apportées à l'ordonnance de 1833. Elles eurent pour
objet de donner au chef de l'administration plus de liberté et de
pouvoir, de le dégager de la dépendance dans laquelle l'auraient tenu certaines dispositions de l'ordonnance organique
de 1833.

Le directeur voulait diriger. Ces quatre mots disent tout
son système, qui nous est maintenant connu. Depuis 1833,
M. Dittmer avait pris une part très active à tout ce qui s'était

fait ; ses idées avaient particulièrement prévalu dans la marche de l'administration. Il arrivait pour les raffermir encore et ne permettre aucune espèce de déviation.

L'ordonnance du 24 octobre 1840 n'a rien innové au fond. Elle contient le système précédemment adopté. Les différences qui la signalent dans les détails ne lui appartiennent même pas ; elles étaient antérieures à sa rédaction et ne faisaient en quelque sorte que régulariser des mesures déjà en vigueur.

Ainsi, dès 1838, l'élevage des poulains avait cessé dans les dépôts ; les primes aux juments indigènes, suitées d'un produit issu d'un étalon de pur sang, ne faisaient plus partie des encouragements offerts à l'industrie ; les commissions d'éleveurs, n'ayant jamais été mises en activité, ne furent supprimées que pour la forme.

D'autres modifications intéressaient le personnel. La plus importante touchait à l'existence des vétérinaires des dépôts situés dans les villes ; mais la suppression ne fut consommée qu'en partie et seulement pendant un temps fort court. On revint bientôt à la nécessité d'un vétérinaire spécialement attaché à chacun des établissements de l'Etat.

Les fonctions d'agent général des remontes avaient été rétablies en 1835. L'ordonnance de 1840 remplaçait ce fonctionnaire d'un grade élevé par deux préposés aux remontes soumis au contrôle des inspecteurs généraux. Cette mesure pouvait avoir et avait, en effet, des avantages et des inconvénients, un bon et un mauvais côté. Elle fut éludée. Nous verrons plus tard comment le service des remontes des haras a été organisé et a fonctionné aux différents âges de l'administration.

La disposition essentielle, fondamentale, de l'ordonnance de 1844, est, sans contredit, la création d'une école spéciale. La conséquence forcée de cette création était de n'admettre plus à l'avenir dans les haras, comme officiers, que des jeunes gens pourvus d'un diplôme de capacité.

Au sujet de cette création, le rapport au Roi s'exprimait ainsi :

«........ Les mines, les forêts et la plupart des services spéciaux, ont leurs écoles : les haras ont besoin d'avoir aussi la leur.
Poussée, dans un pays voisin, à un haut degré de perfection
théorique et pratique, la science hippique, en France, a été
négligée ; il faudrait la répandre parmi les éleveurs. Il faut, en
tout cas, et absolument, donner à l'officier des haras cette connaissance approfondie des races, des croisements, de l'influence
du climat, de la nourriture, de l'élevage, etc., en un mot,
toutes ces notions si complexes, si variées, sans lesquelles la
production chevaline reste à la merci de la routine et du hasard.
L'école des haras sera créée dans ce but, et désormais la carrière, pour cette partie de l'administration, restera irrévoca-
blement fermée à qui n'aura pas fait ces études spéciales ».

Une école fut donc établie au haras du Pin. Nous nous en
occuperons ailleurs d'une manière spéciale afin de la bien faire
connaître, afin qu'on soit à même d'apprécier les bons services
qu'elle est appelée à rendre à la connaissance du cheval, à la
pratique du perfectionnement de ses diverses races.

Nous dirons aussi quelles modifications furent introduites
dans l'institution des courses, que les règlements antérieurs
avaient déjà améliorée. Les courses auront leur chapitre à part ;
nous en ferons l'histoire complète.

Avant de passer outre, établissons le budget de l'adminis-
tion pendant les quatorze ans qui séparent **1833** de **1848**, et
voyons ce qu'il a produit.

XXIII. — BUDGET DES QUATORZE ANS.

Nos chiffres ne sont pas des approximations ; ils ont la certitude d'une loi de comptes. C'est là que nous les prenons pour
former le tableau suivant ·

Dépenses des haras, d'après les lois de finances de 1834 à 1847
inclusivement.

Exercices.	Entretien des établissements, personnel central compris.	Encouragements à l'industrie privée.	Total.
	fr. c.	fr. c.	fr. c.
1834	1,298,525 10	494,300 50	1,792,625 60
1835	1,481,469 41	487,852 59	1,969,302 »
1836	1,346,165 55	421,627 01	1,767,792 56
1837	1,406,984 17	387,116 21	1,794,100 38
1838	1,492,733 41	427,197 55	1,919,930 96
1839	1,555,419 80	366,538 37	1,921,958 17
1840	1,604,762 68	403,101 57	2,007,864 25
1841	1,512,296 33	487,467 03	1,999,763 36
1842	1,492,859 81	491,093 08	1,983,952 89
1843	1,459,469 07	588,141 41	2,047,610 48
1844	1,497,176 72	751,552 35	2,248,729 07
1845	1,576,735 73	752,333 68	2,329,069 41
1846	1,548,157 27	792,748 76	2,340,906 03
1847	1,573,000 »	838,389 58	2,411,389 58
Totaux...	20,845,535 05	7,689,439 69	28,534,974 74

Toutefois, de la somme dépensée pour l'entretien des établissements, nous devons retrancher le montant cumulé des recettes versées directement au trésor depuis l'année **1838** (**1**), et provenant des sources ci-après :

Produit de la monte.	**1,587,864** fr. **50** c.	
Ventes d'animaux.	**415,263**	**74**
Produits divers, ...	**616,406**	**02**

Ci. . . . **2,619,534** fr. **26** c.

Les frais d'entretien des établissements se trouvent ainsi réduits à **18,226,000** fr. **79** c., et le budget entier des dépenses à la somme de **25,915,440** fr. **48** c.

Ces chiffres donnent les moyennes suivantes :

Entretien des haras et dépôts. . .	**1,301,850** fr. **77** c.	
Encouragements à l'industrie privée.	**549,245**	**69**

Dépense moyenne des quatorze ans. **1,851,096** fr. **46** c.

Maintenant, quels résultats ont été atteints? Les tableaux suivants en indiquent numériquement quelques uns.

(1) Une loi de finance de 1837 a enlevé à tous les services publics l'emploi des recettes spéciales à chacun d'eux.

Statistique de la monte et de ses résultats de 1834 à 1847 inclusivement.

Années.	Etalons		Juments saillies par les étalons,		Produits.	
	royaux.	approuvés.	royaux.	approuvés.	Etalons royaux.	Etalons approuvés.
1834	951	352	30,885	14,798	14,819	5,799
1835	907	245	26,905	10,339	13,141	4,022
1836	825	194	26,323	8,562	12,992	3,654
1837	830	196	25,508	9,044	12,760	3,577
1838	857	177	29,101	8,114	14,618	4,595
1839	867	189	33,009	9,176	15,625	4,158
1840	893	208	31,106	9.860	14,440	4,255
1841	857	224	30,954	10,795	14,823	4,574
1842	908	303	37,196	14,192	17,002	5,767
1843	975	290	41,573	13,166	19,251	5,813
1844	1,076	316	49,595	14,924	24,010	6,347
1845	1,150	336	50,641	16,045	24,879	6,572
1846	1,170	315	57,485	13,830	25,728	6,529
1847	1,174	411	59,313	19,153	29,343	8,255
Tot. part.	13,440	3,756	530,194	171,998	253,431	73,917
Tot. gén.	17,193		702,192		327,348	

Juments, poulains et pouliches entretenus ou élevés dans les établissements de l'Etat, de 1834 à 1847 inclus.

Années.	Juments.	Poulains.	Pouliches.
1834	88	230	60
1835	93	204	70
1836	101	180	78
1837	117	170	89
1838	134	205	98
1839	127	212	99
1840	148	235	114
1841	117	169	93
1842	107	116	86
1843	86	86	70
1844	58	55	50
1845	75	76	65
1846	54	50	59
1847	56	50	44
Totaux.	1,361	2,042	1,055
Total des produits.		3,097	

Avec les chiffres qui précèdent, il est facile de trouver le prix de revient annuel de chaque tête entretenue dans les établissements de l'Etat, pendant cette dernière période de 14 ans.

Le budget moyen de chaque année, avons-nous dit, a été

de 1,301,850 fr. 77 c. pour entretien des établissements, tous frais compris.

. La moyenne des existences a été en étalons , de 960
en poulinières , de 97
en produits , de 222

—— ——

Total 1,279

La dépense de chacun ressort au chiffre de 1,017 fr. 86 c.

Les 960 étalons de l'État , également répartis sur chacune de ces 14 années , auraient produit , en moyenne, 39-45 saillies , et donné 18-85 poulains ou pouliches : chaque naissance revenait donc à 53 fr. 04 c. à l'État.

En prenant le chiffre des produits des deux ordres d'étalons , on voit une moyenne de naissances qui s'élève à **23,382.**

Les dernières années sont en grand progrès sur les moyennes générales , ainsi que le disent les chiffres portés au premier des deux tableaux précédents pour **1844, 1845, 1846** et **1847.**

Tandis que l'effectif des étalons augmentait , le nombre des juments et des produits entretenus dans les haras allait décroissant , au contraire. Ce rapport inverse était la conséquence forcée des résultats économiques que le système adopté imposait à l'administration.

L'État ne doit faire par lui-même que ce que l'industrie privée ne sait pas , ne peut pas , ou ne veut pas encore faire ; il ne doit se substituer aux particuliers que pour supporter les frais d'expériences , commencer, donner l'exemple, ouvrir les voies nouvelles, en faciliter le parcours.

Ainsi a fait l'administration en ce qui concerne l'importation , la multiplication et la conservation des races pures. En **1834**, le nombre des animaux de pur sang était bien minime. A peine connaissait-on l'existence du pur sang anglais ; le cheval d'Orient , le cheval noble d'Arabie , n'était que le représentant le plus parfait du premier type de l'espèce. Aucune idée de science ne s'attachait encore, en langage vulgaire, à la qualification de cheval de pur sang. A part quelques hommes, bien peu auraient défini le pur sang et su dire ce qu'on pouvait en attendre d'améliorations utiles.

On est plus avancé aujourd'hui, quoique beaucoup de vérités soient encore incomprises et n'aient point été suffisamment mises en lumière par la pratique. Cependant, on s'est familiarisé avec le principe d'amélioration par le pur sang, on l'applique maintenant avec un certain degré de certitude à la meilleure appropriation de nos principales races aux services divers; seuls, les retardataires, c'est-à-dire les aveugles et les infirmes, dénient au cheval pur la puissance régénératrice qu'ils s'obstinent à placer dans la forme, dans le moule extérieur.

En donnant à la production et à l'élevage des bons types une certaine extension dans ses trois haras, l'administration a agi sur l'industrie privée par trois côtés à la fois. Elle lui a offert le secours de l'exemple et l'excitation puissante des encouragements. Tandis qu'elle importait et multipliait les races pures, elle sollicitait, par des primes attachées à leur possession, les particuliers à se procurer des poulinières d'élite, à les livrer à la reproduction, à élever leurs fruits suivant des méthodes rationnelles. Elle facilitait encore ces acquisitions en concédant ou en vendant des poulinières, en les primant, en créant des prix de courses plus nombreux et plus importants, en achetant, à prix convenables, les meilleurs produits, ceux qui avait fait preuve de qualités; enfin, en consacrant ces derniers à la reproduction, en les utilisant comme étalons de croisement destinés à régénérer nos races, dont le sang était si fort appauvri.

Des amateurs, des éleveurs riches, en prêtant à l'administration leur concours, l'ont puissamment aidée à traverser les obstacles qu'à rencontrés l'application du nouveau système dont ils ont été les prôneurs et les éclaireurs. Ils l'ont soutenu et protégé contre toutes les attaques, ils l'ont sauvé des efforts et de la force de la routine. Entre la vérité et cette dernière il y avait une longue ligne. Les partisans et les adversaires du pur sang étaient séparés par un immense intervalle; c'étaient des extrêmes, mais ici le proverbe ne trouvait pas d'application : loin de se rapprocher et de se toucher, les extrêmes s'écartaient chaque jour davantage, cherchant l'un et l'autre à attirer exclusivement à soi le service public qui les reliait.

Telle a été la situation des haras à partir du jour où a été proclamé le principe de l'amélioration des races françaises par la puissance régénératrice du sang.

L'administration, disons-nous, était entre la vérité et l'erreur. En exagérant la théorie, on a donné une grande force à la routine, qui a bravement résisté. En faisant quelques concessions à la pratique, aux vieilles idées qu'il fallait user jusqu'à la corde, les haras ont ménagé une heureuse transition. Ils ont pu suivre les partisans exclusifs du pur sang dans les plus hautes régions de la théorie, mais ils ont tiré fortement à eux, en ne s'éloignant pas trop brusquement, les hommes de progrès qui veulent voir, examiner, réfléchir, se rendre compte avant de s'engager hors des routes battues. Les plus pressés ont blâmé la lenteur de la marche de l'administration; le plus grand nombre l'a encore trouvée trop prompte dans ses allures. On l'appelait en avant par la plainte et le reproche; on cherchait à la retenir en arrière par les récriminations et les critiques les moins fondées. Les haras n'étaient pas précisément sur un lit de roses; cependant ils étaient, croyons-nous, dans leur rôle. Ils modéraient l'impatience des premiers et agissaient puissamment sur les autres, dont le pas était si lourd. A ce prix, le succès devait être moins brillant, mais il était plus sûr, car il s'établissait sur une base plus large.

Quoi qu'il en soit, les haras se firent producteurs. Tandis qu'ils donnaient l'exemple, grâce à eux, l'industrie privée sortait des langes, se développait et prenait des forces. Dès qu'elle se montra sous une apparence virile, les écuries de l'administration se vidèrent au profit des particuliers. Les juments et les pouliches de pur sang, dont on ne s'était chargé

d'abord qu'à titre gratuit, furent ensuite achetées avec un certain empressement, et les tables généalogiques des familles pures reçurent en quelques années un très grand accroissement.

Dès lors, l'administration répartit son budget tout différem-
ment. Une partie des fonds employés jusque là à acheter et
entretenir des poulinières, à élever leurs produits, se divisèrent
en deux parts. L'une servit à accroître l'effectif des étalons
offerts par les haras à l'industrie, l'autre grossit le chiffre des
allocations dépensées en encouragements. — Les primes, les
courses, le service de la remonte, furent plus richement dotés.

Voilà ce que disent les chiffres écrits aux tableaux qui précèdent. Nous les avons donnés, année par année, afin qu'on
pût les comparer entre eux et leur insuffler la vie en raisonnant
leur application différente.

Certes, l'application du nouveau système a fort grevé le
budget de l'administration des haras. Les propriétés ont été
améliorées, transformées ; les bâtiments ont été singulièrement
augmentés et modifiés ; l'aménagement des trois haras, suivant
les idées d'un élevage rationnel, a été coûteux enfin et a considérablement grossi les frais d'entretien et de production ;
mais la fin entraîne nécessairement les moyens.

Aussi s'est-on beaucoup récrié lorsqu'on a vu réduire la
production et l'élevage dans les établissements de l'Etat. On a
pensé que ce dernier n'avait pas encore eu le temps de tirer
avantage de tous les sacrifices imposés au trésor pour *monter
de grands établissements*, des haras de production et de perfectionnement.

Ici encore l'administration s'est trouvée entre deux écueils.
Elle a eu à subir l'impatience de ceux qui, à la faveur des encouragements de l'Etat, avaient créé des haras particuliers sur
une certaine échelle et qui voyaient une concurrence nuisible à
leurs intérêts dans la production officielle, et les reproches de
certains autres qui ne pouvaient se persuader que l'on n'avait
installé de si beaux établissements que pour les abandonner au

moment même où ils entraient en plein rapport. Cette fois encore l'administration resta fidèle à son système. Elle se retira devant l'industrie privée en tant qu'elle la gênait dans la production du pur sang anglais, mais elle concentra ses vues et ses ressources réduites sur la race pure arabe, qu'elle s'est occupée à grandir, à fortifier, pour l'approprier mieux aux exigences des services de l'époque. Rosières devint alors un simple dépôt d'étalons, la jumenterie du Pin fut notablement diminuée, et Pompadour conserva à peu près son importance avec la tâche de n'opérer que sur la race arabe.

Le système de l'administration a perdu de sa force intérieure, si l'on peut dire; mais il est resté dans les mêmes errements quant aux principes. Chaque année, la vente verse aux mains de l'industrie un certain nombre de pouliches de sang arabe que les propriétaires ne pourraient se procurer ailleurs. Il est sans doute regrettable que les haras ne puissent marcher d'un pas plus pressé dans cette voie, mais plus ils ont été réduits et moins ils peuvent.

On n'a peut-être pas accordé à cette manière d'opérer une attention assez réfléchie. On n'a pas bien compris que l'émancipation de l'industrie particulière, c'est-à-dire la retraite de l'administration publique, n'était possible qu'à la condition d'un grand développement des forces individuelles; or, ce développement sera d'autant plus lent que, dans un temps donné, on lui consacrera moins de ressources.

Toutefois, l'administration ne peut employer à la fois, — ici et là, — à ceci et à cela, — les fonds mis à sa disposition. Quand elle a dû donner l'exemple d'un élevage exceptionnel et coûteux, le nombre de ses étalons a diminué; quand, au contraire, elle a été amenée à vendre ses poulinières et ses produits, l'effectif des étalons s'est accru d'une manière notable.

En tant qu'on n'élèvera pas le chiffre de la dotation annuelle, il ne faut pas demander plus au budget. Les dépenses intérieures sont ordonnées dans la mesure de la plus stricte économie. Le prix moyen de l'entretien annuel de chaque tête doit convaincre les plus difficiles.

En effet, quels sont les frais de toutes sortes à la charge de chaque animal ?

1° Ceux d'état-major, dans lesquels nous comprenons les indemnités de route accordées soit aux inspecteurs généraux, soit aux directeurs d'établissements pour la visite des juments primées et des étalons à approuver, pour assister aux courses, aux concours départementaux, aux principales foires de la circonscription, aux réunions des sociétés hippiques, etc. ;

2° Les dépenses considérables pour la nourriture, en raison de l'abondance de la ration, de la nature et de la qualité des aliments ;

3° Les frais de ferrure et de médicaments ;

4° L'entretien des effets de sellerie, y compris les harnais d'écurie, les vêtements et leur renouvellement, plus coûteux pour des étalons vigoureux et fortement nourris que pour des animaux de travail ;

5° Les frais d'ustensiles de pansage et d'écuries, et l'éclairage de ces dernières ;

6° Les dépenses d'entretien des bâtiments et surtout des intérieurs d'écuries ;

7° Les frais considérables résultant du service de la monte, qui comprend le mouvement des chevaux, la location des écuries, l'indemnité aux garde-étalons, la visite des stations, l'emploi d'un personnel de gagistes plus considérable qu'en temps ordinaire, l'équipage de monte, etc., etc. ;

8° Enfin, mille dépenses diverses qui n'entrent pas dans la spécialité des articles déjà désignés. et dont le chiffre ne laisse pas que d'être important.

C'est précisément la multiplicité de toutes ces dépenses, jointe au prix élevé d'achat et aux risques que court incessamment un étalon de race, qui en rend la possession onéreuse et difficile pour le petit propriétaire. Beaucoup ont essayé, puis renoncé sans retour à une spéculation qui n'offre guère que des chances trop certaines de pertes.

XXIV. — ÉTAT DE LA QUESTION A LA FIN DE 1847.

Un pareil titre est gros de difficultés. Nous aurions pu ne pas l'écrire et nous éviter les ennuis d'une page aride dans son commencement, toute d'appréciation en finissant. Mais nous étudions consciencieusement et pour les hommes de bonne foi, avec la confiance que nous trouverons encore plus d'impartialité que de prévention dans l'esprit de ceux qui prendront la peine de nous lire et de soumettre notre travail au crible de leur judiciaire.

Voyons donc sommairement, en nous plaçant sur les hauteurs du sujet, quelle est la situation actuelle de notre industrie chevaline comparée avec elle-même aux époques antérieures et avec la même industrie chez les différents peuples d'Europe ?

La statistique doit ici nous prêter le secours de ses chiffres. Elle nous permettra de remonter au-dessus des circonstances actuelles et d'interroger les sources historiques les plus certaines que nous possédions. Le passé instruira le présent; il pourra même, jusqu'à un certain point, jeter un rayon de lumière sur l'avenir.

L'administration publique, à des époques diverses, a fait opérer des recensements officiels dont voici les résultats :

Population chevaline en France (1) :

en 1789 . . .	2,048,000
en 1812 . . .	2,285,312
en 1829 . . .	2,453,712
en 1840 . . .	2,818,496

(1) C'est à l'excellente *Statistique de l'agriculture*, publiée en 1848 par M. Moreau de Jonnès, que nous emprunterons la plus grande partie des chiffres qui vont suivre.

Les chevaux de l'armée ne sont point compris dans ces nombres.

L'accroissement a été :

De 1812 à 1825, en 13 ans, 168,410 chevaux, ou¹, par an, 12,960
De 1825 à 1840, en 15 ans, 364,776   —   24,320
De 1812 à 1840, en 28 ans, 533,186   —   19,042

Cet accroissement n'est point un fait insolite ou particulier à l'espèce du cheval. Le nombre des animaux domestiques dans toutes les espèces, en France aussi bien qu'à l'étranger, suit à peu près uniformément les progrès de la population humaine. M. Moreau de Jonnès a trouvé, par exemple, que, de **1789** à **1840**, le rapport du nombre de chevaux à celui des hommes a constamment été, en France, de **8** chevaux pour **100** habitants, bien que l'augmentation de la population équestre ait été, pendant cette période d'un demi-siècle, de **770,500** têtes environ.

En **1848**, huit ans après le dernier recensement, et en présence de l'accroissement normal du nombre des chevaux, nous pouvons bien admettre que le chiffre des existences chevalines s'élève au moins à trois millions. Ce serait une augmentation régulière de **22,688** têtes par an. Ce n'est point une prétention exorbitante, puisque l'accroissement constaté de **1825** à **1840**, — pendant une période de **15** années, — est de **24,320** pour chacune d'elles.

C'est d'ailleurs l'opinion de M. Moreau de Jonnès, qui s'est exprimé ainsi à la page **461** de son livre : « En réunissant aux chevaux recensés par communes ceux des différents services, qui n'y sont pas compris, on arrive à reconnaître que la France possède au moins trois millions d'animaux de cette espèce. C'est un nombre supérieur à celui qu'offrent les pays d'Europe qui en ont le plus. L'empire d'Autriche n'en a que la moitié, et l'Angleterre un tiers. Il est vrai que, relativement à leur population, plusieurs contrées en ont davantage. Ce sont le Danemark, la Suède, le Hanovre, la Suisse, la Hollande et

16

la Prusse. Mais le plus grand nombre en a beaucoup moins. L'Autriche et la Bohême, la Hongrie, n'en possèdent que quatre au lieu de huit, comme nous, pour cent habitants. L'Italie n'en a que le quart de la quantité des nôtres, et l'Espagne un septième. »

Au surplus, voici, d'après le même auteur, le nombre des chevaux recensés dans les principaux pays de l'Europe, comparés à la population de chacun d'eux.

Faisons remarquer, toutefois, que cette comparaison n'est satisfaisante que jusqu'à un certain point, car les dénombremenⁱs comparés entre eux sont d'époques différentes et fort éloignées les unes des autres. Mais il serait impossible de réunir les éléments d'un pareil travail dans un laps de temps assez court pour lui donner le degré d'actualité désirable ; nous sommes bien forcés de nous contenter des matériaux épars et divers dus à l'esprit persévérant et investigateur de M. Moreau de Jonnès.

Nombre de chevaux recensés dans les principaux pays de l'Europe,
comparés à la population de chacun d'eux.

Années.	Noms des pays.	Nombre des animaux.	Nombre pour 100 habitants.
1818	Danemark	500,000	45
1825	Hanovre	225,000	13
1832	Suède	577,055	12 $\frac{1}{2}$
1827	Suisse	242,000	12
1806	Hollande.	243,000	12
1843	Prusse	1,564,000	10 $\frac{1}{2}$
1835	Royaume de Naples.	60,000	10
1831	Ecosse	243,000	10
1843	Bavière.	349,589	8
1840	France	2,818,496	8
1836	Toscane	110,340	8
1823	Angleterre	900,000	7 $\frac{1}{2}$
1840	Wurtemberg.	104,534	7
1828	Ancien royaume des Pays-Bas. .	450,982	7
1833	Royaume de Pologne	286,000	7
1829	Belgique	261,900	7
1843	Irlande.	552,569	7
1840	Saxe	84,306	6
1843	Bade	77,444	6
1840	Sardaigne.	29,378	6
1828	Provinces rhénanes	101,028	5
1816	Empire d'Autriche.	1,200,000	4
1822	Bohême	137,000	4
1828	Hongrie	480,000	4
1833	Piémont	87,474	2
1830	Royaume lombardo-vénitien . . .	93,847	2
1827	Ile de Sicile	30,000	1 $\frac{1}{2}$
1803	Espagne	140,000	1 $\frac{1}{3}$

Quelques critiques, à cheval sur leur dada, ne se sont point arrêtés à constater une prétendue dégénération toujours croissante; ils ont mis, à côté de leurs plaintes sur la disparition de nos anciennes races et l'affaiblissement de toutes les qualités inhérentes à l'espèce indigène, lorsqu'elle n'est point abandonnée à l'incurie ou vouée à la ruine par des systèmes contraires à son amélioration, ils ont mis des chiffres qui prouvent jusqu'à l'évidence, croient-ils, le décroissement progressif de la population. Les chiffres qui précèdent combattent, détruisent cette étrange assertion. Nous devons néanmoins la rapporter textuellement. Il faut bien qu'on sache jusqu'où peuvent conduire la rêverie et cette manie de parler du cheval et sur le cheval, à tort et à travers, sans connaissances spéciales ni réflexion.

« Si, pour le nombre de ses chevaux, dit M. Barral (1), la France n'est pas encore dans une position inférieure aux autres États européens, elle n'en est pas moins dans une très mauvaise voie. La population chevaline de la France doit diminuer. En effet, d'après la statistique agricole officielle, on compte 352,635 poulains, dont le tiers, 117,545, donne la production annuelle. Le nombre des chevaux est de 2,465,861. En évaluant la mortalité annuelle à 7 p. 0|0, on trouve qu'il meurt chaque année 172,610 chevaux; il y a donc annuellement une perte de 55,065 chevaux qu'il faudrait réparer par l'excédant de l'importation sur l'exportation. Mais cet excédant n'est que de 17,000 environ; chaque année donnerait donc lieu à une diminution de 38,000 chevaux ou des quatorze millièmes de la population chevaline totale. A ce compte, dans soixante-douze ans, la France n'aurait plus de chevaux. »

A ce compte, répondrons-nous, la France n'aurait plus de chevaux depuis long-temps, car il y a bien long-temps déjà que ce raisonnnement, faux à tous égards, aurait pu se produire avec tout autant de fondement, mais sans avoir de base plus certaine dans les faits qu'il n'en a aujourd'hui.

(1) *Journal d'agriculture pratique*, livraison de mai 1848.

Il y a beaucoup d'erreurs dans les quelques lignes extraites du petit mémoire du répétiteur à l'école Polytechnique. En les rapprochant des chiffres écrits plus haut, on les reconnaîtrait aisément ; nous ferons néanmoins ce travail. M. Barral a tablé, croyons-nous, sur la statistique de 1829. Celle de 1812 lui eût présenté une population moindre de 168,400 et montré que l'accroissement moyen avait été annuellement de 9,906 têtes pendant cette période de 17 années. Les tableaux de la statistique terminée en 1840 lui eussent offert une augmentation moyenne de 33,162 animaux par an et un nombre total, plus fort, de 364,784. Ce simple rapprochement des faits eût suffi à M. Barral pour réfuter M. Barral lui-même.

Cependant, il ne s'arrête pas à ce premier écart. Emporté par l'idée fixe d'un décroissement continu du nombre des existences, il avise que la mortalité enlève, chaque année, le septième de la population. Dès lors, les pertes dépassent les acquisitions, les emprunts faits aux populations voisines ne suffisent pas pour remplir les vides ; forcément, nécessairement, l'espèce doit s'éteindre, faire banqueroute, manquer à tous les besoins dans un laps de temps assez court. Cette perspective est vraiment.alarmante. M. Barral en montre patriotiquement le danger. Il est temps que le gouvernement se préoccupe d'une situation aussi grave, d'une ruine aussi prochaine.

Cependant, voyons les faits. Peut-être trouverons-nous en eux quelques motifs de sécurité.

M. Moreau de Jonnès, qui ne se contente pas de poser un chiffre, qui sait l'interpréter avec intelligence et lui donner toute sa signification, M. Moreau de Jonnès a trouvé ce qui suit :

L'accroissement proportionnel sur la population chevaline de la France a été, en moyenne :

De **1** sur **180** chevaux de **1812** à **1825**,
Et de **1** sur **118** chevaux de **1825** à **1840**.

Toutefois, l'importation et l'exportation ont compliqué ce

mouvement. Il faut déterminer le comment et la proportion.

Le savant et judicieux statisticien établit d'abord le chiffre des acquisitions en distinguant celles qui résultent de l'accroissement de la population indigène par le fait de sa propre multiplication, et celles qui viennent du fait de l'importation des chevaux étrangers en France.

Eh bien ! les proportions trouvées sont précisément en sens inverse des prévisions de M. Barral.

L'augmentation résultant des forces mêmes de la population a été :

De 1815 à 1825, — de 41 p. 100,
Et de 1825 à 1840, — de 38 p. 100.

Loin de se ralentir depuis 1840, l'activité de la production a très certainement été accrue. Cette assertion a la valeur d'un fait pour quiconque s'occupe et s'est occupé de la question chevaline. Elle a, d'ailleurs, sa confirmation dans les chiffres de la reproduction officielle, auxquels nos lecteurs peuvent se reporter, car nous les avons déjà donnés.

Relativement aux pertes que subit annuellement la population, M. Barral n'a pas été plus heureux.

M. Moreau de Jonnès a constaté, sous ce rapport, une amélioration qui offre, quant aux existences, le pendant des résultats qui précèdent. Ainsi, non seulement la reproduction donne un plus grand nombre de naissances, mais la mortalité relative, proportionnelle, est moins forte. En d'autres termes, la longévité est plus grande en ce moment qu'aux époques antérieures.

Le rapport des naissances au chiffre de la population était

De 77 p. 100, en 1825,
Et de 80 p. 100, en 1840.

Ce rapport ne produisait en 1825 qu'un accroissement annuel de 3,017 individus, tandis qu'il donnait en 1840 une augmentation de 9,290 têtes.

Enfin, la mortalité, qui enlevait en 1812. . .   1 sur 11

n'enlevait plus en 1840 que . . . .   1 sur 13

En présence de pareils résultats, toutes les craintes peuvent se calmer. On ne voit pas, en effet, pourquoi la marche générale de la production chevaline serait impuissante à ce point, dans notre France, qu'au lieu de s'améliorer ou même de rester stationnaire, elle devrait suivre une voie descendante.

Au surplus, serait-il utile que le chiffre de la population allât toujours croissant? Nous ne le pensons pas. Nous croyons, au contraire, qu'il est temps bientôt qu'il s'arrête, qu'il cesse de se développer. Le progrès n'est pas, ne peut guère être pour nous dans cet ordre d'idées. Nous ne sommes pas posés pour faire un nombre de chevaux de beaucoup supérieur à nos besoins. Nous les produisons plus chèrement que tous les peuples d'Allemagne, et ceux-ci travaillent déjà surabondamment pour eux-mêmes. Améliorons nos races, déjà meilleures, au fond, que celles d'outre-Rhin, mais ne grossissons pas le chiffre de notre population équine. Elle tient beaucoup de place sur le sol, et ses exigences d'alimentation sont grandes.

C'est particulièrement la forme qui a besoin d'être perfectionnée chez nous; notre cheval est plus commun que beau; il faut lui donner une apparence moins pauvre, un extérieur plus brillant, des dehors plus distingués, un peu plus de propreté. La main de l'éducateur intelligent et soigneux a besoin de passer par là et de façonner un peu ce lourdaud.

Le principe d'amélioration par le sang, une méthode d'élevage judicieuse et le perfectionnement de toutes nos voies de communication, nous conduiront promptement à ce résultat, qui contient la solution de cet important problème : — diminuer au minimum le nombre et la difficulté des services rendus par le cheval; augmenter au maximum sa force et sa puissance individuelles.

Nous avions depuis long-temps exprimé cette opinion. Royer l'a reproduite avec bonheur dans ses *Notes économiques sur l'administration des richesses et la statistique agricole de la France*. Il a écrit :

« On parle de disparition de races précieuses, et chacun, à son point de vue, en fait un thème en déclamations, en prenant date, celui-ci du règne de Louis XIV, cet autre de la Révolution, un troisième de l'Empire ou de la réorganisation des haras, etc., etc. Toutes ces phrases tendraient à jeter quelques doutes sur l'importance numérique de ces prétendues races si précieuses, mais elles ne nous paraissent pas justifier suffisamment les regrets qu'on leur témoigne, et les modifications de races, leur appropriation aux besoins si mobiles d'une civilisation progressive, leur disparition, par conséquent, sont choses si naturelles et si profitables aux nations, que nous nous étonnons d'entendre ces regrets peut-être chimériques. A quoi nous servirait aujourd'hui la race qui portait sur les champs de bataille des chevaliers bardés de fer, qui n'existent plus, et tant d'autres non moins utiles?

» Préoccupons-nous d'améliorations plus sérieuses; supposons que sur les 2,818,496 chevaux (*Statistique de* 1840) qui existent en France, un dixième soit employé aux transports de toute nature, soit **281,850** chevaux, et calculons les effets des améliorations que nous proposons. Par la navigation et les chemins de fer, les transports de toute nature seraient réduits sur les routes, avons-nous dit, de 0,76, soit en moins à entretenir 211,387 chevaux. Par l'amélioration des routes, non compris l'économie d'entretien, on trouverait une réduction de tirage de moitié qui permettrait une économie de force correspondante sur les chevaux conservés, soit, pour ceux du roulage, environ 35,231 chevaux. L'amélioration culturale, qui ne sera complétement possible qu'avec un parfait état des chemins, produirait une économie de force compensée par une augmentation de vitesse d'au moins 0,1 sur les chevaux de l'agriculture, qui représentent environ deux millions de nos existences; on gagnerait donc sur ceux-ci. . . . 200,000 chevaux.

Sur le roulage, d'une part. . . . 211,387 »
De l'autre. . . . . 35,231 »

Total. . . . 446,618 chevaux.

» Livrant à la production les 1,563,163 hectares qui les nourrissent aujourd'hui, qui suffiraient à l'entretien d'un équivalent de 3,126,326 têtes de gros bétail de plus que nous n'en possédons, et qui féconderait annuellement, par ses engrais, 625,265 hectares, dont les produits baisseraient d'autant le prix de revient des autres productions agricoles, et, par conséquent, la dépense des consommateurs ».

Tels sont les avantages à attendre de l'amélioration de nos races chevalines. Ceux qui les disent faibles par le nombre avancent une erreur et prêchent une hérésie.

Cependant nous avons encore un fait à opposer à cette question d'insuffisance, avant d'en venir à l'état actuel de nos races et de déterminer le degré de force ou d'amélioration auquel elles sont parvenues.

Nous laisserons parler Royer, à qui nous empruntons cet autre passage, remarquable à tous égards et fort de la logique qu'on est habitué à rencontrer dans ses œuvres.

« Nous nous sommes permis de dire, contrairement à l'opinion généralement émise et admise aujourd'hui, que l'industrie chevaline était non seulement assez développée en France, en proportion des autres spéculations sur le bétail, mais qu'elle l'était évidemment trop, et qu'il fallait la restreindre en diminuant le nombre des juments poulinières ou mulassières et encourageant seulement les producteurs à changer la direction de leurs spéculations, commandées aujourd'hui par le mauvais état des communications, où le mulet a sur le cheval une supériorité marquée, le cheval pesant sur le cheval léger, etc. ; en sorte que l'industrie privée, qui, plus intelligente que l'admi-

Aistration militaire, n'impose point de tarif à la production et paie ce qui lui est utile au prix que détermine le rapport naturel de l'offre à la demande, a surexcité la production du mulet et du cheval de trait aux dépens du cheval de guerre, que les travaux publics ne savaient pas lui approprier en améliorant nos canaux et nos routes, et que la guerre a l'inintelligence de ne pas savoir payer assez cher pour compenser cette circonstance.

» .... Ce sont des juments qui produisent les mulets ; si l'industrie privée leur donne des ânes pour étalons, elle leur donnerait tout aussi bien des chevaux, voire des chevaux de guerre, si elle y trouvait le même profit. Or, réunissant le commerce extérieur des chevaux et des mulets, nous trouvons :

Importations.

Chevaux. . .	15,029 têtes, évaluées		4,216,969 fr.
Mulets. . .	799 —	—	239,760
Total. .	15,828 têtes, évaluées		4,456,729 fr.

Exportations.

Chevaux. . .	3,498 têtes, évaluées		1,094,810 fr.
Mulets. . .	13,628 —	—	4,087,932
Total. .	17,127 têtes, évaluées		5,182,742 fr.

» Ainsi, tandis que notre production bovine, ovine, porcine et même caprine, est manifestement et de beaucoup insuffisante, nos exportations, et par conséquent notre production chevaline, avec son annexe la production mulassière, excède tous nos besoins de 1,298 têtes en moyenne, chaque année, qui procurent à la nation un solde commercial de 726,013 fr. Nous croyons qu'il n'a rien a été dit encore qui puisse parler plus haut en faveur des éleveurs français contre l'administration de la guerre, le système anti-national des remontes à l'étranger, et le tarif actuel pour les chevaux de cavalerie. »

L'observation de Royer est juste, son argument est sans réplique ; mais pesons ce qu'il vaut au juste. En regard de cet excédant de 1,298 têtes de l'espèce chevaline, procurant un solde de 726,013 fr., posons le chiffre des 'découverts laissés par les autres espèces domestiques. Nous puisons nos renseignements à la même source. Déduction faite des exportations, la moyenne des importations de 1815 à 1836 donne les résultats ci-après :

Pour l'espèce bovine,   22,621 têtes, évaluées   3,162,722 f.
Pour l'espèce ovine, 114,662 —   —   1,100,720
      Laines brutes, 6,965,953 kilog. —   14,562,058
Pour l'espèce porcine, 68,882 têtes, —   1,237,509
Pour l'espèce caprine, 4,464 —   —   35,635

Total. . . 20,098,644 f.

Nous ne parlons pas des tissus de laine, pour lesquels, compensation faite entre l'importation et l'exportation, nous payons annuellement 10,500,000 fr., au préjudice de notre agriculture.

Que pourrait-on ajouter en faveur de la situation relative de l'industrie chevaline en France ?

Mais la plainte et le blâme, qui sont parfois affaires de mode et de bon ton, revêtent ici la forme opiniâtre et la force de la tradition. En fait de chevaux, elles ont passé à l'état chronique. C'est un pli ineffaçable, une habitude invétérée, un thème toujours fécond. On répète ce qu'on a entendu dire ; et l'on est facilement écouté, car la critique trouve les esprits toujours prêts en ce qu'elle ne blesse pas l'opinion. Elle la continue, au contraire, mais sans examen, et la fausse sans contrôle. Tel est, depuis plusieurs générations d'hommes, relativement au mérite absolu des races actuelles, le singulier privilége de l'erreur. Il est bien entendu que nos chevaux sont mauvais, que leurs races sont abâtardies, l'espèce entière est dégradée, vile et méprisable.

Peu importe que des améliorations soient obtenues, que, de proche en proche, le progrès gagne et pénètre les masses, qu'il les fortifie, les développe, les mette en valeur. Quelque patent que soit ce résultat, d'ailleurs si facile à constater par l'observation et les faits, on le niera, de parti pris, sans réflexion ni étude.

L'opinion pèse en ce moment par deux côtés à la fois sur la situation de notre industrie chevaline.

Le cheval léger, celui qui est également propre au service de la selle et au tirage rapide, manque à nos besoins : le cheval de trait, au contraire, est abondamment produit. Le premier est défectueux et sans valeur ; le second est capable et rempli de mérite. D'où vient cette différence ? De ce que les haras ont gâté toutes nos races supérieures, et de ce qu'ils ne touchent pas à notre espèce commune. Il en résulte que l'amélioration et la perfection marchent précisément en raison inverse des efforts tentés en vue de les développer.

Pour n'être pas d'une logique bien ferme, ce raisonnement n'en a pas moins de succès. Il plaît assez généralement et va bien à notre genre d'esprit.

Beaucoup de critiques le prennent au sérieux et l'imposent à la multitude.

Voici la vérité. Elle est moins piquante peut-être ; mais elle touche d'une manière plus profitable aux intérêts du pays, à sa richesse comme à son indépendance.

C'est particulièrement de l'armée que sont parties, en tout temps, les plaintes et les récriminations contre l'industrie indigène et l'administration qui était chargée de la diriger dans une voie de production rationelle et d'amélioration bien entendue. C'est particulièrement en vue des remontes militaires que les critiques ont épuisé leurs arguments soit contre l'existence même d'une administration des haras, soit contre la marche déplorable de cette partie des services publics.

D'aucuns ont bien prétendu que le pays était calomnié, que cet esprit de dénigrement qui s'attachait à notre production équestre pouvait bien n'être qu'un prétexte utile à certains intérêts, que rien ne justifiait cette persistance à favoriser les industries rivales par des achats dont nos producteurs devraient seuls profiter ; mais de toutes parts on a fait la sourde oreille : l'opinion était faite, rien ne pouvait la détourner.......

Il restait donc bien démontré que la France n'avait point de chevaux militaires, que sa cavalerie était à pied ; le danger prenait alors de singulières proportions, car cette impuissance, c'est la ruine du trésor en temps de paix et la certitude de la défaite au temps de guerre. Aucune question assurément n'était ni plus grave ni plus digne de la sérieuse attention des pouvoirs publics. Elle préoccupait d'ailleurs très vivement l'opinion, car la force et la grandeur de la nation ne peuvent être choses indifférentes à personne.

Cependant, tout bien considéré, les chambres ont vu dans les faits moins de motifs de crainte qu'on n'en avait répandu dans le pays, et l'administration de la guerre n'a point été autorisée à retourner en pays étrangers. Les remontes indigènes lui furent imposées comme une nécessité, comme un devoir impérieux. La guerre a subi la loi : — *Dura lex*.

Il était évident que des achats réguliers et permanents activeraient la production et stimuleraient l'éleveur ; qu'ils aviveraient les sources de la production et amélioreraient promptement le produit.

Il en a été ainsi.

Le cheval de cavalerie légère, il y a quelques années, était le plus difficile à trouver. Il était rare, petit, mal élevé, chétif par conséquent. Il était tombé à cet état de non-valeur par suite de l'abandon absolu dans lequel l'avait laissé l'administration des remontes. L'élevage du cheval de cavalerie légère n'avait et ne pouvait avoir, si nous nous reportons à quelques années en arrière, d'autre destination que l'arme spéciale qui lui donnait son nom. Aujourd'hui, l'état des routes et le degré d'amélioration auquel est parvenu ce cheval lui assurent déjà une part plus large dans la satisfaction de nos besoins; plus d'un débouché est ouvert à cette production.

Quoi qu'il en soit, et dès aujourd'hui, notre cheval du midi, celui que l'on trouve dans les circonscriptions du haras de Pompadour et des dépôts d'étalons d'Aurillac, Rodez, Villeneuve-sur-Lot, Pau et Tarbes, le cheval léger, disons-nous, se montre abondant et capable. Il ne faut plus qu'à son sujet l'opinion fasse fausse route : l'administration de la guerre elle-même passe condamnation et déclare qu'il y a suffisance pour le pied de paix. C'est une première concession ; la guerre marchera vers la vérité tout entière : elle y sera dès qu'elle voudra se rendre compte que l'agriculture, que l'industrie chevaline ne peuvent entretenir une réserve spéciale pour l'armée, si l'armée ne s'y prête pas, si, dans le temps des remontes extraordinaires, elle ne se montre pas moins exigeante et plus facile. Si le gouvernement éprouvait le besoin d'une levée considérable en hommes, n'est-il pas évident que la révision serait moins sévère dans ses choix, que, sans descendre à la mauvaise qualité, elle serait pourtant moins regardante, qu'on nous passe le mot? Pourquoi n'agirait-on pas de même à l'égard des remontes militaires, et pourquoi est-on amené à reconnaître que les officiers acheteurs ont précisément, en France, des exigences d'autant plus grandes qu'ils ont de plus grands besoins; qu'ils sont d'autant plus faciles avec les fournisseurs que ceux-ci remplissent leurs engagements avec des chevaux achetés à l'étranger? Les prix élevés n'ont-ils pas toujours été pour les fournitures en bloc? Qui a fait, avec l'administration des remontes, une spéculation lucrative, — du fournisseur ou du producteur, — du maquignon ou de l'éleveur? Il y a un grand vice dans la façon d'opérer du consommateur; au jour des besoins, il ne récolte que ce qu'il a semé. Si la moisson est médiocre, à qui la faute ? En vérité, on ne sait trop ce qui doit le plus étonner des plaintes de l'armée ou de la facilité avec laquelle elles sont accueillies et répétées.

Nous avons fait un petit relevé qui montrera la marche ascendante de la production dans les localités où les achats de la guerre sont de nature à exercer plus d'influence qu'ailleurs par la raison qu'elle y a été pendant long-temps à peu près seule maîtresse du marché. Nous voulons parler du midi.

Nos recherches remontent à douze années en arrière. Elles sont divisées en deux séries. La première comprend les six années les plus éloignées, la seconde les six dernières. Il ne s'agit que de la production résultant des étalons de l'État.

Ainsi, de 1836 à 1842 inclusivement, l'administration des haras a entretenu, dans la circonscription des établissements déjà cités, 1,536 étalons. C'est une moyenne de 256 par an. Le nombre des juments saillies a été de 42,967, soit, par année, 7,161, et par étalon 27,97 en moyenne.

De 1843 à 1847, le nombre des étalons est de 1779, et celui des juments de 77,125.

Pour que les différences puissent être plus facilement saisies, appréciées, nous posons ces chiffres les uns sous les autres.

Années.	Nombre d'étalons.	Moyenne par année.	Nombre de juments saillies.	Moyenne annuelle.	Moyenne par étalon.
1836 à 1841	1,536	256	42,967	7,161	27,97
1842 à 1847	1,779	294	77,125	12,854	43,72
Différence en faveur de la 2ᵉ période. .	243	38	34,158	5,693	15,75

Ces chiffres constatent des progrès réels. La production dépasserait maintenant les besoins de l'armée et s'arrêterait promptement si d'autres services ne venaient en aide aux producteurs. Le débouché de l'Espagne facilite quelques exportations, et dans le pays on commence à atteler à des voitures plus légères les chevaux de la localité même.

On en voit qui satisfont à la tâche des relais de poste et de diligences. On en revient ainsi à la bonne pratique, à l'emploi d'un produit rempli d'énergie, d'un moteur qui puise la puissance de son action dans sa force d'innervation, supérieure dans ses effets et même dans ses résultats à celle de la masse et du volume.

L'usage du cheval léger devra désormais s'étendre et se généraliser. Le premier pas, le seul qui coûte, dit-on, est fait. Il s'est fait au détriment de l'industrie rivale. Nos éleveurs en recueilleront les fruits. Le consommateur aussi y trouvera de certains avantages. C'est un fait matériellement prouvé que le cheval indigène a plus de rusticité, de résistance et de durée que le produit lymphatique et mou d'outre-Rhin, sujet encore à tous les inconvénients d'une acclimatation souvent lente et difficile.

Le cheval moyen, celui que dans la cavalerie on désigne sous le nom de cheval de ligne, le cheval usuel par excellence en ce qu'il s'applique ou peut être appliqué à tous les besoins, le cheval moyen, sorte de transition entre les grandes races et l'espèce légère, n'est pas produit assez abondamment chez nous. L'activité de la consommation en fait la rareté; il est vrai que c'est le genre de chevaux dont on introduit le plus en France. Ce fait a plusieurs causes. La culture du cheval moyen est générale en Allemagne. Elle ressort, en quelque sorte, de tous les besoins, de toutes les habitudes, de toutes les circonstances de production et de consommation; elle est adoptée; suivie sans effort, sans dérangement, sans nuire à aucune autre. Elle donne tout naturellement ses produits, qui ne sont point l'objet d'une spéculation à part; elle entre enfin dans les opérations

ordinaires de la ferme. A cet avantage s'en joint un autre, résultant des conditions mêmes que nous venons d'énumérer, —
celui d'un prix de revient beaucoup moins élevé qu'en France,
et des habitudes de travail que contractent nécessairement, en
bas âge, des chevaux dont la nature, le caractère et la force sont
en rapport avec la somme d'efforts imposée au cheval en Allemagne. Dans notre pays, au contraire, l'état des routes et des
chemins, les fortes montées, le poids excessif du chargement,
les méthodes vicieuses d'attelage, l'imperfection de nos véhicules et de tous nos instruments aratoires, ont commandé et
commandent encore l'emploi d'un cheval lourd et massif. Nous
n'avons pas fait assez de progrès jusqu'ici pour généraliser
dans les mains du cultivateur l'emploi du cheval moyen. Ce
dernier est encore trop à l'état de spéculation indépendante des
travaux mêmes de la culture. Il en résulte une production
moindre, plus coûteuse et moins prête, car son éducation demande des soins particuliers qui ne rentrent pas dans les habitudes de tous les jours. De là, une infériorité marquée.

Mais cette infériorité tend à disparaître à chaque génération
nouvelle, autant par l'amélioration du produit que par celle de
toutes les conditions qui exercent sur lui une certaine influence.
Ainsi, dans la construction des routes nous évitons maintenant
ces pentes rapides et fortes des anciennes, de celles de
Louis XIV ; les chemins vicinaux se perfectionnent d'année en
année; nos véhicules sont construits d'après un système plus
rationnel, et nos outils aratoires demandent déjà un emploi de
forces moindre, une somme d'efforts moins considérable. Dans
cet ordre d'idées se trouve la solution d'un problème que l'ignorance seule peut s'obstiner à demander aux haras, à l'industrie
de la production, considérée en elle-même et indépendamment
des autres branches de l'administration publique, auxquelle
elle se rattache par des liens étroits et nombreux. L'augmentation du nombre du cheval de ligne, ou de la sorte que cette
expression désigne, ne pourra donc être obtenue avec avantage
que lorsque l'agriculture n'aura pas besoin, en général, d'em-

17

ployer d'autres chevaux que ceux de l'espèce moyenne. Les exigences différentes de l'agriculture allemande et de l'agriculture française rendent seules compte de la supériorité de nombre dans les races moyennes de l'Allemagne sur celles de France.

Quant au mérite réel, à la valeur vraie, le cheval français de ligne conserve les mêmes avantages, la même supériorité sur son rival d'outre-Rhin, que le cheval de cavalerie légère.

Nos races de trait rapide, celles qui servent à la cavalerie de réserve et à l'attelage, sont meilleures en France qu'à l'étranger. Elles ont à la fois plus de nerf, d'ensemble et de distinction. Ce sont celles dont on se plaint le moins, mais il faut dire aussi qu'elles sont moins nombreuses et réclamées par des services moins multipliés, moins répandus. Les rivales de ces races, fournies par l'étranger, sont indolentes, molles, apathiques, sans caractère, décousues, plus exigeantes quant aux aliments et moins résistantes. Les nôtres méritent à tous égards la préférence qui leur est accordée par le consommateur. Néanmoins, il y aura toujours avantage à ne pas étendre la culture spéciale des grandes races carrossières. Le bon cheval moyen, un peu échappé dans sa taille, accidentellement ou par suite d'une alimentation puissante, sera constamment préférable à ces animaux de haute stature, qui ont toujours plus ou moins en partage les inconvénients inhérents à la nature lâche et lymphatique des grandes espèces.

Dans cette appréciation, nous avons fait la part du fort et du faible. On nous rendra cette justice que nous sommes restés dans le vrai et que nous l'avons accusé avec impartialité.

Mais après les faits spéciaux nous pouvons invoquer les faits généraux : ces derniers aussi sont à l'avantage de l'époque actuelle. En effet, il suffit d'assister aux foires, aux réunions provoquées dans les départements pour les distributions de primes, aux courses qui se tiennent maintenant sur tous les points du territoire et qui appellent toujours un si grand concours de chevaux de toutes sortes, pour constater la supériorité des générations en service sur celles qui les ont précédées. L'amélioration ne saurait plus être niée ; le progrès est partout. Nos régiments de cavalerie n'ont jamais été mieux montés, quoi qu'on dise, et nous n'en voulons pas d'autre preuve que la longévité plus grande des chevaux qu'ils possèdent. Leur remplacement, au temps où la presque-totalité des remontes se prenait en Allemagne, avait lieu par sixième et cinquième ; nous croyons même que, dans certains régiments, cette proportion a été quelquefois dépassée. Aujourd'hui, la mortalité et la réforme permettent de ne renouveler l'effectif que par septième. Ce résultat concorde avec la fréquence bien moindre de ces maladies honteuses qui ruinaient notre cavalerie, et dont l'une des sources les plus vives est dans l'affaiblissement des qualités de la race, dans l'appauvrissement de son principe, dans l'appauvrissement du sang.

Nos chevaux de trait, ceci est également admis, sont supérieurs à ceux de nos voisins, à ceux de nos rivaux. La cause de cette supériorité, sans contredit, est dans un ordre de faits parfaitement identique à celui qui, en Allemagne, favorise la production du cheval moyen. Chez nous, le cheval de trait forme une tribu nombreuse. Il est abondamment produit parce que la consommation en est immense, parce que celui-là qui l'élève particulièrement est celui qui l'emploie le plus, qui en tire le plus de travail. Les services autres que ceux de l'agriculture ne se procurent aussi aisément le cheval de trait que parce que le cultivateur, c'est à-dire la masse des producteurs, le fait avant tout en vue de ses propres besoins. Toutes les fois qu'un produit se trouvera dans ces conditions, il réunira une certaine force et atteindra à une haute valeur. En France, l'espèce légère a eu cette faveur et cet avantage avant que d'autres exigences d'un ordre différent ne vinssent mettre en réputation le cheval du tirage lent, mais puissant. De nouveaux besoins ne tarderont pas à modifier l'état actuel des choses ; le cheval moyen doit prendre avant peu la supériorité double du nombre et du mérite. Cette transformation, rendue nécessaire par les progrès d'une civilisation avancée, s'opèrera par deux côtés à la fois. Les améliorations agricoles, donnant une alimentation plus substantielle et plus abondante, développeront les formes et grossiront le cheval léger, tandis que des alliances bien combinées, dont le principe remontera *au sang*, allégeront le poids et réduiront la masse du cheval lourd, rond et lent.

Nous n'indiquerons qu'une tendance. Nos espèces domestiques ne sont pas destinées à rester ce qu'elles sont. Elles ont été différentes de ce que nous les voyons aujourd'hui, elles doivent se transformer encore et revêtir des formes, un caractère, des aptitudes, plus en rapport avec les besoins de notre temps... Mais ce n'est point ici le lieu de traiter ce sujet. Nous revenons.

Est-il vrai que l'espèce du cheval de trait se soit améliorée en dehors de l'action des haras et qu'elle ne soit bonne, qu'elle ne remplisse l'objet de sa culture, que parce que les haras ont bien voulu la laisser dans l'oubli?

Cette assertion n'a qu'un tort, c'est d'être partiale et mensongère.

L'administration des haras s'est occupée avec sollicitude de l'espèce de trait jusqu'en 1835. A cette époque seulement, elle a cessé d'entretenir des étalons de grosse race dans ses établissements. Cette retraite lui a même valu des reproches nombreux; l'agriculture ne lui a pas encore pardonné de l'avoir ainsi abandonnée à ses seules ressources, disons mieux, à son insuffisance. Il en résulte qu'en ce moment, et depuis plusieurs années déjà, la Bretagne, le Boulonnais, le Perche et la Franche-Comté, agissent activement près des haras pour obtenir qu'ils leur fournissent des étalons de trait capables, car ils n'en trouvent plus autour d'eux et ne savent où aller les prendre. Ce point de la question reviendra en son temps; nous devions nous borner à le poser en passant et après avoir constaté ce fait, à savoir :

Que l'intervention directe des haras dans la production du cheval de trait a été heureuse, que la cessation de cette intervention a produit un affaiblissement de l'espèce, et que, pour combattre cet affaiblissement, l'industrie privée redemande et réclame avec instance la nouvelle et directe intervention de l'Etat.

Une dernière considération vient appuyer tout ce que nous avons dit relativement à la situation actuelle de notre population chevaline, au degré d'amélioration auquel sont parvenues nos différentes races. C'est le prix le plus élevé auquel les chevaux se vendent aujourd'hui, et l'augmentation considérable du capital qu'ils représentent au point de vue de la fortune publique.

M. Moreau de Jonès estime en moyenne le cheval français à 300 fr. Nous discuterons ailleurs ce chiffre. Mais nous l'adoptons volontiers comme base. Nous voyons alors que la richesse chevaline de la France, non compris la valeur de l'espèce hybride résultant de l'alliance de la jument avec l'âne est d'au moins 900 millions. C'est un accroissement d'un tiers environ depuis 25 ans.

Nous appuierons cette donnée lorsque nous nous occuperons d'une manière plus spéciale de la statistique chevaline et de l'élévation successive de nos races sur l'échelle de l'amélioration.

XXV. — LES HARAS AU COMMENCEMENT DE 1848.

L'administration des haras n'est pas assez connue. Qu'on nous permette de l'apprendre à ceux qui ne la savent pas. Elle n'a été, elle n'est encore l'objet de tant de critique que parce qu'on ignore son organisation intime et sa composition réelle. Beaucoup d'ambitions sont tombées devant le chiffre des traitements affectés au personnel des établissements; nombre de personnes le croient encore très richement doté et très nombreux. L'opinion lui fait généralement les honneurs du *sinécurisme*. En vérité, la chose vaut bien qu'on invente le mot. L'exposé fidèle de ce qui est, l'étude simple et facile de cette organisation, sont de nature à détruire bien des préventions. Celles-ci, qu'on ne s'y trompe pas, ont été pour beaucoup dans les obstacles qu'ont rencontrés les haras. Elles sont toutes-puissantes encore et menacent fortement le service. Mais à côté des préventions se traînent, pourquoi ne le dirions-nous pas tout de suite? des amours-propre froissés, des espérances déçues et la calomnie soufflée par des sentiments peu avouables. Le moment est précieux pour abattre. Ne sommes-nous point à une époque de révision générale et de règlement de compte avec le passé! A l'œuvre donc, vous tous qui avez la haine au cœur; il y a tant d'indifférence et de laisser-aller par ailleurs qu'une surprise, après tout, n'est pas chose impossible...

A l'heure qu'il est pourtant, seule la menace gronde. Nous cesserons pour un instant de prêter l'oreille à son clapotement, et nous examinerons avec calme tous les détails du service public qu'embrasse l'administration des haras.

Haras et dépôts d'étalons, leur composition à l'époque de l'ouverture de la monte de 1848.

Etablissements.	Etalons de pur sang arabe.	Etalons de pur sang anglais.	Etalons de trois quarts et demi-sang anglais ou arabe.	Total par établissement.
Abbeville	»	9	35	44
Angers.	»	15	47	62
Arles.	6	6	25	37
Aurillac	7	16	24	47
Blois.	»	4	25	29
Braisne	»	16	29	45
Cluny	»	10	34	44
Jussey.	»	2	25	27
Lamballe	2	5	40	47
Langonnet.	»	18	39	57
Libourne.	»	14	21	55
Montier-en-Der	»	4	32	36
Napoléon-Vendée	»	12	87	99
Pau	14	25	26	65
Pin (Le).	»	13	91	104
Pompadour	19	20	31	70
Rodez	1	6	24	31
Rosières.	»	7	63	70
Saint-Lô.	»	10	75	85
Saint-Maixent	»	4	28	32
Strasbourg.	»	2	48	50
Tarbes.	20	36	47	103
Villeneuve.	4	4	14	22
Station du dépôt des remontes.	»	3	1	4
Totaux.	75	261	911	1,245
		331		

Sous la qualification de pur sang arabe ne se trouvent que des étalons tracés au stud-book. Le nombre en serait beaucoup plus considérable si, dans ces derniers temps, l'administration ne s'était montrée d'une très grande sévérité pour les admissions au livre des haras. Cette sévérité est justifiée à tous égards, et l'on y verra une garantie contre les intrusions, qu'il faut repousser avec le plus grand soin, car elles seraient un poison, un fléau, pour la race entière.

Mais, à côté des familles pures, il en est qui les approchent de très près par le sang. Celles-ci ne sont pas perdues pour la reproduction; nos établissements du midi possèdent un certain nombre de chevaux barbes non tracés, dont les fruits marquent, d'ailleurs, et doivent servir quelque jour aussi à l'amélioration de l'espèce indigène.

Nous devions noter cette circonstance, afin que l'on sût bien ce que vaut ce chiffre de 73. Il exprime seulement le nombre d'étalons de pur sang arabe que renferment le haras de Pompadour et les dépôts du midi. Beaucoup d'autres existent qui, sans être de pur sang, ont une filiation plus ou moins prochaine avec la race-mère. Leur présence témoigne de la sollicitude avec laquelle les haras recherchent et entretiennent tous les représentants des familles orientales que la production directe, le commerce ou le hasard, permettent de réunir dans nos établissements.

L'administration possédait, pour la monte de 1848, — 261 étalons de pur sang anglais. Elle n'en avait jamais eu autant.

La petite statistique suivante indique la progression croissante :

1834.	83
1837.	110
1840.	136
1843.	194
1845.	205
1848.	261

Ces chiffres répondent à ce singulier reproche que les haras ont détruit toutes nos anciennes races par l'emploi trop généralisé du reproducteur de pur sang anglais. Par contre, ils accusent hautement l'administration aux yeux de ceux qui ne voient d'amélioration possible, de progrès réel et durable, que dans l'emploi exclusif de l'étalon de pur sang.

Nous avons déjà agité cette question sous le rapport théorique en même temps qu'au point de vue de la pratique ; nous y reviendrons plus tard. — En ce moment, nous constatons un fait. Il vaut ce qu'il vaut ; qu'on le pèse.

911 étalons de bon choix, de trois quarts et de demi-sang, — carrossiers forts ou légers, suivant les contrées, — complétaient l'effectif et formaient avec les deux premières catégories le nombre de 1,245, supérieur de beaucoup à celui des années antérieures. En effet, il faut remonter à dix-sept ans en arrière pour retrouver un chiffre aussi élevé ; mais les résultats attendus seront bien différents. En 1831, 1,260 étalons n'ont reçu que 38,882 juments ; en 1848, l'administration compte sur plus de 62,000 saillies.

Quant au mérite de cette classe d'étalons, il n'est plus comparable au passé. Ici, l'amélioration est palpable ; c'est un fait tout matériel qui saisit à l'observation la plus superficielle. On ne laisse vieillir dans les haras que les étalons dont les produits sont recherchés ; c'est un privilége, sans doute, mais devant la reproduction des races l'égalité ne sera jamais qu'un mot : la capacité seule obtiendra faveur. Eh bien ! nonobstant cette circonstance, qui détermine chaque année la réforme des reproducteurs les moins heureux dans leurs fruits, on remarque encore une grande différence entre les derniers venus et ceux qui les ont précédés au dépôt. Ce fait est tout à l'avantage de la marche de l'amélioration ; il réagit sur l'avancement des races secondaires, dont le progrès est tout entier dans la dépendance de l'élément principal de la reproduction, — l'étalon.

En même temps que des étalons, les haras du Pin et de Pompadour renfermaient à la même époque, savoir :

Le Pin. .   .   .   .   .   . 12 juments et 23 produits.
Pompadour 34   »   et 88   »

Totaux. .   . 46 juments et 111 produits.

En tout, 157 têtes, ci. 157
Effectif des étalons. 1,245
Chevaux d'école pour l'instruction des élèves. 11
Chevaux de service appartenant aux officiers. 37

Total. .   . 1,450

Telle était la composition des 23 établissements de l'Etat en janvier 1848.

On sait qu'au haras du Pin les quelques poulinières entrenues n'y ont été tolérées que pour offrir aux élèves de l'école un spécimen de production et d'élevage du cheval de pur sang; qu'au haras de Pompadour, l'administration poursuit le développement de la race arabe, afin de verser chaque année dans les mains de l'industrie quelques poulinières de cette race, et dans les dépôts du midi des étalons d'un mérite à part que l'on ne pourrait se procurer ailleurs.

Bien que ces détails soient fort simples, bien qu'ils ne disent rien que ce que l'on peut voir tous les jours par soi-même dans les établissements de l'administration, nous croyons cependant que peu de personnes les connaissent et se sont rendu compte des richesses accumulées dans nos contrées de production par les soins des haras, que l'on suppose occupés à tout autre chose qu'à faire le bien.

Voyons maintenant le personnel, — ce ver rongeur de l'industrie, ce chancre dévorant qui épuise toutes les ressources du budget et prive les éleveurs d'une grosse part des encouragements qu'on voudrait voir arriver jusqu'à eux.

Le cadre en est fort simple, il comprend :

4 inspecteurs généraux à 8,000 fr., ci. . 32,000 f.
1 préposé aux remontes à   6,000
2 direct. de haras à 6,000 fr., ci. . . 12,000
6 — de dép. d'étal. à 4,000 fr. 24,000
8 — — 3,500 28,000
7 — — 3,000 21,000
————— 73,000

2 inspect. particuliers à 2,700 5,400
2 agents spéciaux à. . 2,400 4,800
5 — 2,100 10,500
8 — 1,800 14,400
8 — 1,600 12 800
————— 47,900

2 vétérinaires de haras à 2,000 4,000
21 — de dépôts à 1,000 21,000
————— 25,000
2 professeurs à l'Ecole des haras. . . . 5,700

——   —————

Tot. 78 empl. p. une somme de traitem. s'élev. à **201,600 f.**

C'est une moyenne de 2,584 fr. 61 c., sur lesquels 130 fr. restent à la caisse des retraites.

Après soixante ans d'âge et trente années de services, passées loin des siens, loin de ses intérêts, au milieu des privations qu'imposent les changements de résidence et la modicité des traitements, la moyenne de la pension de retraite n'atteindra pas 1,300 fr. Telle est la condition brillante et tant désirable de l'officier des haras.

Le personnel des gagistes est autant restreint que possible. Un palefrenier pour trois étalons ou pour huit juments. On n'attache également qu'un seul homme au service de huit produits.

Dans les haras, il y a deux palefreniers-chefs; dans les dépôts d'étalons un seul.

La solde est ainsi fixée :

Palefrenier-chef de 1re classe, 2 fr.; — de 2e classe, 1 fr. 75
Palefrenier de   —   1 f. 50 ; — de   —   1 fr. 40

Toute nomination de palefrenier entraîne une première mise d'habillement de 95 fr. ; le palefrenier s'entretient ensuite avec une masse annuelle de 75 fr. L'entretien des objets de sellerie et le renouvellement des ustensiles de pansage sont soumis à un abonnement très modique.

Les palefreniers perçoivent sur chaque saillie une rétribution spéciale dont le taux est fixé tous les ans par le ministre. Le produit de ce pourboire, très variable en raison des localités, est l'objet d'une répartition équitable entre tous les gagistes de chaque établissement, au moment de l'inspection générale. Le zèle trouve là sa récompense.

Que trouvera-t-on à reprendre dans ces dispositions?

Maintenant, comment fonctionne le personnel des officiers?

1° INSPECTION GÉNÉRALE. — Par la nature de ses fonctions, l'inspecteur général ne doit demeurer étranger à aucun fait hippique; il se mêle, au contraire, à la marche de toutes choses, y prend un intérêt effectif, s'immisce à toutes les mesures, provoque, contient, redresse, étudie, voit, pense, agit, se rend utile, en un mot, à l'administration, aux éleveurs et au pays.

Il a la surveillance des établissements placés dans sa division; il doit les visiter et les inspecter à fond. Ses avis aident à la mission des directeurs, ses conseils appuient ceux qui hésitent; tous les intérêts sont également appréciés. Sous son action, les diverses parties du service reçoivent une même impulsion, toutes les difficultés sont mûrement examinées, toutes les vues d'amélioration sont reprises, étudiées dans leur ensemble avec l'autorité du savoir et de l'expérience. De la sorte, rien n'échappe à une scrupuleuse investigation, aucun fait important n'est négligé : l'administration est toujours présente, active, utile; elle voit, juge, dirige, et fait partout sentir sa bienfaisante influence.

L'inspecteur général des haras ne borne pas son travail, ainsi qu'on le suppose communément, à la revue facile et commode des trois employés d'un dépôt, des étalons qui en forment l'effectif et des quelques objets qui en composent le matériel. L'organisation et la surveillance de la monte, — ce service essentiel, — est de sa part l'objet d'observations attentives. La science de l'officier des haras est là tout entière, et elle s'applique à toutes les questions hippiques; elle embrasse tous les détails relatifs à la production et au perfectionnement des races dans leurs rapports nombreux et divers avec l'agriculture et toutes les exigences des services publics ou privés.

L'inspecteur général se doit encore à l'examen et au classement des juments à primer, des étalons approuvés et à approuver. Les concours, pour les distributions de primes, les principales courses, sont, pour lui, de nouvelles occasions d'études pratiques. Il y porte l'œil et l'oreille de l'administration. La visite des établissements particuliers a son utilité, elle est souvent un encouragement. Elle met en bons rapports ceux qui aident au développement et à la prospérité de notre industrie, elle éclaire sur les besoins, elle stimule le zèle de ceux dont les sacrifices s'ajoutent au budget de l'Etat dans un intérêt général puissant.

Bien comprises et bien remplies, les fonctions d'inspecteur général sont la clef et la force du service, le point de départ et le centre commun de toutes mesures d'ordre et de progrès; elles résument l'autorité du savoir et de l'expérience; elles sont une barrière infranchissable pour les idées folles et les théories mal élaborées, une assurance contre la routine, une garantie pour l'adoption des améliorations utiles, de celles que la bonne pratique enseigne et confirme.

Cependant, et nonobstant son utilité incontestable, le grade d'inspecteur général a souvent eté mis en question. A plusieurs reprises on a voulu le supprimer. En y regardant de près, en le voyant à l'œuvre dans son action propre, on a été forcé de le conserver. Il est impossible, en effet, qu'un service public d'une certaine importance soit privé d'un contrôle supérieur. Cette nécessité oblige.

Toutefois, l'inspection générale des haras a subi de nombreuses vicissitudes. Elle a parfois justifié ce dicton : « On ne s'attaque qu'aux forts » ; mais les critiques n'ont pas toujours été désintéressés. Ote-toi de là que je m'y mette est une maxime assez répandue parmi les hommes qui se croient prédestinés à un grand avenir chevalin. Pour être impartial jusqu'au bout, nous ajouterons que MM. les inspecteurs généraux n'ont pas été constamment victimes de la médisance. On a été généralement très libéral envers eux, c'est vrai, mais cette libéralité rappelle qu'on ne prête guère qu'aux riches.

Sous l'ancienne monarchie, quand l'administration des haras s'appliquait surtout à approuver des étalons chez les particuliers, le nombre des inspecteurs et sous-inspecteurs de haras était en quelque sorte illimité. Leur service eût été fort rude s'ils avaient dû faire exécuter à la lettre des règlements sévères qui tombaient partout en désuétude et rendaient illusoires, à la fin, les services du système en vigueur.

En 1806, le décret d'organisation des haras attacha six inspecteurs généraux à l'administration nouvelle. L'ordonnance de 1825 en fit huit, la commission administrative de 1829 revint au cadre adopté par l'Empereur, l'ordonnance de 1833 réduisit le nombre à cinq. Il n'est plus que de quatre aujourd'hui.

En 1806, le traitement était de.	8,000 fr.
En 1825 — —	5,000
En 1829 — —	6,000
En 1833 et depuis —	8,000

Sous l'empire du décret de 1806 et de l'ordonnance de 1833, les inspecteurs généraux ont eu leur résidence à Paris. Le ministre les réunissait en conseil et leur soumettait toutes les questions de science, d'économie et d'administration, qui ressortissaient aux haras. De 1825 à 1833, l'inspecteur général devait résider en province, au centre de son arrondissement d'inspection.

Dans les deux cas, des frais de tournées ont été attachés au service spécial des inspecteurs généraux. Ce service ayant été le même ou à peu près aux différentes époques, cette dépense n'a pas offert une grande variation, soit qu'on ait adopté le principe d'une indemnité fixe, soit qu'on ait payé à tant par poste ou par kilomètre parcourus, soit enfin qu'on ait combiné les deux systèmes, car on a essayé de tout en vue d'une économie toujours recommandée et toujours nécessaire. Nous pou vons donc négliger cette question et voir ce que coûtait autrefois l'inspection générale des haras et ce qu'elle coûte aujour d'hui.

Décret de 1806. . . .	6 inspecteurs généraux,	à 8,000 fr., ci. . .		48,000 fr.
Ordonnance de 1825.	8 —	5,000		40,000
Proposition de 1829.	6 —	6,000		36,000
Ordonnance de 1833.	5 —	8,000		40,000
Ordonnance de 1840.	1 —	10,000, ci.	10,000	
—	3 —	8,000	24,000	
—	1 inspect. gén. adjoint,	6,000	6,000	
			————	40,000
En 1848	4 inspecteurs généraux,	à 8,000 fr., ci. . .		32,000

Ces rapprochements dispensent de tout commentaire.

Notre position nous interdit de dire ici comment nous entendrions l'organisation du service de l'inspection générale. Notre pensée à cet égard appartient exclusivement au ministre près de qui nous sommes placés. Un projet d'avenir n'appartient pas à l'histoire et ne fait pas encore partie du présent. Nous devons nous abstenir.

2° REMONTE DES HARAS. — L'achat des étalons n'est pas chose facile, il entraîne, en outre, une grande responsabilité. Les opérations de la remonte donnent un corps à l'administration des haras et la constituent. Elles sont à la fois une cause et un effet. Les bons reproducteurs sont un véhicule puissant pour l'amélioration ; mais le perfectionnement des races qui les

fournissent tient évidemment au mérite des pères mis à la portée de l'industrie.

La qualité des régénérateurs simplifie à un point extrême les
difficultés du service des haras, elle fait en grande partie son
succès, elle en est au moins l'élément le plus fécond et le plus
puissant. L'Empereur avait en si haute estime le bon choix des
étalons, qu'il n'accordait qu'une attention au choix secondaire
au choix du personnel des officiers. Il voulait que l'on mît le
plus grand soin à la remonte des dépôts, supposant que les
hommes seraient toujours assez capables lorsque les étalons
auraient beaucoup de mérite.

Cette opinion est un peu absolue, nul aujourd'hui ne voudrait la soutenir ; mais son exagération même fait très bien ressortir l'importance du service des achats d'étalons pour la remonte annuelle des dépôts de l'administration.

Par une contradiction étrange, le décret de 1806 n'avait
pas constitué le service de la remonte des haras. Les achats se
faisaient en vertu de missions spéciales confiées tantôt aux uns,
tantôt aux autres. Ce système n'est sans doute pas à l'abri
d'inconvénients. On saisit aisément, au contraire, les avantages qui peuvent résulter de l'application d'hommes spéciaux
à l'acquisition des animaux à entretenir dans les établissements
de l'Etat. C'est l'ordonnance de 1825 qui a institué ce service
en créant deux agents généraux des remontes aux appointements de 8,000 fr.

C'étaient des fonctionnaires élevés, complétement indépen-
dants et ne relevant que de l'administration supérieure. Leur
division s'étendait à la moitié de la France, et ils devaient la
parcourir en totalité chaque année. Chemin faisant, ils visitaient
les haras et les dépôts, en étudiaient la composition en chevaux, appréciaient les besoins de la remonte, et donnaient des
avis motivés sur les réformes, les déplacements et les répartitions d'étalons. Ils devaient connaître les différentes races chevalines, raisonner leur valeur au point de vue de la reproduction améliorée, indiquer les besoins, signaler les ressources

de l'industrie, effectuer les achats dans le sens d'un encouragement sérieux, consigner enfin, dans des rapports détaillés, leurs observations générales et spéciales sur toutes les questions se rattachant à leur service et à l'intérêt hippique de leur division.

Ces attributions, importantes et larges, ces fonctions sans contrôle immédiat, avaient excité quelque peu d'envie parmi les inspecteurs généraux, qui n'étaient plus, à vrai dire, la tête de l'administration : les agents généraux des remontes les dominaient.

La commission de 1829 avait proposé de remédier à cet inconvénient. Elle reconnaissait l'utilité de l'institution et la maintenait, mais elle voulait que tous les achats fussent soumis à l'inspection et au contrôle des inspecteurs généraux. Toutefois, les choses restèrent en l'état jusqu'en 1833. L'ordonnance du 10 décembre de cette année supprima le grade d'agent général des remontes et revint au système des achats confiés aux hommes qui inspiraient le plus de confiance, qui donnaient le plus de garantie de savoir spécial. Les achats devaient être contrôlés par les inspecteurs généraux.

Ce système n'est pas parfait ; on lui substitua, en octobre 1835, un seul agent général des remontes, et en octobre 1840 deux fonctionnaires qui prirent le titre de préposés aux remontes.

Aujourd'hui il n'y a plus qu'un seul préposé.

Les indemnités de déplacement sont très variables encore ici. L'importance des frais résulte du chemin parcouru, et en moyenne la dépense ressort au même chiffre à peu près, chaque année, soit qu'on ait des agents spéciaux, soit que la remonte se trouve accidentellement confiée à des agents temporaires.

Il n'en est plus de même des traitements fixes.

En 1825, les deux agents généraux coûtaient.	16,000 fr.
En 1835, l'agent général touchait. . . .	8,000
En 1840, les deux préposés coûtaient. . .	12,000
En 1848, le même service ne prend que. .	6,000

Nous répéterons, à ce propos, ce que nous avons déjà dit au sujet de l'inspection générale. Les projets d'avenir n'appartiennent pas encore au présent et ne doivent pas être appréciés comme par le passé.

S'il est un point de pratique difficile à déterminer, c'est à coup sûr la pratique des achats. Jusqu'en 1846, elle était restée douteuse, hésitante. A cette époque, nous fîmes une étude spéciale de la question en Normandie. Nos idées furent adoptées par le ministre d'alors. Elles se trouvent résumées dans l'arrêté que nous reproduisons ci-dessous en extrait.

Arrêté constitutif du service de la remonte des haras.

Le ministre secrétaire d'Etat au département de l'agriculture et du commerce,

Arrête :

. . . .

Art. 4. — Les préposés aux remontes opèrent en France et à l'étranger.

Chaque année, le ministre désigne la division dans laquelle chacun d'eux fera les achats à l'intérieur. Ils devront la parcourir et l'explorer avec soin, se mettre en relation directe avec tous les éleveurs qui se livrent à l'éducation de l'étalon, noter les produits qui paraîtront susceptibles d'être achetés ultérieurement, et réunir dans un rapport d'ensemble toutes les observations relatives à la spécialité du service.

Art. 5. — A partir du 1er janvier 1848, aucun étalon ne sera acheté par les haras s'il n'a été éprouvé en concours public, soit dans des courses générales, soit dans des luttes particulières ouvertes à cet effet, et jugées par une commission de cinq membres nommée par le ministre et présidée par le préfet ou le sous-préfet.

Les conditions d'essai comprendront les courses au trot sous le cavalier ou à la guide, les courses plates au galop, ou même des courses au galop avec obstacles.

Art. 6. — Les préposés aux remontes feront porter les achats sur les chevaux qui auront montré de bonnes et solides qualités pendant l'épreuve. Celle-ci n'est qu'un moyen employé pour les bien apprécier.

Pour être achetés, les chevaux devront réunir les trois conditions ci-après : la bonne origine, tant du côté du père que du côté de la mère, authentiquement constatée ; la bonne et régulière conformation ; le mérite éprouvé.

Art. 7. — Les achats ne comprendront que des étalons de pur sang arabe ou anglais, et des étalons de trois quarts ou de demi-sang, issus de l'une ou de l'autre race.

Ils s'effectueront indistinctement dans toutes les parties de la France pour les chevaux qui y seront nés.

Les acquisitions d'étalons étrangers ne porteront que sur des animaux nés en Orient ou en Angleterre, et réunissant les mêmes conditions que celles qui déterminent les achats de chevaux nés en France.

Art. 8. — Nul étalon ne sera acheté avant l'âge de quatre ans révolus. L'âge se compte à partir du 1er janvier de l'année de la naissance.

Les offres de ventes doivent être faites directement au ministre, et, pour avoir leur effet, parvenir avant le 1er décembre de chaque année.

Art. 9. — Le ministre fixe l'époque des achats par un arrêté qui sera porté à la connaissance des éleveurs avant le 1er décembre de chaque année.

Art. 10. — Tout cheval offert en temps utile sera visité, et donnera lieu à un rapport spécial dont copie, lorsqu'elle sera réclamée, ne pourra être refusée au propriétaire par le préposé aux remontes.

Art. 11. — Les préposés aux remontes classeront entre eux, par ordre de mérite et d'utilité, tous les chevaux soumis à leur examen, et ne concluront à l'achat qu'après cette opération, afin d'établir une échelle de prix équitable et en tout conforme au jugement porté sur chaque étalon en particulier.

Art. 12. — Pour faciliter le classement exigé par l'article 11, et lorsque les étalons offerts seront en nombre considérable, l'administration pourra, quand elle le jugera utile, provoquer sur un ou plusieurs points la réunion des chevaux qui lui auront été offerts. Cette mesure préservera d'erreur les préposés aux remontes et les propriétaires.

Art. 13. — Les préposés aux remontes débattent et fixent les prix. Deux éléments concourent à cette fixation, le prix de revient brut et la valeur relative, dont les sources sont dans l'origine et dans une réussite plus ou moins complète du produit.

Art. 14. — Les préposés aux remontes n'achètent que sous la réserve de la garantie légale ou même d'une garantie conventionnelle, s'il y a lieu.

Art. 15. — Après avoir établi le classement de tous les étalons offerts, les préposés aux remontes en adressent le tableau d'ordre au ministre, avec la fixation des prix en regard de ceux dont ils proposent l'acquisition : le ministre approuve ou rejette. Après approbation, le préposé aux remontes délivre une carte d'achat spécial pour chaque cheval. Cette carte désigne l'établissement de l'administration dans lequel doit être provisoirement déposé l'animal acheté. Les propriétaires dont les chevaux auront été refusés en seront informés sans retard.

Les préposés aux remontes ou, à leur défaut, les directeurs des haras et dépôts, constatent, à l'arrivée de l'animal dans l'établissement, son identité parfaite, et lui font subir dans la quinzaine les épreuves d'usage propres à éclairer sur l'existence ou la non-existence de certains vices cachés au moment de la vente. A l'expiration du délai consenti pour la garantie de ces vices ou pour tous autres non désignés par la loi, mais qui auraient été l'objet d'une convention particulière, il est

rendu compte au ministre et au propriétaire de l'admission définitive ou du rejet.

Signé : L. CUNIN-GRIDAINE.

Paris, le 30 septembre 1846.

Nous apprécierons plus loin le mérite et la portée de cette
charte.

3° DIRECTION DES HARAS ET DÉPOTS. — Nous n'avons point
à justifier le grade de directeur. Il faut bien une tête au corps,
une pensée qui anime et donne l'impulsion, une autorité qui
commande, un agent qui reçoive, transmette, fasse exécuter,
dans sa sphère, la volonté, les instructions de l'administration
supérieure.

Telle est, en effet, l'utilité des directeurs.

Le directeur est un chef de service, un chef responsable. Il
a le commandement et la surveillance de son établissement ; il
imprime à toutes choses, dans le ressort de la circonscription
confiée à son intelligence, à son activité, à son savoir, le mouvement et la vie ; le progrès est en ses mains, toute amélioration peut venir de lui ; il peut être à la fois le commencement
et la fin. Il doit constamment agir et réagir sur l'administration
supérieure, sur les administrations locales, sur l'industrie. Il
a toujours quelque chose à observer et à apprendre, quelqu'un
à éclairer ou à renseigner. Sa mission est multiple ; elle n'a
presque pas de limites. La question chevaline a des points de
contact si nombreux, des relations si intimes avec les principales branches d'industrie, que, pour celui qui veut la creuser
et l'approfondir, une vie tout entière de labeur n'est pas encore
suffisante. Ici, comme en tout, il y a la science, l'art, le métier. Le directeur d'un dépôt ou d'un haras doit les posséder et
les répandre autour de lui.

La grande préoccupation d'un directeur est le service de la
monte. La répartition des étalons dans les stations exige la connaissance raisonnée de chacun des reproducteurs dont il dispose, et celle non moins importante de l'espèce sur laquelle il

opère. Ce travail est plein de difficultés ; il n'est prompt et léger que pour ceux qui n'ont aucune idée de la science du cheval et de son amélioration. Mais nous ne faisons pas de science hippique en ce moment, nous ne faisons que de l'administration. Donc, il faut nous arrêter et revenir sur nos pas.

En somme, le directeur a l'administration intérieure de l'établissement qu'il commande et la direction morale et matérielle de l'industrie dans l'étendue de sa circonscription. Il est astreint à des tournées qui lui permettent de fréquenter les éleveurs, d'étudier les besoins, de reconnaître les ressources, de répandre les saines idées, de saper les usages défectueux ; il prend part aux distributions de primes, voit, juge les courses, se trouve aux foires les plus importantes et assiste, pour ainsi dire, à toutes les opérations de l'industrie, stimulant partout le zèle et poussant toujours au progrès. Il doit à l'administration supérieure un compte exact et détaillé de tous ses efforts et des résultats obtenus.

Le directeur de haras a, de plus que le chef d'un simple dépôt d'étalons, à suivre et à surveiller la production et l'élevage des types. Cette tâche complique nécessairement la première, mais un inspecteur particulier, plus spécialement chargé du service du dépôt, est alors placé près du directeur et allège sa surveillance.

Sous l'Empire, il y avait 6 haras et 30 dépôts. Le cadre du personnel, y compris les 6 inspecteurs généraux, comprenait 78 officiers, au lieu de 55. Les grades étaient les mêmes qu'aujourd'hui ; dans chacun on avait établi trois classes, et les traitements s'échelonnaient de 1,200 fr. à 8,000 fr.

Le nombre des traitements élevés était considérable ; en entrant dans le service on voyait la carrière ouverte, et l'on sentait dans sa poche une manière de bâton de maréchal qui stimulait le zèle.

En abaissant le chiffre des traitements supérieurs, l'ordonnance de 1825 en avait augmenté le nombre. Le personnel n'avait donc pas précisément perdu à cette réorganisation, et d'ailleurs, pour la première fois, des garanties lui étaient données. Le principe de l'avancement hiérarchique avait été posé d'une manière absolue dans l'article 12, et avait grandi, dans la pensée de tous, l'espoir du maréchalat.

L'ordonnance de 1833 est encore favorable au personnel ; mais des suppressions, des changements successifs, ne tardent pas à réduire et le nombre et l'importance des émoluments attachés à chaque grade. Le principe de l'avancement est détruit ; l'administration est envahie et prise par la tête ; les hauts emplois deviennent le point de mire général, les places seront au premier occupant ; on les jettera en pâture aux plus exigeants.

En 1840, on sent la nécessité de mettre un frein à cet empressement. Il y aura une école spéciale ; nul ne pourra désormais appartenir au service des haras s'il n'a consacré quelque temps à l'étude de la science et de l'administration. Nous reviendrons bientôt sur cette création. Elle exceptée, l'ordonnance de 1840 n'apporte aucune amélioration dans la position du personnel, et elle était vraiment peu heureuse.

En 1848, la condition des officiers est devenue meilleure. Depuis 1834, les directeurs de dépôts ne touchaient que 2,700 et 3,000 fr. Ce dernier traitement était attaché à certains dépôts. Pour l'obtenir, il fallait aller le chercher et s'imposer un déplacement onéreux en retour d'une augmentation de 300 fr. L'organisation actuelle est plus juste. Elle offre trois classes donnant 3,000 — 3,500 — et 4,000 fr. d'appointements, et la classe supérieure peut récompenser, sur place, le zèle, l'activité, le succès.

Il y a dans ce fait de l'avancement libre, — sur place ou avec déplacement, — des avantages et des garanties qui se déduisent d'eux-mêmes.

Le grade d'inspecteur particulier avait été souvent attaqué. Il était, croyait-on, une sinécure agréable, et rien de plus. La répartition du travail est telle aujourd'hui, que l'inspecteur particulier est un officier très utilement et très activement employé.

L'administration n'en a que deux , — un au haras du Pin, où, indépendamment de ses attributions normales , il est chargé d'une partie de l'enseignement qui se donne à l'école; — un autre à Pompadour, où il est spécialement chargé de l'exploitation des terres qui fournissent les moyens d'élever la petite famille arabe entretenue au haras.

Avant janvier 1848, les inspecteurs particuliers touchaient le même traitement que les directeurs de dépôts de deuxième classe. Aujourd'hui, une différence en moins de 300 fr. leur fait désirer de l'avancement et les porte à s'en rendre dignes.

C'est ainsi que tout s'enchaîne dans une bonne organisation. Autrefois, l'inspecteur particulier était une sorte de fonctionnaire à vie , qui n'avait aucune responsabilité, à qui l'administration était légère ; aujourd'hui, c'est un officier laborieux qui s'applique consciencieusement à mériter un grade plus élevé et qui s'efforce d'acquérir son indépendance.

L'inspecteur particulier est le stagiaire capable d'une direction de dépôt d'étalons.

4° AGENTS SPÉCIAUX. — L'agent spécial est le second du directeur; il est de plus spécialement chargé du service de la comptabilité : à ce titre, il doit à l'Etat une garantie matérielle de sa gestion. Il est soumis à la nécessité d'un cautionnement.

« Quelques doutes s'étaient élevés sur l'utilité des agents spéciaux. On supposait que leurs fonctions pourraient être réunies à celles des chefs de dépôts. Mais cette opinion a dû bientôt céder aux considérations qui ont motivé la création des employés de ce grade.

» En effet , les agents spéciaux sont indispensables à raison du contrôle qu'ils exercent habituellement sur les recettes et sur les dépenses , tant en deniers qu'en matières , lesquelles sont ordonnées par le directeur ; et aussi, sous ce rapport , qu'il est nécessaire qu'il y ait dans chaque établissement un employé capable de remplacer le chef en son absence.

» Les agents spéciaux sont encore utiles dans l'intérêt du trésor, en ce qu'ils fournissent un cautionnement pour la sûreté

des fonds affectés aux dépenses des établissements ; de plus, ils
sont la pépinière des directeurs de dépôts (1) ».

Les suppressions et les réductions qui avaient pesé sur ce
dernier grade avaient eu leur contre-coup sur celui d'agent
spécial. Les officiers en sous-ordre n'étaient donc pas dans une
situation très avantageuse. L'organisation de la fin de 1847 a
été plus juste en améliorant les traitements attachés à un grade
dans lequel des employés d'avenir peuvent attendre long-temps
le grade supérieur. On n'y arrive maintenant qu'après des études spéciales. Il ne fallait pas, par avance, jeter le découragement dans l'esprit de ceux qui se vouent à la carrière.

Il y a quatre classes d'agent spécial, rétribuées comme suit :
1,600, — 1,800, — 2,100, — 2.400 fr.

Ces classes donnent un prétexte plausible pour déplacer plusieurs fois de jeunes officiers qui débutent, qui ont, par conséquent besoin de servir sous des chefs différents, d'étudier les
questions hippiques à divers points de vue, d'acquérir de
l'expérience par des observations variées, de s'instruire au
contact des hommes et des choses. Le traitement de 2,400 fr.
ne peut être donné qu'aux agents spéciaux du Pin et de Pompadour.

5° LES VÉTÉRINAIRES ont une position spéciale. Ils sont exclusivement chargés du service des animaux malades. Les haras et les dépôts sont, pour ces employés, un client considérable et bon payeur. Leurs appointements constituent bien plutôt
un abonnement qu'un véritable traitement. Aussi a-t-on voulu,
à plusieurs reprises, supprimer l'emploi, et ne laisser subsister
qu'un prix d'abonnement annuel.

Des considérations sérieuses ont fait maintenir les places de
vétérinaires dans le cadre du personnel et conserver les avantages de la retraite aux titulaires. C'était convenance et justice.
Par le fait, les vétérinaires deviennent officiers des haras ; ils
en portent depuis long-temps l'uniforme et se rendent utiles,

(1) Rapport de M. le duc d'Escars. — Commission de 1829.

autant qu'il dépend d'eux, au but que poursuit l'administration.

Sous l'Empire, le traitement des vétérinaires était de 900 fr. à 2,000 fr., en passant par plusieurs chiffres intermédiaires. L'ordonnance de 1825 ne descendait pas au dessous de 1,000 fr., mais s'arrêtait à 1,500 fr. — L'ordonnance de 1840 ne conservait qu'un très petit nombre de ces employés. Aujourd'hui, ils touchent 2,000 fr. à Pompadour et au Pin, et 1,000 fr. dans les dépôts d'étalons.

6° ECOLES DES HARAS. — Le personnel de l'administration a souvent été l'objet d'attaques vives et d'amers sarcasmes. Il en devait être ainsi lorsque aucune règle ne présidait à son recrutement, quand on y admettait principalement ceux dont on ne savait que faire et dont on disait qu'ils seraient toujours assez bons pour les haras. La critique avait donc beau jeu et pouvait mordre tout à son aise : quelque exagérée qu'elle pût être pour la généralité, elle trouvait toujours un point d'appui dans l'exception.

Quel a donc été le personnel depuis 1806 ?

A cette époque, l'Empereur confia les destinées de l'administration à de vieux officiers de cavalerie, plus braves que capables. Les haras de l'empire, convenons-en, n'ont pas beaucoup fait avancer la science de l'amélioration du cheval.

La Restauration vit, dans l'institution, des places pour les émigrés qu'elle ne trouvait point à pourvoir plus confortablement. Dans les mains de ceux-ci, les emplois devinrent trop souvent de tristes sinécures; nos races ne leur durent pas de grands progrès; la production de l'espèce légère ne lutta pas avec beaucoup d'avantages contre les difficultés du temps.

La révolution de juillet renouvela le personnel entier. Les choix ne furent pas toujours très heureux, ils introduisirent dans le personnel des hommes d'une ignorance incroyable, d'une incapacité idéale ; mais l'administration ne se rebuta pas. Elle en fit successivement justice, ses épurations ne s'arrêtèrent qu'après qu'elle eût placé à la tête des établissements les plus importants des jeunes gens d'avenir par leur degré d'instruction et leur dévoûment au service. L'étude et l'amour du cheval suppléèrent d'abord aux connaissances spéciales, la pratique vint ensuite et donna l'expérience.

Il fallait éviter, le cas échéant, de retomber dans les inconvénients du passé. On songea sérieusement à réaliser une pensée déjà vieille, un projet plusieurs fois étudié, mais toujours abandonné : la création d'une école fut résolue. La conséquence de cette création était la porte close à toutes les prétentions.

L'école des haras fut instituée au Pin, en pleine Normandie, au centre d'un pays riche par sa production équestre, incessamment renouvelée et à l'état d'exhibition permanente en quelque sorte. La multiplicité des foires, les courses, les distributions de primes, les achats pour les remontes militaires, occasions si fréquentes de réunions nombreuses sur un seul et même point, devaient faciliter l'étude et multiplier ses sujets d'observations.

C'était sans doute une condition essentielle.

Mais comment l'institution a-t-elle été comprise, quel est son but ?

L'école des haras, c'est un principe; — c'est l'ordre et la hiérarchie appelés par tous les vœux et substitués au favoritisme; — c'est la sécurité, la garantie données à l'émulation, à la capacité, au droit, à l'équité; — c'est une barrière formidable, quasi infranchissable à l'abus, au déni de justice, à l'arbitraire, à la faveur, au despotisme de certaines influences, à l'intrigue, au népotisme devenu forcément la règle en l'absence de toute règle; — c'est la science patiente et résolue, approfondissant les questions douteuses et arrivant à leur solution utile; — c'est le savoir s'élançant avec hardiesse hors du cercle circonscrit où les idées ont été retenues jusque-là; — c'est le triomphe des saines doctrines, long-temps incomprises; — c'est l'activité intelligente, le travail consciencieux, le progrès, le mouvement en opposition vive et permanente avec ce penchant si naturel à l'homme de dériver au courant de la routine, tant qu'on ne l'oblige pas à secouer la couche épaisse des habitudes régnantes ; — c'est l'alliance de la science et du métier, de la théorie et de la pratique ; — c'est l'art aux prises avec la nature, et lui dérobant chaque jour quelques uns de ses secrets ; — c'est la difficulté, oui ; mais la difficulté fait la force, — l'obstacle est toujours généreux.

Ainsi appuyée, l'institution devait paraître bien assise et promettait de porter de bons fruits. Avec des hommes imbus des mêmes idées, nourris des mêmes doctrines, puissants à les appliquer et à les défendre, formant un corps homogène, les haras devenaient inattaquables.

Autrefois, au temps où il y avait une équitation, au temps où l'art de l'écuyer était à lui seul une académie, où l'éducation n'était complète qu'autant qu'on avait passé par les manéges, où le goût et la connaissance du cheval entraient dans toutes les têtes par besoin, par nécessité, puisque l'usage du cheval monté était la conséquence d'un ordre de civilisation particulier ; en ce temps-là, les haras étaient du domaine exclusif de l'écuyer, la production se trouvait en ses mains ; elle y était judicieuse et rationnelle, puisqu'il savait approprier les différentes races aux besoins divers de l'époque. L'équitation alors allait se perfectionnant toujours, c'est-à-dire se modifiant elle-même et se transformant selon les idées, comme elle modifiait et transformait l'espèce chevaline par des accouplements variés et par une éducation nouvelle. Elle était alors dans son apogée.

Mais ces temps sont loin, bien loin de nous. Nous n'avons pas à dire ici comment tout cela disparut, comment l'équitation perdit toute son importance ; comment la science, attardée faute d'adeptes, fut bientôt oubliée, comment la production se trouva livrée à l'ignorance et à l'incurie, comment d'aristocrate le cheval devint peuple, comment il dépouilla toutes les richesses du luxe pour revêtir la livrée de la misère. A cette époque, y avait-il donc un enseignement spécial, une école?

Certes, il y en avait. Eh ! qu'étaient donc les manéges ? A quoi servaient les nombreux haras des grands tenanciers du sol, tous dirigés par des hommes de cheval formés à bonne école et transmettant à leur tour, par l'exemple et la parole, les connaissances que d'autres leur avaient léguées ? N'était-ce pas un large et puissant enseignement que celui-là ?

Plus tard, en 1806, l'Empereur recueillit de toute cette splendeur ce qui avait échappé au naufrage des temps. « Il composa le personnel de la nouvelle administration avec d'anciens officiers de cavalerie, sortant du manége de Versailles, avec d'anciens écuyers de Louis XVI, et enfin avec des hommes connus pour avoir fait des études spéciales dans cette partie (1). » Il compléta l'œuvre en créant le manége des pages, et en réorganisant et subventionnant plusieurs écoles d'équitation. Sous cet ordre de choses, on ne sentait pas encore le besoin d'un enseignement spécial pour les haras ; les manéges et l'équitation pouvaient fournir aux haras leur personnel. Cependant, Napoléon avait décrété l'organisation de deux écoles d'expérience destinées à rappeler et à fonder la science de la production du cheval sur des principes certains. On reconnaissait déjà une lacune. La création du cheval n'était plus aux mains des hommes expérimentés de l'autre siècle.

La Restauration vint ; elle continua languissamment le passé, elle reconstitua le manége du roi à Versailles, mais seulement sur l'*Almanach royal*, dit M. d'Aure, et, quelques années après, les chambres refusèrent toute allocation, toute subvention aux écoles d'équitation. Elles furent donc supprimées.

« Alors les officiers de cavalerie, dont la position offrait, par son prestige, certaines garanties de capacité, furent seuls appelés, dans la suite, à renouveler le personnel des haras ; mais il ne suffit pas d'avoir été officier dans la cavalerie pour bien remplir cette mission, il faut avoir fait certaines études qu'on ne peut pas plus entreprendre dans une garnison que sur un

(1) *De l'industrie chevaline en France*, par **M.** le vicomte d'Aure.

champ de bataille. L'homme qui embrasse la carrière des armes a, dans l'intérêt de son avenir, d'autres travaux à suivre ; il est essentiel, sans doute, qu'il connaisse un cheval ; mais cette étude est pour lui d'un intérêt secondaire, et rarement il l'entreprend de manière à devenir *un bon officier des haras*. L'Empire a justifié cette observation.

« A mesure que l'influence militaire s'est perdue, en l'absence d'un établissement destiné à former des sujets spéciaux, le personnel des haras a présenté moins de garanties encore. N'ayant aucun cadre pour circonscrire ses choix, la faveur s'est donné carrière ; elle a imposé et pris au hasard, sans chercher dans les antécédents des candidats et des élus aucune garantie de capacité (1) ».

Voilà bien l'utilité d'une école établie, démontrée, — par l'insuffisance des officiers de cavalerie, — et par la nécessité de donner au ministre les moyens d'écarter les candidats imposés, puisque de fortes influences parvenaient à les faire admettre sans conditions, sans antécédents, sans garantie de capacité ou même d'aptitude à acquérir soit par l'étude, soit par la pratique.

Et pourtant tout le monde est d'accord sur ce fait qu'il faut à l'homme des haras des connaissances spéciales et variées dont le programme est même passablement chargé.

L'administration ne se rendit pas encore. C'était chose considérable, en effet, que la création d'une école. Elle en recula l'époque, tout en admettant son principe. Elle essaya d'un autre mode de recrutement ; elle plaça dans ses principaux établissements, et sous le titre de surveillants, des jeunes gens susceptibles de se former aux exigences de la carrière et de devenir des hommes utiles à la spécialité des haras. Cette institution fut bien entendue, mais elle n'opposa qu'une barrière impuissante aux inconvénients que l'on voulait éviter. On n'eut pas seulement des surveillants, il fallut nommer des surveil-

(1) M. d'Aure, *loc. cit.*

lants surnuméraires, puis des aspirants à ce dernier titre. Les choses allaient si bien, les députés aidant, que les aspirants eussent été bientôt plus nombreux que les emplois dont l'administration des haras tout entière pouvait disposer. Il fallut renoncer à cet essai, qui trouva d'ailleurs ses critiques. « L'institution des surveillants existe dans des conditions impropres à former une pépinière de sujets capables : elle est beaucoup trop restreinte ; elle manque des ressources nécessaires pour donner aux jeunes gens l'éducation équestre et les connaissances du cheval qui leur sont nécessaires. Elle a les inconvénients d'une demi-mesure, elle doit forcément échouer (1). »

Que faire ? Il n'y avait plus à hésiter. Un enseignement spécial, une école des haras, devenaient le seul remède applicable. L'équitation ne fournit plus de sujets ; les hommes de cheval sont introuvables, ou à peu près, dans les cadres de la cavalerie ; Saumur est impuissante : il ne restait plus que la ressource d'une organisation toute spéciale. Elle fut décidée.

Maintenant, quel a été le programme de l'enseignement ?

1° Anatomie et physiologie comparées des différentes espèces d'animaux, en prenant le cheval et ses variétés de races pour type ;

2° Connaissance de l'extérieur du cheval, basée sur les données certaines de l'anatomie et de la physiologie ;

3° Notions de zoologie dans les rapports naturels de cette science avec l'étude du cheval ;

4° Physiologie végétale et botanique fourragère ;

5° Notions d'agriculture théorique et pratique dans l'application de l'art à la culture des animaux, et comptabilité agricole ;

6° Hygiène et éducation des animaux domestiques, avec le cheval pour point de départ ;

7° Science hippique proprement dite ;

(1) M. d'Aure, *loc. cit.*

8° Notions d'économie politique et de statistique générale raisonnée, appliquées à l'industrie de bétail ;

9° Administration des établissements hippiques ;

10° Equitation théorique et pratique ;

11° Cours de dressage théorique et pratique des chevaux à l'attelage, ou l'aurigie des anciens ;

12° Notions d'art vétérinaire ; connaissance des vices rédhibitoires du cheval ; éléments de jurisprudence équestre.

Et ces différents cours ne sont point isolés. Un enchaînement philosophique les réunit en un seul faisceau de connaissances variées, utiles, indispensables aujourd'hui dans la carrière ouverte à l'homme de cheval. Aussi, tous s'appuient et se protégent réciproquement, tous réfléchissent à leur tour la lumière ; tous appartiennent à la même idée, et forment une sorte de famille dont ils ne présentent isolément qu'un rameau dépendant du même tronc. Ils ne sauraient donc être faits ici comme ils le seraient ailleurs. Ils ont dû être refondus, si l'on peut dire, afin de se trouver ou à la hauteur ou à la portée d'une création nouvelle qui offrait des besoins particuliers, qui avait des exigences à part. Cela devenait ainsi une adaptation neuve des choses connues déjà, des applications toutes spéciales, des recherches faites dans un ordre d'idées tout différent, des découvertes nouvelles, des conquêtes incessantes qui devaient assurer un développement progressif à la science. Celle-ci, agrandissant ainsi chaque jour son domaine, ne doit-elle pas se montrer toujours jeune, toujours vivace, et poursuivant à travers les obstacles et les temps la série des transformations providentielles qu'éprouvent toutes choses ici-bas ?

Telle a été la pensée d'utilité grande, telles sont les considérations élevées qui ont présidé à la création et à l'organisation de l'Ecole des haras.

Cela n'empêche pas qu'elle ait été violemment attaquée. On lui reproche de coûter cher, de constituer un monopole au profit de quelques uns, de ne donner qu'un demi-savoir, d'être un abus enfin qu'il faut se hâter d'extirper.

Qu'y a-t-il de vrai dans ces reproches?

L'Ecole coûte cher... A son début, pendant les deux premières années de son existence, tant qu'on ne sortit pas, en ce qui la concerne, des sages limites posées par le règlement de 1840, le personnel enseignant, pris en dehors des officiers du haras du Pin, a coûté 6,000 fr. par an. A partir de **1843**, des modifications forcées furent introduites dans l'organisation primitive. Les dépenses s'élevèrent; le professorat seul prit jusqu'à **11,000** fr. ; le budget de l'Ecole atteignit le chiffre de **25,000** fr. C'était fort honnête assurément. La critique crut devoir y mettre du sien, elle alla jusqu'à 40,000 fr. au moins. L'ordre a modéré cette force d'expansion. L'Ecole ne manque de rien, l'enseignement y est complet, donné avec soin, avec entente. Les cours sont faits par sept professeurs dont deux seulement touchent un traitement spécial.

Le personnel du haras en fournit quatre, savoir :

Le directeur, — l'inspecteur particulier, — l'agent spécial, — le vétérinaire. Ces employés ajoutent à leurs travaux ordinaires ceux qui découlent de la position que leur fait l'Ecole.

L'administrateur de l'ancien domaine du haras appartient à l'agriculture. Il prête à l'Ecole son utile concours et paie son tribut à l'enseignement, sans rétribution spéciale.

Il n'y a de professeurs appointés que celui qui porte le nom de principal des études, et celui qui est chargé des cours d'équitation et de dressage. Nous avons déjà posé le chiffre de leurs émoluments, ils touchent ensemble 5,700 fr. Toutes dépenses réunies, l'Ecole n'a pas coûté 12.000 en 1847.

Voilà la vérité dans tout son jour. Surnumérariat peut-il être moins onéreux au budget?

L'école constitue un monopole, elle ne fait pas des hommes de cheval, elle est déjà un abus... «Abus de quoi? a-t-on déjà répondu. Une école ouverte à tous, où l'on n'est admis que sur examen, d'où l'on ne sort qu'après examen, n'est-elle pas, au contraire, la négation de tous les abus? L'école Polytechnique, l'école forestière, les écoles militaires, sont-elles des abus? Toute carrière n'a-t-elle pas besoin d'un enseignement spécial, et n'est-ce pas au contraire l'honneur d'une nation et de la civilisation d'exiger des gages positifs de science et de capacité de ses employés? »

Où voit-on le monopole? Le service des haras pas n'a besoin, année moyenne, de plus de deux à trois employés nouveaux. Pour trouver des hommes spéciaux, il crée un enseignement à part. Sans rien promettre à ceux qui consentent à s'y adonner, il leur donne une assurance, celle de ne point recruter son personnel en dehors de ceux qui auront suivi cet enseignement avec fruit pendant deux ans au moins; il leur donne une autre garantie encore, celle de nommer aux emplois vacants suivant l'ordre de classement obtenu aux examens de sortie. Où est le monopole? Où est l'abus? Mais vous ne faites que des demi-savants? s'exclame-t-on.

L'Ecole n'a point été instituée avec la pensée de former d'un seul jet des hommes de cheval complets. Aucune école ne saurait avoir la prétention de faire autre chose que des élèves. Celle des haras essaie les vocations, prépare et dégrossit, qu'on nous permette le mot, les jeunes gens qui aiment le cheval, qui veulent l'étudier, qui cherchent à le comprendre. Elle ouvre des intelligences, agrandit l'horizon, enseigne les principes élémentaires de science que la pratique et l'expérience sauront plus tard développer et féconder; elle donne enfin des notions d'administration spéciales, utiles dès le début dans la carrière des haras.

Certes, deux années d'études ne suffisent pas à faire un bon administrateur, un homme spécial instruit dans toutes les branches des connaissances hippiques, un dresseur habile, un écuyer consommé. Bien employées cependant, deux années sont un temps d'épreuves assez prolongé, un noviciat qui offre ses garanties et qui permet d'initier aux choses que doit apprendre et savoir un homme de haras. Il est d'ailleurs des sciences qu'on ne possède jamais à fond : celle du cheval est particulièrement dans ce cas. En sortant des mains de ses professeurs,

l'élève des haras n'est pas un officier très expérimenté, mais
il est préparé à le devenir. S'il entre dans l'administration,
il occupera des positions diverses ; il aura toute une série de
grades à conquérir avant d'être abandonné à ses propres forces, aux seules ressources de son savoir ; il acquerra chaque
jour, et deviendra par degré ce qu'on voudrait qu'il fût avant
d'être né.

Il n'y a point à justifier la fondation de l'Ecole des haras, elle n'inquiète qu'une sorte de gens qui s'ameutent contre elle et qu'il n'est pas nécessaire d'entendre dans leurs
plaintes. L'Ecole est une barrière infranchissable pour ceux
qui voudraient entrer de vive force dans les haras et par le
sommet. C'était ainsi autrefois. Il faut en convenir, c'était
commode. Mais quels résultats a donnés le personnel durant ces
longues années pendant lesquelles l'accès était facile pour tous
les réformateurs et tous les habiles !

Aussi bien est-ce trop nous arrêter sur ce point....

Nous glisserons plus rapidement sur ce qui nous reste à dire,
afin d'abréger, afin de ne pas dépasser notre cadre déjà assez
vaste.

7° PALEFRENIERS. — Le personnel des gagistes a toujours
été, dans les haras, l'objet de soins tout particuliers. Leur
choix appartient exclusivement aux directeurs, c'est une nécessité ; la responsabilité de ces officiers y est engagée. Le palefrenier des haras est traité comme un serviteur de l'Etat. C'est
un homme de confiance, qui a reçu quelque instruction première, que l'on n'admet qu'avec certaines garanties de probité et de savoir spécial. Il est soumis d'ailleurs, avant d'être
nommé, et comme simple journalier, à un surnumérariat pratique qui donne la mesure de son intelligence et fait connaître
son degré d'aptitude.

Des cours élémentaires sont faits chaque année aux palefreniers. Les vétérinaires savent mettre à leur portée l'enseignement si essentiel de l'hygiène. Ces hommes, fréquemment
livrés à eux-mêmes dans tous les mouvements de chevaux

que nécessite le service, apprennent à gouverner l'existence de chaque jour, à raisonner le régime habituel, à n'enfreindre aucune des lois de conservation auxquelles est attachée la santé des étalons. Les soins du corps, la propreté et la tenue convenable des écuries, l'administration judicieuse de la nourriture, la connaissance des bonnes et des mauvaises qualités de l'eau et des denrées alimentaires, la nécessité d'un exercice suffisant, des notions certaines sur le pied et la ferrure, sur les premiers signes de l'altération des grandes fonctions; l'utilité de certaines précautions commandées par l'acte de l'accouplement, l'étude de l'extérieur, deviennent le sujet de leçons intéressantes. Ce sont des germes qui se développent sans fatigue, qui offrent même un certain attrait pour la plupart, et dont le service entier tire de réels avantages.

Les officiers travaillent à donner une autre nature d'instruction. Ils sont le dresseur intelligent, le cavalier passable, le cocher; ils forment l'homme de cheval pratique et le bon palefrenier de haras. Celui-ci a appris à connaître les formes dans le cours d'extérieur : il saura faire la part des beautés et des imperfections; les tares et les maladies externes lui deviendront familières. Il appliquera ces notions à l'art de l'appareillement et des croisements. Il entendra assez l'élève du poulain pour donner d'utiles conseils à certains éleveurs; il fera dans sa sphère, par la tournure même et la vulgarité de son langage, autant de bien qu'il lui sera donné d'en produire. Il deviendra un instrument de propagande d'idées plus rationnelles que celles qui ont généralement cours parmi les petits producteurs.

8º MATÉRIEL DES ÉTABLISSEMENTS. — Nous ferons l'histoire des établissements au point de vue de leur utilité, de l'influence qu'ils ont exercée et qu'ils sont peut-être destinés encore à avoir sur la production et l'amélioration du cheval. Nous ne voulons, en ce moment, que constater leur situation matérielle.

En 1806, les établissements occupés autrefois par les haras furent rendus à leur ancienne destination ; c'était le très petit nombre. D'autres, plus considérables, furent affectés au nouveau service : c'étaient de vieux bâtiments, mal appropriés à la circonstance. Mais dans tous les temps la nécessité a fait loi. d'ailleurs, à cette époque, il faut le dire, on était moins exigeant qu'aujourd'hui.

En s'installant, l'administration de 1806 fut donc bien plus préoccupée du soin de réunir un grand nombre d'étalons que du besoin qu'ils auraient eu d'être convenablement casés, soit dans les dépôts, soit surtout dans les stations. Mais tant va la cruche à l'eau qu'à la finelle se brise. Tous ces vieux bâtiments ne se sont pas rajeunis en prenant des années. Il en est qu'il a fallu relever ; on s'est contenté de consolider les autres ; il en est aussi dont le tour arrive.

Cette situation a pesé et pèsera encore sur le budget des haras ; d'ailleurs, rien n'est plus onéreux qu'une écurie habitée par des étalons.

Cependant, voyons les conditions actuelles ; elles ne sont en rien comparables à celles d'autrefois.

Sur 23 établissements, — 15 sont presque neufs, — 2 sont à l'état de réparations considérables, — 5 doivent être prochainement restaurés et nécessiteront des frais considérables, — un vingt-quatrième est en construction au compte de la ville de Saintes et du département de la Charente-Inférieure ; — le dépôt de Paris, enfin, est très convenablement aménagé pour la station permanente qu'on y a établie et le séjour temporaire des chevaux de la remonte annuelle.

Si nous entrons dans ces détails, c'est que l'administration est presque à la veille de déposer son bilan. Cet article sur le matériel se ressent un peu de la position qui est faite aux haras. Qu'ils soient conservés ou qu'ils disparaissent, qu'on les fonde dans un autre service pour les engloutir, ou qu'on les maintienne à l'état d'administration distincte, la préoccupation est pendante et doit prendre date dans leur histoire.

On saura donc, quoi qu'il arrive, qu'en 1848 leur matériel était dans une situation convenable et en voie de devenir complétement satisfaisante.

Cette observation s'applique à tout ce que possèdent les haras. Chaque établissement a sa forge meublée, ses magasins bien pourvus, sa sellerie modeste, mais propre et se renouvelant avec régularité, ses archives bien tenues, sa marche bien arrêtée. L'ordre et l'économie sont partout.

A l'extérieur, un égal progrès peut être signalé. A très peu d'exceptions près, toutes les stations offrent — une écurie convenable, une cour commode pour le service de la monte.

L'administration a voulu que chacun de ces petits centres, fréquentés par tous les cultivateurs du voisinage, pussent servir de modèle de construction, d'arrangement et de tenue. Beaucoup de simplicité, aucun luxe, mais de l'ordre et de la propreté en tout. Il est rare que les établissements nouveaux, que les écuries qui se bâtissent depuis un certain nombre d'années, n'empruntent pas quelque chose aux dimensions et aux dispositions adoptées dans les écuries construites en vue du logement des étalons dans les nombreuses stations de nos dépôts. Cette nature de service, pour n'être ni éclatante ni bien appréciée, n'en est pas moins réelle et importante. Elle exerce sa part d'influence sur la condition générale des chevaux et même du bétail entier. Pour être lente dans sa marche, cette amélioration n'en est pas moins utile et certaine. Si modeste qu'elle soit, il devait nous être permis de la signaler, car elle sera féconde en bons résultats.

XXVI. — PRINCIPAUX ACTES ET TRAVAUX DE L'ADMINISTRATION EN 1846 ET 1847.

Qu'on me pardonne ce chapitre; il sera le compte-rendu de ma gestion. Nommé aux fonctions de sous-directeur des haras, le 1er juin 1846, je dois dire comment j'avais compris ma mission, ce que j'ai tenté pour la remplir.

Le passé m'était connu; je savais les exigences de la situation; j'avais pu reconnaître tous les écueils contre lesquels mes forces et mes efforts auraient à lutter; je ne m'étais dissimulé aucune des difficultés qui s'élèveraient à mon approche........ Qu'on me croie, je suis sincère, je n'ai eu aucune illusion. J'ai accepté à regret, forcé par les circonstances, et bien certain à l'avance que j'échangeais, sans compensation possible, même dans l'avenir, des avantages chèrement achetés, mais acquis, contre tous les inconvénients d'une position incertaine et toujours tourmentée. Je ne l'aurais point recherchée, j'aurais été heureux de m'y soustraire : je n'ai pu la refuser.

Quoi qu'il en soit, voyons ce que j'ai fait. On ne me reprochera pas de parler à la première personne. Un sentiment de convenance, que tout le monde appréciera, m'empêchera de dire comment certaines mesures utiles ont avorté pour n'avoir pas été comprises. Les améliorations sont lentes à se produire, plus lentes encore à réaliser. Il n'y a pas toujours justice à accuser les chefs d'administration. Beaucoup d'obstacles pèsent sur eux. La puissance du veto ne l'emporte que trop sur la force d'expansion, laquelle a sa source dans l'esprit d'initiative. L'iniative appartient aux chefs d'administration; le veto est dans une volonté supérieure et sans appel. Que de propositions sont ainsi enterrées, que d'études restent sans application !.....

Notre tâche était double. La question chevaline se présentait à nous sous deux aspects bien distincts. Il y avait de certaines réformes à faire dans le service, dans l'administration même des établissements; il y avait aussi à donner satisfaction à de certaines exigences de l'industrie privée. Notre attention s'est portée tout à la fois sur l'un et l'autre points.

En ce qui concerne les réformes d'intérieur, elles se sont opérées sans secousse, et pourtant avec promptitude et fermeté. Le service des établissements a été régularisé à ce point que, sans souffrances, il a pu demander au trésor, pour chacun des exercices 1847 et 1848, cent mille francs de moins qu'il ne lui eût pris si les dépenses eussent été ordonnées sur le même pied que précédemment.

En 1846, les dépôts plaçaient en monte 1,169 étalons; ils en possédaient 1,230 en 1848 : — augmentation, 61, non compris la concession temporaire de quelques animaux venant du haras de la ménagerie, à Versailles.

Les trois réformes prononcées après la monte de 1846, 1847 et 1848, ont éloigné 327 têtes qui ont été remplacées par les remontes effectuées en 1847 et 1848. Une somme de 947,000 fr. a été consacrée aux achats dans ces deux années seulement. C'est à la remonte de 1849 qu'il appartiendra de remplir les vides creusés par la dernière réforme. La chose sera facile : l'année est bonne.

Quelques étalons précieux ont été achetés en Angleterre. Nous avions recueilli de précieux renseignements sur la possibilité de faire de bonnes acquisitions en Orient et obtenu la promesse qu'une expédition en Syrie aurait lieu en 1849. Les besoins du midi ne nous avaient pas moins préoccupé que ceux des autres parties de la France; mais l'insuffisance des crédits avait élevé tout d'abord au devant de nos vues un invincible obstacle.

C'est dans les détails que nous avons apporté une sévère économie, que nous avons trouvé des retranchements à faire dans les dépenses. Nous qui avions passé par tous les grades et qui, par conséquent, nous étions trouvé aux prises avec la pratique dans des situations très diverses, nous pouvions plus qu'un autre, sous ce rapport. Nous n'avons point hésité.

Bien qu'il soit beaucoup mieux rétribué que précédemment, le personnel des officiers ne coûte pas plus en 1848 que dans les exercices antérieurs, sous l'influence de l'ancienne organisation. Celle-ci avait laissé la porte ouverte à beaucoup d'excroissances que des circonstances, favorables d'ailleurs, ont permis d'extirper. Le public n'est pas assez dans la confidence des bonnes mesures que prend l'administration des haras, il garde trop présent, au contraire, le souvenir de celles qui, avec le temps, ont pu dégénérer en abus. Ce souvenir finit par fausser l'opinion, souvent aussi il la rend méfiante et partiale. Mais qu'on examine avec soin le tableau du personnel ; qu'on se rende compte des exigences du service et qu'on dise s'il y a superfétation , abus quelque part.

Puisque nous en sommes sur ce chapitre, disons tout de suite que nous avons imposé des travaux utiles aux officiers ; que, dans cette répartition , chacun a eu sa part de labeur, sa tâche à remplir. Tous ont répondu à l'appel. Les premières questions traitées se ressentaient un peu de l'improviste ; les rapports qui ont suivi ont présenté des observations plus sûres, des idées plus nettes, des études plus approfondies. C'est alors que des instructions ont été données pour que la statistique particulière à la circonscription de chaque établissement fût recommencée avec soin , élaborée dans un esprit de vérité et d'exactitude inattaquable, poursuivie sans relâche jusqu'à complet achèvement. C'est là sans doute un travail hérissé de difficultés, mais plein d'utilité et d'actualité. Dans notre pensée, d'ailleurs, il devrait se rectifier tous les cinq ans et indiquer, par comparaison, les diverses oscillations de la production et du commerce.

Tous ces matériaux, rédigés sur un même plan et dans un même esprit, devaient nous fournir les éléments d'une statistique générale raisonnée ; nous aurions sollicité ensuite la publication du travail de tous, résumé par un seul.

Dans une organisation réfléchie tout se tient et s'enchaîne. Les travaux que nous demandions aux directeurs des établissements ne sont pas de ceux qui s'improvisent. Ils exigent, au contraire , une connaissance bien acquise des lieux et de toutes les habitudes agricoles ou commerciales des habitants. Il était donc logique de proposer et de faire admettre le principe de l'avancement sur place, le seul fécond assurément dans une œuvre de temps et d'études persévérantes. Nous ne disons pas ce qu'il nous a fallu dépenser d'efforts et perdre d'heures en discussions oiseuses pour obtenir ce résultat si mince. Cependant, quoi de plus simple et de plus rationnel que de ne pas enchaîner sa liberté, de conserver toute son indépendance dans

dans une pareille question, — l'avancement? Il est évident que la classe attachée au dépôt même n'offrait et ne pouvait offrir que des inconvénients, tandis qu'il n'y avait que des avantages dans le système des classes accordées au travail, aux services rendus, dans l'avancement donné avec ou sans déplacement, suivant les circonstances.

On avait reproché avec raison aux haras de ne rien entreprendre dans un esprit de suite, nous voulions faire tomber ce reproche et nous y serions parvenus. Nous voulions exposer les faits, les mettre à la portée de tous et forcer à les apprécier plus sainement. Nous nous étions flatté d'arriver par cette voie à une trève nécessaire, à une suspension désirable des hostilités. C'est à l'étude que nous désirions que l'on s'attachât pour obtenir la solution pratique des divers problèmes posés de part et d'autre. La science nous semblait devoir être interrogée, car seule elle peut éclairer la route. Nous entendons par science — un composé rationnel de saine théorie et de pratique judicieuse, et non ces produits étranges de l'imagination qui ne crée que de faux systèmes. Pour nous, la bonne science est celle qui voit et découvre la nature telle qu'elle est, celle qui ne conseille rien au delà de ce qui n'est pas immédiatement utile et praticable.

C'est dans cette voie et vers ce but que nous nous sommes efforcé de diriger l'enseignement qui se donne à l'École spéciale des haras. En l'assurant, nous l'avons complété ; des études mieux suivies, plus fortes, ont donné des sujets plus capables. L'expérience, que l'on dit à bon droit fille de l'observation, se chargera de confirmer une aptitude constatée par des épreuves sévères.

Nous nous étions fait une loi de répondre à tous les rapports adressés à l'administration supérieure. Ces réponses étaient autant de preuves d'intérêt données aux auteurs. Le ministre, suivant les cas, encourageait ou redressait, approuvait ou infirmait. Les officiers devaient puiser dans cet échange d'idées, dans le contrôle et l'examen sérieux de leurs travaux, une connaissance plus complète, plus exacte, des théories et des vues de l'administration ; celle-ci, à son tour, savait mieux ce qu'avaient fait ou ce que se proposaient de faire ses agents. De part et d'autre, il devait y avoir plus de certitude et de fixité. L'autorité donnant l'impulsion, mieux éclairée sur les tendances de chacun, pouvait les diriger en connaissance de cause, et ne courait plus les risques de se briser contre une pratique mal combinée ou résultant d'instructions insuffisantes ou incomprises. Il y avait dans cette manière de procéder, si nous ne sommes pas dans l'erreur, un lien puissant entre le chef de l'administration et les intelligences dont il devait tirer parti; il y avait là une force considérable, accrue par l'unité qui rattache les membres au corps et le corps à la tête, qui fait de ces parties éparses un tout solide et puissant.

Nous n'écrivons pas, nous racontons. Il doit y avoir par conséquent un certain décousu dans les phrases qui se succèdent ici. — On nous le pardonnera. Nous serons aussi court que possible.

Nous ne saurions pourtant passer sous silence les instructions données aux directeurs en ce qui touche l'établissement des stations. C'est un point capital.

Nous avons dit : Aucune concurrence à l'industrie des étalonniers; et nos recommandations peuvent se résumer en ces quelques mots :

Le placement des stations ne doit avoir rien de définitif. S'il faut être en garde contre l'instabilité, il faut éviter aussi avec un soin égal de demeurer sans utilité sur un point stérile. L'administration supplée à l'insuffisance des particuliers, elle les remplace partout où il ne leur convient pas de s'établir, elle les aide toujours par une voie quelconque : elle ne saurait donc jamais leur être un obstacle. Voilà le principe. Aucune proposition contraire ne doit se produire, aucune mesure ne doit être arrêtée qui viendrait en opposition avec cette règle absolue.

Et les faits ont suivi de près les recommandations. Un certain nombre de stations ont été déplacées, d'autres ont été af-

faiblies qui pouvaient nuire au succès de quelques étalons particuliers. Les étalonniers, enfin, ont été invités à réclamer
toutes les fois que les stations posées par l'administration gêneraient leur action, leur industrie; leurs réclamations ont toujours été entendues quand la volonté même du pays n'y a pas
fait opposition formelle. Quant au prix de la saillie, il a été
partout fixé en raison des situations diverses. Dans les contrées
riches, un prix autant élevé que possible, afin de favoriser les
spéculations privées sans nuire en rien aux intérêts du trésor;
dans les localités pauvres, au contraire, une rétribution autant réduite que possible, afin de ne pas ajouter aux charges
déjà si lourdes de la propriété, et de favoriser la production
du cheval, qui est un autre intérêt du pays. Inutile de dire
que dans les départements pauvres l'industrie de l'étalonnage
est chose complétement inconnue; nulle part, l'administration n'y rencontre cette spéculation et n'a à s'en préoccuper.

Les vœux émis par les conseils généraux ont été aussi l'objet
d'études très suivies et l'occasion d'une correspondance utile,
croyons-nous, s'il est permis de la continuer. L'examen attentif et comparé des délibérations de ces conseils montre une
grande diversité de vues, une extrême mobilité dans les systèmes; il prouve bien la nécessité d'en venir à quelque chose de
sérieux et de mieux élaboré; il témoigne des difficultés et des
obstacles que l'on rencontre à chaque pas dans la pratique.

Il y a de bonnes inspirations à prendre dans cette mêlée. Ce
va-et-vient perpétuel de faits divers, de vues divergentes et de
votes qui créent, détruisent et cherchent toujours à mieux faire
sans y parvenir jamais complétement, ce tohu-bohu du oui et
du non qui se renouvelle chaque année, soulèvent bien des questions de principes. On peut, en les traitant une à une, sans
s'écarter de l'intérêt local, réussir à faire prévaloir les saines
idées d'économie publique ou d'améliorations spéciales; on peut,
en redressant des projets qui ne sont point nés viables, donner
une meilleure direction à des volontés qui s'égarent et préparer le terrain pour une utile semaille.

On entrevoit tout le bien qui peut ressortir d'un examen bienveillant des délibérations des conseils généraux. Il peut devenir la source féconde d'un progrès toujours renouvelé.

Nous avions eu la même pensée et la même manière d'agir à l'égard des diverses sociétés hippiques qui se sont formées depuis quelques années en France. Loin de les laisser isolées, nous voulions les réunir par un lien commun, les acheminer toutes, quoique souvent par des voies différentes, vers un seul et même point. Nous serions arrivé à nos fins. De bonnes relations s'étaient promptement établies, aucune société n'avait re poussé le concours des haras, toutes l'avaient accepté avec em pressement. Nous attendions beaucoup de cette communauté d'efforts. Sans rien imposer aux sociétés d'encouragement, nous les amenions à goûter et à suivre nos conseils. Les résultats ne pouvaient qu'être favorables au but même de chaque société : ils devaient tourner à l'avantage de l'industrie chevaline.

Toutes ces sociétés étaient autant de forces parallèles à l'action indirecte exercée par les haras. Notre ambition était légitime à leur égard; nous voulions stimuler, tenir constamment éveillé leur zèle, et faire qu'un jour leurs ressources réunies pussent doubler ou tripler l'importance du budget de l'administration. Quatre, cinq ou six millions, judicieusement appliqués à la production et à l'éducation de nos races chevalines, eussent exercé une puissante influence sur le développement de la richesse publique.

Il ne faut point oublier que notre population chevaline représente un capital considérable, et que la moindre amélioration individuelle, si elle se trouvait généralisée à toutes les naissances, accroîtrait ce capital dans une immense proportion.

C'est ainsi que nous avions compris notre action sur les conseils généraux et sur les sociétés hippiques.

Depuis long-temps les remontes étaient en guerre ouverte avec les haras : c'était un scandale pour le pays. L'attaque était partie à diverses reprises de l'administration militaire : l'ad -

ministration civile n'a jamais commencé les hostilités; elle s'est bornée à se défendre. Provoquée à outrance, elle a riposté avec vigueur; les coups ont été mesurés à la violence même de ceux qu'on cherchait à faire tomber sur elle. A ce compte, tout le monde se déconsidérait, et l'industrie n'y pouvait rien gagner. La force était tout entière aux mains de l'acheteur. Or, l'acheteur est tout-puissant; il fait à son gré le bien ou le mal, la pluie ou le beau temps. — La pluie! c'est la langueur dans les achats, avec ses prix insuffisants et mille difficultés de détail qui ruinent l'éleveur, en ralentissant la production; c'est l'affaiblissement des ressources dont le pays peut avoir besoin tout à coup, et sa dépendance de l'étranger. — Le beau temps! c'est le bon vouloir, les conseils judicieux, l'encouragement, sous forme d'écus, versé à pleines mains dans les poches de tous; l'excitation raisonnée de l'intérêt, enfin des vues incessamment progressives, qui doublent les forces en activant les opérations de l'industrie; c'est l'honneur de l'agriculture et quelque peu sa prospérité, c'est l'indépendance nationale.

Lorsque nous avions envisagé la question sous ces deux aspects, il nous était facile de repousser les suggestions de l'amour-propre et de tenter, — le premier, — un rapprochement sincère entre les deux services. Le jour où la remonte et les haras se donneront loyalement la main pour marcher de conserve dans l'intérêt du pays, la production chevaline sera suffisante, forte et prospère. Elle rendra au spéculateur tout ce qu'il a droit d'en espérer: ses prétentions ne vont pas au delà; elle donnera à tous nos besoins, à toutes nos exigences, si multipliés soient-ils, la satisfaction qu'ils réclament et qu'ils doivent en attendre.

Nous devons le dire, ici nos efforts ont échoué, nos avances n'ont point été comprises. On aura pris le change sur le motif qui nous avait déterminé. Quoi qu'il en soit, nous sommes resté convaincu que, de ce côté, il n'y avait point d'entente possible; que le feu des vieilles querelles couvait toujours aussi vif sous la cendre jetée par dessus par les votes du parlement.

L'occasion de reprendre les hostilités était impatiemment atten-
due. C'était une trève forcée que l'on saurait bien rompre dès
que le moment paraîtrait favorable ; on préparait les armes, afin
d'être toujours prêt. Telle était la situation. Nous ne pouvions
insister. Nous avons fait retraite et nous observions avec soin
les mouvements de l'ennemi, car nous n'entendions pas nous
livrer sans défense. Nous verrons bientôt comment les remontes
sont revenues à la charge, et avec quel empressement et quelle
ardeur elles ont cherché à répandre l'alarme dans le pays.

Passons à un autre ordre d'idées et de faits.

L'une des parties les plus essentielles du service des haras
donnait lieu, depuis plusieurs années, à de nombreuses plaintes
et à des réclamations très vives. La vente des étalons était une
source d'inquiétudes, l'occasion de fausses démarches pour l'é-
leveur ; l'acquisition de ces animaux offrait mille difficultés de
détails indignes d'une administration supérieure ; la remonte
des établissements était une sorte de cauchemar pour celui qui
en était chargé.

La Normandie jetait les hauts cris ; elle pétitionnait pour que
le système des achats fût radicalement changé. Elle demandait... — n'importe quoi, — pourvu que l'arbitraire cessât,
pourvu que tous les éleveurs ne restassent pas soumis à la volonté plus encore qu'au savoir d'un seul. La position de l'acheteur était étrange. Cet agent n'avait qu'une responsabilité illusoire. En butte à tous les soupçons par cela seul qu'aucune règle
ne déterminait ses faits et gestes, il ne couvrait pas l'administration. Tous les reproches qui, à tort ou à raison, s'adressaient
à ses actes, remontaient le courant au lieu de s'arrêter à lui,
et venaient frapper en plein sur le directeur même du service.

Les choses ne pouvaient demeurer en l'état.

La question des achats obtint donc et tout d'abord notre attention. Elle fut mûrement examinée, scrupuleusement étudiée.
Elle est complexe ; elle tient étroitement à tous les points du
service. D'elle peut dépendre en partie le succès ou l'insuccès
de l'administration. Elle touche à la théorie et à la pratique des

haras; par le métier elle les relie l'une à l'autre. C'est une question de théorie lorsqu'elle décide des races qui doivent fournir leurs éléments les plus précieux à la production améliorée; c'est une question de pratique, à part le savoir nécessaire pour bien choisir les sujets, lorsqu'elle détermine l'industrie à prendre telle ou telle direction, à suivre telle ou telle voie, à adopter telle ou telle méthode. C'est enfin une question d'économie publique lorsqu'elle empêche la production de s'égarer, quand elle l'éclaire et sait la contenir en de justes limites.

On sait comment l'élevage de l'étalon a pris en Normandie un grand développement, un développement hors de toutes proportions. Alors qu'en tout état de cause les reproducteurs vraiment capables ne sont et ne peuvent être que l'exception dans les races, mieux que cela, dans l'espèce, ils étaient devenus la règle générale, le fait dominant en Normandie. Et comme le mauvais exemple est par-dessus tout contagieux, la prétention d'élever des pères gagnait d'autres contrées et poussait vigoureusement dans quelques localités où l'on ne se doute guère de la perfection que doit atteindre une race avant de pouvoir être utilement employée à la reproduction ou au croisement des autres races.

Au point de vue des intérêts de l'industrie, le premier côté de la question était donc une appréciation économique. Il s'agissait, tout d'abord, de déterminer le nombre d'étalons nécessaires à la remonte annuelle des haras; la race venait après, et en dernier lieu les conditions à remplir pour arriver à la vente.

La statistique combinée des pertes par la mortalité ou par les besoins de la réforme porte l'importance des achats à faire annuellement au dixième de l'effectif.

L'effectif fixé par les lois de finances étant de 1,200 étalons, c'étaient 120 étalons à acheter chaque année.

Etant donnée la somme des besoins, il y avait plusieurs parts à faire quant à l'espèce des étalons. Tous ne pouvaient provenir de la même souche. L'industrie devait être fixée sur l'importance même du débouché.

En fait, nous avons posé que les exigences de l'amélioration ne permettaient pas de s'en tenir aux reproducteurs nés en France; qu'elles impliquaient, au contraire, la nécessité de recourir pour quelques sujets d'élite aux ressources précieuses que peuvent nous offrir et les bonnes races orientales, et la race de pur sang anglais, ou même, et par exception bien entendu, sa dérivée, — la race de demi-sang anglais. Mais cette partie de la remonte devait être très limitée. Dans notre pensée, elle ne pouvait atteindre au delà du septième ou du huitième. Nous comptions prendre le reste en France parmi les animaux de même sang les mieux doués. De là, l'article 7 de l'arrêté du 30 septembre 1846, ainsi conçu :

« Les achats ne comprendront que des étalons de pur sang arabe ou anglais, et des étalons de trois quarts ou de demi-sang, issus de l'une ou de l'autre race.

» Ils s'effectueront indistinctement dans toutes les parties de la France pour les animaux qui y seront nés.

» Les acquisitions d'étalons étrangers ne porteront que sur des animaux nés en Orient ou en Angleterre, et réunissant les mêmes conditions que celles qui déterminent les achats de chevaux nés en France ».

Le développement pratique de cette partie fondamentale de l'arrêté se trouvait dans les opérations mêmes de la remonte. Il ne fallait pas laisser élever à la condition de cheval entier, une foule d'animaux qui ne pouvaient pas devenir des reproducteurs utiles. Des instructions furent adressées à tous les chefs d'établissement, qui appelaient leur attention très spéciale sur ce point et leur recommandaient avec un soin tout particulier de ne pas faire naître de fausses espérances dans l'esprit de l'éleveur. Loin de l'exciter à garder, en vue de la vente aux haras, un poulain médiocrement né, qui devait être médiocrement et néanmoins chèrement élevé, on devait pousser à la castration précoce et faire ainsi entrer dans la classe des chevaux

20

de service, dont l'éducation est plus facile et moins coûteuse, une foule de produits qui, jusque là, se trouvaient détournés de leur véritable destination pour ne réaliser, au lieu d'un bénéfice raisonnable, que des pertes entées sur des déceptions.

La mesure fut complétée, en ce qui concerne la Normandie et le midi de la France.

En Normandie, il fallait contenir l'élevage ; dans le Midi, il y avait lieu à le développer davantage.

Une tournée préparatoire, toute officieuse, faite au printemps par le préposé aux remontes chargé des achats en Normandie, devait éclairer les propriétaires sur le mérite réel de leurs produits et les engager, suivant l'occurrence, soit à les traiter d'une manière plus rationnelle, soit à renoncer à l'espoir de la vente aux haras. Ces conseils, donnés avec l'autorité du savoir, ont déjà produit les meilleurs résultats. Beaucoup de poulains ont été remis aux mains de l'opérateur et ne seront point inutilement élevés en vue de la reproduction.

La plaine de Tarbes, a-t-on dit souvent, est l'Arabie de la France. Pour nous, ce n'était point assez, nous voulions en faire la Normandie du midi, c'est-à-dire la pépinière par excellence des étalons nécessaires à la remonte des dépôts de nos départements méridionaux.

L'un des préposés aux remontes avait pour mission, en parcourant la plaine de Tarbes et ses environs, d'y faire naître des espérances. Il devait expliquer à l'industrie les intentions formelles de l'administration et l'engager à élever, suivant de saines méthodes, les poulains les plus remarquables à la fois par leur structure et leur bonne filiation.

Les belles juments de la plaine de Tarbes, alliées avec les étalons de tête du dépôt de la métropole sont de celles dont on pourrait dire que *leur ventre est un trésor :* il ne manque à leurs produits qu'un éleveur, ou plutôt un spéculateur intelligent. J'avais l'espoir fondé, je crois, que les vues de l'administration feraient naître, — ici ou là, — la spéculation de l'élevage judicieux, éclairé, du poulain bien choisi, et que cette industrie saurait l'amener aux conditions de force et d'ampleur nécessitées par les besoins de l'époque. Nous pensions qu'une éducation bien entendue ajouterait au mérite réel de la race, et que nous pourrions donner avant peu au midi de la France le reproducteur qu'il réclame, c'est-à-dire un étalon de taille, ample, étoffé, bien pris dans toutes ses proportions, et cependant d'origine orientale.

Nous voulions faire dans le Midi ce que M. Dittmer était parvenu à faire en Normandie, et c'est pour cela que nous disions : Amener la plaine de Tarbes à jouer, dans la remonte des dépôts de nos départements méridionaux, le rôle que remplit la Normandie eu égard aux autres parties de la France. Quelques années devaient suffire à la tâche. Aujourd'hui il est moins facile de lire dans l'avenir. Nous n'en croyons pas moins notre pensée juste et féconde. Nous pourrons la développer ailleurs. A côté de la donnée économique, il y a une question de science qui ne serait point à sa place dans ce chapitre.

Cependant, ce n'était point assez de faire élection de domicile en quelque sorte au sein des contrées les plus favorisées et de les désigner plus spécialement à la spéculation de l'élevage du reproducteur utile à d'autres localités, il fallait faire ses conditions, afin que les étalons achetés offrissent toutes les garanties d'utilité désirables. Ces conditions ont été posées dans les art. 6 et 5 de l'arrêté ministériel.

« Art. 5. — A partir du 1er janvier 1848, aucun étalon ne sera acheté par les haras, s'il n'a été éprouvé en concours publics, soit dans des courses générales, soit dans des luttes particulières ouvertes à cet effet et jugées par une commission de cinq membres nommés par le ministre et présidée par le préfet ou le sous-préfet.

» Les conditions d'essai comprendront les courses au trot sous le cavalier ou à la guide, les courses plates au galop, ou même des courses au galop avec obstacles.

» Art. 6. — Les préposés aux remontes feront porter les achats sur les chevaux qui auront montré de bonnes et solides qualités pendant l'épreuve. Celle-ci n'est qu'un moyen employé pour les bien apprécier.

» D'ailleurs, pour être achetés, les chevaux devront réunir les trois conditions ci-après : — la bonne origine, tant du côté du père que du côté de la mère, — authentiquement constatée ; — la bonne et régulière conformation ; — le mérite éprouvé ».

Ainsi déterminées dans leur action, l'industrie ne pouvait faire fausse route, — et l'administration ne devait point introduire dans les établissements de l'Etat de ces étalons douteux et bâtards dont l'emploi est plus souvent nuisible que profitable.

L'éducation de l'étalon ne pouvait plus être la préoccupation à peu près exclusive d'un éleveur. Elle ne devait plus être le but de la spéculation de l'élève, mais seulement une exception raisonnée. Elle ne devait plus s'arrêter qu'à des poulains de bonne souche, doués d'une structure satisfaisante, c'est-à-dire forte, régulière et nette, capables de répondre plus tard aux exigences de l'article 5. En dehors de ces conditions, le poulain appartenait, dès sa naissance, à la classe du cheval de service. S'il était distingué, il allait aux besoins du luxe ; — moins brillant, il restait dans la classe moyenne et devait particulièrement trouver sa place dans l'une des différentes armes de la cavalerie ; — manqué, enfin, il devenait ceci ou cela, mais quelque chose, car le commerce a des emplois pour tous les mérites : toutes les existences ont leur utilité.

Les dispositions de l'arrêté posaient donc cette règle générale, absolue : — ne conserver en vue de la reproduction que des animaux de premier choix dans les diverses catégories de l'espèce, offrant la double garantie d'une origine élevée et d'une conformation puissante ; — édifier sur cette base, à l'aide d'une alimentation rationnelle et d'une éducation judicieuse, toutes les bonnes qualités qui ressortent de l'action de l'homme sur l'économie vivante, et de l'influence modifiée des milieux dans lesquels il opère ; — enfin, constater par des épreuves publiques le mérite de chaque produit et peser la valeur de chaque éducation dans tous ses résultats.

En pressant ces quelques mots, on en tirera mille conséquences heureuses pour la reproduction et l'amélioration du cheval. Ils établissent les idées vraies sur le terrain de la pratique, forcé désormais de travailler avec intelligence, de raisonner ses opérations, de renoncer à la routine et d'accepter pour bons les errements et les traditions de nos maîtres dans la science du cheval.

Une condition pouvait être incomprise, celle relative aux essais; il y a tant d'idées fausses sur les courses!

L'arrêté avait pris ses précautions et prévenu tout débat. Il avait dit : l'épreuve n'est point le but; *elle n'est qu'un moyen employé pour bien apprécier les qualités internes.* Elle ne pouvait donc être considérée comme la raison dernière; elle ne constituait pas dans le cheval de demi-sang une supériorité dont la vitesse seule eût mesuré le degré ; *elle n'était qu'un moyen ;* elle allait à l'encontre du préjugé, encore bien enraciné dans certains esprits, que le vainqueur d'une course est le seul cheval estimé parmi ceux qui ont pris part à la lutte, que la victoire sur un hippodrome dispense de tout autre mérite.

Aussi, dès que le principe de la nécessité des épreuves s'est trouvé ainsi dégagé de toute exagération, nulle opposition ne lui a été faite, et la condition la plus scabreuse de l'arrêté a été accueillie avec la même faveur que les autres.

On a donc compris.

En effet, imposer la condition d'une épreuve à l'éleveur de l'étalon, c'est obliger l'industrie à entrer franchement et largement dans une voie de progrès qu'elle n'aurait jamais prise de son propre mouvement. La route battue était plus commode, mais, au point d'amélioration auquel nous étions parvenus, il était indispensable de perfectionner nos moyens. Les dispositions arrêtées conduisaient nécessairement à ce résultat en entourant la production et l'élève du cheval de demi-sang des mêmes garanties que l'on a demandées à bon droit à la production et à l'élève de l'espèce supérieure.

N'eût-il pas été au moins étrange de ne voir estimer comme reproducteur le cheval de pur sang, qu'autant qu'il a donné de grandes preuves de valeur, et de n'attacher pourtant aucun prix à la constatation des qualités internes du cheval de demi-sang, son dérivé? Etait-il donc rationnel de s'arrêter, quant à ce dernier, à l'examen tout superficiel des caractères extérieurs, lorsque son ascendant ne pouvait être admis au bénéfice de l'achat qu'à la suite de *performances* plus ou moins recommandables? Alors que la qualité d'être de pur sang n'était pas, ne pouvait pas être une preuve suffisante d'aptitude et de mérite, était-il possible de s'en tenir exclusivement à la présomption trompeuse de la conformation, de ce qu'on nomme le modèle? Il ne serait pas moins dangereux aujourd'hui, pour avancer nos races, de se contenter d'une apparence de perfection extérieure chez l'étalon de demi-sang, qu'il ne serait absurde d'attacher à l'idée et à la qualité du pur sang une supériorité exagérée.

Les conditions faites à l'achat doivent servir la spéculation de l'élève de l'étalon. En obligeant à être sévère dans le choix des produits à conserver en vue de la reproduction, elles sont une première garantie contre les chances défavorables, contre les pertes d'une éducation onéreuse. Beaucoup d'éleveurs qui s'y étaient jetés un peu à l'étourdie déserteront la partie; les hommes spéciaux et véritablement capables resteront fidèles et sauront améliorer leurs méthodes. Un grand nombre de poulains seront voués de bonne heure au bistouri, et l'élevage du bon cheval de service s'enrichira de tous ceux de second choix dont on avait depuis quelques années la prétention de faire des étalons.

La nécessité des épreuves imposait la création de prix spéciaux. Elle nous a fourni l'occasion d'organiser, suivant des règles certaines et à côté des courses de vitesse, d'autres courses que nous qualifions de premier degré. Les prix attribués à cette nature d'essais devaient être à la fois une satisfaction pour l'amour-propre, et une prime, une indemnité pour les sacrifices supportés en attendant le produit de la vente, dans lequel est et doit être le véritable encouragement.

Nous n'attendions pas tout d'abord un grand succès de cette mesure. Nous ne nous sommes point fait illusion quant aux débuts; mais, si l'on avait commencé il y a dix ans, croit-on qu'aujourd'hui nous n'aurions pas des dresseurs habiles et que la science d'une bonne préparation du cheval de demi-sang ne serait pas très près d'avoir livré jusqu'à son dernier secret? La création est bonne, à n'en pas douter; laissons au temps le soin de la mûrir. L'intelligence vient vite pour se défendre quand on peut combattre à armes égales.

Un règlement spécial a été établi pour ces courses d'essais, nous le rapporterons ailleurs. Chacune de ses conditions est en quelque sorte un principe et appelle le progrès. Qu'on le laisse vieillir, qu'on attende qu'il ait des annales pour le conseil et pour l'étude, et l'on découvrira aisément dans la pratique les bonnes idées qu'il offre quant à présent pour l'avenir. C'est qu'il en est des courses et du *Racing calendar* comme du *Studbook*. Ce sont des livres riches de science, pleins de faits utiles et de remarques intéressantes; mais il faut apprendre à les lire, l'usage seul en donne la clef. Il y a parfois dans la défaite une leçon plus profitable et un enseignement plus sûr que dans la victoire. Celle-ci peut enivrer, exagérer la confiance en soi; l'autre stimule et pousse naturellement au moyen de reprendre l'avantage. Les vaincus de la veille sont bien souvent les vainqueurs du lendemain.

Les courses spéciales aux chevaux de reproduction, aux étalons de demi-sang, nous semblaient ouvrir une ère nouvelle à l'élevage en Normandie. En se perfectionnant par la pratique intelligente de toutes les idées qui s'y rattachent, elles devaient assurer à cette contrée une prééminence que lui donnent déjà beaucoup d'autres avantages. Elles devaient faire rechercher avec un soin extrême les reproducteurs d'élite mâles et femelles. Dès lors, la race nouvelle se confirmait plus rapidement et sur des bases certaines plus facilement appréciables. Au mérite spécial, aux qualités inhérentes au sang et à la conformation, devait s'ajouter le bénéfice non moins précieux d'une éducation perfectionnée. La transmission des hautes facultés devenait une règle et ne restait plus livrée aux seules chances du hasard. L'œuvre du perfectionnement n'était plus hypothétique; par suite, les améliorations obtenues étaient plus sûrement léguées à celles des races indigènes que l'étalon anglo-normand est en quelque sorte chargé d'élever, par degrés, sur l'échelle de l'amélioration hippique.

Après la Normandie, nous nous occupions de Tarbes au même point de vue, et nous marchions par ces deux lignes parallèles au but que nous nous étions proposé.

On s'était plaint souvent, et ce de la manière la plus violente, de la partialité qui présidait aux achats d'étalons. On accusait l'agent des remontes d'avoir des préférences, ou tout au moins de dépenser la totalité du crédit mis à sa disposition au profit exclusif de quelques uns, au détriment du grand nombre, par conséquent ; on reprochait enfin à l'administration supérieure d'avoir aidé à constituer ce monopole.

L'arrêté ministériel du 30 septembre 1846 s'est attaché avec un soin particulier à ce qu'aucune réclamation semblable ne pût s'élever à l'avenir. Les dispositions consacrées par huit articles (de 8 à 15) mettent l'administration et ses agents à l'abri de toute accusation fondée de partialité, de préférence.

Voyons néanmoins quelle a été la source de ce qu'on a appelé — achats de faveur. — Il a été un temps, qui n'est pas encore bien éloigné, où la Normandie n'offrait plus que des ressources insignifiantes pour la remonte d'un certain nombre de dépôts d'étalons. Elle avait cessé d'être ce qu'elle avait été autrefois, ce qu'elle est encore aujourd'hui, — le haras de la France. Cette qualification a pu déplaire à quelques personnes ; elle n'en est pas moins juste et vraie. Ceux-là qui le nieraient encore se donneraient un brevet d'ignorance ou de mauvaise foi. — Il n'y aurait que le choix entre ces deux termes.

Mais comment cette situation a-t-elle si rapidement changé?

De 1833 à 1837, la Normandie était si pauvre en étalons capables que l'administration trouvait à peine à y dépenser 55,000 fr. par an pour la remonte de ses établissements. Depuis cinq ans, au contraire, la moyenne des sommes dépensées dans la même province, pour achats d'étalons, dépasse 337,000 fr., et beaucoup de jeunes chevaux d'un incontestable mérite restent invendus, même après les acquisitions qui se font pour le compte de plusieurs départements du nord et de l'est.

Voilà pour les faits; arrivons aux mesures qui ont amené la situation actuelle.

Le haras du Pin et le dépôt d'étalons de Saint-Lô ont toujours été privilégiés sous le rapport de leur composition en étalons de mérite et de haute distinction. Cependant, à partir de 1833, une plus grande sévérité fut encore apportée dans le choix des reproducteurs donnés à la Normandie. L'administration y plaça des étalons de pur sang très recommandables par l'origine, la conformation et les qualités les mieux éprouvées. L'important, l'essentiel, était de faire rechercher ces étalons. La reproduction alors était dans une voie bien différente de celle que l'on suit aujourd'hui. Un étalon n'était guère recherché qu'en raison de son poids et de ses grandes dimensions. On l'estimait au volume et à la masse. C'était le bon temps des Eleusis, des Rhadamanthe, des Orgon, éléphants d'une nouvelle espèce, êtres hideux qui n'avaient du cheval que le nom, et qui suaient la mollesse, la dégénération par tous les pores.

Le cheval de pur sang était loin d'un pareil modèle. C'était l'antipode de la masse informe que le goût normand caressait de l'œil, en dépit de l'abandon de ses produits par le luxe et le commerce. L'éleveur normand, qui avait une affection aveugle pour ce monstre, se prit d'une haine furieuse pour cette petite *sauterelle*, pour cette *ficelle*, que les haras avaient la prétention de mettre à la place. Ce fut un hourra frénétique contre l'administration. Cette dernière y perdit toute influence, y laissa toute popularité.

Mais elle était dans le vrai; elle voulut avoir raison. Le succès de sa cause était dans l'excitation de l'intérêt des opposants. Elle attaqua cette corde. L'industrie répondit à ses avances.

C'est alors que des primes furent instituées pour la poulinière indigène réunissant certaines conditions de conformation et suivie d'un poulain de l'année, issu d'un étalon de pur sang. Les primes, on le sait, étaient de 200 à 300 fr. En Normandie, ce n'est là qu'un médiocre encouragement. Il n'aurait donc obtenu qu'un faible succès s'il n'avait été combiné avec des moyens plus puissants. Ceux-ci ne furent point négligés. Ainsi, les primes ministérielles pouvaient atteindre les juments déjà primées sur les fonds départementaux. Il en résultait que la jument suivie d'un poulain, issu de pur sang, pouvait recevoir deux primes dont la valeur réunie montait de 600 à 700 fr. La somme commençait à compter.

Toutefois, ce n'était là qu'un côté de la question. Le plus important était la réussite du produit: — mâle, il fallait le faire arriver à l'état d'étalon; femelle, il fallait viser à sa conservation aux mains du producteur, afin que l'amélioration obtenue ne fût pas arrêtée à son premier degré par la vente au commerce.

Qui donc aurait songé à commencer? Qui aurait voulu acheter à six mois ces petits poulains que nul dans le pays n'estimait, que le possesseur lui-même osait à peine offrir aux éleveurs et dont il désirait par dessus tout se défaire, car il ne voyait point d'avenir dans la conservation de ces chétifs produits, *de ces piètres pur sang*, nés de la prime? chacun avait conscience qu'ils ne seraient jamais bons à rien.

Il fallait pourtant leur trouver un débouché. L'administration ne pouvait élever elle-même ces poulains. Elle n'aurait point été imitée. Elle chercha, dans le nombre, un éleveur plus intelligent, plus hardi, plus connaisseur que les autres.

Elle le mit en avant. Il devait compter sur son appui. Le succès était dans une confiance entière du spéculateur, en la bonne
foi de l'administration. Celle-ci promit assistance ; l'œuvre
nouvelle fut commencée.

Dès lors le poulain de demi-sang trouva acquéreur, acquéreur à bon prix, à des prix tout à fait inusités dans le pays,
conclus au grand jour d'une foire spéciale à la vente des poulains de distinction nés dans l'Orne, et payés à beaux deniers
comptants le lendemain même de la tenue des concours pour
les primes de l'administration et du département. Tant d'argent dans la même main pour un seul produit ! c'était folie ;
mais folie profitable. On renonça à la sagesse et l'on se mit à
faire d'utiles croisements de la jument normande avec l'étalon
de pur sang. C'est de là qu'est sortie l'amélioration actuelle ;
car le premier acheteur a eu de très nombreux imitateurs : la
production du poulain de demi-sang est devenu un fait général.

Cependant, celui qui avait commencé et donné le branle,
celui qui avait entraîné après lui dans la voie nouvelle le
pays tout entier, ne pouvait être complétement oublié par l'administration. Ses efforts étaient toujours les plus intelligents,
et constamment il a marché en tête de cette industrie. Emporté
lui-même par la passion du cheval et du désir de rester au premier rang, il donna trop d'extension à son élevage, à sa spéculation : l'administration vint, à diverses reprises, à son aide
pour le sauver.

Il en est résulté peut-être, disons vrai, certainement, des
faveurs et une sorte de monopole créé par l'habitude au profit
de cet éleveur. L'agent des remontes s'est assurément montré
partial pendant plusieurs années ; d'autres éleveurs ont eu à
souffrir et n'ont point obtenu les mêmes encouragements. De
là, des plaintes fondées. Celles-ci furent bientôt appuyées,
grossies, exagérées. Ce fut un concert très discordant ; l'administration eut le tort de ne pas prêter assez tôt une oreille
attentive. Sa lenteur à remédier au mal l'accrut, et on lui
donna des proportions plus imaginaires que réelles.

Telle était la situation lorsque fut pris l'arrêté du 30 septembre 1846. Ajoutons bien vite que, dans notre esprit, les dispositions nouvelles devront être particulièrement utiles et profitables à ceux que l'on a crus favorisés hors de toute justice. Nous ne doutons pas qu'ils ne marchent encore et toujours à la tête de la spéculation de l'élève du bon étalon de demi-sang. Mais, grâce aux mesures adoptées, ils ne s'arrêteront pas au point où ils étaient arrivés, ils progresseront, au contraire ; car le succès maintenant n'est plus dans une position acquise , il ne peut être que la conséquence d'efforts constamment renouvelés et toujours attentifs, le résultat heureux d'une lutte intelligente et bien ménagée.

Backwel, le célèbre éducateur, le créateur des races de bétail les plus estimées de l'Angleterre, avait trouvé par deux fois dans les largesses du parlement de la Grande-Bretagne les secours puissants nécessaires à la réussite de l'œuvre immense qu'il avait entreprise dans le plus grand intérêt du pays. Un éleveur de chevaux français, soutenu par quelques subsides dé l'administration , a donné de bons exemples qui profitent à tous, — à tous, — lui seul excepté bien entendu.

Les haras ont-ils donc commis une si grande faute? Quoi qu'il en soit, les dispositions arrêtées en 1846 ont donné satisfaction à bien des plaignants ; elles sont, croyons-nous, judicieusement combinées et régularisent un service fort important à tous égards. Elles sont venues en leur temps et sont en pleine voix d'exécution.

En même temps que nous cherchions à assurer de bonnes remontes aux établissements de l'Etat , nous songions à donner aux étalons entretenus par lui des auxiliaires plus nombreux et d'un mérite moins contestable que par le passé. Il ne fallait pas que les améliorations produites par le judicieux emploi de 1,200 reproducteurs d'élite, pussent être tout-à-fait compromises par les résultats neuf fois plus considérables des onze mille étalons particuliers qui concourent au renouvellement annuel de la population chevaline de la France.

Ceci intéressait — les étalons approuvés, peu nombreux, — et plus de 10,000 autres, rouleurs ou sédentaires, contre lesquels des mesures répressives sont depuis long-temps et de toutes parts réclamées avec instance.

Nous dirons ailleurs, en détail, ce que nous avons fait dans cet ordre d'idées. Ici, nous ajouterons seulement qu'après avoir étudié avec beaucoup de maturité les questions relatives à la police de la reproduction chevaline, qu'après avoir résumé toutes les données antérieures dans un exposé de motifs précédant un projet de loi sur la matière, il nous a été impossible d'en obtenir la présentation aux Chambres.

Dès lors, nous nous sommes rabattu sur des dispositions purement·administratives, et nous avons cherché à les combiner de telle sorte qu'il en pût ressortir quelque utilité pour le pays.

Un arrêté du 27 octobre 1847 a institué une nouvelle classe d'étalons, celle des *étalons autorisés*, et prescrit la formation dans chaque département de *commissions locales*, aussi nombreuses que besoin serait, pour accorder les cartes d'autorisation aux propriétaires de chevaux entiers exempts de tares et de maladies héréditaires.

Une ordonnance, en date du 9 novembre suivant, a élevé le taux des primes aux étalons approuvés et créé un plus grand intérêt à multiplier cette seconde classe de reproducteurs aux mains de l'industrie privée.

Les étalons devaient exister alors sous trois états différents :

Les étalons *autorisés* ou de premier degré, qu'on nous passe le mot, formaient une catégorie d'animaux d'un mince mérite assurément au point de vue de l'amélioration, mais précieuse en ce qu'elle ne devait pas admettre un seul cheval taré, défectueux ou malade, un seul individu susceptible d'altérer les qualités de sa race.

Les étalons *approuvés* constituaient une classe de reproducteurs mieux doués et déjà recommandables sous le double rapport de la bonne origine et d'une conformation tout à la fois régulière, solide, irréprochable. Elle augmentait le nombre des étalons capables et aptes à l'amélioration, au perfectionnement de l'espèce.

Les étalons *de l'Etat* enfin, avec la sévérité apportée à leur admission, avec toutes les garanties qui allaient entourer les achats, devaient offrir à l'industrie les types vraiment régénérateurs, ceux en dehors desquels il n'y a, pour aucune race, ni conservation ni progrès.

Cette classification des étalons en trois ordres nous avait paru très logique et parfaitement définie. Elle laissait au gouvernement la haute direction de l'industrie : celle-ci en recevait un concours éclairé et des encouragements efficaces. Toute liberté restait aux particuliers, mais on ouvrait à ces derniers les voies à suivre. Chacun prendrait donc à sa guise la route la plus favorable à ses vues et pèserait plus tard les résultats obtenus.

Ces classes avaient encore un autre avantage. Beaucoup de personnes repoussent le croisement comme moyen améliorateur. Le principe du perfectionnement d'une race par la race elle-même remplit beaucoup d'exigences ; mais il implique un bon choix des individus les mieux doués de la famille et met à l'écart toutes les faiblesses, toutes les défectuosités, tous les vices qui font obstacle au développement des qualités et des perfections.

Les autorisations et les approbations d'étalons devaient servir, favoriser le système d'amélioration *en dedans*, lequel, pour être efficace, doit toujours précéder l'adoption et la pratique du croisement. Celui-ci n'améliore pas sans préparation ; les alliances judicieuses entre sujets d'une même race, fût-elle pauvre, sont la route la plus sûre et la plus courte pour arriver aux bons résultats que donne toujours aussi le croisement opportun et bien entendu.

C'est dans un autre chapitre que nous ferons ressortir toute l'utilité que nous attendons de ces mesures, et que nous en ferons connaître le texte officiel. Elles ont d'ailleurs été bien accueillies. Qu'on nous pardonne une citation à l'appui de cette assertion.

« Les étalons de l'État, au nombre de 1,200, ne forment qu'un dixième environ de la force étalonnière qui opère la reproduction en France. En dehors des étalons royaux, fort peu de reproducteurs offrent des garanties désirables. Il s'agit d'établir ces garanties aussi loin que possible, sans augmenter le chiffre très dispendieux des étalons de l'État et en prenant les mesures les plus économiques. Les étalons *approuvés*, qui ne coûtent pas d'achat au trésor public et qui ne sont défrayés que d'une partie de leur entretien, offrent un moyen excellent d'étendre au loin la surveillance et l'encouragement. La prime la plus élevée de l'étalon de pur sang a pour but de faire pénétrer entre les mains de l'industrie privée ce reproducteur si délicat, dont les tares sont plus funestes que celle des étalons de toute autre nature. L'étalon de demi-sang, qui est essentiellement destiné à faire le nombre parmi nos chevaux de guerre, va se trouver protégé, encouragé, par la nouvelle mesure......

» La classe des étalons autorisés, choisis par un jury de propriétaires, et instituée pour former comme une vaste candidature à l'*approbation* pensionnée, est un moyen d'extension très heureux de l'élément améliorateur. De la sorte, la garantie administrative peut s'étendre à plusieurs milliers d'étalons, et réduire de plus en plus la masse des étalons équivoques, qui malheureusement concourent pour le plus grand nombre à la reproduction de notre espèce chevaline (1) ».

La Normandie et la Bretagne ont également applaudi à la mesure relative aux étalons autorisés. Dans le Nord et dans l'Est, on a vu avec plaisir l'institution des commissions hippiques. On attache avec raison, dans quelques départements, un certain intérêt à se mêler directement à la pratique en ce qui concerne les moyens d'amélioration appliqués aux races indi-

(1) Ch. de Sourdeval, *De la nouvelle protection accordée aux étalons particuliers.*

gènes. Cela nous conduit à dire les vues que nous avions sur les commissions locales.

Elles étaient à la nomination des préfets, elles ne devaient être composées que d'hommes ayant des connaissances spéciales réelles. Le mode adopté pour leur renouvellement permettait de remplacer successivement les membres qui, nommés une première fois, n'auraient pas rempli le but de l'institution. Elles pouvaient jouer un rôle important et prendre peu à peu, avec le temps, une influence très marquée sur toutes les opérations de l'industrie chevaline. Dès que l'expérience leur serait venue, elles devaient avoir une grande prépondérance sur les déterminations des diverses sociétés qui s'occupent de l'amélioration du cheval, une certaine action sur les propositions à faire aux conseils généraux et sur les délibérations de ces corps; elles devaient se trouver agissantes dans tous les concours et dans toutes les distributions de primes; elles devaient étudier les besoins, connaître les souffrances et réclamer avec autorité les mesures utiles au soulagement comme au progrès; elles pouvaient devenir un lien commun entre l'administration des haras, celle des remontes militaires et le pays. Nous les voyions grandir et s'élever à la hauteur d'une sorte de représentation spéciale, laquelle aurait eu en mains les divers intérêts chevalins de la France. Avec le temps, toutes les idées se seraient assises, et avec elles la force que donne le succès. Tous les encouragements eussent été appliqués suivant des vues fixes et rationnelles; l'unité dans les efforts eût conduit à l'homogénéité dans les résultats, et, si l'émancipation de l'industrie n'est point une chimère, dans les conditions actuelles de la propriété en France, on eût pu y arriver par cette voie avec plus de promptitude et de sécurité que par aucune autre.

Voilà ce que nous nous étions promis; tel était le germe dont nous aurions aimé avoir à favoriser le développement aussi prochain que possible.

Le 27 octobre 1847, un concours était ouvert pour le meilleur ouvrage élémentaire, traitant du dressage des chevaux au

montoir ou à l'attelage. Une médaille d'or, de la valeur de
1,000 fr., était offerte aux hommes de science et de pratique
qui voudraient bien entrer en lutte.

On s'est plu à reconnaître l'utilité du livre dont nous provo-
quions la composition et la publication. Elle n'est point contestable, en effet. Nos chevaux vivent trop près de l'état de sau-
vagerie, on les abandonne trop à eux-mêmes jusqu'au jour de
la vente. On les offre alors au consommateur sans préparation
au service. A peine s'ils souffrent par crainte l'approche de
l'homme ; ils ne savent et ne comprennent rien de ce qu'on
peut leur demander. Au moment de leur utilité, de leur facile
emploi, ils ne se montrent que trop souvent rebelles et farou-
ches. C'est une éducation à commencer à l'époque où elle devrait être terminée. En cet état, ni le commerce, ni le luxe, ne
mettent beaucoup d'empressement dans la recherche de nos
produits. Ils les savent meilleurs, à n'en pas douter, plus dura-
bles surtout que les chevaux d'outre-Rhin ; mais ces derniers,
souples et maniables, obéissants et faciles, remplissent bien
mieux leur destination immédiate en ne se refusant à aucun
travail, en se prêtant à toutes les exigences du service de la
selle tout aussi bien qu'au trait.

Les premières règles de dressage sont ignorées en France,
non seulement de ceux qui élèvent le cheval de race distinguée, mais encore du marchand, intermédiaire obligé entre
l'éleveur et le consommateur. Cette ignorance est doublement
fâcheuse, elle nuit de plusieurs manières à l'industrie indigène.
Cette assertion n'a pas besoin de commentaires, nous pouvons
bien nous dispenser de la développer.

Ces quelques mots suffisent, non pour justifier la mise au
concours du traité élémentaire dont il s'agit, mais pour en faire
apprécier la nécessité ; car, si nous avons des casse-cous pour
monter hardiment des chevaux difficiles et non encore façonnés,
nous manquons de dresseurs capables pour l'attelage, d'hommes comprenant le harnachement, l'art d'atteler et de conduire. En présence de cette pénurie, un marchand, un mar-

chand de la province surtout, ne s'expose pas à faire porter tout son commerce sur des animaux qu'aucun contact intelligent n'a su familiariser encore avec le travail et soumettre au moins à l'obéissance.

Nous avions d'autres vues se rattachant à celle qui précède, plus pratiques néanmoins et plus larges dans les résultats qui en eussent été la conséquence rapide et forcée. Quelques milliers de francs nous ont manqué; nous aurions fini par les trouver, afin de réaliser un projet éminemment utile. Nous voulions établir deux ou trois écoles de dressage dans lesquelles des élèves piqueurs eussent appris à brider, seller, harnacher, atteler, monter et conduire de jeunes chevaux. Nous aurions borné l'enseignement au savoir du bon valet d'écurie et du cocher habile: peu de science, mais beaucoup d'art et de métier.

Ce projet nous a préoccupé comme l'un des moyens les plus sûrs de rendre à nos excellentes races d'attelage rapide la vogue qu'elles ont eue autrefois et qu'elles n'ont plus en ce moment, faute d'une éducation convenable, faute d'une première préparation bien simple à donner pourtant. Avec nos piqueurs, nos palefreniers et nos cochers, les éleveurs normands auraient relevé le goût du consommateur pour le cheval français. Mais ils lui auraient montré ce dernier doux et tranquille, facile à l'homme, prêt au travail, monté avec aisance, attelé avec intelligence et quelque coquetterie. Les harnais eussent été convenables, et non mal faits et mal ajustés. On eût cessé de voir ces « ficelles échevelées, ces rapiécetages grimaçants, ces courroies pantelantes et crottées » , qui sont d'ordinaire tout le luxe de nos dresseurs émérites et de nos habiles maquignons. On aurait montré des harnais noirs si le cuir en doit être noir, on n'aurait pas laissé disparaître le fer sous la malpropreté et sous la rouille, on aurait pris soin de polir ce qui doit être luisant; les véhicules lourds et grossièrement construits eussent cédé la place à des voitures plus commodes et plus légères; les règles de l'attellement eussent été comprises et judicieusement appliquées.

Cet enseignement pratique, primaire et spécial, nous semblait devoir exercer une haute influence sur l'esprit du consommateur. Pour faire des élèves, il aurait fallu travailler sur la matière, sur le sujet même de l'enseignement, il aurait fallu dresser un grand nombre de chevaux. Or, tout cheval mis, tout cheval prêt a de la valeur ; l'intérêt fait au possesseur une nécessité d'en trouver le placement dans un délai aussi court que possible.

Le marchand de chevaux à qui l'on aurait donné les moyens d'ouvrir une école de dressage, c'est-à-dire des élèves dont il aurait eu le travail gratuit, un maître piqueur pour l'enseignement, et une subvention pour l'achat et l'entretien des véhicules et des équipages nécessaires, ce marchand, disons-nous, aurait bien su se ménager un débouché permanent pour les chevaux dressés sous ses yeux. La réussite de ces animaux eût rappelé le commerce et le luxe à l'emploi du cheval français, la production indigène eût cessé de porter la peine de son incurie actuelle. Le consommateur riche lui eût réservé la satisfaction de ses besoins et de ses folies, prodigué à pleines mains l'encouragement dont l'étranger seul profite depuis tant d'années déjà.

La note préliminaire annexée au projet de budget de 1849 annonçait l'intention formelle de réaliser ce projet dès que les ressources y suffiraient. Sans cette circonstance, nous ne l'aurions pas mentionnée ici.

La question de l'élève proprement dite nous avait encore occupé sous un autre point de vue. Nous pensions qu'elle avait été jusque-là trop négligée, nous avions reconnu la nécessité d'aider à sa solution avec un intérêt égal à celui qu'on avait accordé à la production elle-même.

Nous avons donc travaillé activement à séparer en deux opérations distinctes l'industrie chevaline dans les contrées où elle est une charge pour un seul, une impossibilité par conséquent. C'est le cas du petit propriétaire et du métayer, qui font naître avec avantage, mais qui ne peuvent pas élever sans perte ; qui, même avec de gros frais de production, ne parviendraient pas à produire, en raison de l'état arriéré de l'agriculture et de l'insuffisance des aliments, un cheval apte aux besoins de l'époque actuelle.

Nous avons fait à cet égard de profondes études; nous en donnerons ailleurs le résumé. Nous dirons alors le succès qui a couronné les premières tentatives dirigées dans le sens de la division de l'industrie chevaline. Partout où cette division est à l'état d'habitude prise, de pratique ancienne, la production ou l'élevage sont une spéculation profitable. L'espèce s'affaiblit et s'en va, au contraire, là où la division a cessé d'être un fait usuel, là où la production et l'élève, par suite de circonstances particulières, ont été forcément réunies dans la main d'un seul. A cette règle, disons mieux, à ce fait économique, nous n'avons trouvé aucune exception. Nous avons donc cherché à faire sortir plusieurs contrées montagneuses du centre de la condition difficile où elles étaient sous ce rapport, et nous nous sommes efforcé d'organiser sur une certaine échelle et d'une manière permanente un système d'exportation et d'importation dont nous attendons les meilleurs résultats pratiques. Ce n'est point ici le lieu de le développer, nous verrons plus loin.

Nous remettons également à une autre partie de ce travail à rendre compte des modifications que l'expérience nous avait engagé à apporter à quelques dispositions du règlement général des courses. Nous mentionnerons seulement la plus importante, celle relative au temps maximum accordé aux chevaux pour gagner ou pour n'être pas distancés.

L'arrêté du 23 octobre 1847 a satisfait, sous ce rapport, toutes les exigences, sans porter aucune atteinte au principe qui avait prévalu dans la rédaction des règlements antérieurs.

Telle était la marche du service quand la Révolution de février éclata. Elle était en tout conforme aux vues des Chambres et aux idées plusieurs fois débattues et admises au sein du Conseil général d'agriculture. Nous la suivions avec d'autant plus d'intérêt et de confiance, que nous la croyions tracée par la pratique séculaire et constamment heureuse des peuples dont les races chevalines ont été et sont encore les plus renommées.

XXVII. — APRÈS FÉVRIER 1848.

La Révolution de février mettait la paix en question : la guerre pouvait éclater. La prudence voulait qu'on s'y préparât. Un comité de défense nationale fut institué. A côté de lui fonctionna bientôt une commission spécialement chargée de pourvoir aux moyens de réaliser, à bref délai, une remonte extraordinaire de 29,981 chevaux de toutes armes.

Un membre du comité de défense devint le président de la commission des remontes. Celle-ci était composée de MM. les généraux Oudinot, Gazan et Randon, de M. l'intendant Denniée et de M. Lermina, chef du bureau de la remonte générale, secrétaire.

Un cri d'alarme partit du sein de la commission. Quelques membres y avaient porté leur opinion bien connue sur la pauvreté chevaline de la France. On sait jusqu'à quel point cette opinion a toujours été défavorable à la production indigène, hostile, allions-nous dire, aux intérêts les plus vifs de nos éleveurs. Le ministre provisoire de l'agriculture et du commerce, l'honorable M. Bethmont, reçut les plaintes du comité de défense. Ces plaintes lui parurent exagérées. Il nous fut bien aisé de lui en fournir les preuves. On contesta, on attaqua nos documents. M. Bethmont nous chargea de les appuyer et de les défendre au sein de la commission des remontes, à laquelle on voulut bien nous adjoindre en même temps que M. Larabit, alors sous-directeur du personnel de la guerre.

Je reçus tout d'abord le meilleur accueil. Le président se mit en frais. Je m'efforçai de n'être point en reste de politesse ; cependant je pris immédiatement position. Je me constituai,

d'une part, — l'adversaire bien décidé du système des grandes
et des petites fournitures; — d'autre part, au contraire, le
partisan énergique de l'achat partiel et direct, de l'achat libre,
fait auprès de tous, éleveurs ou marchands, sans distinction
ni faveur, et partout. Je fus, ce que je devais être, — le dé-
fenseur de la production nationale et des intérêts du sol, —
l'ennemi déclaré de tous les spéculateurs à la suite.

Dès le lendemain, un mot d'ordre (donné par qui?) était
partout répété. Le comité de défense, disaient les journaux,
avait constaté l'impossibilité absolue d'acheter en France moins
de 30,000 chevaux de troupe, et la cavalerie était à pied. A-
près une paix de plus de 30 années, après des sacrifices immenses, et grâce à l'apathique ignorance d'une administration
honteusement incapable, le pays se retrouvait, une fois de
plus, à la merci de l'étranger. Les grands mots s'alignèrent,
les grandes phrases remplirent les grandes colonnes des grands
journaux; les petits formats s'en mêlèrent, et, pourquoi ne
pas le dire? on comptait tout particulièrement sur ces derniers
pour nous exécuter. Sur nos caractères légers le ridicule est
tout-puissant, mais le bon sens est plein de force sur nos esprits. Chez nous, *la raison finit toujours par avoir raison.*

Les projets de la commission des remontes, dévoilés par les
attaques dirigées contre les haras, soulevèrent une formidable
opposition dans nos contrées d'élevage. Des protestations vinrent, de tous côtés, appuyer l'opinion et les chiffres des haras
contre les chiffres et l'opinion de l'administration de la guerre.
Une grande fermeté en imposa. Il fut résolu qu'on rejeterait
pour le moment toute offre de fournitures exclusives de chevaux étrangers; mais on invoqua la nécessité de faire vite, et
le système des fournitures fut adopté comme le plus expéditif.

Nous dirons ailleurs tout ce qui s'est passé au sein de la
commission des remontes de 1848. Quant à présent, nous nous
bornerons à constater ceci, à savoir: qu'après avoir fait répéter
par les mille voies de la publicité qu'il n'y avait pas de chevaux
en France, qu'après avoir déclaré *in petto* l'impuissance de

l'administration des remontes à se procurer chez nos éleveurs un seul cheval de plus que le contingent ordinaire de la remonte annuelle, des marchés ont été passés avec des marchands français pour la fourniture de 24,000 chevaux, dont « 4,000 à *peine devaient être tirés de l'étranger* (1) ». Et, tandis que ces marchés étaient consentis, les dépôts de remonte, pressés par les éleveurs, accusaient de nouvelles ressources et sollicitaient du ministre de la guerrre l'autorisation de concourir par des achats directs à la fourniture de la remonte extraordinaire. On finit par les charger de l'acquisition des 5,981 chevaux non compris dans les marchés conclus. La part des dépôts de remonte fut donc celle-ci : — 5,981 chevaux en sus de la remonte ordinaire, laquelle était de 6,000 têtes environ. Les acquisitions annuelles ne pouvaient en rien souffrir de la demande extraordinaire, car celle-ci ne prenait que des animaux d'un âge plus avancé.

Au moment où nous écrivons, nous ignorons complétement où en sont les opérations de la remonte de 1848; mais la situation connue est celle-ci : — les plaintes de la guerre ont cessé, — celles des éleveurs qui ont des chevaux à vendre continuent. Nos ressources sont-elles supérieures aux besoins? La question est fort contestée. La guerre dit non, le pays répond affirmativement, et les haras sont avec le pays, car leur croyance fondée est la même.

Un conseil général, celui de la Vendée, réuni extraordinairement en mai 1848, a énergiquement protesté contre toute acquisition à l'étranger, et demandé qu'une enquête sérieuse fût immédiatement ouverte en France en vue d'éclairer le gouvernement sur le chiffre et la qualité de notre population chevaline. Il voulait notamment qu'un commissaire extraordinaire explorât immédiatement le département de la Vendée et reconnût sa véritable situation sous le rapport hippique; il vou-

(1) Lettre du ministre de la guerre à son collègue de l'agriculture et du commerce. — 2 juin 1848.

lait *qu'on ne commît pas le crime* d'abandonner l'agriculture du pays, sur laquelle devraient bientôt peser les plus lourdes charges. La délibération du conseil trouvera sa place ailleurs. Nous la mentionnons, en passant, pour donner de la force au regret, exprimé par le ministre de l'agriculture à son collègue de la guerre, qu'un employé des haras n'ait pas été adjoint à chacune des commissions instituées pour la réception des chevaux à fournir par les marchands. — La proposition en avait été faite à la commission des remontes. Nous l'avions accueillie avec empressement; M. Bethmont y avait applaudi. L'administration militaire, ceux qui lui donnaient alors l'impulsion, ont reculé devant l'acceptation de l'offre faite à ce sujet par le ministre de l'agriculture. Les haras et les remontes se fussent rencontrés alors sur le terrain de la pratique. Avec de la sincérité de part et d'autre, nul doute qu'on ne fût arrivé à un résultat, à une conclusion. Le refus de la guerre pèse sur elle. Le pays l'appréciera.

Les travaux de la commission des remontes devaient avoir un terme. Un rapport au ministre de la guerre devait en offrir la substance, en présenter les résultats. Ce rapport fut élaboré par le secrétaire. La commission en reçut communication, en entendit prématurément la lecture. Les procès-verbaux des séances n'avaient pas même été rédigés. Des considérations d'un ordre élevé, des objections qui n'étaient pas sans force, des observations et des faits auxquels les circonstances prêtaient un grand intérêt, ont donc été passés sous silence. Il n'en reste pas trace aujourd'hui. Cette façon d'agir était quelque peu irrégulière, mais enfin......

Le document en question était d'une singulière contexture. Au lieu de résumer les travaux de la commission, il dissertait sur la question chevaline; les accusations portées dans la presse contre les haras se trouvaient reproduites dans l'œuvre du rapporteur. C'était le même esprit de partialité et la même forme; c'étaient les mêmes arguments et les mêmes erreurs, puisés aux mêmes sources. Nous ne pouvions signer un tel rapport. Il avait laissé à l'écart tout ce qui avait été dit et fait en faveur de la production indigène ; il mettait en relief exclusivement ce préjugé que « la France ne produit pas le nombre de chevaux nécessaires à la remonte de son effectif, même en temps de paix. » Pour nous, qui tenions compte des réclamations et des protestations énergiques des contrées d'élève ; pour nous, dont l'opinion contraire est basée sur les existences accusées par des recherches de statistique consciencieuses, nous devions refuser notre adhésion et protester. C'était demeurer fidèle à nous-même, fidèle aux intérêts de nos producteurs de chevaux, dont l'industrie est étroitement liée à la prospérité de la France, à l'indépendance du sol. Or, le sol, c'est la patrie.

De pareils intérêts sont graves, choses saintes. Nous étions loin du langage des petits journaux ; il était impossible qu'on ne nous entendît pas. La discussion s'ouvrit sur le rapport ; elle fut longue, mais moins vive que sévère. Le rapporteur tenait essentiellement à son œuvre ; il n'a rien cédé du terrain sur lequel il croyait avoir pris une position inexpugnable. Nous, nous avons tout accordé ; nous ne voulions pas qu'il fût changé un mot, un seul à ce travail. Nous le voulions entier, mais nous placions en regard notre protestation motivée. Le président dépensa beaucoup d'efforts et de paroles pour nous amener à composition. Peines perdues. La conscience ne capitule pas ; la vérité n'a jamais transigé. Les autres membres de la commission étaient comme les juges du camp. Nous leur avons exprimé avec effusion l'impression toute favorable qu'avaient faite sur notre esprit et leur impartialité et leur bienveillance. Le vote du rapport ne leur était plus possible ; ils rendaient pleine et entière justice à la loyauté de notre langage ; ils sentaient bien qu'on ne force pas une conviction sincère. Eux-mêmes comprenaient que le rapport n'était pas ce qu'il devait être ; ils demandèrent qu'on le modifiât, qu'on en fît disparaître tout ce qu'il contenait d'irritant, qu'on le restreignît aux opérations de la commission, dont la tâche était bornée, en dé-

finitive, car elle n'avait eu pour mission que d'assurer une remonte extraordinaire de 29,981 chevaux.

Dès lors, le président me pria, au nom de la commission, de
prendre le travail du secrétaire, de l'examiner à loisir, de le
rectifier selon mes vues, et puis enfin de le rapporter, certain,
disait-il, qu'aucune objection ne lui serait faite, qu'on l'adop-
terait sans y rien changer. Il était impossible de ne pas se rendre. J'emportai le rapport.

Après une nouvelle lecture, après un examen très attentif et
très réfléchi, je reconnus l'impossibilité absolue de modifier le
travail de M. Lhermina. Il fallait ou le déchirer ou le conserver entier. Il n'y avait pas de moyen terme entre ces deux alternatives. Nous n'avions pas le choix. Il ne nous appartenait
pas de détruire le rapport, donc nous devions le remettre tel
quel. C'est à ce parti que nous nous étions arrêté; mais tenant compte des dispositions bienveillantes de la majorité de la
commission, au lieu d'une protestation énergique, nous nous
bornions à annexer au rapport une note explicative des faits
qu'il renfermait. Cette note, à la vérité, détruisait toute l'é-
conomie du travail élaboré par le secrétaire de la commission.
Interprétant les faits suivant leur inflexible logique, nous arri-
vions à des conclusions forcément contraires. Note et rapport
étaient choses parfaitement différentes. Celle-là disait si bien
comment celui-ci arrivait à ses fins, qu'elle ne lui laissait plus
aucune valeur.

Le président de la commission le comprit. Il combattit notre
note avec une certaine énergie; il nous reprocha avec quelque
amertume de n'avoir pas refait le rapport. La discussion se rou-
vrit, mais sans succès. Notre détermination avait été réfléchie,
nous restâmes inébranlable. Nous voulions et le rapport et la
note explicative. La commission décida qu'un autre rapporteur
serait chargé du travail à remettre au ministre et qu'il le refe-
rait suivant des vues différentes, en termes tels que notre adhésion lui fût acquise. Le choix du nouveau rapporteur ne pouvait que nous être agréable. Nous savions, par avance, que

nous pourrions signer sans hésitation. La commission s'ajourna donc à quelques jours ; dans une dernière séance, elle devait clore et ses opérations et ses discussions, adopter et signer le résumé écrit de ses travaux. Malheureusement, une indisposition retint le rapporteur ; la moitié de son œuvre seulement fut communiquée. Nous n'y fîmes aucune objection. Mais on proposa de coudre à cette première partie la fin du premier travail ; on en donna une nouvelle lecture. Nous ne pouvions faire cette concession ; notre refus formel obligea la commission à se séparer encore avant d'en avoir fini. On convint toutefois d'apporter d'importantes modifications à la dernière partie du premier rapport, et de le communiquer ensuite à chacun de nous, qui le signerait. Il en est sorti un travail peu lié et quelque peu hétérogène. Quand on nous le présenta, chacun des membres de la commission l'avait déjà approuvé. — Nous n'avons pas voulu y faire d'objection ; de guerre lasse, nous l'avons signé aussi. Bien qu'elle ne nous satisfît pas, — sa rédaction était telle, néanmoins, qu'elle ne comportait pas la tache d'une protestation.

Quoi qu'il en soit, le nouveau rapport se terminait par un vœu. Il demandait que les questions de production et d'élève fussent soumises à une nouvelle étude, que l'on fît rechercher si les diverses institutions hippiques de la France, celle des remontes aussi bien que celle des haras, n'étaient point susceptibles de quelque amélioration. Dans la pensée du secrétaire de la commission, ce projet de révision devait s'arrêter à l'administration des haras. L'administration militaire, bien plus attaquée assurément dans ces dernières années, échappait complétement à l'étude. C'est nous qui avons demandé qu'on ne séparât pas, dans l'examen sérieux, approfondi, d'un si grand intérêt, le service des remontes de celui des haras. Avec nos habitudes de production, quand l'élève du cheval de trait est la condition normale, et l'éducation du cheval léger l'exception, l'administration qui préside à l'amélioration des races légères ne peut rien sur celles-ci sans le concours ou la volonté du consommateur. Les remontes militaires, ayant des exigences particulières, nous avons presque dit, avec les éleveurs, des prétentions exorbitantes, demandent à être dirigées, à fonctionner de manière à ne pas nuire à l'industrie tout entière. Leur part dans la consommation est assez large pour qu'elles exercent sur l'amélioration une influence réelle. Nous voudrions, quant à nous, leur voir accepter le rôle qui leur appartient et prendre sur les producteurs l'ascendant efficace d'un consommateur dont les besoins considérables se renouvellent sans cesse.

Sous prétexte de la remonte extraordinaire de 1848, tant de bruit avait été fait dans le pays, tant de vieilles erreurs avaient été rajeunies, rajustées aux circonstances, que nous ne voulûmes pas retarder d'un jour la solution depuis longtemps pendante de cette question d'insuffisance incessamment rappelée par l'administration des remontes. Nous proposâmes à M. Bethmont de confier à une commission spéciale le soin d'une étude sérieuse et d'une enquête approfondie. Nous voulions aussi en finir avec toutes ces criailleries absurdes, avec toutes les calomnies semées autour des actes de l'administration dans des vues d'intérêts privés que nous ne trahirons pas, mais dont toutes les preuves sont en notre possession.

M. Bethmont nous comprit. Il avait reconnu les difficultés de la situation, apprécié nos intentions et nos efforts; il approuva nos vues et prit l'arrêté suivant :

« Le Ministre de l'agriculture et du commerce,

» Voulant s'éclairer sur toutes les questions relatives à l'industrie chevaline en France,

» Arrête :

» Art. 1er. — Une commission est instituée qui, sous la présidence du ministre de l'agriculture et du commerce, étudiera toutes les questions qui se rattachent :

» 1° A la production et à l'élève du cheval; 2° à la manière dont fonctionnent les diverses institutions hippiques actuellement existantes ; 3° aux meilleurs modes d'intervention directe ou indirecte à mettre en pratique, en vue de hâter l'émancipation de l'industrie particulière, le seul but que l'on doive se proposer d'atteindre.

» Art. 2. — Sont nommés membres de cette commission : MM. Desvaux-Lousier, — Barillier, — Fouquier d'Hérouel, — Eug. Barbier, — Cam. Beauvais, — de Mecflet, — E. de Croix, — d'Hédouville, — de Saint-Vallier, — Aug. Lupin., — Yvart, — Renault, — Prince, — Bouley jeune, — d'Aure, — de Lancosme-Brèves, — Person, — Geoffroy-Villeneuve, — Delacour, — Ch. de Sourdeval, — de Turenne, — de Blanpré, — Lherbette, — Luneau, — Havin, — Ach. Fould, — Boulay (de la Meurthe), — Bourdet, — Alex. de Girardin, — de la Fresnaye, — Hervé de Kergorlay, — de la Roque-Ordan, — Perrot de Thannberg, — Eug. Gayot.

» Art. 3. — Quatre membres, choisis parmi des officiers de cavalerie, seront désignés par M. le ministre de la guerre.

» Art. 4. — La commission élira, à son gré, un ou plusieurs vice-présidents, un ou plusieurs secrétaires ; M. de Baylen, chef du bureau des haras, assistera aux séances en qualité de vice-secrétaire.

» Art. 5. — La commission entrera en séance le 6 mai prochain, et devra, dans un bref délai, indiquer la solution des questions soumises à son examen.

» BETHMONT. »

Paris, le 25 avril 1848.

Les membres désignés par M. le ministre de la guerre furent MM. Subervic, Bougenel, Randon, généraux de division, et M. le colonel de Pointe de Gévigny.

La commission compta ainsi quarante membres. On y trouvait des agriculteurs, des inspecteurs d'étalons départementaux, des éleveurs, des économistes, des naturalistes, des vétérinaires, des écuyers, d'anciens officiers des remontes, des généraux de cavalerie, et seulement deux membres de l'administration des haras.

Tous ces noms sont connus. Il en est qui ont fait une rude guerre au système et aux hommes des haras. On nous rendra au moins cette justice que nous avons réuni, sur le terrain de la discussion, et nos amis et nos ennemis, puisque ennemis il y a, sans aucune préoccupation administrative ou personnelle. Nous voulions un examen si sérieux, une étude si sincère, que nous nous sommes tenu constamment en dehors des débats. Nous étions à la disposition de la commission pour lui communiquer tous les renseignements qui pourraient lui servir; mais, restant neutre entre les opinions diverses, nous n'avons cherché à influencer aucune détermination, nous n'avons pris part à aucun vote. On pouvait nous considérer comme partie jusqu'à un certain point intéressée; nous n'avons pas voulu en même temps nous constituer juge dans la cause, bien que personne assurément n'eût songé à nous contester un droit qui était égal à celui de tous les autres membres de la commission. M. Perrot de Thannberg a fait comme nous, il s'est abstenu de voter.

M. Bethmont ouvrit la première séance. Dans une allocution qui fut remarquée et qui fit impression, il exposa dans les meilleurs termes ce qu'il attendait d'une réunion d'hommes aussi compétents. Il les mit parfaitement à l'aise en les adjurant de ne s'arrêter qu'aux besoins réels du pays, sans considération aucune pour ce qui existait. « Faites table rase, a dit le ministre, ne puisez vos inspirations que dans vos lumières et dans votre expérience, édifiez en pleine liberté ce qui vous semblera le mieux. »

Analysons succinctement le travail de la commission, dont M. Ach. Fould a été le fidèle interprète.

XXVIII. — COMMISSION D'ENQUÉTE.

Dans un exposé rapide, mais substantiel, le rapporteur établit tout d'abord que la nécessité d'augmenter la force numérique de la cavalerie a réveillé en 1848 les craintes manifestées dans toutes les circonstances extraordinaires par l'administration des remontes sur l'insuffisance de notre production équestre. Cette insuffisance est un fait. Les états de douane accusent un excédant moyen d'importations sur les exportations de 20,000 chevaux environ. Mais quelle est l'importance de ce chiffre, quand on le pose en regard de la consommation annuelle qui dépasse 300,000, quand on sait que l'exportation des mules et mulets compense et au delà le déficit sur l'espèce chevaline, quand on se rend compte des importations bien autrement considérables que fait la France en bétail de toute espèce, quand on suit enfin la marche ascendante de la production et de l'amélioration dont les résultats, en force comme en nombre, obtenus sous l'action des haras, ont presque doublé dans l'espace de sept ans?

En présence de tels faits, qu'il ne serait au pouvoir de personne de contester, la commission n'a pas vu des motifs de craintes et d'alarmes bien fondées. Elle s'est néanmoins demandé si, dans la situation économique du pays, il n'y avait pas de sérieux obstacles à l'extension considérable de la production du cheval, si les questions de suffisance ou d'insuffisance ne tenaient pas à d'autres causes que celles qu'on leur assignait généralement.

Elle a trouvé ces obstables dans la trop facile concurrence que nous font nos voisins. « Placés dans de meilleures conditions que nous, ils font naître et élèvent avec plus d'économie. Hâtons-nous de dire que ce n'est point là une question d'intelligence ni de condition de sol; sous ces rapports, notre population et notre pays n'ont rien à envier aux contrées qui nous entourent. Mais il y a plusieurs causes qui s'opposent à ce que nous produisions à aussi peu de frais : d'une part, l'impôt est chez nous à peu près le triple de ce qu'il est dans divers états d'Allemagne (et l'impôt entre dans le prix de revient de chaque production); de l'autre, les communes y possèdent beaucoup de terrains vagues qui offrent de grandes facilités et de grandes ressources à l'élevage. Non seulement le cheval coûte moins à produire en Allemagne, mais, à cause de l'état de perfectionnement des voies de communication, le cheval léger (qui nous manque plus spécialement) rend en Allemagne, avant le moment de la vente, des services que nos éleveurs ne peuvent en tirer. A l'égard de ces faits, la commission ne peut que les signaler au gouvernement comme un motif d'infériorité, et elle a dû se borner à lui indiquer les modifications administratives, les encouragements spéciaux de nature à compenser pour l'éleveur français les avantages dont jouissent ceux des pays voisins. »

Deux ordres de faits sont établis dans ces quelques mots. Notre situation, meilleure qu'on ne le croit en général, n'a rien d'inquiétant, puisque nous tendons à suffire bientôt à tous nos besoins ; — la production indigène, relativement aux produits similaires que nous recevons de l'étranger, est dans des conditions d'infériorité réelle. C'est pour rétablir l'équilibre que l'Etat doit intervenir, sous peine de livrer à l'industrie rivale tous les avantages de la consommation intérieure, bien plus, sous peine de tous les périls auxquels nous exposeraient l'imprévoyance et l'abandon.

Tel est le point de départ des recherches et des études faites par la commission, tel est le centre vers lequel aboutiront tous ses travaux.

Ceux-ci, naturellement, se sont trouvés répartis sous les trois chefs suivants : — production, — amélioration, — consommation. Le but indiqué est maintenant connu. Il s'agissait de signaler les moyens les plus propres à favoriser le développement et l'amélioration de notre population chevaline, en assurant l'émancipation, aussi prompte que possible, de l'industrie privée. Les termes du problème avaient été clairement posés dans l'article 1er de l'arrêté qui a institué la commission.

Toutefois, les principes que l'on devait chercher à dégager par l'étude ne sont point particuliers à la question des haras, ils étreignent toutes les industries. La commission n'a point eu de peine à les admettre. Elle s'est au contraire empressée de reconnaître que le succès et la prospérité de l'industrie chevaline, pour être assurés et permanents, doivent s'appuyer sur les bases d'une liberté et d'une indépendance complètes.

Mais, libre « de toute espèce de considération particulière, elle a bientôt reconnu que le moment n'était pas venu encore de compter uniquement sur les ressources de l'industrie pour fournir au pays les éléments de protection et d'amélioration dont il a besoin. C'est surtout à cause de la concurrence étrangère qu'il est indispensable qu'une production spéciale et des encouragements directs soient accordés aux propriétaires qui se livrent à l'élève des chevaux de luxe et de guerre. Jusqu'à présent, cette branche de notre industrie rurale n'a point, par ses résultats, suffisamment indemnisé ceux qui s'y adonnent pour que l'on puisse compter sur la continuité et sur le succès de leurs efforts s'ils ne sont pas secondés par le gouvernement. Nous trouvons les principales raisons de cette conviction dans dans l'état social de la France : la division des terres et des fortunes est un obstacle à ce que l'élève puisse se faire en grand, et à ce que des capitaux suffisants soient consacrés à cette industrie. Ces circonstances seraient de nature à faire penser que l'industrie chevaline ne pourra jamais se suffire à elle-même, si nous ne voyions qu'une grande partie de nos besoins est satisfaite par des chevaux nés en France sans participation aux encouragements de l'Etat.

» Lorsque, par des modifications dont quelques unes sont déjà indiquées dans ce rapport, le cheval léger remplacera, dans les travaux de l'agriculture et des transports, le gros cheval, sa valeur s'élèvera et le débit en sera plus assuré. C'est alors seulement que l'élevage du cheval de luxe et de guerre, suffisamment encouragé par les bénéfices et la sécurité du commerce, pourra se passer de la protection spéciale de l'E-tat. Espérons qu'à cette époque, que nous voulons entrevoir dans un avenir prochain, les réformes financières, les amélio-rations agricoles, le perfectionnement de nos voies de trans-port et les progrès de nos races elles-mêmes, en réduisant les prix, concourront à mettre l'éleveur français en état de lutter contre les importations étrangères.

» Telles sont les considérations qui ont décidé la commission à émettre à l'unanimité l'opinion que l'industrie chevaline ne pouvait point encore se passer de l'intervention de l'État. »

On voit que la situation économique, politique, allions-nous dire, de la France, n'a pas changé. La nécessité, cette grande raison d'État, qui a forcé le gouvernement à s'immiscer dans l'œuvre de la production améliorée du cheval, la nécessité est toujours là qui commande de venir en aide à une industrie im-puissante à plus d'un titre. Les causes de cette impuissance ont été parfaitement déduites, elles sont d'un ordre tellement élevé que nul n'y peut rien. Tous nous devons les subir, car elles sont inhérentes à la constitution même de notre société. Aussi la commission, si convaincue d'ailleurs des avantages d'une complète indépendance, ne peut-elle s'empêcher de dé-clarer que les circonstances économiques qui nous dominent seraient de nature à faire croire à un état d'insuffisance perma-nent, indéfini. Mais elle pénètre avec sagacité dans l'avenir, elle aperçoit de nouvelles voies à travers les vues et les tendan-ces du présent, et nous pensons avec elle que l'émancipation de l'industrie chevaline doit passer un jour de l'idée spéculative à la pratique, à l'état de fait.

Sur ce point les esprits sont très divisés. Ceux-ci repous-sent toute participation administrative, toute immixtion du gouvernement dans la production du cheval. Il en est qui vont moins loin, et qui demandent aux moyens indirects seuls, aux

encouragements divers, une sorte de semi-intervention qui
n'aurait guère d'autre avantage que celui d'une dépense à peu
près improductive, qui nous ramènerait forcément, avant peu,
à la nécessité d'une intervention directe beaucoup plus large.
D'autres, enfin, ne voient pas au delà du présent. Pour ces derniers, les obstacles que rencontre en ce moment l'industrie chevaline, au lieu de s'effacer jamais, ne peuvent que s'étendre
et se fortifier. L'idée de l'émancipation leur paraît honorable
et patriotique, mais fausse et dangereuse, car, sous prétexte
de préparer les voies, elle n'emploiera que des demi-moyens;
or, ceux-ci conduiront infailliblement à l'insuccès.

Entre les deux opinions extrêmes, la commission a su voir
juste. C'est du moins notre avis. Nous ne sentons aucun danger à pousser ou plutôt à maintenir les haras dans la direction
qui leur a été imprimée. Ils doivent favoriser partout le développement de l'industrie et s'efforcer de creuser chaque jour
leur tombeau. On l'a dit avec raison, la mort des haras sera
leur triomphe. Ils n'auront atteint leur but que lorsque, mettant un terme aux sacrifices de l'état, ils seront parvenus à se
rendre inutiles. Quant à leur existence et à leur utilité présente,
ils sont dans la même position que le Cadastre. Leur vie ne doit
pas être éternelle. Il faut la leur souhaiter *courte et bonne*, et
nous travaillerons de toutes nos forces en vue de leur fin aussi
prochaine que possible.

Toutefois, ce vœu ne doit pas faire méconnaître les obstacles.
Les générations chevalines se développent et se succèdent avec
lenteur; les moyens d'amélioration sont très limités au contraire, et n'influent que sur le petit nombre. En quoi que ce
soit, l'exception ne détruit pas la règle. Une minorité imperceptible n'a pas tout d'abord une action puissante; le temps
peut l'étendre, accroître ses forces et la faire passer dans les
masses. Alors elle compte et domine. C'est ainsi que se développeront les qualités de nos races. La régénération ne procède
que du petit nombre; mais l'amélioration, une fois en voie,

une fois en progrès, descend rapidement et se transmet sûrement des ascendants aux descendants.

La nécessité d'une intervention admise, la commission a examiné cette question :

« Comment et par quelle administration cette intervention doit-elle se manifester ? »

La solution est dans ces quelques mots : « Ce n'est pas seulement dans l'intérêt de l'armée qu'il est indispensable d'encourager et de diriger la production chevaline. Le cheval de guerre ne peut être produit spécialement pour la guerre; il appartient à la classe des chevaux de luxe et de commerce, dont il n'est pas l'expression la plus parfaite ; et c'est en favorisant une production large des chevaux d'agriculture, de luxe et de commerce, qu'il est possible d'assurer de la manière la plus certaine le service des remontes. Le ministère de la guerre n'intervient dans la consommation que pour une bien petite proportion. Ainsi, sur une production annuelle de 300,000 chevaux, c'est 6 à 7,000 (soit environ 2 p. 0|0) que le ministre de la guerre achète tous les ans. Chercher à produire uniquement le cheval de guerre, ce serait limiter l'industrie dans un cercle tellement étroit que des difficultés considérables seraient à craindre et pour elle et pour le ministre chargé des remontes; *ce serait demander l'impossible.*

» Il y a donc lieu de considérer la protection à accorder à l'industrie chevaline comme rentrant essentiellement dans les attributions du ministère de l'agriculture. » Et le rapport constate que cette décision a été prise à l'unanimité moins une voix.

Quant au mode d'intervention, il doit être à la fois *direct et indirect*, c'est-à-dire ce qu'il est en ce moment, en s'attachant toujours à épurer les éléments de reproduction offerts par l'administration à l'industrie, et en faisant au chapitre des encouragements une part plus large que par le passé. Cette conclusion maintient en l'état tout ce qui touche aux établissements, —

haras et dépôts d'étalons, — mais elle conduit à l'augmentation du crédit consacré jusqu'ici aux encouragements divers.

En ce qui concerne les questions de principes, la marche
suivie depuis 1833 par l'administration des haras a été ap-
prouvée sans réserve.

Ainsi, il n'y a pas d'amélioration à poursuivre en dehors du
pur sang; mais son application veut être judicieuse et raisonnée. L'étalon de pur sang, — arabe ou anglais, — bien choisi,
faut-il ajouter; le reproducteur qui dérive de l'une ou l'autre
souche, non moins bien choisi et bien élevé, — doivent continuer l'œuvre de perfectionnement, car ils y sont toujours propres lorsqu'on sait les employer avec discernement; et d'ailleurs il n'y a pas d'autres éléments reproducteurs possibles
pour les races dont l'administration des haras doit s'occuper
directement.

Les moyens d'action indirecte ont été, de la part de la commission, l'objet d'une discussion non moins approfondie.

Ces moyens n'ont point été assez développés jusqu'ici. De
leur extension rationnelle dépend en grande partie la solution
du problème de l'émancipation. La commission n'a pas pensé
que l'Etat dût, quant à présent, réduire le nombre des étalons
qu'il entretient; mais elle voudrait un grand accroissement des
forces reproductives chez les particuliers. En cela, nous avons
encore partagé ses idées, et nous lui avons fourni la preuve
qu'elles étaient dans notre esprit avant sa réunion. Il nous a
suffi, pour la convaincre, de lui rappeler — les dispositions de
l'ordonnance du 9 octobre 1847, — et la déclaration de principes, si le mot n'est pas trop ambitieux, contenue dans la
note préliminaire du projet de budget (exercice 1849) présenté aux chambres au début de la session 1847-1848.

. Depuis bien des années, et particulièrement en ce qui nous
concerne, l'augmentation du nombre des étalons particuliers,
le chiffre plus élevé de la prime qui peut être affectée à leur
service, ne sont plus des questions administratives, mais bien

un fait budgétaire. On ne sait pas assez dans le public ce qu'éprouve de difficultés une administration toute spéciale à faire reconnaître et apprécier à demi l'importance de ses besoins, les exigences qu'elle est appelée à remplir.

Quels résultats peut-on attendre d'un crédit de 65,000 fr. inscrit à la loi de finances pour primes aux étalons particuliers? Si convaincu que nous soyons de son insuffisance, nous ne pouvons pourtant y rien ajouter, et nous sommes bien forcé de nous renfermer dans ses limites. Notre budget à nous était fait depuis long-temps. *Pour commencer*, voici ce que nous demandions :

50 étalons de pur sang, primés en moyenne à 700 fr.	35,000 fr.
450 — de demi-sang, — 500	225,000
200 — de trait, — 200	40,000

C'étaient 700 étalons particuliers et une allocation spéciale de 300,000 fr.

On a jeté les hauts cris. Comment obtenir pareille somme du conseil des ministres? Ce n'était ni proposable ni acceptable… Et nous, bonnement, nous croyions nous être fait bien petit et bien modeste! Cependant nous désirions creuser notre tombe aussi profondément que possible, et préparer pour nos successeurs un triomphe plus facile. A notre grand regret, nous avons échoué. Au moins étions-nous dans le vrai, puisque la commission a confirmé nos vues. Si elle est restée en deçà, c'est qu'elle a craint d'effrayer le ministre par une demande d'allocation trop considérable ; mais sa conviction, toute favorable aux idées d'émancipation, la conduisait nécessairement, logiquement, à dépasser nos propres limites. Les esprits pratiques ne s'arrêtent pas à la surface, ils vont droit au fait. Eh bien! quel est donc le fait ici?

Sur 12,000 étalons nécessaires au renouvellement annuel de l'espèce, est-ce trop exiger que de tendre à ce que le tiers, 4,000 par conséquent, offre des garanties contre la détérioration des races? S'il est désirable de voir 4,000 étalons de choix travailler dans le sens de l'amélioration, comment ce nombre doit-il être réparti entre les diverses races? On peut bien admettre les proportions que voici : — 500 étalons de pur sang, 3,000 de demi-sang — et 500 de trait.

D'après les moyennes déjà établies, la dotation à affecter en primes aux étalons s'élèverait seule au chiffre de 1,950,000 francs. Il faudrait y ajouter la dépense du personnel préposé aux approbations et aux réformes, à la surveillance indispensable d'un service important, inscrit au budget de l'Etat pour une somme aussi forte. Mais l'industrie chevaline, ce qui la constitue, n'est pas tout entière dans la question des étalons. Elle comporte d'autres détails et d'autres besoins, d'autres dépenses par conséquent. Dans l'impossibilité de les doter tous en suffisance, on s'arrête aux plus essentiels d'une part, aux plus efficaces de l'autre. Un budget plus large modifierait singulièrement l'économie du système actuel. L'intervention directe de l'Etat doit s'étendre en raison même de l'insuffisance des crédits consacrés à l'œuvre qui nous occupe : plus forte sera l'allocation destinée à l'amélioration des chevaux, plus ce mode d'action devra être restreint et affaibli... Nous ne pouvons développer ici les raisons de ce principe, nous les dirons ailleurs. Revenons donc à l'analyse rapide des idées émises par la commission.

Cette dernière ne pouvait s'occuper de la condition des étalons améliorateurs sans examiner à fond les questions de vente ou de concession gratuite à l'industrie de ceux que l'Etat possède en ce moment. Elle n'a point été favorable à ce système; sur lequel nous reviendrons bientôt. Elle n'a pas trouvé que le moment fût opportun pour vendre, et dans le mode des concessions elle a vu la faveur et le privilége poindre aux lieu et place de l'égalité et de la concurrence. Tous les abus reprochés aux haras, sous l'ancienne monarchie, ont été rappelés aussi bien que la ruine qui est sortie de l'émancipation prématurée en 1790. Les conseils de la commission ont été plus pratiques. Si elle les suit, l'administration ne réduira pas, quant à présent, le nombre de ses étalons, mais elle ne cédera pas

non plus aux sollicitations qui la pressent d'augmenter son effectif. Au lieu de créer de nouvelles stations, elle encouragera
les particuliers à satisfaire aux demandes qu'elle reçoit à cet
égard. Elle ne devra diminuer le nombre de ses étalons qu'a-
près que le nombre de ceux de l'industrie aura été accru assez
pour suppléer l'action de l'Etat. Le moyen d'arriver à ce résultat est parfaitement simple. On y parviendra en dévelop-
pant chaque année davantage les forces de l'industrie. Alors, la
production étant mieux assurée, l'administration pourra, sans
aucun inconvénient, faire retraite. Jusque là, les sources mêmes de l'amélioration seraient atteintes : c'est l'inconvénient
à prévenir, le danger à éviter.

La commission a compris que des primes aussi importantes
ne pouvaient être attachées qu'à la possession de reproducteurs
vraiment capables. Elles seront certainement fort recherchées.
Il fallait donc aviser au moyen de ne les point accorder pour
des animaux qui ne rendraient pas à l'amélioration les services
qu'on a droit d'en attendre. — L'administration avait déjà pris
les mesures propres à empêcher un mauvais emploi des fonds
en instituant la classe des étalons *autorisés*. Cette institution,
qui date de la fin de 1847, a reçu la pleine et entière approbation de la commission.

Un débat très approfondi s'est ouvert sur les moyens de répression susceptibles de favoriser l'augmentation du nombre et
l'utile emploi des étalons de choix. Deux opinions très opposées
se sont fait jour sur ce point, et la controverse a été vive. Les
partisans du système de coercition l'ont emporté, mais à la
majorité de deux voix seulement.

Le pour et le contre, dans cette question, ont été soutenus
avec une égale force de raisons. Celles-ci marquent bien la
différence qui sépare notre époque du passé. Il est impossible
de ne pas reconnaître, d'une part, l'impuissance de moyens
améliorateurs très limités en présence d'une liberté absolue
dont les excès pèsent malheureusement sur la situation, et,
d'autre part, tous les vices inhérents à une législation restric-

tive; moins cette dernière est applicable à l'industrie chevaline, plus celle-ci doit être protégée par de larges subsides.

A côté des primes offertes à l'industrie pour l'entretien d'é-
talons de mérite, se placent d'autres encouragements non
moins efficaces. Les primes et les prix à la bonne production,
à l'élevage judicieux, aux éducations rationnelles, rendent des
services qu'on ne saurait méconnaître. Le rapport entre, à
cet égard, dans des considérations pleines de vérité et de force.
Il serait inutile de les rappeler ici. Nous dirons seulement que
les divers modes d'encouragement adopté n'ont encouru
qu'un reproche, celui de l'insuffisance des crédits qui leur ont
été affectés. La commission approuve un tel emploi des fonds,
et demande, pour cet objet, des allocations beaucoup plus importantes que celles qui ont figuré jusqu'ici au budget des
haras.

Les observations judicieuses et les discussions auxquelles la
commission s'est livrée sur ces divers points de la question ne
seront pas perdues pour nous, nous les reprendrons en temps
et lieu.

Nous abrégeons, car de proche en proche nous serions amené à reproduire le rapport tout entier. Un document aussi plein
de faits, et d'un raisonnement aussi serré, est très difficile à a-
nalyser. On le coupe, on le mutile plus facilement qu'on ne vient
à bout d'en donner une idée nette et précise.

Voyons ce qui a trait aux remontes militaires.

La commission a voulu pouvoir « trancher la question si long-
temps débattue entre les ministères de l'agriculture et de la
guerre au sujet des moyens de remonter notre cavalerie. »

A cet effet, elle n'a épargné aucun soin, aucune recherche.

L'examen et l'étude des documents officiels qui ont passé sous
ses yeux lui ont permis de constater une décroissance rapide
dans le déficit de la remonte générale, pendant l'année 1846.

Ainsi, le chiffre des incomplets, qui était de 1,443 chevaux de toutes armes en 1844, — et de 5,423 en 1845, —
n'est plus que de 238 en 1846. L'administration des remontes

n'a pas fourni le résultat de ses opérations pour **1847**. Il n'est pas probable , dit le rapport, que la situation se soit aggravée, car les achats effectués pendant ce dernier exercice correspondent aux saillies faites par les étalons des haras en **1843**; or, cette année est en progrès, sous ce rapport, sur celle qui la précède , de plus de 3,000 saillies.

Au surplus , voici les chiffres :

En 1840, 40,966 saillies correspondent au déficit de 1844, soit 1,443 chev.
   1841, 41,700   —   —   1845, — 1,423
   1842, 51,400   —   —   1846, — 238
   1843, 54,700   —   aux achats de 1847, résultat ignoré.
   1844, 64,500   —   —   1848,   —
   1845, 66,500 saillies correspondront aux achats qui auront lieu en 1849.
   1846, 71,500   —   —   1850.
   1847, 76,300   —   —   1851.

Ces rapprochements et ce qui s'est passé pour la remonte extraordinaire de **1848** ont paru de nature à calmer toutes les inquiétudes ; la commission y a trouvé de sérieux motifs de sécurité et « la certitude complète que nous n'éprouverons plus à l'avenir aucune difficulté pour remonter notre cavalerie sur le pied de paix. »

Quant au cas de guerre, la remonte est chose si incertaine pour le nombre de chevaux nécessaires dans un temps donné, que tout calcul devient extrêmement difficile, sinon impossible. Ce à quoi l'on peut seulement s'attacher, c'est au nombre des achats à faire pour passer du pied de paix au pied de guerre. En temps de paix , l'effectif de la cavalerie a été fixé à 69,637 chevaux. D'après les évaluations remises à la commission, les cadres actuels de l'armée comporteraient, pour la mise sur le pied de guerre, une augmentation de 57,000 chevaux environ, dont 30,000 de cavalerie. « Pour n'éprouver aucune difficulté à nous remonter en pareil cas, dit le rapport, il faudrait que nous eussions une réserve de chevaux, dont le système est impossible à établir sans les dépenses les plus ruineuses, ou que les chevaux de service du pays pussent subvenir aux remontes extraordinaires de la cavalerie, comme ils subviennent sans difficultés, et presque sans limites, aux besoins du train et de l'artillerie ».

Le cheval de cavalerie de ligne, payé moins cher par les remontes que par le commerce, est aussi la sorte que l'administration de la guerre a le plus de peine à trouver en suffisance. La commission a pensé qu'il y avait lieu de recommander au ministre compétent de remonter en temps ordinaire « le service de l'artillerie et du train des équipages avec des chevaux dits de cavalerie de ligne. En cas de guerre, ces chevaux passeraient dans les régiments, et seraient remplacés par des chevaux de trait, que l'on trouvera toujours en abondance ».

Il ne faut pas oublier, d'ailleurs, que « c'est par suite d'un préjugé que l'on a souvent adressé à l'administration des haras des reproches au sujet de l'insuffisance de la production sous le rapport du nombre. » Cette administration est préposée à l'amélioration, et en aucune manière à la multiplication, ni même à la production en général. Les moyens nécessairement bornés dont elle dispose ne lui permettent d'agir que sur une partie seulement de la population. Eh bien! dans nos départements les plus avancés, « il est impossible de méconnaître l'effet produit par l'emploi judicieux des étalons de pur sang et issus de pur sang. Nos chevaux ont partout grandi en force, en distinction; leur longévité s'est accrue.

» Toutefois, et pour mettre un terme aux incertitudes qui pourraient planer encore sur l'importance des ressources que l'armée devrait trouver en France après une déclaration de guerre, la commission a exprimé le vœu que le gouvernement fît faire une enquête aussi complète que possible sur les éléments de notre richesse chevaline. Elle désire que cette enquête, effectuée par les soins d'un délégué du ministère de la guerre, d'un délégué du ministère de l'agriculture et du commerce et d'un représentant du conseil général, constate le nombre des chevaux, juments, poulains et pouliches, possédés par l'agriculture et classés par catégorie d'âge et d'espèce; elle a demandé, en outre, que cette enquête fût renouvelée tous les cinq ans ».

Avons-nous besoin de dire que nous avons accueilli avec empressement ce vœu d'enquête ? Il n'y a point de moyen plus sûr d'arriver à la constatation de la vérité. Mais, comme cette vérité doit être bonne à connaître dans tous les temps, nous avons demandé que l'enquête fût renouvelée et rectifiée tous les cinq ans. Cette recherche de ce qui est passera ainsi dans les habitudes du pays, et les populations cesseront de s'alarmer au renouvellement d'un fait prévu. Si ce moyen avait été établi à partir de 1833, époque à laquelle remonte le système d'amélioration actuellement suivi par les haras, l'administration, depuis long-temps, ne serait plus calomniée ni méconnue; les progrès obtenus, et que quelques personnes cherchent encore à nier, ne seraient plus contestés par personne; nous ne serions pas aujourd'hui dans la nécessité, pour mesurer l'espace parcouru, de reculer loin en arrière, de remonter aux temps antérieurs et de comparer entre eux les différents âges d'une administration qui n'a manqué de force que parce qu'on n'a pas voulu qu'elle se développât et grandît en raison des besoins divers.

La commission a discuté avec détail le système même des remontes militaires.

Elle lui a donné son approbation, mais elle a trouvé beaucoup à redire à la manière dont il est appliqué. Les règlements lui ont paru convenablement établis, mais les instructions spéciales en dérangent trop souvent l'économie. Si les dispositions d'ensemble sont bonnes, en un mot, les dispositions de détail, la manière de faire, laissent presque toujours et partout à désirer : encore une fois, c'est la pratique même des achats que l'on attaque. Elle est telle, en effet, que les officiers acheteurs pèsent comme un monopole sur toutes nos contrées d'élève. Les effets les plus prochains de ce monopole seraient tout simplement la ruine des producteurs et des éleveurs de chevaux. On ne voit pas ce que le consommateur gagnerait à poursuivre cette œuvre de destruction. Son intérêt bien compris lui commande de modifier sa marche, lui fait une nécessité de ménager les sources de la production et de les aviver toujours, au lieu de les affaiblir sans cesse ou même de les assécher tout à fait.

Nous ne pousserons pas plus loin notre examen, mais nous reproduirons textuellement les différents vœux émis par la commission.

« Admettant en principe que l'État doit intervenir dans la production chevaline, la commission pense que l'action du gouvernement doit être spécialement réservée au département de l'agriculture et du commerce, et s'exercer d'une manière à la fois *directe* et *indirecte*.

» Pour l'action directe, elle émet le vœu :

» 1° Que l'État continue de posséder des étalons, et conserve dans ses établissements des juments poulinières appartenant aux types anglais et arabes purs ; et que l'effectif actuel, maintenu pour le présent, soit réglé dans l'avenir d'après les besoins du pays et les ressources de l'industrie privée ;

» 2° Qu'une remonte d'étalons soit effectuée le plus promptement possible en Orient, dans le but de satisfaire aux besoins des départements du midi.

» L'*action indirecte*, dans l'opinion de la commission, doit s'exercer par des encouragements spéciaux, et notamment par la concession de primes aux étalons, de primes aux juments et aux produits, et de prix de courses.

» Relativement à ces divers encouragements, la commission émet le vœu :

» 1° Que le tarif des primes aux étalons soit élevé dans les proportions suivantes :

Etalons de pur sang. . . . 600 à 800 fr.
— de demi-sang . . . 400 à 600
— de trait . . . . . 100 à 300

et que, dans le budget des haras, cette dotation spéciale soit portée à la somme de 200,000 fr.;

» 2° Que le crédit des primes aux juments soit élevé à la somme de 100,000 fr., pour être appliqué aux poulinières de pur sang et de demi-sang;

» 3° Que les courses soient généralisées en France; qu'il en soit établi dans toutes les localités où les ressources chevalines le permettront; que des prix de courses nombreux soient accordés dans les pays d'élève aux chevaux et aux juments de races communes, afin d'encourager le dressage; que l'époque de ces courses coïncide avec celle des marchés et foires, afin de rappeler les marchands dans ces contrées; que des encouragements spéciaux soient donnés aux courses dans lesquelles les chevaux seraient montés par leurs propriétaires, afin de répandre le goût de l'équitation;

» Que les chevaux de pur sang, issus d'un père ou d'une mère arabes, jouissent d'une réduction de poids de 2 kilog. et demi, lorsqu'ils courront avec des chevaux de pur sang anglais;

» Que les épreuves faites par l'administration pour l'achat des étalons non tracés soient maintenues et étendues à d'autres localités, aussitôt que cela sera possible; que le crédit des courses soit augmenté en proportion des créations nouvelles, et que l'administration continue d'accorder les sommes les plus importantes aux courses de fond;

» Que l'administration augmente le nombre de ses stations dans le centre et dans le midi; qu'elle encourage la migration des poulains de ces contrées dans les pays de grande culture, où les moyens d'alimentation sont plus favorables à leur développement;

» Qu'il soit alloué des fonds suffisants pour que les achats d'étalons soient soldés sur les crédits de l'année courante, et non sur ceux de l'exercice suivant, ainsi que cela a lieu depuis long-temps;

» Que le ministre de l'agriculture présente le plus promptement possible le projet de loi qui a été préparé sur l'exercice de la médecine vétérinaire, et qui est réclamé depuis long-temps dans l'intérêt de l'agriculture et de l'industrie chevaline ;

» Que, dans le but d'éloigner de la reproduction les étalons nuisibles à l'amélioration de l'espèce, et à l'exemple de ce qui a été fait avec succès dans les départements de la Manche et du Calvados, on soumette à des *patentes de santé* tous les étalons que les propriétaires voudront livrer à la reproduction ;

» Que ceux de ces étalons qui auront obtenu ces patentes et leurs produits puissent seuls être admis aux primes accordées par l'administration ;

» Que les propriétaires qui livreraient à la reproduction des étalons auxquels ces patentes n'auraient pas été accordées soient passibles d'une amende. Cette disposition ne serait pas applicable aux propriétaires qui limiteraient à leurs juments la saillie de leurs étalons ;

» Que l'entrée des pâturages communs soit interdite aux poulains âgés de plus d'un an et non castrés ;

» Que l'administration répande des instructions sur les inconvénients de la saillie prématurée des juments et des étalons ;

» Que la saillie des étalons de l'État ne soit jamais accordée sans rétribution ;

» Que l'usage de castrer dans le jeune âge les poulains soit encouragé par des primes nombreuses et par tous les moyens à la disposition du gouvernement ;

» Que des commissions départementales soient chargées de fixer, après un concours public et des courses au trot dont les fonds seraient faits par l'administration, les primes de monte et autres récompenses accordées aux étalons de races communes ;

» Que des prix de courses au trot soient, aussitôt que possible, fondés pour les juments des mêmes races.

» Convaincue de l'influence qu'exerce l'état des routes et des véhicules sur les races de chevaux, la commission émet le vœu que le ministre de l'agriculture et du commerce fasse expérimenter, partout où il le pourra, et le plus promptement possible, les perfectionnements à apporter dans les moyens de traction et d'attelage, et qu'il donne immédiatement aux fermes-écoles et aux fermes-modèles les moyens d'essayer la pratique des chariots légers, afin d'encourager la substitution du cheval léger au gros cheval ;

» Que les dispositions de la loi sur la police du roulage soient modifiées en ce qui concerne les transports faits par les cultivateurs pour les besoins de l'agriculture.

» La commission demande également :

» Qu'une école centrale et civile d'équitation soit établie à Paris ;

» Que l'on donne autant d'extension que possible aux écoles d'équitation des grandes villes, en les subventionnant ;

» Que des notions d'équitation soient données dans les instituts agricoles, dans les fermes-écoles et dans les écoles vétérinaires ;

» Que toute subvention aux écoles d'équitation ne soit accordée qu'à la condition que les chefs de ces établissements soient munis d'un diplôme d'écuyer de l'école normale d'équitation.

» La commission, placée entre les assertions du ministre de la guerre et celles du ministre de l'agriculture et du commerce, le premier prétendant qu'il y a insuffisance même pour les remontes sur le pied de paix, le second, qu'il y a suffisance pour le pied de paix et seulement doute sur la suffisance pour le pied de guerre, pense que le pays peut fournir, en temps de paix, les chevaux demandés pour l'armée, et qu'il peut y avoir doute seulement sur la suffisance pour le pied de guerre. Cependant, pour faire ressortir d'une manière éclatante la vérité sur cette question, la commission adopte la proposition d'une enquête, et demande que cette enquête, qui constatera le nombre, le sexe, l'âge et l'aptitude des chevaux aux divers services de l'armée, soit renouvelée et rectifiée tous les cinq ans.

» Pour garantir tous les intérêts, elle désire également que l'enquête soit faite, dans chaque département, par une commission mixte, composée de trois membres, l'un nommé par le ministre de la guerre, le second par le ministre de l'agriculture et du commerce, et le troisième par le conseil général.

» Enfin, pour assurer les progrès de l'industrie chevaline, sur laquelle l'administration des haras exerce une si grande influence, la commission demande que tous les emplois, quel que soit leur degré dans l'échelle hiérarchique, ne soient donnés qu'à des hommes spéciaux appartenant déjà à l'administration ou ayant passé par l'école des haras.

» *Sur la question des remontes militaires*, la commission exprime le vœu :

» Que les dépôts de remonte soient maintenus ;

» Que le personnel de la remonte soit organisé en corps spécial ;

» Que quelques unes des succursales soient supprimées et remplacées par des dépôts, notamment en Normandie ;

» Que les achats continuent d'être faits, de préférence, aux éleveurs ;

» Que les marchands cessent d'être exclus de la vente des chevaux aux officiers de remonte, à la condition qu'ils fournissent, pour les chevaux vendus, des certificats d'origine française ;

» Que les achats commencent chaque année dès le mois de janvier ;

» Qu'on achète indifféremment pour chaque arme les chevaux et les juments présentés par les éleveurs ;

» Que le prix des chevaux de cavalerie de 5 à 7 ans, qui auront reçu un dressage suffisant pour entrer dans les rangs, soit augmenté jusqu'à ce qu'il soit devenu complétement rémunérateur ;

» Que le ministre de la guerre veuille bien faire expérimenter si le service de l'artillerie et du train des équipages ne

23

pourrait pas être remonté avec des chevaux dits de cavalerie de ligne;

» Qu'il profite de la réduction probable de l'effectif pour faire cette expérience;

» La commission croit qu'il serait utile de fonder en Algérie des haras dont les éléments seraient pris parmi les meilleures juments de ce pays et des étalons choisis parmi les races les plus distinguées d'Orient ».

XXIX. — NOUVELLES HOSTILITÉS.

Il est sans doute écrit quelque part que la question des haras sera éternellement pendante. La commission administrative de 1829, tant désirée par les opposants, a été bientôt reniée par ceux qui, cependant, l'avaient fort mise en crédit au moment de son installation. La révolution de 1830 a fait oublier les études consciencieuses auxquelles cette commission s'était livrée, et repousser les conclusions logiques auxquelles elle était arrivée après plusieurs mois d'examen et une sérieuse enquête. L'opposition alors en appela de la commission au nouveau gouvernement et au pouvoir des Chambres. Ceux-ci, retranchant quelques cent mille francs au budget des haras, forcèrent l'administration à se mutiler, et quand la besogne fut achevée, on sembla lui dire : Maintenant qu'au lieu de te donner des forces, nous t'avons affaiblie, lève-toi et marche!

En effet, elle s'est levée; par un suprême effort, elle a marché. Sa marche, nécessairement lente et pénible, à travers les difficultés semées à dessein sur la route, sa marche n'a été qu'une longue lutte. Mais l'obstacle est généreux. Il a servi la cause des haras; il a été utile, voulions-nous dire, aux intérêts de la production et de l'élevage.

Les progrès obtenus dans ces dernières années sont maintenant un fait incontestable, mis en relief de la manière la plus éclatante par les travaux et les conclusions de la commission de

1848. Ceci ne faisait pas l'affaire de quelques personnes. On se réunit, on se ligua, on s'entendit à merveille pour organiser une nouvelle croisade contre l'administration. Les ambitions déçues, les inimitiés personnelles, les prétentions rivales, formèrent une coalition active, puissante, résolue. Cette fois, les haras ne se relèveraient pas du coup de massue qu'on s'apprêtait à leur administrer. Toutes les précautions étaient bien prises; le succès était vraiment par trop facile, chacun s'y était prêté de si bonne grâce! On riait sournoisement, on s'amusait avec esprit de la conquête, puis on courut sus aux vaincus, dont on se partagea libéralement les dépouilles. La chose hippique n'était pour rien en tout ceci.

Jamais commission ne fut traitée avec moins d'égards que celle de 1848. Au mépris de ses efforts, au mépris des antécédents de ceux qui la composaient et qui, pour « les hommes sérieux et de bonne foi, étaient une garantie indiscutable d'impartialité et de haute intelligence (1) »; au mépris des intérêts les plus graves, on ne tint aucun compte de ses travaux ni de ses conclusions, on allait jusqu'à refuser l'impression de son rapport. Nous ne pouvons pas dire tout ce qui s'est passé à ce sujet. L'administration des haras avait été condamnée quand même, quoique et parce que....... Restait à l'exécuter.........

Les événements ont suspendu l'action.

Cependant, le comité d'agriculture de l'Assemblée nationale avait été saisi de la question. Une pétition, deux peut-être, résumant tous les griefs, ramassant des faits controuvés, rappelant des assertions mille fois démenties, mettant une appréciation passionnée, intéressée, au service d'ambitions ferventes, proposaient un changement radical dans le système d'intervention de l'État. Le comité d'agriculture accueillit avec faveur les propositions du ou des pétitionnaires; il se les assimila et les fit siennes. Il les fit siennes sans se renseigner beaucoup, sans vérifier à bonne source les commentaires mal-

---

(1) *Des haras.* A. de T. (V. *le Bien public*, n° du 20 septembre 1848.)

veillants, sans approfondir aucune des grandes questions que la discussion la plus légère devait soulever dans son sein : il les fit siennes en acceptant pour vraies les critiques, en tenant pour fondées toutes les accusations, en patronant le mode d'intervention préconisé par ceux à qui le système actuel ne convient pas, en adoptant un rapport dont les conclusions renchérissaient peut-être encore sur la ou les pétitions qui lui avaient servi de prétexte ou de thème.

A chaque page de ce volume on trouvera la réfutation des attaques dirigées contre les haras par les opposants de toutes les dates et de toutes les doctrines. Nous les laisserons à l'écart, afin de ne pas revenir sur nos pas. Toutefois, nous examinerons à fond le système que l'on se proposait de faire sanctionner par l'Assemblée. Nous ignorons ce qu'est advenu ce rapport. On nous a bien assuré qu'après l'avoir voté, la quatrième sous-commission du comité d'agriculture l'avait annulé et remplacé par un autre qui ne nous est pas encore connu.

Celui-ci aurait été provoqué par la nécessité de parler, en même temps que de la pétition, unique ou double, hostile à l'administration actuelle, de quatre-vingts ou cent autres pétitions adressées de toutes les parties de la France à l'Assemblée nationale. On sait que ces dernières protestent contre toute idée de suppression ; elles demandent qu'au lieu d'affaiblir l'institution, on la fortifie au contraire, qu'on lui donne les moyens de se développer en raison des besoins généraux et de l'insuffisance, chaque jour mieux constatée, de l'industrie privée à se fournir par elle-même, quant à présent, les éléments régénérateurs indispensables au progrès.

Cette manifestation en faveur des haras est un fait d'une haute portée. Elle témoigne des services qu'ils ont rendus à l'industrie ; elle témoigne de la nécessité d'une intervention directe plus large que ne la voudrait le comité d'agriculture ; elle oblige l'administration, car elle montre ce que le pays attend encore de son utile concours ; elle est le meilleur argument à opposer à ceux qui ont la prétention de détruire une

institution dont la France ne saurait encore se passer, et d'im
poser à la production des doctrines fausses et dangereuses,
compromettantes pour l'avenir de notre population chevaline.

Cette manifestation, paraît-il, a singulièrement contrarié le
parti hostile; nous le comprenons à merveille. Avec un peu
de bonne volonté, et s'il était vrai que son opposition n'eût pas
d'autre motif que le bien, il s'apercevrait vite, cependant,
qu'il a fait fausse route, qu'il avait mal apprécié le rôle et l'influence des haras, mal jugé les services rendus, mal étudié
surtout les ressources de la production et les besoins de l'amélioration.

Mais ce parti est tenace, il ne lâchera pas si facilement. Au
fond de tout cela, nous l'avons dit, il y a autre chose qu'une
question d'intérêt général. Voyons ses efforts depuis février
1848, époque à laquelle « les haras, en tant qu'institution,
semblaient à l'abri de toute atteinte (1). »

C'est d'abord l'administration des remontes qui jette feu et
flamme, sous prétexte qu'elle ne pourra pas se procurer en
France les 30,000 chevaux que du jour au lendemain elle
demande à l'industrie. On sait comment tout ce bruit s'est
apaisé.

Ç'a été ensuite un grand débordement contre la commission
d'enquête réunie par l'honorable M. Bethmont. A peine avait-
elle entamé la discussion qu'on la vouait, par avance, à l'exé-
cration des hommes de cheval....., des hommes de cheval du
parti.

On a cherché un contrepoids à ses travaux : on l'a trouvé
quelque part dans une fraction d'un comité de l'assemblée nationale. Là, la question des haras a été jugée sans controverse
possible, car la porte a été fermée à tout élément d'appréciation
impartiale qui ait tenté de s'introduire.

Enfin, un projet de décret est porté à l'assemblée en faveur
de l'organisation de l'enseignement agricole. L'examen de ce

(1) *Des haras.* A. de T., *loco citato.*

projet était de la compétence du comité d'agriculture; il lui fut renvoyé et revint tout naturellement à la quatrième sous-commission, la même qui s'était déjà occupée des haras. L'enseignement agricole servit de prétexte à de nouvelles attaques contre ceux-ci. Le premier travail de la commission, celui qui depuis a été abandonné, fut repris par le rapporteur du projet et passa tout entier dans son œuvre, tout entier moins les conclusions, lesquelles sont bien différentes.

En effet, au rapport spécial, on modifiait le système des haras. Tous les dépôts d'étalons cessaient d'exister, l'intervention directe de l'Etat s'effaçait à peu près complétement, disons mieux, elle était déplacée et non point amoindrie. Dans les nouvelles propositions du comité, l'administration des haras tout entière disparaissait et perdait jusqu'à son nom. A l'heure où nous écrivons, la destruction est toujours pendante; elle menace, non l'administration, qui pour nous-même n'est qu'un point imperceptible, mais l'industrie chevaline et la sécurité du pays.

Nous parlons avec franchise et dans toute l'indépendance de notre esprit, nous jetons le cri de la conscience sans nous préoccuper en rien des blessures et des froissements qui peuvent résulter de la liberté de notre langage. Nous restons fidèle ici à notre devise : Fais ce que dois, advienne que pourra.

Un mot encore avant d'en venir aux deux systèmes approuvés tour à tour par la quatrième sous-commission du comité d'agriculture; un mot pour constater l'unanimité qui règne, dans notre pays, sur le mode d'intervention réellement utile de l'Etat dans l'œuvre de la reproduction et de l'amélioration de nos races.

Laissons de côté le système de ceux qui repoussent de la manière la plus absolue toute participation quelconque du gouvernement. Les partisans du *laissez-faire* et du *laissez-passer* ont disparu de la scène. Pour le moment, du moins, il n'en est plus question.

Il en est de même de ceux qui, simplifiant l'idée et le fait, se bornent à ceci : toute dépense inscrite au budget pour motifs autres que les encouragements offerts en prix de course est inutile et improductive. L'allocation entière attribuée à la production chevaline, si elle était exclusivement dépensée dans le sens indiqué, produirait d'immenses et prochains résultats, et tiendrait lieu de toute autre intervention quelconque. Nous ne sommes point encore assez avancés pour adopter la question en des termes aussi simples.

Nous avons eu aussi le système des haras militaires. Celui-ci confisquait tous les encouragements accordés à la production en général et les détournait au profit exclusif du cheval de cavalerie. En ne s'occupant que de ce dernier, la guerre eût laissé en souffrance tous les services publics. Ils lui importaient peu et n'étaient point de sa compétence. Cet ordre d'idées eût conduit à l'impossible, à quelque chose d'incroyable. Les grands pouvoirs ont vidé le débat en faveur de l'administration civile.

Voyons maintenant les deux systèmes en présence. Celui-ci apporte aux haras une modification profonde qui les transforme; celui-là les absorbe dans des établissements d'instruction agricole et les détruit. Le premier profiterait du moment pour placer ses hommes, qui en deviendraient naturellement les patrons; le second remettrait aux mains de professeurs d'agriculture les hautes destinées de l'industrie chevaline de la France. L'un et l'autre a successivement obtenu l'approbation du comité d'agriculture. Cependant, le dernier en date paraît avoir eu les honneurs de la préférence. Nous ne serions pas étonné, à défaut de celui-ci, de voir reprendre celui-là. Cette hésitation est d'ailleurs de mise dans la question chevaline. Ce qu'on veut, ce que poursuit le parti hostile, c'est autre chose que ce qui est; — ce qui existe ne lui est pas favorable. Nous disons vrai et nous touchons hardiment le fond de la plaie. Les adversaires des haras nous rendront au moins cette justice, que nous ne nous méprenons pas sur la nature même du mal qu'ils signalent; seulement, nous ne voulons pas de leur remède. . . . .

Maintenant étudions ce système dont on a fait une arme à deux tranchants, puisqu'avec les mêmes critiques on arrive à des conclusions toutes différentes.

Le comité d'agriculture considère l'organisation actuelle des haras comme nuisible à l'industrie chevaline, car elle pèse sur elle comme un monopole; — elle dévore, en frais d'état-major, des sommes qui doivent recevoir un plus utile emploi; — elle applique au mode d'intervention directe des fonds considérables qui rendraient plus au pays, qui profiteraient davantage aux particuliers, s'ils parvenaient à ceux-ci sous la forme de primes aux étalons privés; — elle impose aux producteurs l'application de doctrines désastreuses; c'est à elle que nous sommes redevables de la destruction de nos anciennes races, et particulièrement de nos races légères, jadis l'orgueil de plusieurs de nos provinces. Tels sont les griefs.

Quant aux conclusions, elles sont doubles, ainsi que nous l'avons déjà établi.

Le premier rapport demande la suppression des dépôts d'étalons et l'affectation des fonds du budget des haras :

— A l'entretien de deux haras exclusivement consacrés à la production et à l'élevage d'animaux de pur sang arabe et anglais;

— A des primes nombreuses attachées à l'entretien d'étalons approuvés;

— A des acquisitions d'étalons et de poulinières choisis parmi les meilleurs sujets des races françaises pour être revendus, à prix réduit, dans les localités où le besoin s'en ferait plus spécialement sentir.

Le second rapport conclut purement et simplement à l'annexion des haras et dépôts d'étalons aux établissements à créer en vue de l'enseignement agricole.

Examinons.

L'administration des haras est un monopole. Voilà un gros mot et une grave accusation. Le renouvellement de la population chevaline de la France exige annuellement une force virtuelle de **12,000** étalons. Les haras de l'État en possèdent **1,200**, c'est-à-dire le dixième de ceux qu'emploie l'industrie. Où est le monopole ?

A côté de ce reproche on en élève un autre. Cet autre s'appelle — *concurrence.* Ne serait-il pas absurde qu'une administration dont on demande la chute parce qu'elle ne donnerait aucun résultat utile commît la faute vraiment inexplicable d'étouffer tous les germes d'amélioration qui tendraient à se produire autour d'elle et qui aideraient à faire mieux sentir, à faire toucher du doigt sa bonne influence ? Ce reproche est pour le moins étrange. On ne sait trop ce qui doit le plus étonner ici de la naïveté de ceux qui vont le répétant sans cesse, ou de la simplicité de ceux qui veulent bien lui donner créance. Comment ? les haras n'auraient même pas l'instinct de conservation ! Mais ce sentiment, qui ne trompe pas, leur ferait seul un devoir de protéger leurs auxiliaires, une nécessité de multiplier et d'étendre les moyens d'action à la faveur desquels toute critique pourrait et devrait cesser. Leur position serait incontestablement plus certaine et plus agréable si toute hostilité était éteinte. Le meilleur tour à jouer à l'opposition qui harcèle les haras, sans leur laisser jamais ni paix ni trève, serait assurément de montrer à tous des résultats plus pressés et plus appréciables. L'administration est assez intelligente pour comprendre que là où serait son salut, elle n'a point à porter la guerre ni la ruine. Ce qui est vrai, c'est que les auxiliaires dont on parle n'existent pas nombreux dans le pays ; ce qui est vrai, c'est que nous serions heureux d'avoir en main les ressources indispensables pour hâter le moment où ils pourront se développer sur une large échelle, et ajouter ainsi à l'action directe des haras l'influence utile de nouveaux moyens susceptibles d'accroître, dans une proportion considérable, les forces de régénération toujours insuffisantes jusqu'ici ; ce qui est encore vrai, c'est que personnellement nous avons favorisé, autant qu'il nous l'a été permis, l'industrie privée partout où nous l'avons trouvée disposée à agir, prête à seconder nos efforts.

Loin de résister à son concours et de nuire à son développement, nous voudrions qu'il nous fût donné de le solliciter puissamment partout, d'en obtenir la somme de progrès qu'il pourrait rendre, et de faire recueillir au pays les bons fruits d'une
marche heureusement concertée. En nous parant de résultats
meilleurs, dus à la réunion intelligente de tous les efforts et de
tous les dévoûments, nous serions fier d'avoir pu y présider, et
nous ne croirions pas nous être paré des plumes du paon.

D'autres que nous ont mesuré les forces de l'industrie particulière au point de vue qui nous occupe. Leurs conclusions sont
peu favorables aux idées du comité d'agriculture. Nous ne ferons que la citation suivante :

« .... Si nous recherchons en quoi l'administration des haras met obstacle au développement de l'industrie privée, nous
trouverons de singuliers résultats. L'industrie privée, à l'égard
des haras, se présente sous trois faces bien diverses :

» 1º Tout ce qui produit le cheval grossier, c'est-à-dire les
neuf dixièmes de la production française, ne rencontre jamais
les haras sur son chemin et reste parfaitement en dehors de la
question. Ces contrées font-elles mieux pour cela? C'est à peine
si l'on y trouve quelques étalons de choix à l'usage des grosses races; pour le reste, la reproduction se fait généralement
sans étalons et à l'aide du premier cheval qui se présente.
Ainsi, voilà le régime d'*émancipation* mis à l'épreuve; il
donne ou le plus gros cheval possible ou la rosse la plus ché-
tive.

» 2º Les régions qui produisent le cheval de guerre ont leurs
limites identiques avec celles où fonctionnent les étalons de
l'Etat. Elles n'agissent que sous l'impulsion et la protection
des haras. Elles ont indéfiniment besoin d'être soutenues;
dès qu'elles cessent de l'être, elles abandonnent la production
du cheval de guerre pour passer à une autre industrie. Ces
contrées, loin de se plaindre de l'intervention des haras, demandent deux fois plus d'étalons qu'on ne peut leur en fournir.

» 3º Enfin, l'industrie du turf, qui se rattache à la propa-

gation du cheval de pur sang, si utile à toute amélioration,
est, si nons ne nous trompons, celle-là surtout qui a cru voir
un obstacle à ses progrès dans l'existence des haras, et qui a
cherché à réduire l'action administrative dans le but d'y substituer, avec bénéfice, son propre mouvement. Mais elle se faisait une singulière illusion, son cheval est tout ce qu'il y a de
plus délicat, de plus dispendieux, de plus aristocratique, et
elle espérait le naturaliser dans nos mœurs démocratiques et
parcimonieuses! Bientôt désabusée, elle a cherché à transiger
avec l'administration; elle l'a portée à acheter des étalons de
tête, tels que *Physician* et *Gladiator*, pour le service des juments de turfs; elle lui a vendu ses produits, qu'aucun amateur
ne payait au prix de revient. L'administration, sans doute, a
fait de bonnes acquisitions par cette voie, mais nous regret-
tons vivement qu'elle soit devenue tributaire de cette spéculation, au point d'avoir été obligée de démonter, en partie, ses
belles jumenteries du Pin et de Pompadour, et en entier celle
de Rosières. Nous craignons qu'ici l'intérêt public n'ait été sacrifié à l'intérêt particulier.

» L'étalon de pur sang est, sans contredit, appelé à jouer un
grand rôle dans l'amélioration de la production française; mais,
au point de vue du profit pécuniaire, ce cheval est chez nous
un problème insoluble. *L'indifférence en matière* de saillie est
trop invétérée pour qu'un spéculateur se hasarde à payer cet
étalon au delà du quart de son prix de revient. L'étalon de
pur sang ne peut avoir de position en France qu'au point de
vue de l'intérêt général, c'est-à-dire qu'il faut se résoudre à
le payer quatre, six et dix fois plus qu'il ne peut rapporter.
Or, qui se chargera de cette mission glorieuse? Ce n'est pas
moi ni aucun paysan de ma connaissance. J'en demande bien
pardon à la République, mais je vote pour que ce soit elle; elle
seule a intérêt à payer un étalon dix mille francs, pour en
donner la saillie à dix francs. En revanche, ne serait-il pas
juste que la République fût laissée parfaitement libre d'acheter ou de faire ses étalons de la manière qui lui paraîtra la plus

avantageuse, fût-ce même dans ses haras du Pin et de Pompadour ?

» Ainsi, nous devons effacer l'idée de rivalité entre les haras et l'industrie privée. Pas de rivalité dans les pays de mauvais chevaux, où les haras ne pénètrent pas ; aucun dans les pays qui produisent le cheval de guerre ; trop souvent, les haras y fonctionnent seuls, et, s'ils y rencontrent de bons étalons, ils les appuient comme des auxiliaires utiles, loin de les repousser comme des compétiteurs. S'il y a rivalité, c'est sur deux points seulement : 1° dans les pays de grosse race, où les éleveurs ont délaissé les étalons de l'Etat, parce qu'ils ne voulaient que des chevaux de gros trait (on ne dira pas, sans doute, que ce fût pour faire le cheval de guerre mieux qu'avec l'étalon officiel) ; 2° dans le *turf*, qui a voulu se faire *industriel*, en France comme en Angleterre ; mais ç'a été une grave erreur de sa part. Le *turf*, chez nous, est *artiste* et ne peut être qu'*artiste*. Ce qu'il produit n'a pas de valeur courante sur le marché ; ce sont des valeurs très appréciables, sans doute, mais enfin des valeurs comme celles des tableaux de l'exposition du Louvre, où les premiers choix sont généreusement payés par l'Etat, et où le reste, mis à l'encan, se vend à peine au prix du cadre. Admettons donc le turf à titre d'*artiste ;* payons largement ses œuvres quand elles sont bonnes, mais ne comptons pas sur son industrie pour nous faire vivre. En matière de turf, ne disons pas que les haras nuisent à l'*industrie privée*, mais plutôt qu'ils protègent les *beaux-arts.*

» La véritable industrie privée ne s'ébat point sur les pelouses de Versailles ou de Chantilly. Plus humble, elle se cache au fond des provinces, où elle s'évertue à faire des chevaux, qu'elle sait bien ne devoir vendre qu'à des prix très faibles. Elle ne peut marcher qu'à la condition d'être gratifiée d'étalons de choix ; il lui serait tout à fait impossible de transiger avec des spéculateurs offrant leurs étalons à des prix britanniques. Toute illusion à cet égard doit être rejetée au delà du temps prévu. Entre le turf et l'industrie privée il y a un abîme,

— tout l'abîme qui sépare le luxe de la misère. Les haras sont l'intermédiaire bienfaisant, indispensable, entre les deux.

» Sans le musée national, les chefs-d'œuvre de Vernet, Ingres, Delaroche, seraient lettres closes pour la presque-totalité des Français ; sans les haras, les étalons de pur sang et tous les étalons de haut prix disparaîtraient de la reproduction. L'*émancipation chevaline* ressemble comme deux gouttes d'eau à une *émancipation de la peinture*, qui consisterait à disperser les tableaux de nos musées et à abolir les achats nationaux à la suite des expositions, sous prétexte que ces collections publiques empêchent les citoyens de faire ou de se procurer de bons tableaux. D'une part, la France n'en deviendrait pas plus artiste, et, de l'autre, pas plus hippique. Enfin, l'*émancipation* est tout entière dans ce peu de mots : *substitution du roussin de service à l'étalon proprement dit* (1) ».

Pour en finir avec l'accusation et le reproche que nous venons de repousser, nous n'ajoutons qu'un mot. Le monopole, si monopole il y a, existera tout aussi bien quand les étalons seront entretenus dans les fermes-écoles ou dans les fermes régionales. On l'aura déplacée, rien de plus. Haras ou grandes écoles, dépôts d'étalons ou petites écoles, n'est-ce pas tout un ? Le nom seul aura changé ; la chose sera la même quant au fait et quant à la forme. Il y au moins contradiction entre les prémisses et la conclusion.

La concurrence, si concurrence il y a, existera tout aussi bien quand les étalons seront entretenus, aux frais de l'État, entre les mains des particuliers. Des étalons primés de 600 à 800 fr. chez des cultivateurs à qui l'État les aura vendus à vil prix, qu'est-ce autre chose qu'un privilége onéreux, créé au profit du petit nombre ? Relativement aux détenteurs d'étalons approuvés, quelle sera donc la position de ceux qui ne recevront ni étalon ni prime ?....

(1) Ch. de Sourdeval, *Journal des haras*, t. 45.

*L'administration dévore, en frais d'état-major, des sommes
qui devraient recevoir un plus utile emploi.*

Pour articuler ce reproche, on s'enfle la voix et l'on force
un peu la vérité. On écrit : L'état-major des haras, ensemble
le personnel central et celui des établissements, prend au budget
la somme énorme de 498,600 fr. ! Nous avons fait connaître
plus haut l'organisation actuelle de ce nombreux et brillant
état-major. Nous avons vu qu'il se composait de soixante-dix-
huit employés de tous grades, y compris vingt-trois vétérinaires ; que la somme des traitements s'élevait à 201,600 fr. ;
que la moyenne de ceux-ci s'arrêtait au chiffre de 2,584 fr.
61 cent. sur lesquels 130 fr. sont versés à la caisse des retrai-
tres ; qu'après soixante ans d'âge et trente années de sa vie,
on pouvait aspirer au repos et s'éteindre au milieu des douceurs
promises, c'est-à-dire en face d'une pension moyenne qui
n'arrive pas à 1,300 fr. par an. Telle est la condition de l'officier des haras. Pour l'améliorer et la rendre digne d'envie,
on a confondu en un seul chiffre la solde attribuée aux palefreniers et les appointements du personnel. Il n'y aurait aucune justice à en user ainsi. Dans la prime qui remplacerait
les frais d'entretien direct, supportés aujourd'hui par l'État,
se trouve, sans aucun doute, une indemnité quelconque afférente au palefrenier. Quelque mode que l'on adopte, il faut
nécessairement attacher des hommes à la tenue des étalons et
au service de la monte. Que leurs gages soient payés sous le
nom de primes ou figurent sur des états d'émargement, la dépense n'en existe pas moins. Il ne saurait donc être question
ici que du personnel des employés autres que les palefreniers.
Eh bien ! celui-ci, nous venons de le dire d'après le tableau
même de l'organisation officielle, celui-ci touche 201,600 fr.,
et non 498,600 fr.

Les rapporteurs de l'un des sous-comités d'agriculture se
mettent, sous ce rapport, fort à l'aise. Ils s'élèvent très haut
contre la dépense affectée en ce moment au personnel des ha-

ras, et se gardent bien d'aborder la même question en ce qui touche leur système.

Dans le premier rapport, on passe sous silence le tableau d'état-major proposé par le ou les pétitionnaires. Or, voici ce que contient ce tableau :

Trente-et-un fonctionnaires, parmi lesquels vingt-quatre inspecteurs-généraux ou départementaux, — touchant une somme de 191,500 fr., soit en moyenne 6,177 fr. 41 cent. Les frais de tournées entrant dans ce dernier chiffre pour 1,435 fr. 48 cent., c'est encore un traitement moyen de 4,741 fr. 93 cent., ou 2,157 fr. 32 cent. de plus que ne reçoit le personnel actuel.

Que si nous ne comprenions pas les vétérinaires dans nos calculs comparatifs, afin de les rapprocher davantage les uns des autres, nous verrions un personnel de cinquante-cinq employés coûtant 176,600 fr. La moyenne des traitements ressortirait alors à 3,210 fr. 90 cent., ou 1,531 fr. 03 cent. de moins que ceux de l'organisation proposée.

Dans le second rapport, on retrouve les mêmes critiques et la même absence de propositions. On n'a pas osé dire, toutefois, que le personnel des écoles régionales pourrait suppléer à l'action et au travail des officiers des haras. C'est que la chose est tout simplement impossible. Pour appartenir aux fermes régionales, les étalons n'en devront pas moins être employés à la monte, répartis et surveillés dans les stations, suivis dans les accouplements et dans les résultats, etc., etc. Est-ce que les mêmes exigences ne surgissent pas toutes et tout d'un coup? Les négligera-t-on? mais alors on sentira bientôt le néant de la transformation que l'on désire. Et si on les satisfait, on reviendra immédiatement à un personnel spécial. Pourquoi donc taire cette nécessité et s'en tenir aux banalités qui courent les rues? Quand on veut substituer une organisation à une autre, est-il permis de demeurer ainsi dans le vague d'une déclamation vide, tant sonore soit-elle? De deux choses l'une : ou le concours d'une administration spéciale est

utile, indispensable, et alors il fant en subir toutes les charges
afin d'en retirer la plus grande somme de bien possible ; ou
cette administration n'est qu'un rouage inutile, un hors-d'œuvre, une complication onéreuse, et dans ce cas tout doit être
supprimé à la fois. Nous ne voyons aucun avantage au système
bâtard que l'on produit, incomplet et boîteux, pour le *per-*
fectionner plus tard, quand l'expérience aura démontré son
insuffisance et ses vices.

Quoi qu'on fasse, si l'on conserve une administration publique, — agricole ou spéciale, — peu importe, on sera forcé de
solder un personnel et de lui consacrer, en émoluments quelconques, des fonds dont il faudra chercher à tirer le meilleur
emploi possible.

Les chiffres officiels disent ce qu'il y a de fondé dans les richesses du luxueux état-major des haras ; la justice veut qu'on
reconnaisse les services qu'il rend à l'industrie chevaline ; le
plus simple bon sens commande de forcer les novateurs à s'expliquer sur la nature et l'importance du personnel que comportent nécessairement leurs plans d'organisation ou de transformation. Il y aura prudence à entrer ici dans tous les détails,
à voir bien clair au fond de cette eau que l'on trouble afin de
pouvoir ensuite pêcher à son aise ; il y aura sagesse à ne pas
laisser détruire avant de bien savoir ce que l'on peut, ce que
que l'on veut, ce que l'on doit mettre à la place.

L'administration applique au mode d'intervention directe
des fonds considérables qui rendraient plus au pays, qui pro-
fiteraient davantage aux particuliers, s'ils parvenaient à ceux-
ci sous la forme de primes aux étalons privés.

Cette objection attaque l'économie même du budget des haras. Entrons sans préambule au cœur de la question et voyons
si les critiques se sont établis sur un terrain bien ferme.

On trouvera dans les pages qui précèdent les chiffres copiés
dans les lois des comptes et qui repoussent toutes les exagérations écrites sur le prix d'entretien de chaque étalon possédé
par l'Etat, on y trouvera également l'importance réelle et non

imaginaire de la dotation annuelle des haras. Nous ne reviendrons pas sur ces points, parfaitement élucidés pour qui voudra prendre la peine de se renseigner aux sources officielles.

Nous n'avons qu'à établir un parallèle entre ce que la dépense affectée à l'entretien des établissements rapporte en ce moment à l'État, et ce qu'elle produirait si elle était attribuée en primes aux étalons particuliers.

Remontons seulement à 1841 et donnons les chiffres sous forme de tableaux.

Et d'abord, le montant des dépenses nettes des établissements, tous frais quelconques compris, défalcation faite des recettes dont le produit a été versé directement au trésor :

Tableau de la dépense brute, des recettes et de la dépense nette des Établissements, de 1841 à 1847.

Années.	Dépenses brutes.	Recettes versées au trésor.	Dépenses nettes.	Observations.
	fr. c.	fr. c.	fr. c.	
1841	1,512,296 33	322,932 14	1,189,364 19	L'importance plus grande de la recette effectuée
1842	1,492,839 81	258,471 51	1,234,368 30	en 1841 vient des ventes considérables, faites par
1843	1,459,469 07	284,639 80	1,174,829 27	l'administration à l'industrie, de juments et de
1844	1,497,176 72	267 290 95	1,229,885 77	poulains de ses haras du Pin, de Pompadour et de Rosières.
1845	1,576,735 73	260,720 88	1,316,014 85	
1846	1,548,157 27	282,080 69	1,266,076 58	
1847	1,575,000 »	280,087 09	1,292,912 91	

Tableau des dépenses moyennes afférentes à chaque tête, de 1841 à 1847 inclusivement.

Années.	Nombre d'étalons, juments et poulains (existences complètes).	dépense moyenne pour nourriture.	Toutes autres dépenses que celles de nourriture.	Total de la dépense moyenne par tête.	Recette à déduire.	Prix de revient net et par tête.
		fr. c.	fr. c.	fr. c.	fr. c.	fr. c.
1841	1,246	474 77	738 95	1,213 72	259 18	954 54
1842	1,217	479 71	746 94	1,226 65	212 38	1,014 27
1843	1,239	466 06	711 88	1,177 94	229 73	948 21
1844	1,254	497 89	696 03	1,193 92	213 15	980 77
1845	1,367	486 28	667 14	1,153 42	190 72	962 70
1846	1,312	525 78	654 21	1,179 99	215 »	964 99
1847	1,352	520 99	642 47	1,163 46	207 17	956 29

Développement de la dépense pour nourriture des animaux (1).

Années.	Nombre des animaux entretenus.	Nombre des rations consommées.	Total de la dépense pour tous les établissements.	Dépense pour l'année et par tête.	Prix moyen de la ration quotidienne.
			fr. c.	fr. c.	fr. c.
1841	1,246	454,790	591,564 18	474 77	1 50
1842	1,217	444,205	583,804 68	479 71	1 31
1843	1,239	452,235	577,451 71	466 06	1 28
1844	1,254	457,710	624,350 93	497 89	1 36
1845	1,367	498,955	664,751 32	486 28	1 33
1846	1,312	478,880	689,820 79	525 78	1 44
1847	1,352	493,480	704,385 06	520 99	1 43 (1)

(1) Les fourrages sont fournis par des entrepreneurs, à la suite d'adjudications publiques, passées en conseil de préfecture, pardevant les préfets.

(2) Qu'on nous permette ici quelques observations en faveur de notre propre gestion.

Si l'on veut comparer entre eux les chiffres des tableaux qui précèdent, on se rendra bientôt compte des améliorations qui ont été introduites dans l'admininistration intérieure des établissements.

Nous les ferons mieux ressortir en opposant les chiffres de l'année 1841 à ceux de l'exercice 1847.

En 1841, le nombre des animaux entretenus est de. . 1,246
En 1847, il est de 1,352

Différence en plus. . . . 106

Le budget des dépenses de 1841 s'est élevé à. 1,512,296 fr. 33 c.
Celui de l'exercice 1846, à. . . . . . . 1,573,000 »

Il en résulte que les 106 animaux entretenus en plus en 1847, toutes circonstances égales d'ailleurs, n'auraient coûté que 60,703 f. 67 c., ou 572 f. 67 c. par tête.

Mais ces chiffres ne disent pas la vérité tout entière. Pour la découvrir, il faut décomposer les dépenses et voir ce que chaque animal a coûté pour frais de nourriture.

Etalons nés dans les haras de l'Etat et mis au service
de la monte, de 1841 à 1847 inclusivement.

1841.	16
1842.	21
1843.	17
1844.	15
1845. . , ...	16
1846.	12
1847.	13
Total. . . .	110

On nous permettra de donner à chacun de ces animaux une valeur égale à la moyenne du prix d'achat des étalons de pur sang, achetés aux éleveurs français. Cette moyenne est de 5,500 fr. Les cent dix têtes représentent donc une somme de 605,000 fr.

Le crédit alloué pour les achats s'élève à 492,000 fr.

En 1841, la ration moyenne n'est ressortie qu'à 1 fr. 30 c. par jour, elle a été de 1 fr. 43 c. en 1847. Cette différence de 13 c., par jour, donne 46 fr. 22 c. par tête et par an. C'est une somme de 62,861 fr. 6 c. pour l'exercice entier et la totalité des animaux entretenus.

Il résulte que, si l'on rapproche entre eux les budgets des deux années, défalcation faite des dépenses de nourriture, on obtient des chiffres comparatifs bien différents. Les voici :

1841. Toutes autres dépenses
que celles de nourriture. . 920,752 fr. 15. Moyenne par tête, 738 fr. 95
1847. Toutes autres dépenses
que celles de nourriture. . 868,614 94. id. 642 47

La différence est de 96 fr. 48 c. par tête et de 130,440 fr. 96 c. pour l'effectif entier. Si donc les dépenses avaient été maintenues sur le même pied dans les deux exercices, les haras auraient coûté 130,440 fr. de plus en 1847 qu'en 1841.

C'est par la différence des recettes que s'explique l'égalité du prix de revient pour chaque année. Nous avons dit la cause de cette différence, qui s'élève à 52 fr. 1 c. par tête.

Maintenant, recomposons la partie du budget employée à la remonte et à l'entretien des établissements.

1º Crédit affecté aux achats d'étalons. . 492,000
2º Moyenne des sommes consacrées à l'entretien, de 1841 à 1847. 1,522,810

Total. . . 2,014,810 f.

De quoi il faut déduire, savoir :

1º La moyenne des recettes versées au trésor de 1841 à 1847 . . . 279,460 fr.
2º La moyenne de la valeur représentée par les jeunes chevaux nés dans les haras et admis au rang d'étalons. . 86,430

365,890

Reste. . . . . 1,648,920 f.

pour le renouvellement et l'entretien de 1,284 têtes, — nombre moyen des sept dernières années. C'est une somme de 1,288 fr. pour chacune d'elles.

Tous les projets de réforme reconnaissent la nécessité de faire concourir largement l'État à la reproduction des types les plus puissants. Tous réclament l'extension de l'élevage dans les deux haras du Pin et de Pompadour, dont on voudrait faire de véritables *foyers de production*. Toutefois, on demeure dans le vague en ceci comme dans le reste. Il faut pourtant arriver à quelque chose de précis ou renoncer à toute prétention de réforme.

Supposons que l'on réunisse 100 poulinières au Pin et autant à Pompadour, que ces poulinières donnent, chaque année, 75 produits viables ; le nombre des animaux à entretenir formera l'effectif suivant :

Poulinières.	200
Produits d'un an.	75
Produits de 2 ans	60
Produits de 3 ans.	55
Produits de 4 ans.	50

Total. . . 440

Au prix moyen de 950 fr., ces 440 têtes donnent une somme de. . . . . **418,000 fr.**

8 étalons au moins seront nécessaires. Supposons qu'ils coûteront seulement 20,000 fr. l'un, et qu'on les renouvellera par quart, ci. 40,000

Entretien des 8 étalons, à 950 fr. par an. 7,600

Total. . . . 465,600 fr.

A déduire les recettes, savoir :

Prix de vente de 15 poulains mal venant à 2 ans, et à 300 fr. l'un. . . . 4,500

Prix de vente de 5 produits de l'âge de 3 ans, à 400 fr. 2,000

Prix de vente de 5 produits de l'âge de 4 ans, à 500 fr. 2,500

Réforme de 25 poulinières, à 700 fr. 17,500

Vente de 25 étalons prêts à entrer en service, à 1,500 fr. 37,500

Vente des deux étalons remplacés à 3,000 fr. 6,000
— 70,000 fr.

Reste en dépense. . . . 395,600 fr.

qui seront nécessairement encore appliqués en intervention directe. La somme à affecter en primes aux étalons particuliers se trouve ainsi réduite à celle de 1,253,320 fr.

Répartie en primes de 700 fr. l'une, elle atteindrait 1,790

étalons, au lieu de **1,200** qu'entretient aujourd'hui l'administration des haras, soit un tiers en sus.

Néanmoins, on comprend bien que les particuliers seraient
peu disposés, même en face de la prime moyenne de **700** fr.,
à se procurer d'autres reproducteurs que des étalons de trait
ou des animaux plus ou moins communs, et l'on demande l'organisation d'un service spécial pour acheter les étalons améliorateurs aux contrées de production, les conduire aux lieux de
vente et les céder à prix réduits à l'industrie privée, moyennant conditions établies en un cahier des charges dont on ne
fait pas connaître la teneur, bien que sa rédaction et son acceptation doivent donner lieu à mille difficultés. Oublions ces dernières. Admettant que le nombre de **1,800** étalons existe entre
les mains des particuliers, que **600** se renouvellent par les
soins mêmes des détenteurs, que l'Etat n'a à intervenir directement que pour le remplacement des **1,200** autres. Ce sera
une acquisition annuelle de **120** têtes ; ce sera aussi le transport et la dissémination de **120** animaux à effectuer pour la
vente aux étalonniers.

La moyenne des achats ressortira au moins à **3,000** fr. (nous
ne voulons pas que l'on puisse accuser nos calculs d'être exa-
gérés en quoi que ce soit) ; c'est une avance de   **360,000** fr.

Il faudra des hommes pour soigner et conduire ces jeunes chevaux du lieu d'achat aux
lieux de vente ; supposons que **100** palefreniers
improvisés suffiront à la tâche, qu'on les obtiendra au prix de **5** fr. par jour, et qu'on ne les gar-
dera pas au delà de **70** jours ; c'est, pour la durée de l'opération, une somme de **35,000**

La nourriture et le logement de **120** étalons
pendant le même laps de temps ne sauraient être
portés à moins de **3** fr. par jour et par tête; soit.   **25,200**

Ferrure, soins du vétérinaire, médicaments,

A reporter. . . .   **420,200** fr.

Report. . . . . 240,200 fr.

faux frais de toute espèce, seulement. . . . 19,800

Traitement et frais de déplacement de l'agent
des remontes 10,000

Total. . . . . . . 450,000 fr.

Ce serait se bercer d'un fol espoir que de supposer que des étalons importés dans les départements, arrivant nécessairement un peu dé-
faits par la route (conduits qu'ils auront été
par des hommes fort peu intéressés à leur bien-
être), et vendus aux enchères sous clauses et conditions plus ou moins gênantes pour les détenteurs, seront payés, en moyenne, au delà de
1,500 fr. ; admettons ce chiffre, qui ne sera pas
atteint, et nous obtiendrons une recette de
180,000 fr. à déduire, ci. 180,000

Restera une dépense de. . 270,000 fr.

à distraire de la somme de 1,253,320 fr., écrite plus haut.
Les fonds à distribuer en primes ne s'élèveront donc plus qu'à
983,320 fr. et ne primeront plus que 1,404 étalons au lieu de
1,790.

Mais ces étalons, une fois répartis au hasard de la vente publique, que deviendront-ils? Ne faudra-t-il pas les faire surveiller?
L'État pourra-t-il abandonner à l'incurie des propriétaires, au
caprice des détenteurs, des animaux dont l'entretien lui reviendra, chaque année, non compris les frais de remplacement, à
la somme assez élevée de 700 fr. par tête? Évidemment, non.
Voilà donc un personnel à former et à solder. Quelque mal rétribué qu'il soit, il emportera bien encore 150,000 francs au
moins. L'allocation à distribuer en primes est réduite d'autant, et ne donne plus les moyens d'entretenir 1,200 étalons

particuliers, effectif annuel de nos haras et dépôts d'étalons.

Et cette question de chiffre n'est qu'un côté du système. Nous laissons en dehors les meilleurs arguments à lui opposer, ceux qui militent en faveur du mode existant, lequel consiste à appliquer à la fois, simultanément et parallèlement, à la production et à l'amélioration du cheval, les moyens d'intervention directe et indirecte. Ces deux modes doivent s'aider et se soutenir l'un l'autre. Isolément, celui-ci sera toujours impuissant, et celui-là insuffisant. Le rôle de l'intervention directe est de travailler à l'amélioration des races, c'est-à-dire à leur appropriation la plus complète aux besoins changeants, aux exigences nouvelles d'une civilisation toujours progressive : la tâche de l'intervention indirecte consiste à produire en suffisance, à la suite du premier mode, la sorte, les qualités demandées par le consommateur. Le premier mode fournit à l'industrie les types les plus élevés et les plus chers, ceux dont il n'y a aucun profit à tirer en dehors du service de la production, ceux dont l'entretien est onéreux au contraire et supérieur aux moyens des particuliers ; le second est plus à la portée de tous et peut devenir utilement l'œuvre de l'industrie privée, moyennant aide et encouragement. L'État ne pourrait tout faire sans dépenses excessives ; l'industrie resterait en deçà des besoins si elle n'était stimulée par deux côtés à la fois. Les deux modes d'intervention fonctionnent avec avantage l'un près de l'autre et rendent plus, — à moindres frais, — lorsqu'on les applique simultanément, que lorsqu'on les établit à l'exclusion l'un de l'autre.

Un mot encore.

Pour bien juger le mérite de l'un et l'autre modes d'intervention, il ne faut pas perdre de vue la nature de la race, le genre de cheval dont ils doivent s'occuper : car ceci est capital et contient la solution même de la question.

Qu'on n'oublie pas non plus que des achats d'étalons, au prix moyen de 3,000 fr., ne pousseront pas l'élevage à donner des reproducteurs d'un grand mérite, et que le système des étalons particuliers, à l'exclusion des étalons de l'État, ne fournira pas à l'industrie les éléments supérieurs qui donnent le cheval vraiment améliorateur, l'étalon capable de produire des pères, les types indispensables à la bonne reproduction de l'espèce. Enfin, la jument d'élite disparaît, cesse d'être entretenue avec sollicitude dès que ses produits ne s'écoulent pas à bon prix. La production des types est nécessairement coûteuse et ne s'obtient qu'à la faveur d'un bon système, puissamment appuyé sur des bénéfices certains.

L'administration des haras impose aux producteurs l'application de doctrines désastreuses auxquelles il faut attribuer la destruction de nos anciennes races.

Ce reproche n'est pas nouveau. On en trouve la première expression dans le premier ouvrage publié en France sur la science du cheval ; nous l'avons déjà repoussé au commencement de ce volume. Qu'on nous permette, néanmoins, de rappeler les principales époques auxquelles il s'est produit. En compulsant tous les mémoires sur la matière, on le trouve, disons-nous, dans le plus ancien de tous, qui remonte à 1372 ; puis, — et toujours, — dans ceux qui sont venus après. Marquons quelques étapes dans cette longue série d'années et rappelons des millésimes que nous avons déjà écrits : 1639, 1748, 1770, 1781, 1787, ans II et VI de la République ; 1806, 1815 et suivants, y compris, bien entendu, 1848, — le plus fécond entre tous.

Si nos races ont disparu, ce n'est pas d'hier. On sait maintenant ce qu'il faut penser de cette prétendue ruine. Nous avons prouvé, à plusieurs reprises, qu'en aucun temps les forces de notre population chevaline n'ont été aussi considérables que de nos jours.

Quoi qu'il en soit, il serait souverainement injuste d'attribuer la perte de nos races à l'adoption du principe du pur sang en général, et à l'emploi de l'étalon de pur sang anglais en particulier.

Le principe du pur sang est irrécusable. Le repousser serait défendre cette thèse, que ce n'est pas avec l'agent essentiel, indispensable, de l'amélioration, qu'il faut travailler à perfectionner les races, mais, au contraire, avec des animaux médiocres et sans type. Cela n'est pas soutenable en 1848.

Quant à l'emploi du pur sang anglais, il faut en mesurer l'étendue. Voici des chiffres qui la donnent :

En **1834**, l'administration possédait **83** étalons de cette race.
En **1837**,   —   **110**   —
En **1840**,   —   **136**   —
En **1843**,   —   **194**   —
En **1845**,   —   **205**   —
En **1848**,   —   **253**   —

Est-ce avec des moyens aussi bornés que l'administration des haras aurait pu arriver à la destruction de nos races? Et, cependant, avec quelle assurance ne se produit pas cette accusation?

Mais nous pouvons dire, tout aussi bien, quels ont été les résultats numériques de l'emploi du reproducteur de pur sang anglais en France. Nous avons dit avec certitude que le renouvellement de la population chevaline s'opérait par 300,000 naissances annuelles, résultant de 600,000 saillies au moins. Voyons, dans ce mouvement général de l'espèce, quelle part a été réservée à l'étalon de pur sang.

Années.	Nombre de juments saillies.	Moyennes par étalon.
1834	2,696	32.48
1837	3,386	30.78
1840	4,737	34.83
1843	8,272	42.64
1845	10,402	50.74
1848	13,563	53.61

Tout commentaire devient inutile. Cependant, qu'on nous permette de faire remarquer la proportion ascendante, le nombre toujours croissant des juments livrées au cheval de sang, à partir de 1837. Cette augmentation aurait-elle eu lieu sous l'influence d'une production manquée, valant moins à la vente? Quelque effort qu'on fasse, on n'impose pas à la production. Elle est plus intelligente qu'on ne feint de le croire. Si elle a commencé par résister à l'emploi de l'étalon de race pure, son intérêt lui a bientôt fait une loi de l'admettre, puis de le rechercher avec soin, et enfin de le désirer et de le préférer à tout autre. Elle en est là, en ce moment, pour certaines contrées privilégiées où il n'y a plus rien à attendre de l'étalon commun ou trop loin de sang.

En repoussant les reproches adressés à l'administration, nous avons suffisamment combattu les conclusions du premier rapport de la quatrième sous-commission du comité d'agriculture. En effet, si, loin d'être un monopole destructeur, les haras, — tels qu'ils existent, — sont un auxiliaire utile, un appui protecteur, un soutien nécessaire, indispensable même, il n'y a pas lieu de se conformer au désir de la commission et d'effacer l'action de l'Etat [pour [laisser le champ libre à la spontanéité stérile de l'industrie privée ; — si, loin d'avoir un luxueux état-major à la charge de son budget, l'administration n'a qu'un personnel à peine suffisant et plus mal rétribué que celui qu'on voudrait créer au profit de certaines ambitions, ce n'est pas la peine vraiment de désorganiser le service et de se priver de l'expérience du personnel actuel pour le remplacer par des hommes dont le plus grand mérite jusqu'ici a été d'attaquer à tort et à travers tout ce qui est, hommes et choses, sans aucune certitude pour l'avenir, sans autre pensée que celle de renverser ; — si, loin de donner à la dotation des haras un emploi meilleur, on parvient à l'appliquer de telle sorte qu'on en doive obtenir des services moins importants, des résultats moins nombreux, une utilité moindre, nous ne croyons pas qu'il y ait lieu de se hâter beaucoup de supprimer l'administration actuelle au profit d'un tel système ; — si enfin, loin d'avoir nui à notre population chevaline, les doctrines de l'administration des haras, qui sont, d'ailleurs, celles de toute l'Europe, produisent des améliorations incontestables et élèvent à chaque génération nouvelle nos races sur l'échelle du perfectionnement, le plus simple bon sens veut qu'on en continue et qu'on en étende l'application ; il commande surtout qu'on ne permette pas à ceux qui discutent l'évidence d'apporter le trouble et la perturbation dans la marche progressive que suit la production équestre depuis bientôt quinze ans.

Passons maintenant aux conclusions du second rapport, et voyons quels avantages il se promet de l'annexion des haras et dépôts d'étalons aux établissements d'enseignement agricole.

« Le budget des haras ajouté au budget de l'agriculture, dit le rapporteur, permettrait l'entretien d'un plus grand nombre d'étalons améliorateurs indispensables à la France.

» Ces animaux seraient en même temps d'une grande utilité pour l'instruction des élèves dans les écoles d'agriculture, pour l'étude importante des divers modes de perfectionnement des races. Les étalons de l'espèce chevaline placés, comme ceux des autres races d'animaux, dans les fermes-écoles, dans les écoles régionales et l'institut national agronomique, seraient des sujets précieux pour l'instruction des élèves.

» Au lieu d'être nourris sans rien faire , le plus grand nombre des étalons pourraient être employés , pendant le temps où ils ne sont pas occupés à la monte , à des travaux légers dans les établissements d'enseignement agricole ; ils gagneraient ainsi une partie de leurs dépenses de nourriture. Cet exercice serait salutaire à leur santé, et les rendrait plus prolifiques.

» Enfin , les économies que procurera ce système rationnel seront utilement employées pour multiplier le nombre des étalons réclamés de toutes parts. »

Nous discuterons ces avantages.

Nous n'avons rien à dire du premier. Il est incontestable que deux budgets réunis peuvent être plus puissants que l'un des deux isolément. Cela tombe sous le sens. Mais si le budget des haras ajouté au budget de l'agriculture avait cet avantage de doubler les forces et les résultats , est-ce que la dotation de l'agriculture ajoutée à la dotation des haras n'aurait pas exactement le même pouvoir? Passons.

L'entretien des étalons de l'Etat dans les fermes-écoles et dans les écoles régionales serait , pour les élèves , des occasions d'études sérieuses.

Autant que personne nous aimons la science; autant que personne nous désirons de la voir s'infiltrer dans les masses par tous les pores : nous ne saurions à cet égard être suspect à qui que ce soit. Nous aurions donc aimé à trouver dans l'avantage qu'on se promet ici une raison de nous ranger à l'avis du comité d'agriculture , et de recommander avec lui l'annexion des haras et dépôts d'étalons aux établissements d'enseignement que l'on projette de créer. Mais , si séduisante qu'elle soit, une idée ne nous arrête qu'autant qu'elle est pratique , et que de son application doit ressortir plus d'utilité que de désordre , moins d'inconvénients que d'avantages. Eh bien! l'examen de ce projet nous a laissé la conviction bien ferme que l'instruction des élèves n'avait pas beaucoup à gagner, et que l'amélioration des races n'avait qu'à perdre à sa réalisation.

Nous savons l'agriculteur fort ignorant en général en matière hippique. Nous pourrions même ajouter que les agriculteurs officiels montrent, pour la plupart, une grande répulsion pour tout ce qui tient aux races distinguées, au cheval de sang. Ils ont au contraire une prédilection marquée pour l'espèce commune, pour les races travailleuses qui font beaucoup de bon fumier. Ils veulent un cheval lourd et massif, gros mangeur et gros producteur d'engrais, au tempérament froid, aux allures lentes, au caractère facile et mou; un cheval qui vienne tout seul, sans beaucoup de soins, et à qui les tares et les vices de conformation soient légers au jour de la vente. Nous nous rendons bien compte du genre d'avantages que peut offrir un pareil animal au point de vue de son emploi immédiat, mais nous ne voyons pas bien quelle utilité en retireraient et l'armée et les divers services particuliers ou publics en faveur desquels doivent opérer les haras de l'Etat.

A n'en pas douter, on servirait les intérêts de l'industrie chevaline en donnant à ceux qui doivent la pratiquer le savoir de l'homme de cheval, en les mettant à même de raisonner dans l'application la science des accouplements et « *les divers modes de perfectionnement des races.* » Mais, pour utiles et nécessaires qu'elles soient, certaines connaissances ne sauraient être vulgarisées à ce point qu'elles deviennent familières à tous les hommes à qui elles doivent profiter. Il est évident que, si tous ceux qui font bâtir connaissaient l'architecture, leurs constructions n'en seraient pas plus mauvaises; il est certain que, si tous nous étions chirurgiens et médecins, nous ne nous en porterions pas plus mal. De ce que la connaissance de ces diverses sciences serait utile à tous en résulte-t-il que tous nous puissions les acquérir? Eh bien! croit-on possible de transformer en deux ou trois ans des travailleurs agricoles en hommes de cheval? Croit-on possible de faire des élèves en agriculture non seulement des connaisseurs en chevaux, mais des hommes de science capables de réformer l'art des accouplements et les divers modes de perfectionnement des races? C'est par trop de prétention. Les hautes sciences et les connaissances spéciales, quoi qu'on fasse, ne seront jamais le partage des masses; on ne les possède qu'à la condition d'en faire l'œuvre de toute sa vie. Or la tâche du cultivateur, l'œuvre pratique de l'agriculteur, ne lui permettront jamais d'approfondir les sciences accessoires à l'objet essentiel de leurs travaux de tous les jours.

Nous ne saurions partager les brillantes illusions qui permettent un savoir illimité à toutes les intelligences. Nous sommes plus modeste dans nos ambitions, et nous croirions l'industrie chevaline plus près d'une grande prospérité s'il nous était permis d'entrevoir dans un avenir prochain l'éleveur mieux disposé en faveur de ses produits. En effet, nous le voudrions plutôt soigneux que savant, plus éclairé sur les nécessités d'une bonne hygiène que voué systématiquement à la recherche de l'idéal, et, pour cela, nous compterions encore plus sur les leçons d'un intérêt bien compris que sur les hasards de doctrines exagérées ou douteuses. Souvent la science n'est qu'une semence inféconde, un germe qui avorte. En fait d'économie de bétail, le produit net, le bénéfice réel, sont une boussole qui n'égare pas.

Ce n'est pas la science du cheval qui fait défaut en France, mais son application heureuse, et plus encore peut-être un intérêt direct à la bien appliquer. Il n'y a plus d'obscurité maintenant que pour ceux qui ne veulent ni voir ni comprendre. La science hippique est désormais assise sur les bases les plus certaines; elle a des principes fixes, très arrêtés, car ils ont pour eux la sanction séculaire de l'expérience de plusieurs peuples. Ceux-là donc enrayent les résultats de la science qui ne voient que la nuit en plein jour, qui veulent recommencer une œuvre toute faite, et cherchent à éclairer des espaces inondés de lumières. Apprenez à vos éleveurs les lois d'une hygiène rationnelle, enseignez-leur que la domesticité doit être, pour le cheval et les autres animaux, honorable et soigneuse, et non point un dur servage, une condition dégradante pour toutes les espèces; mettez à côté d'un précepte judicieux la certitude d'un bénéfice au lieu de la certitude d'une perte, et laissez aller la production, elle ne fera pas fausse route. Elle ne fera pas fausse route, parce que la bonne science, les connaissances spéciales, ne manqueront pas au praticien habile, qui trouvera toujours, grâce aux efforts et aux lumières de l'administration, les conseils qui lui seront utiles pour bien commencer l'œuvre.

Le séjour permanent des étalons de l'État dans les fermes-écoles et dans les écoles régionales ne donnerait pas aux élèves les connaissances qu'on voudrait leur inculquer. Pendant sept mois de l'année, ces animaux y seraient à la condition de moteurs plus ou moins sérieux et traités avec plus ou moins de ménagements. Aucune étude importante à faire alors des divers modes de perfectionnement des races. Pendant les cinq autres mois, ils devraient être répartis au loin et placés, comme aujourd'hui, à la portée des propriétaires de juments. Tout au plus la ferme pourrait-elle conserver une station et faire ses études sur les poulinières qui la fréquenteraient. L'importance de cette station serait nécessairement variable suivant les lieux; le nombre et le mérite des observations pratiques se trouveraient limités à cette importance même.

Cela posé, la question est ramenée à des termes fort simples et à des proportions très amoindries. Un tel avantage n'a rien de bien exceptionnel. On le retrouve aisément en se bornant à placer, pendant les cinq mois de l'année favorables à la serte, une station d'importance variable dans celles des fermes-écoles et des écoles régionales qui offriront l'emploi utile et profitable d'étalons de bonne race. Les haras pourront ainsi, sans rien compromettre, avoir dans les directeurs de ces établissements des garde-étalons plus soigneux et moins exigeants; le service de la monte sera mieux surveillé et présentera quelques sujets d'études aux élèves; mais les établissements d'agriculture, qui en toutes choses doivent être d'un bon exem-

25

ple pour les agriculteurs du pays, n'auront aucun luxe de bâtiments ni de personnel en dehors de leur spécialité et ne seront point forcés de recourir à des fournisseurs étrangers pour entretenir les animaux dont la présence affamerait le bétail de l'exploitation.

Autre chose est d'une ferme, autre chose est d'un haras ou dépôt d'étalons. Ce sont là, sans doute, spéculations bien distinctes, et puisque l'agriculture veut opérer avec profit, nous ne lui conseillons pas de se livrer à l'industrie de l'étalonnage. Elle serait, pour nous servir d'une expression triviale, elle serait bientôt au bout de son rouleau.

L'instruction des élèves, nous le répétons, n'aurait pas beaucoup à gagner à l'annexion des dépôts d'étalons aux établissements d'instruction agricole.

Les directeurs des fermes-écoles ou l'Etat, en tant qu'entrepreneurs d'exploitation agricole, auraient-ils quelque avantage pécuniaire à retirer de cette annexion?

Le seul qu'on ait pu se promettre est une petite économie sur les frais de nourriture, résultant des travaux légers auxquels on pourrait employer une partie des étalons hors le temps de la monte. Le rapport est si modeste quand il parle de cet avantage, que nous pouvons bien supposer qu'on ne s'est pas fait beaucoup d'illusions à cet égard. On a compris que tous les étalons ne se prêteraient pas aux exigences du travail, qu'il faudrait nourrir plus abondamment ceux qu'on pourrait y soumettre, que beaucoup de dépenses inconnues aujourd'hui surgiraient tout à coup, et que, d'ailleurs, l'époque des travaux les plus importants ne concordant pas avec le temps où les étalons sont libres, les fermes ou les écoles régionales ne tireraient vraiment pas une grande utilité de l'application de leurs forces aux besoins de l'exploitation.

En résumé, une partie seulement des étalons pourraient travailler; — on ne saurait les employer avec avantage à tous les travaux indistinctement; — ce n'est guère que pendant cinq mois de l'année que leur utilisation modérée serait permise ; — il leur faudrait des harnais à part, qui n'iraient guère aux autres moteurs de la ferme ; — ce matériel serait coûteux d'achat et d'entretien ; — les meilleurs palefreniers ne seraient pas toujours des hommes suffisamment capables comme charretiers ou comme laboureurs ; — enfin, une alimentation plus riche accroîtrait nécessairement les dépenses de nourriture.

Dans une exploitation sérieuse, les moteurs sont aux ordres des travaux, et, d'ordinaire, ceux-ci commandent impérieusement. Dans le système que l'on voudrait créer, les exigences du travail se trouveraient au contraire subordonnées à l'hygiène de l'étalon. Cette situation peut avoir été rêvée dans un moment d'absence ; elle n'est pas réalisable en fait. Elle ne tiendrait pas au delà des premiers essais ; ou bien les animaux deviendraient des travailleurs complets, et dans ce cas l'étalon disparaîtrait à peu près complétement sous la bête de travail, — et dès lors le cheval de trait, proprement dit, le moteur agricole, prendrait la place du reproducteur ; ou bien celui-ci serait respecté, ne rendrait que de minces services, des services onéreux, et l'exploitant renoncerait bientôt à un mode bâtard qui ne lui apporterait que des inconvénients sans compensation aucune.

Il n'est pas besoin d'y regarder de bien près pour découvrir toute la défaveur que la pratique attacherait à ce système.

Les fermes-écoles et les écoles régionales ont mieux à faire qu'à entretenir des étalons de sang. Qu'elles aient des poulinières de choix, qu'elles les traitent convenablement, qu'elles les marient avec intelligence ; qu'elles en élèvent les fruits avec entente et qu'elles donnent à la fois un bon exemple de production et d'élève bien entendue. Elles ont, sous ce rapport, des services réels à rendre à l'industrie ; elles peuvent, elles doivent adopter les saines méthodes, marcher dans la voie du progrès et prouver à tous qu'une agriculture progressive est la clef de toute production animale profitable. Nous pourrions, pour repousser l'annexion dont il s'agit, développer d'autres motifs et invoquer d'autres arguments. On comprendra notre abstention. Nous croyons d'ailleurs en avoir dit assez pour prouver qu'il n'y a aucun avantage pécuniaire, pour une exploitation rurale, à tirer de l'utilisation des forces des étalons de sang qu'on pourrait y placer en dépôt dans l'intervalle séparant la monte qui finit de celle qui doit suivre.

On a dit encore qu'un travail modéré serait un exercice salutaire pour les étalons, et qu'il les rendrait prolifiques.

Cette vérité n'est pas d'hier. Dans les haras, les choses se passent ainsi. Chaque étalon est soumis à des exercices rationnels, proportionnés à l'âge, au tempérament, à la race, à l'époque de l'année. Dans une exploitation agricole, de telles prescriptions sont par trop assujettissantes et deviennent impossibles. Quant à la capacité prolifique, le régime tend précisément à la développer autant que possible chez tous les étalons de l'État, et il n'est pas impuissant à la tâche. En effet, on s'est plaint autrefois que ces animaux produisissent peu, mais depuis nombre d'années déjà le reproche est tombé ; les chiffres accusent, toutes proportions gardées, que les étalons particuliers donnent moins de produits que ceux du Gouvernement.

Enfin, a-t-on dit encore, les économies que procurera l'annexion seront utilement employées pour multiplier le nombre des étalons réclamés de toutes parts.

Une assertion est bientôt donnée. Celle-ci se produit, comme les autres, sans preuves à l'appui. Pour être fermes et absolus dans la forme, les termes n'en sont pas moins dégagés de tous motifs plausibles. N'eût-il pas été convenable de refaire le budget des haras, article par article, de poser des chiffres en regard des chiffres, et d'établir arithmétiquement, d'une manière qui pût être saisie par l'intelligence, les économies que l'on rêvait et que, fictivement, sans aucun souci des détails, de la pratique et de la vérité, on annonce comme une certitude ? On s'est abstenu à cet égard, et pour cause. Non, vous n'entretiendrez pas à moindres frais, dans les fermes-écoles et dans les écoles régionales, des étalons de mêmes races que ceux qui peuplent en ce moment les haras et les dépôts d'étalons. Nous pouvons l'affirmer, nous qui avons l'expérience des choses pour les avoir pratiquées à tous les degrés de l'échelle administrative. On ne peut imposer qu'aux ignorants, à ceux qui, n'ayant pu apprendre, ne savent pas ; mais cette assertion tranchante restera pour ce qu'elle vaut. — Il y a marchandise à tout prix, et la bonne foi est une.

Sous le projet d'annexer les haras et dépôts d'étalons aux établissements d'enseignement agricole se cachait une pensée d'absorption des haras au profit de l'administration de l'agriculture. Les vues d'amélioration des races chevalines n'étaient pas au premier rang. L'opinion l'a compris. Elle s'est rendu compte de l'utilité d'une administration spéciale des haras, et s'est prononcée de toutes parts pour son maintien en service spécial, indépendant de tout autre, et pour le développement logique des forces qui sont en lui.

Des hommes éminents dans l'agriculture et dans la pratique agricole ont été les plus habiles à défendre l'institution des haras et à repousser toute idée d'annexion. Nous ne leur ferons qu'un seul emprunt ; mais l'extrait suivant d'une lettre écrite à M. le ministre de l'agriculture et du commerce, par M. E. de Tocqueville, vaut de nombreuses pages.

L'honorable président de la Société d'agriculture de Compiègne parle au nom de la Société, et s'exprime ainsi :

« . . . .

» Il est évident que, en ce qui concerne l'arrondissement de Compiègne (et bien d'autres sont dans ce cas), la suppression des dépôts nationaux d'étalons équivaudrait *immédiatement* à l'abandon de l'élevage et à l'abâtardissement de l'espèce ; car, entre le moment où cette suppression aura lieu et celui où de bons étalons, produits soit par les particuliers, soit par tout autre moyen, seront propres à faire la monte, il se passera nécessairement un temps plus que suffisant pour paralyser une production qui a surtout besoin, pour prospérer, de suivre une marche progressive non interrompue. »

L'expérience de la Société lui a démontré, nous venons de

le voir (1), qu'il n'y a rien à attendre, dans l'arrondissement de Compiègne, de l'éducation et de la détention des reproducteurs par des particuliers, puisque cette industrie, quoique recevant de forts encouragements de sa part, n'a pas trouvé d'amateurs ou n'a pas répondu à ses espérances, même en ce qui concerne le reproducteur percheron. A plus forte raison, l'élevage du pur sang et du demi-sang, qui, pour réussir, réclame de la part de ceux qui s'y livrent un goût prononcé pour les chevaux et des connaissances hippiques fort rares, aura-t-il peu de chances de se naturaliser parmi nous.

» La production dans les fermes-écoles ou les fermes régionales réussira-t-elle mieux ? Il est permis d'en douter.

» L'amélioration de l'espèce chevaline exige impérieusement trois conditions :

» L'unité de vues et d'action, qui n'exclut pas la variété des encouragements, suivant les races et les localités ;

» La persévérance du système et des efforts entrepris ;

» Une science hippique profonde, jointe à une longue expérience, chez ceux qui sont chargés de la diriger.

» Trouvera-t-on cette science et cette expérience toutes spéciales chez les directeurs des fermes-écoles ou des écoles régionales ? On ne saurait l'espérer.

» En supposant que cela fût possible, les effets ne se feraient sentir qu'autant que tous ces établissements seraient fondés et fonctionneraient parfaitement, c'est-à-dire dans un grand nombre d'années ; faut-il d'ici là anéantir la production du cheval en France ? »

Nous abrégeons, car à ces données nous en avons d'autres à ajouter. Nous les puiserons dans l'observation des faits qui nous étreignent.

Certes, l'agriculture n'est pas un fait isolé. Elle existe partout par cette seule raison qu'elle est à la fois les deux mamelles du monde, qu'elle est le premier des arts comme la plus

(1) M. E. de Tocqueville a précédemment cité des faits très concluants.

mportante des industries, et la grande nourricière du genre humain.

Eh bien! nulle part et en aucun temps, l'agriculture n'a produit le cheval de tous les besoins sans aide, sans concours, sans intervention puissante, sans une direction éclairée, toute spéciale.

Dans ce dernier mot est la nécessité d'une administration à part. On la trouve chez tous les peuples.

Ce n'est pas l'agriculture qui a fait la supériorité du cheval arabe. Le cheval arabe n'est bon qu'à la faveur de soins spéciaux. Une pensée de conservation le maintient à la hauteur de la perfection, en dehors de toutes les combinaisons de la culture. L'arabe pauvre n'a qu'un cheval dégénéré et pauvre comme lui. Le cheval noble d'Arabie, celui qui possède les trésors du pur sang, est une production à part; c'est la propriété et l'orgueil des tribus, avant d'être la richesse et la gloire d'un particulier. Ce n'est pas un produit du sol, un résultat de l'agriculture, c'est une création plus haute à laquelle l'agriculture ne prend *directement* aucune part.

En Angleterre, cette Arabie de l'Europe équestre, la question chevaline prise à son sommet, ainsi qu'il faut la voir, n'est point un détail agricole. C'est une spéculation à part, une industrie complétement indépendante, qui tire toute sa force d'une science bien fondée et de moyens pécuniaires puissants. Les grandes fortunes sont ici le véhicule essentiel d'une production intelligente et dont les fruits les plus abondants sont d'une extrême utilité à l'agriculture. Le cheval de luxe, qui naît aujourd'hui chez le fermier anglais, n'existait pas avant les efforts d'amélioration tentés en dehors de l'agriculture; il disparaîtrait promptement si l'aristocratie anglaise, se bornant à l'administration agricole de ses biens, renonçait au système de production chevaline auquel elle doit la création, le perfectionnement et la conservation de son cheval de pur sang. C'est le cheval de pur sang qui fait la richesse hippique de l'Angleterre. Le mérite de l'agriculture anglaise, c'est d'avoir

su profiter du bienfait du pur sang et d'avoir été assez intelli
gente pour en faire l'heureuse, la judicieuse application aux
diverses races indigènes, à la population chevaline tout entière.

Le Holstein, le Danemark et le Mecklembourg, ont imité
l'Angleterre. Ce que celle-ci a fait par son gouvernement et
par toute son aristocratie réunie a pu être tenté par les efforts
de quelques hommes assez riches pour étendre leur action sur
une surface de terrain qui, en définitive, n'était pas hors de
proportion avec leurs moyens. Ici encore, l'agriculture s'est
montrée intelligente. Loin d'être réfractaire aux vues d'amélioration de quelques hommes puissants et éclairés, elles les a
adoptées avec empressement et s'est créé une source de produits qu'elle n'avait pas encore exploitée. Cette prospérité hippique disparaîtrait bientôt sans le concours large, efficace, direct, qui a été prêté à l'agriculture.

Dans ces petits duchés, les étalons sont fournis à l'agriculture par les ducs régnants et par un petit nombre de propriétaires riches. Là, comme en Angleterre, on ne trouve ni haras
d'Etat, ni étalons militaires, ni étalons agricoles. Le cheval de
demi-sang est une exception très rare; l'étalon de pur sang,
au contraire, y a toutes les faveurs de la reproduction. Le
Mecklembourg seul, dont l'étendue n'équivaut pas à deux de
nos départements, en compte plus de 80.

Ce n'est pas à l'agriculture que ces petits États doivent la
situation actuelle, toute prospère, de leur industrie chevaline.
Elle est d'ailleurs un fait assez récent. Il ne remonte qu'à l'é-
poque à laquelle les principes éprouvés de la science hippique
ont été importés sur le continent à la suite des chevaux de pur
sang anglais.

Partout ailleurs l'Etat intervient de deux manières, directement et indirectement, dans la production et l'amélioration des
races équestres. Ainsi, la Bavière, le Wurtemberg, le Hanovre, la Prusse, l'Autriche, la Hongrie et la Russie, ont des
haras royaux, impériaux ou provinciaux. Le système qu'on y

applique est identiquement le même que celui de la France, à laquelle il a été emprunté. On lui a seulement donné plus de force et d'action. On l'a concentré davantage en s'emparant, pour ainsi dire, de la production tout entière et en le protégeant par les mesures répressives qui avaient fait notre prospérité chevaline sous l'ancienne monarchie, mais que les idées de liberté n'avaient pas permis de reprendre en 1806, lors du rétablissement des haras par l'Empereur.

Avant l'organisation des haras dans ces différents états d'Allemagne, la reproduction du cheval était, comme en France, aux mains des puissants du jour. Lorsque ceux-ci ont cessé de s'en occuper, il y a eu nécessité pour les gouvernements à substituer leur action à celle de tous les princes de la féodalité. Pourquoi donc l'agriculture ne s'est-elle emparée, nulle part, de cette production? Et pourquoi, nulle part aussi, l'administration des haras n'a-t-elle été remise en ses mains ?

En Espagne et en Italie, les races chevalines ont été longtemps fameuses. C'est lorsque l'Etat et les grands seigneurs s'en occupaient spécialement. Ces races ont déchu du jour où l'action des grands seigneurs s'est ralentie. Dans ces deux royaumes, le gouvernement n'a nui à l'industrie par aucune institution quelconque, il n'est intervenu en rien ni dans la production ni dans l'amélioration; eh bien ! que sont devenues toutes ces familles équestres dont la réputation a été européenne? L'agriculture les a-t-elle défendues contre la ruine ? Elle ne s'en est point occupée, les races ont disparu et la population équestre se montre partout vile et méprisable.

Non, l'amélioration du cheval n'est pas le fait exclusif de l'agriculture : les moyens de l'agriculture ne sont qu'un élément; le point de départ est une science profonde qui, seule, prend la vie des sommités.

Le cheval n'est pas produit comme les autres animaux de la ferme. Qu'un bœuf, un mouton, une chèvre, un cochon, soient plus ou moins heureusement tournés, peu importe en dernière analyse : leur destination première et dernière en rend toujours l'existence plus ou moins utile, plus ou moins profitable ; ils sont toujours bons à faire de la viande, et cette viande, ils la donnent à l'âge qui convient le plus au nourrisseur.

Il n'en est plus de même du cheval.

Il est des services qui réclament des conformations particulières, des aptitudes spéciales. Si l'individu est manqué, c'est une non-valeur, il y a perte, perte considérable. La science doit tendre à améliorer, à éclairer assez la pratique de tous les jours pour que les non-réussites deviennent rares, et pour que les plus grandes probabilités de succès créent un intérêt à poursuivre la production du cheval, à l'étendre en raison de tous les besoins et de toutes les exigences.

Là est la difficulté, difficulté telle, que, partout, la production chevaline a constitué une branche à part, un service spécial.

Avant la destruction du régime féodal, tous les grands tenanciers du sol avaient un *maître de haras*. Le maître de haras a existé en France, en Espagne, en Italie, dans tous les Etats d'Allemagne ; il existe encore en Angleterre et dans quelques parties de l'Allemagne.

Lorsque l'Etat se décida à intervenir dans la production du cheval, en France, les rênes de l'administration nouvelle furent confiés à d'habiles écuyers qui ne relevaient que du Roi en personne. L'ancienne administration des haras a eu pour patrons les hommes de cheval les plus renommés du temps : ainsi les de Garsault, les de Briges, le prince de Lambesc.

Dans tous les petits États d'Allemagne, les haras sont dirigés par un chef particulier investi du titre de *Grand-Ecuyer*.

En Autriche, le chef suprême de l'administration des haras prend directement les ordres de l'Empereur. En Russie, l'administration des haras, d'organisation récente, car elle ne remonte qu'à quelques années, est confiée aussi à un chef spécial. On en a fait une chancellerie, et le dignitaire de celle-ci est un *Grand-Chancelier*. Les haras de la Russie ont été calqués sur le système des haras de la France. Ils ont été établis vers 1835, en dépit de toutes les attaques qui les avaient atteints après la révolution de 1830. Si, nonobstant, la Russie nous a emprunté notre organisation, c'est qu'elle l'a trouvée puissante à faire le bien.

En France, en 1806, l'Empereur plaça la nouvelle administration dans les attributions du ministre de l'intérieur, mais il plaça près de lui un conseil composé des inspecteurs généraux du service.

Cette organisation a été conservée; elle n'était, dans l'espace, qu'un point pour le ministre. Au dessous de lui, les haras ont eu des chefs bien divers; ils ont même été ballottés entre différents ministères. Les critiques les plus sérieux ont fait un vif reproche au gouvernement de n'avoir pas confié cette administration à des hommes spéciaux et vraiment capables. On a pu, avec raison, reporter à l'inexpérience ou à l'indifférence soit de directeurs généraux, soit de secrétaires généraux, toujours changeants, l'incertitude et les hésitations du système, la marche saccadée du service, les résultats problématiques ou insuffisants de certaines époques de l'existence administrative des haras.

Dans ces dernières années, on avait compris toute l'importance d'un service spécial, d'une direction indépendante..... Je m'arrête.....

On comprendra qu'il ne m'appartienne pas de pousser plus loin cet examen. Je n'ai jamais combattu en vue d'un intérêt privé.

XXX. — PÉTITIONS A L'ASSEMBLÉE NATIONALE.

A peine connus dans les départements, les projets dont nous venons de faire ressortir les dangers y ont vivement ému les esprits, profondément inquiété l'industrie. C'est que de très graves intérêts sont engagés dans la question. Nulle part on ne le sait mieux que dans les contrées les plus favorisées, dans celles où l'action de l'État paraîtrait pouvoir être effacée avec le moins d'inconvénients ou le plus d'avantages. Cependant, les réclamations les plus pressantes sont parties tout d'abord de nos provinces à chevaux ; mais cet élan s'est bientôt généralisé : les départements, les sociétés hippiques, les associations agricoles, les conseils municipaux, les particuliers même, se sont élevés à l'envi contre les idées de suppression ou d'absorption du service des haras. Ils ont vu dans ces projets l'abandon certain des véritables principes de l'amélioration des races et la ruine prochaine de l'industrie chevaline.

La presse n'est pas restée en arrière de ce mouvement des esprits. Pour la première fois, elle s'est occupée sérieusement de la question, et l'a traitée non plus au point de vue de quelques ambitions impatientes ou mécontentes, mais au point de vue des intérêts les plus vifs du pays. A cet égard, elle a cessé d'être l'organe d'une coterie aux abois ; elle s'est éclairée aux sources vives de la vérité, et a porté dans la matière l'autorité d'études consciencieusement faites.

Nous aurions voulu pouvoir analyser rapidement les nombreux articles qui ont paru dans les journaux depuis quelques mois, mais ils feraient des volumes et nous entraîneraient au delà des limites que nous devons nous imposer. Nous nous bornerons à donner une idée sommaire des pétitions adressées de tous les points de la France à l'Assemblée nationale pour lui demander le maintien des haras en service spécial et leur extension, bien plutôt que leur suppression.

Ce travail nous est possible par la raison que le double de la plupart de ces pétitions a été transmis à M. le ministre de l'agriculture et du commerce. Afin d'abréger notre tâche et pour éviter les répétitions, nous avons réuni, sous le même titre, les considérations de même nature développées par les différents pétitionnaires.

Ainsi, en ce qui concerne la question d'intervention directe, voici ce que nous trouvons dans les pétitions que nous avons sous les yeux.

Département des Ardennes. — En aucun temps la prospérité chevaline n'a été plus grande. C'est à l'administration des haras seule, qu'il faut rapporter cette situation toujours progressive. En effet, ses établissements n'ont jamais été mieux peuplés en étalons de pur sang ni en étalons de demi-sang. Jamais son personnel n'a réuni plus de capacités, exercé plus d'influence sur l'esprit des éleveurs, ni imprimé une direction plus sûre à la marche de l'industrie. Il se montre partout à la hauteur de sa mission, c'est-à-dire instruit, expérimenté, plein de zèle et de dévoûment. Jamais enfin service public n'a été monté avec plus d'ordre et n'a marché avec une plus sévère économie qu'en ce moment.

L'influence des haras ne s'arrête pas à la production et à l'amélioration des races; leur action s'étend à toutes les opérations de l'industrie, qu'elle cherche à régulariser dans l'intérêt de tous, producteurs et consommateurs; les intermédiaires eux-mêmes ont leur part toute faite dans cette œuvre générale et commune. Que la main des haras se ferme, et tout est compromis, car les forces de chacun ne sont ici productives qu'en raison du lien qui les unit, et ce lien est dans la direction suprême de l'administration publique.

La loi du 2 germinal an III, et d'autres dispositions législatives postérieures à cette époque, ont dû remédier aux désastres qu'avait entraînés la suppression des haras en 1790. Le passé ne dit-il pas assez haut combien est nécessaire, indispensable, l'intervention directe de l'Etat, en présence de l'incapacité et de l'insuffisance des particuliers? A quels résultats nous conduiraient l'abandon des saines doctrines, qui ont pour elles la sanction du temps, et le renversement des institutions auxquelles le pays doit une situation qui n'a jamais été meilleure, qu'il faudrait édifier si elles n'existaient pas, et que l'on serait bientôt forcé de rétablir si les démolisseurs avaient raison?

Les conséquences de la destruction des haras seraient de la plus haute gravité; elles porteraient à la fois sur l'agriculture, la propriété, l'armée et l'industrie; elles livreraient, dans un temps donné, la France à l'invasion étrangère.

Département de l'Aveyron. — L'extension, chaque jour croissante, de la production et de l'élève du cheval, est due tout entière à l'intervention directe de l'Etat.

Le chiffre des naissances se développe d'année en année, et suit la proportion des saillies, dont le nombre s'est très sensiblement accru depuis quelques années.

La suppression de nos établissements de haras mènerait à l'anéantissement complet de la production ; elle serait, dans beaucoup de localités, le signal de la disparition totale de l'industrie chevaline, car aucun des moyens indiqués jusqu'ici pour suppléer à l'action directe de l'Etat ne pourrait être appliqué efficacement au pays.

Département du Calvados. — Si l'industrie chevaline s'est relevée de la chute dont les commotions politiques l'avaient frappée, il est évident que cette reprise est due tout entière aux haras et aux encouragements de l'Etat.

Le moment serait mal choisi pour renverser l'édifice. Mille inconvénients surgiraient de cette suppression. Elle serait une calamité publique et porterait atteinte à la propriété des éleveurs, dont elle entraînerait inévitablement la ruine.

L'intérêt privé, non moins que l'intérêt de l'Etat, s'oppose donc à cette suppression, qui anéantirait une institution indispensable à la richesse et à l'indépendance du pays.

Département du Cantal. — Ne serait-il pas étrange que l'on choisît, pour détruire, le moment où les travaux et les efforts de l'administration se traduisent de toutes parts en résultats utiles, incontestables ? Rien n'est plus aisé que de livrer au hasard et à l'inconnu l'avenir de notre industrie chevaline ; mais l'intérêt public commande plus de réserve et veut qu'on ne compromette pas imprudemment des richesses acquises au prix de tant de sacrifices.

Priver les particuliers du concours direct de l'État, c'est leur nuire tout à la fois dans le présent et dans l'avenir. C'est forcer le producteur et l'éleveur à renoncer à l'industrie du cheval léger, à la spéculation de l'agriculture qui, dans ses résultats, est en même temps la plus lente et la plus chanceuse.

De quelque côté qu'on examine la question, on ne voit que conséquences désastreuses pour tous et perte considérable pour celles des localités qui se sont imposé de grands sacrifices pour conserver ou pour créer des dépôts d'étalons. L'utilité de ces établissements ne saurait y être révoquée en doute.

Département de la Charente. — L'administration des haras rend au pays des services proportionnés à l'étendue des ressources que lui ouvre le budget. Sous son active influence, la production a partout augmenté, la population s'est partout améliorée. Les haras sont pour l'agriculture une source féconde de produits et d'argent. En les supprimant, on ferait une faute; en les attaquant par des modifications de systèmes, on en commettrait une autre. La continuité des mêmes mesures, la persévérance dans la même voie sont les meilleures bases que l'on puisse donner à la production et à l'élève intelligente du cheval.

Les effets de la suppression des dépôts d'étalons sont faciles à prévoir. La population cessera de s'améliorer et retournera au point d'où elle est sortie, à l'abâtardissement. L'élan imprimé à l'élève tombera; les naissances seront moins nombreuses, et nos principales races s'affaibliront promptement. L'importation des chevaux étrangers doublera et sera contraire tout à la fois aux intérêts de l'agriculture, du commerce, du trésor et de l'armée.

Département de la Charente-Inférieure. — Le production chevaline est en progrès. Ce fait est désormais acquis à tout examen impartial de la question. Il faut le rapporter aux efforts de l'administration des haras. Toutefois, nos races ne sont point encore assez avancées pour qu'il n'y ait pas danger à retirer de long-temps à l'industrie une tutelle dont elle ne saurait se passer. La direction de l'État est une nécessité. Notre richesse hippique est à ce prix. Ceux-là qui le nieraient seraient étrangers à la pratique, et ceux qui voteraient la suppression de nos dépôts décréteraient notre infériorité chevaline et notre dépendance absolue.

Comme intérêt spécial au département, la remise des étalons de l'État aux particuliers constituerait la ruine de l'industrie, et l'armée verrait bientôt se creuser dans ses rangs des vides qu'elle n'aurait pas toujours la possibilité de combler au delà des frontières.

Département des Côtes-du-Nord. — Depuis une quinzaine d'années, l'administration des haras a appliqué avec constance les principes d'une bonne science et d'une économie générale bien comprises. Elle a su créer ou réunir d'excellents reproducteurs, et en faire entretenir un certain nombre par les particuliers. Elle a réalisé d'incontestables améliorations dans la production et l'élevage du cheval de luxe et de guerre. Sa direction est intelligente, car elle tend incessamment vers le but à atteindre, — l'émancipation de l'industrie privée.

Nous sommes dans la voie qui a fait la prospérité hippique de l'Angleterre et des contrées d'Europe les plus riches en chevaux. Il ne faut que persévérer dans le système en vigueur; c'est le seul à travers lequel il soit possible d'entrevoir un jour notre complète émancipation. Ceux qui attaquent le personnel actuel des haras ne le connaissent pas; il unit à une expérience consommée une habileté incontestable et longuement éprouvée.

Au point de vue de l'intérêt même du département, il y a justice à proclamer que le dépôt d'étalons de Lamballe a donné de bons résultats et produit le bien qu'on attendait de son influence. L'espèce s'est notoirement améliorée et s'améliore encore à chaque génération nouvelle.

Du moment que les haras tendent au triomphe de l'industrie particulière, qu'ils comprennent leurs devoirs et fonctionnent avec fruit, il n'y a vraiment qu'à les maintenir et à les continuer; il n'y a qu'à leur donner les moyens de développer toute leur utilité sur la population équestre.

Partout où l'administration a pu intervenir directement et placer des reproducteurs, l'espèce a pris de la distinction et de la valeur. Là, au contraire, où son influence ne s'est point fait sentir, l'espèce est restée stationnaire, si elle ne s'est point encore avilie.

Saper dans sa base une institution aussi utile que celle des haras, ce serait détruire en un instant le fruit de longues années d'études et d'application. La suppression serait une mesure prématurée sur laquelle il faudrait nécessairement revenir avant peu. Elle consommerait une grande ruine et préparerait de grandes dépenses pour l'avenir.

Département de l'Eure. — Les efforts bien dirigés des haras ont déterminé, il y a justice à le dire, l'augmentation du nombre et l'amélioration de l'espèce. L'administration est aujourd'hui conduite avec beaucoup d'intelligence et d'économie.

Après la destruction, consommée en **1790**, la Convention reconnut la nécessité de revenir à une intervention efficace. Elle décréta le rétablissement et l'entretien de plusieurs dépôts d'étalons; son système, s'il avait pu être suivi, eût été fort onéreux à l'Etat. Les ressources manquèrent et les races continuèrent à s'abâtardir. Sachons profiter des leçons du passé. Ne détruisons pas un service qui fonctionne bien, et ne compromettons pas l'avenir de notre cavalerie, car dans cette question s'en trouve une autre de premier ordre qui intéresse l'indépendance nationale.

Avec les dépôts d'étalons disparaîtraient tous les reproducteurs de mérite. Les éleveurs renonceraient immédiatement à l'éducation du cheval d'arme et des divers services qui emploient le cheval léger. L'agriculture, enfin, qui a tant besoin de protection et d'excitation utile, verrait tarir l'une des sources vives de sa richesse.

La suppression des dépôts d'étalons serait désastreuse pour le pays. Espérons qu'elle ne sera pas prononcée.

Un autre projet a vu le jour. Il a ses dangers. On a eu la pensée de réunir la direction des haras à celle d'un autre ser-

26

vice. Trop long-temps noyée dans des attributions générales, la direction des haras n'est sortie de la voie incertaine dans laquelle elle était engagée que du jour où elle a été spécialement confiée à une main habile et expérimentée. Dans tous les temps on avait demandé un chef spécial pour cette administration, afin de prévenir les erreurs et les fautes dont nous portons encore le poids malgré les améliorations constatées.

Dans tous les pays d'Europe où le gouvernement est forcé d'intervenir dans la production du cheval, on voit une direction des haras suprême, indépendante, ne relevant que du souverain. En France seulement, ce service était confondu avec d'autres trop importants pour laisser à l'administration qui en était chargée le temps nécessaire à l'étude et à l'observation d'où dérivent le savoir et l'expérience, sans lesquels il ne saurait être produit rien d'utile en fait d'amélioration chevaline. — Dans ces dernières années, on a enfin essayé d'un chef spécial, d'un homme pratique, et depuis lors une grande impulsion a été donnée. Aujourd'hui la suppression de la direction spéciale équivaudrait à la suppression même du service, car on ne pourrait rien attendre d'un chef que d'autres préoccupations emporteraient.

Département du Finistère. — A la nouvelle de la suppression des dépôts d'étalons, un immense cri de réprobation est parti de tous les centres de production. C'est en Bretagne surtout, où l'industrie chevaline est une question vitale, que ce cri s'est fait entendre avec plus d'énergie. Il est de notoriété publique qu'à l'action directe de l'État seule le pays est redevable des éléments de prospérité nombreux et puissants qu'il possède.

La suppression des dépôts d'étalons serait un immense malheur. Elle produirait la diminution de la production et l'abâtardissement des races; elle mettrait les éleveurs dans l'impossibilité de continuer l'œuvre d'amélioration si heureusement commencée; elle ruinerait de fond en comble l'industrie du cheval en France. Or, il ne faut pas oublier que, dans certaines parties du pays, elle constitue, sans contredit, la branche la plus importante de notre agriculture.

Département du Gers. — La production du cheval est d'un intérêt immense pour le pays. Elle aide essentiellement à payer des impôts que l'agriculture trouve fort lourds. Serait-il habile et prudent, serait-il d'une bonne politique de changer les conditions de cette industrie? Tel serait pourtant la conséquence fâcheuse de la suppression des établissements hippiques de l'État. Cette question, quand on l'étudie avec bonne foi, prend de telles proportions qu'à bon droit on est surpris de voir qu'elle ait pu être tranchée avec tant de facilité et de légèreté.

Département de la Gironde. — Par les résultats déjà obtenus, l'administration des haras a donné toutes les garanties d'un service éminemment utile. Le but de l'institution est rempli, car la population s'élève sur l'échelle de l'amélioration, et nous ne sommes pas éloignés du jour où nous serons enfin délivrés de l'impôt que notre insuffisance assurait à l'étranger. Mais ce n'est pas seulement à la conservation de ce qui est que nous devrions attacher nos efforts : un puissant intérêt commande impérieusement d'ajouter aux forces de l'administration des moyens d'action plus larges, des forces nouvelles. Il est incontestable que l'industrie chevaline ne se développe, parmi nous, qu'à la faveur des sollicitations incessantes des haras de l'État. Il n'est pas moins vrai que la suppression des dépôts d'étalons arrêterait tout essor et déterminerait la ruine immédiate et l'abandon.

Une pareille mesure irait à l'encontre du but et nous préparerait une condition d'infériorité telle qu'elle ne saurait échapper à la pensée d'aucun esprit sérieux.

Département de Loir-et-Cher. — Loin de détruire les institutions actuellement existantes, on ne devrait songer qu'à leur donner tous les développements propres à les compléter. Alors, mais alors seulement, nous pourrons compter avec et sur une industrie prospère. Les voies et moyens, jusqu'ici, n'ont été

proportionnés ni à son insuffisance ni aux difficultés à surmonter.

Département de Maine-et-Loire. — Le projet de supprimer
les dépôts d'étalons a jeté de vives inquiétudes dans le pays.
Il est impossible de ne pas y rattacher la pensée d'un péril imminent pour la France. Abandonnée à ses instincts, l'industrie
privée sortira tout à coup des voies actuelles pour rentrer dans
la production exclusive de l'espèce commune. L'étranger deviendra notre unique fournisseur et nous lui aurons livré tout
à la fois les trésors du pays et son indépendance.

Département de la Marne. — La suppression des dépôts
d'étalons, il ne faut pas se le dissimuler, conduirait droit à la
destruction du service public si heureusement constitué sous
l'Empire. Aucune industrie n'a plus besoin du concours direct
et de la protection puissante du Gouvernement que celle du
cheval. En dehors des efforts de l'administration des haras
quelles améliorations sont poursuivies ou même essayées? Qu'a
donc produit la destruction des haras en 1790? Émancipée,
comme on disait dès cette époque, quel usage l'industrie a-t-
elle fait de son libre arbitre? L'a-t-on vue, puissante et forte,
se livrer avec hardiesse à des spéculations utiles au pays et
marcher dans le sens du développement progressif de ses forces
et de sa richesse? L'agriculture s'est-elle montrée heureuse,
reconnaissante des faveurs qui tombaient sur elle? Quels sacrifices s'est-elle imposés au profit de l'amélioration de l'espèce?.....

Rien n'empêcherait de revenir à la condition d'alors et de détruire à nouveau, par un décret en trois lignes, toutes les richesses du présent et toutes les espérances de l'avenir. Au moins
saura-t-on à merveille ce que l'on fait et où l'on va, car nous
avons pour nous l'expérience du passé. Quand elle suit l'administration des haras dans les voies qu'elle lui ouvre, disons-le
bien haut, l'agriculture écoute moins, bien moins son intérêt
propre, immédiat, que l'intérêt même du gouvernement.
Quand l'Etat cessera de la diriger et de lui donner les moyens

de production qu'il lui fournit aujourd'hui , l'industrie comptera avec ses propres ressources et tournera ses efforts vers des spéculations plus rapides et moins chanceuses. C'en est fait alors , et pour toujours peut-être , de la production bien entendue du cheval de nos besoins.

Conservons nos institutions actuelles avec soin , développons même leur action autant que le permettra l'état de nos finances, et ne livrons plus à la ruine l'une des branches les plus essentielles , mais aussi les plus difficiles de notre économie agricole. N'oublions pas qu'en elle est un des termes de notre sécurité et de notre indépendance.

Département de l'Oise. — On ne saurait mettre en oubli un seul instant la nécessité de travailler sans relâche à l'amélioration des espèces animales. Le perfectionnement du cheval est difficile et long entre tous. Il exige impérieusement trois conditions : — unité de vues et d'action , — persévérance du système et des efforts entrepris ; — une longue expérience appuyée sur une science profonde.

L'industrie privée ne réunira jamais cette trinité de conditions à un degré suffisant pour que l'État puisse songer à se reposer sur elle du soin de travailler sérieusement , efficacement, à l'amélioration de notre population chevaline. Il éprouvera assez de peine déjà à poursuivre le but en s'immisçant lui-même et par voie directe à l'accomplissement d'une telle œuvre. Pour se convaincre à cet égard , il n'a qu'à voir et observer avec quelque attention ce qui se passe autour de lui.

La suppression des dépôts d'étalons , c'est l'abandon immédiat de la bonne production et de l'élève intelligente; c'est l'abâtardissement de l'espèce. L'élément essentiel de toute prospérité , c'est une marche certaine et non interrompue. Le progrès n'es pas l'œuvre du hasard.

Département de l'Orne. — Avec le concours direct de l'État, la France aura , dès qu'elle le tous voudra, les chevaux nécessaires à ses besoins , car alors l'industrie sera convenablement dirigée et protégée. Abandonnée à elle-même , vouée aux seules forces de l'intervention indirecte, il y aura pour l'Etat des dépenses en pure perte, aboutissant à une impuissance extrême en cas de guerre, sans utilité aucune pour les spéculations privées. Entre ces deux alternatives, le choix est facile.

Départements des Hautes et Basses-Pyrénées. — Dans les pays de petites culture, c'est-à-dire dans tout le midi et dans les contrées montagneuses du centre, il n'y a point d'industrie chevaline possible sans l'intervention directe, large et puissante, de l'Etat. De très grandes améliorations ont été obtenues depuis quelques années. Elles intéressent le nombre et la qualité des races. Pour le nier aujourd'hui, il faudrait nier l'évidence. En France, on est trop enclin à louer ce que font et possèdent les étrangers, trop disposé au contraire à blâmer, à dénigrer les produits du sol. Cette manie nous aveugle et fait un tort immense, incalculable, à l'industrie nationale, au profit de l'industrie rivale.

Grâce à ce travers, nul ne connaît les ressources en chevaux de nos départements pyrénéens, tandis que la source de nos éloges serait intarissable si nos voisins possédaient nos propres richesses.

Dans les Pyrénées, la production du cheval est un intérêt capital, une industrie importante qui se développe encore chaque jour et prend les proportions les plus heureuses. Eh bien! qu'on supprime l'intervention directe de l'Etat et toute cette prospérité, si péniblement acquise, s'évanouira en un instant. Il n'y aurait aucun moyen plus prompt de frapper de mort une industrie qui est devenue puissante et forte, mais qui tient tout de l'institution des haras, dont elle ne saurait se passer.

Département de la Seine-Inférieure. L'enseignement du passé ne doit pas être perdu pour la France. L'expérience de 1790 est encore présente : ses résultats ont été funestes au pays. En France, l'Etat seul peut imprimer une bonne direction à l'industrie chevaline. Loin de restreindre les moyens d'action mis en ses mains, on ne saurait songer qu'à les développer en raison même des besoins de la production et de la consommation. Cette nécessité n'exclut en aucune manière les améliorations que l'on croirait devoir introduire dans l'administration même des haras ; mais, entre améliorer et détruire, la distance est grande. L'intervention directe de l'État est la meilleure garantie qu'on puisse donner au pays d'une production constamment progressive.

Département des Deux-Sèvres. — On est en voie de progrès. La suppression des dépôts jetterait la perturbation au sein de l'industrie, au moment même où elle marche d'un pas très affermi vers le but si laborieusement poursuivi jusqu'à ce jour.

L'action du dépôt de Saint-Maixent a produit les meilleurs effets en Poitou et fortement stimulé l'industrie, complétement insuffisante par elle-même.

Sans l'action directe de l'Etat, nous ne sortirons jamais de l'indépendance de l'étranger. Si elle avait été moins ménagée, moins bornée, nous ne serions plus depuis long-temps les tributaires d'aucun peuple. La France ne doit pas plus acheter, à ses voisins, ses chevaux que ses canons et ses armes de toute espèce. L'intervention de l'Etat, son intervention temporaire si l'on veut, ne doit avoir d'autres limites que celles des besoins à satisfaire. Hors de là point de salut.

Département de la Somme. — L'importance agricole du cheval de sang et de demi-sang grandit tous les jours, grâce à l'intervention directe de l'Etat. Seul en France, peut-être, le gouvernement a un intérêt réel à la production du cheval fort et léger que donne l'étalon de sang bien accouplé, bien alimenté et convenablement élevé. C'est donc à lui qu'il appartient de fournir aux éleveurs, à un prix modéré, des reproducteurs d'élite et de haute valeur.

En **1790** on a vendu tous les étalons que possédait l'Etat. Quelques années après, tous avaient disparu. Les races s'affaiblirent ; il fallut reconstituer une administration publique. Les mêmes faits se reproduiraient incontestablement si l'on revenait à la suppression des établissements qui existent aujourd'hui, et si l'on remettait à l'industrie privée les étalons qu'ils renferment. L'amélioration du cheval ne peut résulter

que de l'unité de vues et de la persévérance des moyens adoptés. L'administration seule peut marcher dans cette voie, dans
laquelle les particuliers peuvent bien la suivre, à la condition
pourtant que son action ne cessera pas un seul instant, sous
peine de déviation et d'abandon immédiat. Il y a bien des départements en France où l'on ne produirait plus un seul cheval de cavalerie le jour où l'Etat n'entretiendrait plus lui-
même les étalons capables de les produire. Espérons qu'on ne
soumettra pas le pays à une pareille épreuve.

Département de la Vendée. — Ce ne sont pas des esprits
pratiques qui demandent le placement des étalons de l'Etat chez
les particuliers. Ce serait le coup de grâce, et l'industrie n'aurait plus qu'à renouveler ses efforts du temps où pareille mesure avait été adoptée, déjà sous prétexte de lui être favorable
et de lui laisser toute sa liberté d'action. Elle en reviendrait à
n'avoir que des animaux chétifs et sans valeur aucune, la population entière retomberait au plus bas degré de l'échelle.
Onéreux et improductif, tel serait le système des garde-étalons, condamné à toujours par ceux qui savent, qui observent
et raisonnent sensément.

Il faut abréger. Toutes ces considérations se tiennent par un
fait commun, par un vœu unanime. Le pays sent son incapacité et son impuissance. Il veut en sortir et ne le peut qu'à
l'aide du système actuel. Celui-ci embrasse tous les moyens
d'action. Il intervient en même temps et par voie directe et par
voie indirecte, tout en resserrant le premier mode dans des limites fort étroites, mais suffisantes, croyons-nous, si l'on donne
une extension rationnelle aux moyens indirects, aux encouragements proprement dits. Là est le côté faible de l'administration actuelle. Mais est-il juste de lui en faire un reproche et de
s'attaquer à elle de ce qu'elle n'a pas à dépenser, en primes aux
étalons privés, des allocations plus puissantes ? Elle n'a eu qu'un
tort ici, celui de n'avoir point obtenu les crédits nécessaires
pour faire face aux exigences; mais elle a toujours connu ces
exigences, elle les a nettement exposées en toute occasion, et,

pour avoir échoué dans ses vues, elle n'en a pas moins eu la pensée bien arrêtée, la volonté ferme d'obtenir les crédits indispensables à l'avancement de la question, au développement progressif et non interrompu de l'action indirecte. Que pouvait-elle davantage?........

Voyons maintenant la pensée des pétitionnaires en ce qui concerne les forces vives de l'industrie privée.

Département des Ardennes. — Ceux qui ont une foi robuste dans le bon vouloir et la capacité de l'industrie particulière n'ont pas étudié les faits de bien près. Il est permis à ceux qui se mêlent à la pratique et qui observent de se demander s'il serait bien prudent de se reposer sur l'intérêt privé et d'en attendre des résultats plus satisfaisants ou plus complets que ceux que donne l'intervention directe. Est-ce que nous trouvons les particuliers bien soucieux des besoins généraux et bien préoccupés des exigences de l'armée? En bonne conscience, est-ce aux efforts et aux travaux de l'industrie que le pays est redevable de la prospérité actuelle? Qui donc oserait le soutenir? La vérité est qu'elle ne présente guère de garantie ni par ce qu'elle a fait, ni par ce qu'elle montre la volonté de faire, ni par ses ressources propres, ni enfin par la nature de ses connaissances.

La France n'a pas, comme l'Angleterre, de ces amateurs qui dépensent de sept à huit cent mille francs par an dans un intérêt d'amélioration ou de conservation des types précieux créés à la faveur d'un système rationnel en tout. Chez nous, c'est à l'Etat à suppléer, en tant que possible, à l'action puissante d'une riche aristocratie.

En effet, combien compterions-nous d'hommes capables, par la volonté et la fortune, de se livrer, même sur une petite échelle, à la spéculation de l'étalonnage avec des reproducteurs de choix et de haut prix? Quelque facile qu'on se montre, on n'arrivera point à un chiffre proportionné aux besoins du pays. Il ne faut pas oublier que les étalons eux-mêmes doivent être produits, et que cette production seule est déjà une œuvre très importante et d'une immense difficulté.

Quand l'industrie a tant de peine à se procurer des étalons médiocres et à faire des chevaux d'une valeur moyenne, peut-on songer sérieusement à lui confier le soin de la production des types, de leur conservation et de leur entretien?

Qu'on y réfléchisse donc, et qu'on voie les choses au pied de la pratique, et non point à travers les caprices d'une imagination plus ou moins vive ou déréglée.

Département de l'Aveyron. — Dans une très grande partie de la France, on trouverait difficilement des propriétaires qui voulussent se charger du soin d'acquérir et d'entretenir des étalons en vue du service public, même avec l'appât d'une prime élevée.

Département du Calvados. — Il faut savoir ce que c'est que l'industrie privée et comment elle fonctionne. Le possesseur de juments fait naître; sa spéculation ne va pas au delà du sevrage du poulain. L'élevage de ce dernier appartient à un autre, qui ne fait pas naître, mais dont l'industrie se borne à prendre le produit au moment où il est séparé de sa mère pour le conduire jusqu'à l'âge de trois ans et demi, époque ordinaire de la vente. L'éducation du poulain destiné à la reproduction est soumise aux mêmes habitudes, mais elle se trouve concentrée aux mains d'un petit nombre d'éleveurs, qui en font en quelque sorte leur spécialité. Le jeune étalon représente une valeur assez considérable. N'étant pas élevé par ceux qui pourraient le livrer au service de la monte, il coûterait trop à l'étalonnier et ne rapporterait point assez à l'éleveur si l'État n'intervenait pas dans les achats et ne prenait pas à bons prix les sujets les plus remarquables sous les rapports de l'origine, de la conformation et des qualités. Le jour où l'administration des haras n'achèterait plus pour son compte, c'en serait fait de la production de l'étalon en Normandie. Que serait-ce donc si le gouvernement cessait de répandre dans la contrée les reproducteurs d'élite, les étalons de tête qui servent à produire les étalons secondaires propres à l'amélioration des races moins élevées sur l'échelle hip-

pique que celles qu'à bon droit on peut regarder comme des races-mères ?

Les choses ne sont pas aussi simples qu'on paraît le croire.
La production et l'amélioration reconnaissent plusieurs degrés.
Supprimer le plus élevé serait tout compromettre, sans compensation aucune. L'industrie privée a tout à perdre et rien à gagner à l'absence du concours direct de l'administration, appliqué dans une certaine mesure.

Or, cette mesure est loin d'être dépassée en l'état actuel de
nos institutions hippiques. Loin de pouvoir, quant à présent,
satisfaire aux besoins du pays à l'aide de ses seules ressources,
l'industrie particulière a peut-être plus besoin que jamais d'être
puissamment secondée par ce que l'on est convenu d'appeler
l'action directe.

Il faudra bien le reconnaître tôt au tard, l'élevage de l'étalon
est une spéculation à part, tout à fait distincte des autres opérations auxquelles donne lieu l'industrie chevaline. C'est presque une science, et son application est en dehors des habitudes
et des moyens pécuniaires de la majorité des éleveurs. Ceux-ci
ne peuvent s'y adonner que dans certaines circonstances, et
qu'autant qu'il leur est possible de compter sur le débouché
ouvert par l'Etat. L'industrie ne serait pas plus apte à entretenir qu'à faire naître l'étalon de sang, le cheval propre à l'a-
mélioration des races supérieures et secondaires.

La suppression des dépôts serait donc funeste à l'industrie
elle-même.

Département du Cantal. — C'est particulièrement dans des
matières de première nécessité et de haute importance pour
l'Etat qu'il est sage de ne pas toujours compter sur les efforts
de l'industrie privée et sur les ressources de l'intérêt particulier. La production du cheval en France est notamment dans
cette condition difficile, et ce serait une faute irréparable que
de l'abandonner exclusivement à l'inefficacité des moyens indirects d'intervention. On ne sait pas à quel prix reviendrait à
l'Etat la remise des étalons aux particuliers, on n'en a pas encore

fait le décompte. Quand on en sera là, on ajoutera à la somme des primes annuelles celles des pertes résultant de la différence entre le prix d'achat et le prix de vente, celles des faux frais de toute espèce, celles qui proviendront d'un service moins long, de l'incurie des détenteurs, etc., etc........ Nous espérons bien que d'autres feront ce calcul et sauront mettre les mille inconvénients que nous apercevons tout d'abord en regard des minces avantages, si avantages il y a, qu'on pourrait se promettre de l'application d'un tel système.

Département de la Charente. — L'industrie particulière, quoi qu'on fasse, ne se chargera jamais de fournir en suffisance les étalons de races distinguées et précieuses sans lesquels il n'y a pas d'amélioration possible. En beaucoup de localités, sinon partout, les étalons deviendront rares et médiocres ou même mauvais; la saillie se vendra cher ou se donnera pour rien, selon l'occurrence. Dans le premier cas, la production éprouvera un notable déficit; dans la seconde hypothèse, l'espèce sera vouée à tous les vices qui la dégradent.

Département de la Charente-Inférieure. — L'administration des haras peut-elle se retirer devant l'industrie privée, lorsque cette dernière est insuffisante à ce point qu'elle ne peut ni produire ni entretenir, dans toute la France, l'étalon propre à la production du cheval de guerre?

L'industrie privée, en certaines localités, constate elle-même son impuissance en avouant qu'elle manque — des connaissances indispensables pour choisir un bon étalon de demi-sang, — de l'argent nécessaire pour se le procurer, — de l'écurie quelque peu indispensable pour le loger, — et du palefrenier capable de le soigner et de le soumettre au service de la monte.

En de telles conditions, le succès paraît au moins difficile.

Département des Côtes-du-Nord. — Le système mixte des haras comprend les deux natures d'intervention que réclame notre industrie. Pour le voir fonctionner avec fruit, il ne s'agit que de le doter en suffisance. L'action directe exercée par les haras est tout aussi indispensable au progrès que le mode d'intervention indirecte. Ils se complètent l'un par l'autre; mais le point de départ de toute application du second, il faut le dire, c'est incontestablement le premier. Les résultats de celui-ci sont à leur tour assurés par son puissant auxiliaire. Enlevez à l'industrie l'action directe de l'État, et vous ne trouverez plus à exercer avec avantage l'autre manière d'agir; mais les encouragements poussent, excitent à utiliser largement les secours que fournit l'intervention directe, dont les forces se trouvent ainsi doublées et parfaitement adaptées au but à poursuivre.

Quant à présent, l'amélioration ne pourrait être, sans un danger sérieux et imminent, abandonnée à l'impuissance de l'industrie, à l'insouciance de l'intérêt privé. Avant que d'effacer l'action de l'Etat, donnons au moins aux particuliers, par un concours plus large, les moyens d'atteindre au degré de prospérité qui peut seul leur permettre de se passer de l'appui direct d'une administration spéciale.

Département de l'Eure. — Pour décider cette question : n'y a-t-il pas opportunité, dès à présent, à substituer l'industrie privée à l'action de l'Etat? il suffit de comparer entre eux les étalons particuliers et ceux de l'administration des haras. On reconnaît facilement alors les causes d'infériorité notoire des premiers. Le goût des détenteurs, la nature des soins donnés, le genre de travail auquel les animaux doivent être soumis, d'autres circonstances encore, imposent une espèce plus commune que perfectionnée, et commandent de ne pas placer une valeur trop considérable sur chaque tête. L'entretien des reproducteurs de race par l'État est donc et sera long-temps encore une nécessité pour la France. La substitution de l'industrie à l'action administrative aurait pour effet immédiat et certain de remplacer, dans la reproduction générale, les étalons améliorateurs propres à agir sur les races légères, par des chevaux bretons, percherons, boulonnais ou flamands, les seuls qui soient réellement profitables aux cultivateurs sous le rapport de l'élevage et du travail.

La conséquence de ce fait serait la cessation de la production

et de l'élève de l'étalon de demi-sang, c'est-à-dire la vente prochaine de toutes les poulinières d'espèce capables : car elles
n'ont dans l'économie de la ferme d'autre spécialité, d'autre
destination que celle de produire. L'écoulement avantageux du
poulain peut seul les retenir aux mains du possesseur, pour
qui elles deviennent complétement inutiles du moment où le
fruit ne trouve plus vente facile et lucrative.

Ce qui est désirable, ce n'est pas l'affaiblissement de l'intervention directe de l'administration, mais l'extension considérable des moyens indirects. L'État ne possède que 1,200
étalons, alors qu'il en faudrait au moins 4,000 pour arriver à
une situation satisfaisante. Eh bien! que les haras continuent
d'entretenir le même nombre d'étalons et s'attachent à les épurer sans cesse, mais que des encouragements suffisants excitent
les particuliers à se procurer les 2,800 autres étalons améliorateurs que réclament les besoins du pays. A côté des haras et
parallèlement à la marche qu'ils suivent avec utilité pour le
pays, quoi qu'on en dise, il y a place et large place pour l'industrie privée. Tant que cette dernière n'aura pas rempli le
chiffre de 2,800 existences, il y aurait une grave imprudence
à toucher, pour l'affaiblir, à l'effectif actuel des dépôts d'étalons. On n'est pas juste envers ces derniers; ils donnent des
résultats aussi nombreux, aussi bons que possible; en eux aujourd'hui est toute notre richesse, en leur conservation est tout
notre avenir : ils sont notre planche de salut.

Département du Finistère. — Pour que l'idée soit venue
de vider les écuries de l'administration des haras dans celles des
particuliers, il faut qu'on se soit fait une idée bien fausse des
ressources, des besoins spéciaux et des connaissances de nos
cultivateurs. C'est une tâche bien difficile à accomplir que celle
qui a pour but l'amélioration de nos diverses races équestres.
Pour qui n'étudie pas à la légère de semblables questions et les
voit ailleurs que dans un esprit de système, la solution pratique
est moins simple. En effet, le perfectionnement du cheval est
chose lente et compliquée, lorsqu'on veut bien y rattacher tout

ce qui s'y rapporte. Nous ne trouvons pas, nous, hommes d'expérience, que le concours simultané de l'État, des départements et des associations hippiques, forme un tout trop composé et trop puissant. Loin de les isoler, nous aimerions à les voir plus forts : car leur force sera toujours une richesse pour le pays, une source de prospérité pour l'industrie. Cette dernière comprend sa faiblesse et repousse ces idées d'émancipation qui ne la trompent pas. Elle ne se voit gênée nulle part par l'action insuffisante des haras, et ses réclamations, à elle qui a la prétention aussi de savoir discerner ce qui lui est utile de ce qui peut lui nuire, ses réclamations tendent sans cesse à obtenir l'extension des moyens directs, c'est-à-dire l'augmentation très considérable des étalons de choix placés à son profit dans les établissements de l'administration. En ne répondant pas aux efforts que les départements de la Bretagne ont faits pour stimuler son zèle et son action, l'industrie étalonnière a déclaré son impuissance. En réalité, elle n'a pas fait un pas, — un seul, — dans la voie de l'amélioration. C'est que son intérêt la retient. Ses ressources sont trop restreintes pour lui permettre d'atteindre aux prix élevés auxquels il est possible de se procurer des étalons précieux et capables. Elle se borne donc à fournir à la production des étalons d'une valeur moindre, souvent même du prix le plus minime et aussi, malheureusement, d'un mérite fort mince.

Dans toute l'étendue du Finistère, où l'industrie privée possède au moins 460 reproducteurs, il n'existe pas un étalon de pur sang, ni de demi-sang, ni même un carrossier, pas un seul étalon, enfin, susceptible de procréer un cheval de guerre. Et pourtant quelle race se prêterait plus avantageusement aux modifications de forme et au travail héréditaire de croisements judicieux, bien compris?

Telle est la nature des services que rendent au pays l'intervention directe de l'État et l'expérience des officiers des haras. Parallèlement à cette action, et malgré des encouragements nombreux, l'industrie étalonnière ne donne que des animaux de gros trait, presque tous de race abâtardie, et déshonorés des vices transmissibles les plus graves.

Département du Gers. — En admettant que dans l'avenir l'industrie privée puisse se suffire à elle-même, elle se doit, dans son intérêt le mieux entendu, de protester dans le présent contre toute idée de réduction, projetée ou proposée, des moyens directs à l'aide desquels l'administration des haras intervient aujourd'hui dans le fait de la production améliorée du cheval. Il n'y a point assez de capitaux libres entre les mains du cultivateur et du propriétaire français pour qu'ils puissent se passer du concours direct de l'État. En supprimant ce concours, on causerait un tel préjudice au pays qu'on s'étonne à bon droit que la proposition ait pu en être faite.

L'agriculture n'est pas assez riche pour payer cher la saillie d'un étalon. Seul, quant à présent, l'État peut fournir à bas prix le service de reproducteurs précieux, capables de continuer les améliorations déjà obtenues.

Département de Loir-et-Cher. — L'industrie privée ne donne que des étalons de la pire espèce, alors même qu'ils appartiennent aux races de trait. L'État a mal rempli sa mission lorsqu'il s'est borné à intervenir dans la production du cheval léger, de selle ou d'attelage rapide. Il a manqué à ses devoirs quand il n'a pas accordé une égale protection à toutes les races utiles au pays. Nulle d'elles, en effet, ne saurait se soutenir ni se sauver de la ruine sans le concours supérieur, efficace et direct, d'une administration spéciale incessamment vouée au progrès.

Il n'y a ni assez de ressources ni assez de lumières chez les particuliers pour diriger une industrie aussi essentielle que celle du cheval, toujours attardée chez nous, parce qu'on ne prévoit pas assez les transformations que l'espèce doit subir pour répondre à tous les âges de la société, au mouvement incessant de la civilisation.

Le département de Loir-et-Cher, déshérité de cette direction intelligente qui change, en temps, la marche d'une production importante, se trouve, aujourd'hui que les chemins de fer se multiplient, à peu près en dehors des intérêts du présent. Et cependant sa population chevaline, si elle fixait l'attention du gouvernement, pourrait, dans un temps donné, lui fournir de précieuses ressources et de nombreux éléments de force.

Loin de demander que les moyens directs dont disposent les haras soient restreints, les éleveurs réclament, au contraire, que le bienfait en soit étendu aux meilleures familles de chevaux de trait, beaucoup trop abandonnées par l'administration depuis bientôt quinze ans.

Département de Maine-et-Loire. — L'industrie particulière, livrée à ses propres ressources, est dans l'impossibilité absolue de fournir de bons types améliorateurs. L'État doit donc intervenir par l'entretien d'un grand nombre d'étalons.

Si ces derniers étaient confiés à des détenteurs, il est certain qu'ils seraient moins bien soignés, moins bien nourris, et surtout qu'ils ne seraient point employés à la reproduction avec autant de discernement.

La forte prime d'entretien que l'on propose d'allouer aux dépositaires des étalons de l'État, en cas de suppression des dépôts de l'administration, serait encore insuffisante. Pour se couvrir de mille frais divers et pour parer à toutes les éventualités de perte, les étalonniers seraient obligés d'élever le prix de la saillie et vendraient celle-ci de 20 à 25 fr. au moins. Cette fixation n'a même rien d'exagéré. Cependant, elle établirait de suite, sur l'agriculture, déjà si obérée, un nouvel impôt de plus d'un million. Ce fait a son importance assurément.

Département de la Marne. — Quand l'État aura cessé d'entretenir les 1200 étalons d'espèce qu'il possède en ce moment, qui donc se chargera de les fournir à l'industrie de la production ? Quelques riches propriétaires, un très petit nombre néanmoins, voudront bien, peut-être, s'en procurer, mais les cultivateurs et les fermiers ne pourront y atteindre et en seront privés. Que deviendront alors les races légères, celles

27

dont la consommation augmente tous les jours ? A-t-on réfléchi aux besoins réels du pays, aux exigences de sa population chevaline ? La production n'est qu'un côté de la question ; l'amélioration en est un autre. Eh bien ! on n'améliore qu'avec des éléments précieux. En dehors de l'action de l'État, nous ne voyons ces éléments nulle part.

La pensée d'effacer, en ce temps-ci, l'action du gouvernement, n'est pas heureuse et ne serait jamais venue à l'agriculture, qui avait bien le droit de compter aussi sur les promesses du nouveau régime.

Département de l'Orne. — On parle de la répartition des étalons de l'Etat chez les particuliers. Les leçons du passé ne serviraient-elles donc à rien ?

Est-ce qu'il en est de l'industrie chevaline en France, pays de petites cultures et de fortunes médiocres, comme de l'Angleterre, où chaque éleveur a son haras, souvent plus riche et mieux doté que notre administration tout entière ? Chez nous, la production et l'élève sont aux mains des fermiers et des cultivateurs ; elles ressortent, par suite des charges publiques, à des prix onéreux qui les frapperaient d'impuissance le jour où le concours direct de l'État leur manquerait.

On ne voit pas ce que le pays gagnerait à faire de telles conditions à une industrie qui, déjà, est privée d'air et de soleil. Ce qu'elle demande, dans l'intérêt même de la France, c'est qu'on lui accorde protection, en raison même de son utilité. Les idées de suppression sont aux antipodes de sa force et ne peuvent qu'ajouter à sa détresse.

Départements des Hautes et Basses-Pyrénées. — La part de l'État et celle des particuliers ont été bien faites. C'est au premier à fournir l'élément d'amélioration le plus cher et le plus difficile à trouver, — l'étalon. C'est à l'industrie à répondre à ce bienfait, en faisant un choix intelligent de la poulinière et en la livrant avec sollicitude à la production du cheval perfectionné. Cette dernière tâche même excéderait encore les forces des particuliers sans les encouragements qui les stimumulent et les défraient. Laisser toutes les charges à l'industrie serait son anéantissement immédiat et absolu. La suppression des dépôts d'étalons priverait les particuliers de mille facilités que leur accorde le système actuel. Celui-ci répartit les éléments de production en raison même des besoins. Il les place intelligemment, rares ou nombreux (suivant les localités), mais là où ils doivent être utiles et servir tous les intérêts. La réunion sur un même point d'un certain nombre d'étalons permet le choix et favorise les bons accouplements. Quand un reproducteur ne répond pas d'une manière satisfaisante aux espérances conçues, il est retiré et convenablement remplacé. Aucun de ces avantages n'est possible dans le système des garde-étalons. Mille inconvénients apparaissent alors qui nuiront à la production comme à l'amélioration, et décourageront l'industrie tout en affaiblissant les forces générales de la nation.

Département de la Seine-Inférieure. — La production du bon cheval s'éteindrait si elle était abandonnée aux seuls efforts des particuliers, si elle était privée du concours direct de l'Etat. En Angleterre, il est vrai, l'industrie privée est chargée de la reproduction chevaline ; mais le goût du cheval est général, les fortunes sont considérables, les encouragements puissants, les débouchés profitables. Aussi la saillie peut-elle être vendue et achetée fort cher ; elle s'est quelquefois payée jusqu'à 2,000 fr. et plus. Il y a tel Landlord qui dépense annuellement, pour ses haras particuliers, plus d'argent que l'Etat n'en donne, en France, pour tous ses établissements.

Au surplus, la prétention que certaines personnes élèvent aujourd'hui n'est pas nouvelle ; l'expérience a été faite plusieurs fois, elle s'est toujours prononcée contre le système proposé de remettre à l'industrie privée le soin de se pourvoir elle-même des éléments d'amélioration dont elle a besoin. A partir de 1834, les haras ont abandonné la production du cheval de trait aux particuliers. Les moyens indirects seuls lui sont restés. Eh bien ! que voyons-nous ? Une industrie partout aux abois et réclamant avec force des secours plus efficaces que ceux de l'intervention indirecte. Les races de trait sont pourtant les plus faciles à connaître et à conserver, les moins coûteuses à entretenir et les plus profitables au producteur et à l'éleveur. Si, nonobstant, elles se détériorent au lieu de s'améliorer sous les efforts privés, aidés et secourus néanmoins par un immense débouché et quelques encouragements spéciaux, que deviendraient nos autres familles de chevaux le jour où on les priverait du bienfait de l'intervention directe? La réponse est facile et découle de soi.

Département des Deux-Sèvres. — Partout où le système des garde-étalons a été mis en discussion il a été rebuté comme nuisible aux intérêts du pays. Ce serait une grande faute, en effet, que d'abandonner une industrie aussi importante aux incertitudes de la spéculation privée. L'expérience n'a jamais été favorable à ce système. Elle s'est toujours prononcée, au contraire, en faveur des institutions qui présentent une garantie sérieuse de fixité et de continuité d'efforts.

Les moyens indirects et l'industrie particulière ont si peu d'action que les exemples ne manqueraient pas pour témoigner de leur insuffisance. Les chevaux de trait ne s'améliorent plus depuis que le gouvernement a cessé de diriger leur reproduction; la jument mulassière perd tous les jours de son mérite, abandonnée qu'elle est à la spéculation de tous, privée qu'elle est aussi des secours directs de l'Etat. Le Boulonnais, le Perche, la Bretagne et le Poitou, doivent, au même titre, réclamer du gouvernement une intervention directe, puissante : — là, c'est en vue d'obtenir des étalons capables d'en produire à leur tour, afin que les étalonniers trouvent à se remonter d'une manière utile pour la bonne reproduction du cheval de trait; — ici, au contraire, c'est pour obtenir la mulassière, ce moule particulièrement propre à la production du mulet.

Le système des garde-étalons a donné ses preuves. Avant 1790, il avait été surtout fécond en abus. Depuis 1834, il n'a pu soutenir ni le cheval de trait ni la jument mulassière.

Gardons-nous bien de soumettre nos autres races à un pareil régime, car il est essentiellement mortel.

Département de la Somme. — Les particuliers sont hors d'état de faire les dépenses nécessaires pour l'acquisition des types améliorateurs ; ce serait une opération ruineuse.

Les essais déjà faits dans les départements de la Somme et du Pas-de-Calais pour encourager ce genre de spéculation prouvent que, même avec des primes élevées, l'administration ne peut être remplacée par l'industrie privée, lors même que les étalons de l'Etat seraient concédés, à titre gratuit, aux particuliers.

Département de la Vendée. — On ne voit pas, dans le système des garde-étalons, quel intérêt les particuliers auraient à se procurer et à entretenir des étalons capables. La production du cheval de guerre est en quelque sorte le point de mire offert à la spéculation, puisque, à force d'exigences de toute espèce, l'administration des remontes est parvenue à chasser le commerce de tous les centres de production et d'élève. Le producteur et l'éleveur n'ont point à se gêner : avec des étalons de mince valeur, ils sont toujours sûrs d'obtenir des produits de tout aussi bonne vente que les chevaux supérieurs qu'ils livrent en ce moment à la remonte pour des prix complétement insuffisants.

Cependant, eussent-ils le désir de se procurer des reproducteurs de haut prix, nos étalonniers se trouveraient empêchés par la modicité de leurs ressources. Rien n'est prêt non plus pour loger sainement des animaux qui, d'ailleurs, devraient encore être convenablement alimentés et soignés.

La vente des étalons de l'Etat à prix réduit comporterait d'immenses sacrifices en Vendée et en Poitou, car les remplacements devraient s'effectuer à de très courts intervalles. Dès lors, le service des étalons serait exorbitamment cher. Pour faire donner à un étalon ainsi placé chez un détenteur une hygiène quelque peu attentive et soigneuse, il faudrait une surveillance impossible et une sévérité de règlement que nul n'a cepterait que pour s'y soustraire. Tout cheval confié à un Vendéen serait nécessairement, et quoi qu'on fît, soumis au régime un peu sauvage des marais, et à tous les inconvénients qui en résulteraient pour sa condition physiologique, sa durée et la valeur de ses produits.

— Nous ne nous sentons pas le courage de fournir une troisième course et de recommencer une nouvelle analyse sous un titre nouveau. Il en est un pourtant sous lequel nous aurions pu répéter quelque vingt fois ces phrases pour lesquelles toutes les formules ont été épuisées : il y a peu de modifications essentielles à introduire dans le système actuel des haras ; des améliorations de détail ne comportent pas le renversement d'un édifice. Aujourd'hui, l'administration vaut mieux que sa réputation, et le pays en tire avantage. Ce qui lui manque, il faut avoir le courage de le dire, c'est une dotation suffisante, un budget qui lui permette d'embrasser plus complétement les divers intérêts qu'on met sous sa sauvegarde. Au surplus, qu'on l'étudie ; qu'on extirpe les abus, s'il y a des abus ; qu'on réforme ce qui serait défectueux dans son organisation, plus forte et meilleure qu'on ne le croit généralement ; qu'on lui donne une nouvelle vie ; mais qu'on n'use pas, envers l'industrie nationale, de l'étrange moyen qui consisterait à couper l'arbre par le pied, lorsqu'il ne s'agirait, au contraire, que de donner une direction utile et profitable à toutes ses branches.

XXXI. — SYSTÈME DES GARDE-ÉTALONS.

Le système des garde-étalons est fort en honneur auprès de quelques personnes qui ont pris à tâche de l'élever sur les ruines de l'administration actuelle.

Cette idée n'a pas précisément le mérite de la nouveauté. Ce n'est pas d'aujourd'hui que l'on cherche à faire revivre l'organisation de 1717, dont les premières assises avaient été posées sous Louis XIII, en 1639.

A d'autres époques on a essayé de remonter le cours du temps et de revenir à un système contre lequel toutes les formules de la critique, la mieux fondée assurément, ont été épuisées, alors qu'il était encore debout. De nombreuses tentatives ont échoué. Espérons, dans l'intérêt bien compris de l'industrie chevaline, que les efforts de notre époque ne seront pas plus puissants à détruire que ne l'ont été ceux du passé.

Les économistes qui vantent outre mesure aujourd'hui le système de Colbert forcent singulièrement et les faits et leur interprétation. Ils ne lui empruntent qu'une idée spécieuse, pour la présenter sous des couleurs vives et saisissantes. Ils en écartent avec soin tout ce qui viendrait en compliquer l'application, toutes les difficultés, tous les détails de pratique qui en rendent le retour impossible.

Nous ne devons pas nous répéter, et nous avons déjà, dans ce volume, surabondamment administré les preuves d'infériorité de l'organisation de 1717 sur celle de 1806. La question est double; mais, de quelque côté qu'on l'envisage, au point de vue économique tout aussi bien qu'au point de vue de la science, toute supériorité appartient incontestablement au mode actuel. Les faits et les raisonnements, l'expérience et la logique sont pour ce dernier.

Cependant, et puisque le parallèle qu'on établit entre les deux systèmes est écrit avec partialité et même avec peu de bonne foi, il faut bien que nous rappelions ce qui est advenu du régime établi par le règlement de 1717, lequel a été la plus haute expression de l'idée primitive d'où il est successivement sorti. Le système de Colbert, incessamment remanié, toujours revu et corrigé, n'a pu fonctionner qu'à l'abri de mesures coercitives d'une grande sévérité. Sa force, qu'on ne l'oublie pas, était là tout entière. Rien de semblable n'est possible au temps où nous sommes.

En regard des immunités de toute espèce accordées aux garde-étalons, et pour leur faire en quelque sorte pendant, trouvons-nous autre chose qu'une répression excessive? Pourquoi donc toutes ces rigueurs? Ah! c'est que, à côté des grâces et des faveurs il y avait des conditions et des charges; c'est que, là comme en beaucoup de circonstances, l'intérêt, bien souvent, s'est trouvé en opposition avec le devoir. Eh bien! dans ce système, nul ne trouvait son compte, — ni l'étalonnier, — ni le possesseur de juments, — ni l'État. Ce dernier l'avait d'ailleurs parfaitement reconnu, car il travaillait, à la fin, à modifier, à transformer un système duquel on a pu dire qu'il avait produit plus d'abus que de chevaux.

En effet, seize dépôts d'étalons existaient en 1789 avant la suppression de l'ancienne administration. Les états provinciaux, ainsi qu'on le voit dans les *cahiers*, renonçaient de toute part aux étalonniers privilégiés.

En l'an III, lorsque la Convention sentit la nécessité de secourir l'industrie, et d'exciter l'émulation parmi les producteurs, que fit-elle? Revint-elle au système si avantageux de Colbert? Non, elle adopta un système mixte, elle ordonna la création et l'entretien aux frais de l'État de sept dépôts d'étalons, et annonça des primes pour les étalons privés.

En l'an V, la question est reprise. Un rapport vraiment remarquable, fait au Conseil des cinq cents par l'un de ses membres, étudie à fond la matière. Quelles sont ses conclusions?

— Il y aurait danger à revenir exclusivement au mode des garde-étalons.

— Une organisation régulière et stable, une administration publique pourra seule travailler efficacement à l'amélioration des races.

— Un système de primes largement conçu aidera puissamment au succès.

N'est-ce point encore un système mixte? Dans ces nouvelles propositions, le nombre des dépôts d'étalons à créer et entretenir par l'État est porté à douze.

L'organisation impériale, on le sait, a été plus complète. Elle a décrété la formation de 6 haras et 30 dépôts d'étalons.

Plus on s'éloigne de l'époque de la suppression des haras et plus on sent la nécessité d'étendre l'action directe de l'Etat.

Cette situation dure ainsi jusqu'en **1826** ou **1827** ; à cette époque, par un retour fort ordinaire des esprits vers le passé, on proposa de revenir au système d'autrefois.

La proposition trouva faveur auprès d'un certain monde. Elle rallia les mécontents et les ambitieux. Elle créa un parti qui a ses fanatiques et son drapeau. L'attention publique s'est plusieurs fois fixée sur elle ; elle a, dans plus d'une occasion, obtenu les honneurs d'une discussion approfondie, mais elle n'a passé nulle part dans la conviction des majorités. Partout repoussée, elle réapparaît toutefois de temps à autre, et se reproduit toujours avec la même ardeur et tout aussi peu de fondement qu'au jour de sa résurrection. Une surprise seule pourrait la substituer à l'état actuel ; un examen sérieux ne lui réussira jamais.

Les conversions qu'elle a pu faire n'ont pas toujours été de bon aloi ; mais plus d'un, parmi ses adeptes, l'a abandonnée pour revenir à des idées plus saines.

Voyons ce qu'en a écrit l'un des hommes les plus compétents en pareille matière, M. le lieutenant-général de la Roche-Aymon, dans le tome II de son ouvrage sur LA CAVALERIE.

« Pour diminuer les frais de l'administration des haras, dit-il, beaucoup de personnes ont pensé que la manière la plus certaine était d'isoler les étalons dans les arrondissements, de les confier ou de les concéder aux propriétaires, et de se débarrasser par là des frais d'entretien, d'administration des dépôts, et des pertes annuelles auxquelles ces établissements sont exposés. Cette idée si simple m'a paru si utile, qu'elle m'avait séduit en **1827**, et que je succombai au plaisir d'en prouver l'efficacité dans le discours que je prononçai sur les haras (*Chambre des Pairs*, **17** *juin* **1827**). Depuis cette époque, de mûres réflexions m'ont démontré la difficulté, sinon l'impossibilité de cette mesure, qui paraît si facile en théorie. Je sais bien qu'on avait jadis établi en France des garde-étalons qui,

pour des avantages sociaux et pécuniaires, tenaient des étalons
pour la reproduction. C'est positivement l'exemple isolé et les
conséquences de cette institution qui m'ont rappelé à des idées
plus saines. Cette institution fut, comme le serait la nouvelle,
viciée dès son principe. La faveur influença la nomination des
garde-étalons, et influa peut-être encore davantage sur le
remplacement de leurs étalons. On ferma les yeux et sur la nature de ces étalons et sur le nombre de leurs saillies. Souvent
même encore, le garde-étalon, pour conserver les avantages
qu'il avait acquis, se contentait de louer ou d'emprunter un
étalon quelconque pour le temps des saillies; et la protection
faisait tolérer un monopole d'autant plus dangereux, que l'a-
venir en devait plus chèrement payer la pernicieuse influence.
Si ces étalons, concédés ou vendus à des particuliers, ne tombaient pas dans les mains de la grande propriété, toujours assez éclairée pour combiner ses intérêts particuliers avec les intérêts généraux de la patrie, ces étalons seraient bientôt dété-
riorés, sinon perdus : le meunier, le petit propriétaire, n'y
verraient bientôt exclusivement qu'un moyen de gagner davantage, au détriment de ces pauvres animaux; ils seraient mal
nourris, livrés à des travaux pénibles; et la plus active surveillance saurait d'autant moins l'empêcher, que ces étalons
vendus seraient devenus la propriété d'un tiers. On n'aime
pas assez les chevaux en France pour les confier ainsi indistinctement à qui voudrait les acheter. Vendre n'est pas tout :
pour l'administration des haras, il faut avant tout conserver et
améliorer. Quand on réfléchit à l'inhumanité avec laquelle les
rouliers et les charretiers surchargent leurs chevaux, à la négligence assez générale avec laquelle ils les soignent, on est
bientôt revenu de ces utopies. D'ailleurs les faits parlent, l'expérience est là pour répondre. Le conseil-général du département des Côtes-du-Nord avait ainsi concédé seize étalons de
gros trait à des particuliers connus; ils furent bientôt réduits à
quatre : les propriétaires ou concessionnaires les ayant fatigués

par des saillies disproportionnées, et les ayant même loués pour le service des diligences (1).

» Ces vérités ont été tellement senties en France, que la presque-totalité des commissions, réunies cette année dans les départements s'élève contre pareil projet, pareille idée (2).

» Mais, comme le mot *économie* a des effets presque magiques sur les esprits, que beaucoup même des meilleurs pourraient être séduits par ce que ce projet a de spécieux, je crois très important, par des chiffres, de les mettre en garde contre les illusions de cette prétendue économie.

» D'abord, si le projet n'est que partiel, l'économie ne sera plus qu'un vain mot : car, si le dépôt qui fournit à tel arrondissement ne livre pas aux propriétaires de cet arrondissement tous les chevaux qu'il renferme, s'il n'en disperse qu'un certain nombre, cette mesure ne saurait en rien diminuer les frais d'entretien et d'administration de l'établissement. Mais je veux, pour un moment, admettre que le projet de M. de Jouffroy soit exécutable pour la totalité de la France et pour tous les étalons du gouvernement : suivons-en les détails.

» Voici l'idée de M. de Jouffroy. On dirait aux propriétaires :

(1) « Le département de Saône-et-Loire concéda en 1821 plusieurs étalons ; ils furent bientôt perdus. En Alsace, M. de Lezay-Marnesia en concéda onze, choisit avec un soin scrupuleux les propriétaires qui offraient le plus de garanties, et cependant les résultats furent aussi funestes. »

(2) « Quelques commissions ont bien demandé la concession des étalons aux particuliers ; mais, séduites par l'idée théorique, en admettant le principe, elles ont évité d'entrer dans les détails du mode pratique. Loin de l'avoir approfondi, ces commissions proposent des prix annuels à payer aux propriétaires concessionnaires, qui sont loin d'être en harmonie avec ce que coûteraient la nourriture et l'entretien de l'étalon. Pour se couvrir de ses frais, le propriétaire forcerait donc les saillies, détruirait l'étalon, et l'administration des haras, sans garanties, verrait ses écuries se dépeupler peu à peu. D'ailleurs la plupart de ces commissions n'ont parlé que d'étalons de trait, et le but principal de l'administration doit être avant tout d'encourager l'élève du cheval de selle, qui partout est plus ou moins en souffrance. »

Voulez-vous prendre cet étalon? son prix est de 2,400 fr. Vous allez d'abord me le rembourser, soit en totalité, soit au moins par moitié (1); vous le nourrirez, soignerez, et ferez saillir toutes les juments de votre voisinage sans exiger aucune rétribution. Mais, moi, je m'engage, en retour, à vous payer chaque année, à titre de récompense, le tiers du prix de ce cheval, tant que vous le tiendrez en bon état pour saillir à chaque printemps; de plus, pour chaque poulain provenant de cet étalon, il vous sera tenu compte d'une prime de 10 fr. (Ici on pourrait fixer le nombre des juments qui pourraient être saillies.)

» Cette idée, quoique incomplète, pouvant paraître séduisante, il est essentiel d'abord d'en faire remarquer les lacunes. M. de Jouffroy parle bien du bon état où doit rester l'étalon; mais il n'indique pas les moyens de surveillance à employer pour le constater; et ces moyens seront d'autant plus difficiles ou d'autant plus compliqués que, les *meuniers*, auxquels il suppose que ces étalons seraient vendus en grande partie, les employant au transport des blés et farines de leurs pratiques, ces chevaux seront souvent, si ce n'est pas toujours, en route; et il est à ciaindre qu'étant plus forts que ceux que tiennent habituellement ces meuniers, ils ne les surchargent, pour diminuer à leur profit le nombre des chevaux qu'ils avaient tenus jusqu'ici. Alors cet étalon, habitué à de grands soins dans les dépôts, serait bientôt victime des moindres soins qu'il recevrait dans sa nouvelle position: car, si l'exercice est nécessaire à sa

(1) « Dans le cas où le propriétaire ne consentirait à rembourser, en recevant l'étalon, que moitié de son prix, il serait convenu que l'autre moitié serait retenue par tiers sur les primes à donner pendant les trois premières années, et en y joignant l'intérêt du reste de la somme. Ainsi donc le propriétaire qui n'aurait donné que 1,200 francs sur un cheval du prix de 2,400 éprouverait une retenue de 460 francs pour la première année, 440 pour la seconde, et 420 pour la troisième; tandis que celui qui aurait payé en totalité un étalon du même prix toucherait la première année 800 francs sans retenue, pour ainsi continuer, de même que le premier acquéreur au bout de ses trois ans, tant que ce cheval resterait fort et vigoureux. »

vigueur et à sa santé, ne serait-il pas à craindre que la fatigue à laquelle le condamnerait cette nouvelle condition ne le détériorât bien vite? Les chevaux de meuniers sont, autant que la saison le permet, constamment dans les prairies. L'étalon serait sans nul doute astreint au même régime : cette nourriture, peu appropriée à l'exercice de la monte, et les accidents qui pourraient résulter et résulteraient de sa liberté dans les pacages, compromettraient de plus d'une manière soit sa santé, soit les résultats de ses saillies. Le nombre actuel déjà trop minime des étalons serait donc encore exposé à des pertes.

» M. de Jouffroy dit bien qu'une tare survenue par un accident, et ne devant pas par conséquent se reproduire dans les poulains, ne pourrait être une cause de réforme ni de cessation de paiement de la prime. Mais l'auteur n'a rien dit des cas de réforme ou de mort des étalons ainsi concédés : c'est là que son système devient difficile, sinon tout à fait impossible (1). Car, enfin ces meuniers feront d'eux-mêmes la réflexion bien simple que, si dans les trois premières années le cheval devient susceptible de réforme, le propriétaire s'en trouvera pour les avances d'achat; car le gouvernement ne saurait plus payer pour une action qui n'a plus lieu : et cette crainte diminuera de beaucoup les amateurs. D'ailleurs, qui prononcera cette réforme? Quels en seront les juges? Le cheval, étant devenu la propriété de celui qui l'a acheté, sera-t-il exclusivement du ressort des officiers des haras, ou soumis à l'inspection d'un jury? Dans le premier cas, le propriétaire trouverait peut-être trop de sévérité; dans le second, le gouvernement pourrait craindre trop d'indulgence. D'ailleurs, la mort plus ou moins prompte de l'étalon, que le changement de nourriture et d'ha-

---

(1) « D'ailleurs M. le préfet de l'Indre, en communiquant à la commission des haras le projet de M. de Jouffroy, fait lui-même remarquer que ce projet ne serait admissible que pour une partie de son département : *la base du projet reposant sur la concession à des meuniers, dont les coutumes varient suivant les localités de ce département.* »

bitude (1) rendra plus fréquente qu'on ne pense, laissera le propriétaire à découvert d'une plus ou moins grande partie de la somme d'achat, suivant que l'étalon mourra dans la première, la seconde ou la troisième année. Il faut donc que cet étalon vive au moins quatre ans pour couvrir le propriétaire de son achat et de sa nourriture. Ces réflexions, si simples, diminueront nécessairement de beaucoup l'empressement à essayer de ce nouveau mode. D'ailleurs, qui pourra imposer au propriétaire le choix de l'étalon que l'administration lui vendrait? Son goût seul le déterminant, il pourrait choisir un étalon dont la race ne convînt pas aux localités : premier mal ; et si la mesure était partielle, il arriverait probablement que l'on dépouillerait un dépôt de tout ce qu'il aurait de meilleur, et qu'il ne lui resterait que de mauvais ou médiocres reproducteurs pour le service du reste de son arrondissement. De cette manière un département se trouverait favorisé aux dépens de plusieurs autres.

» Mais j'admets que toutes ces vérités ne soient que des suppositions ; j'admets même que le projet est adopté et exécutable pour toute la France (la seule manière dont on pourrait en retirer quelque utilité), il me reste à prouver maintenant que l'économie qu'on prétend y trouver est bien loin d'exister.

» L'administration possède actuellement 1,116 étalons, en défalquant ceux portés pour la réforme de cette année. Ces 1,116 étalons, à 2,400 francs, donnent une somme de 2,678,400 francs ; et certes, cette somme est bien exagérée : car, l'un portant l'autre, on ne pourrait guère estimer ces étalons que de 15 à 1,800 francs, et en retranchant encore 50 à 60 étalons que je suppose de premier sang et qu'il faudrait

(1) « Comment astreindre les concessionnaires à ne pouvoir dépasser le nombre de saillies convenable à la santé présente et d'avenir de l'étalon? comment l'empêcher d'augmenter le nombre des saillies au delà de toute proportion, quand il y trouverait sans nul doute des profits de la main à la main? En outre, de quelle manière positive s'assurer que les saillies seraient gratuites? »

garder pour les haras, dont ce système rendrait un plus grand nombre indispensable, cette somme diminuerait donc de beaucoup.

» Retirant donc de ces 1,146 étalons que j'ai supposés plus haut, 55 des plus beaux et des meilleurs pour les haras, il n'en reste plus à vendre en concession que 1,091, qui, à 1,700 francs pour prix moyen, ne donneraient plus qu'un capital de 1,854,700 francs. Mais j'admets le premier chiffre, 2,678,400 francs : cette somme, entrée dans les caisses de l'administration des haras, accroîtra ses ressources annuelles d'un revenu de 80,352 francs (1), en la plaçant soit sur la caisse d'amortissement, soit sur celle de service.

» La somme de 800 francs accordée aux propriétaires concessionnaires laisse encore à l'administration un boni de 52 fr. par étalon (2) ; ce qui donne encore une économie de 57,592 francs sur les étalons qui ne seront plus à la charge de l'administration.

» Enfin l'administration des haras sera déchargée de la dépense du remplacement des étalons, que l'on peut calculer à 300,000 fr.

» Les bénéfices de l'administration s'élèveront donc à 437,944 fr.

» *Savoir* : intérêt du capital. . . . . 80,352 fr.
» Diminution sur les frais d'entretien. . . 57,592
» Économie du remplacement. 300,000

» Somme égale. . . . . 437,944 fr.

(1) « A raison de trois pour cent. »
(2) « La nourriture du cheval, son ferrage, achat d'ustensiles, pansage, frais de transport dans les stations, gages et habillements des palefreniers, répartis sur quatre chevaux que panse chacun d'eux, les remèdes, l'intérêt du prix d'achat du cheval à 5 p. 100, font que, d'après le calcul le plus positif, chaque cheval du dépôt de Blois coûte aujourd'hui au gouvernement 851 fr. 55 c. par an. »

(Opinion de M. le comte de Jouffroy, p. 5.)

» Mais, si au premier aperçu il y aurait cette économie, on est bientôt à même de se convaincre qu'elle n'est qu'apparente, car il faut d'abord en retrancher 1° la prime de 10 fr., accordée par le système au profit de chaque étalon, et 2° le produit du saut.

» *Prime aux poulains.* Ces 1,146 étalons, calculés à 35 juments l'un portant l'autre, donneront 38,810 saillies, qui, réduites aux 5|8 produits effectifs, font 22,250 poulains à primer de 10 fr.; ci-contre. . . . . . . **222,500 fr.**

» Déduction du prix du saut, qui rapporte annuellement **200,000**

Total. . . . . **422,500 fr.**

à retrancher des 437,944 fr. supposés comme bénéfice de l'administration. Le profit du nouveau système se réduit donc à 15,244 fr.; et pour obtenir ce résultat, il m'a fallu tout forcer, l'exécution comme les résultats de ce système.

» Certes, comme personne de bonne foi ne saurait soutenir que tous les étalons du gouvernement peuvent être vendus à 2,400 fr., et que l'on s'estimerait très heureux de les vendre en masse *deux millions*, qui ne donneront plus que 60,000 fr. d'intérêts, au lieu de 80,152 fr. que j'ai admis plus haut, il en résulte qu'en prenant ces 60,000 fr. comme intérêts vrais, et qu'en retranchant les 20,352 fr. que j'avais portés en trop pour les intérêts du capital trop élevé de la vente des étalons à 2,400 fr., il se trouverait qu'au lieu d'un bénéfice de 15,244 fr., l'administration en serait pour une augmentation de dépense de 4,908 fr.

» Que reste-t-il de ce système? Comme tant d'autres, il prouve que l'idée la plus ingénieuse, même en théorie, ne souffre que très difficilement la pratique et la puissance des chiffres. Tout s'évanouit devant ces deux moyens exclusifs d'investigation.

» Mais d'ailleurs cette idée se trouve déjà en action par les étalons approuvés. Le système des étalons approuvés est réellement bien plus économique et offre des résultats bien autrement certains. »

Le projet de M. de Jouffroy, plus spécialement examiné par le général de la Roche-Aymon, est encore, sauf quelques variantes qui ne l'améliorent guère, qui ne l'améliorent pas, le même que l'on voudrait substituer aujourd'hui à l'action directe de l'Etat. C'est l'ancien système des garde-étalons avec les priviléges de moins, mais avec de larges compensations pécuniaires de plus ; c'est l'ancienne administration des haras, moins les mesures coercitives qui faisaient toute sa force. En effet, sans la répression excessive qui l'a protégé, moins le despotisme qui l'a soutenu et fécondé, qu'aurait produit le régime de **1717**?

Au surplus, écoutons à ce sujet les plaintes et les critiques d'un contemporain, et notons, en passant, la nature du remède qu'il propose d'opposer au mal.

Paul de Lafont-Pouloti s'exprimait ainsi, en **1787**, dans son Nouveau régime pour les haras :

« D'abord il y a impossibilité physique qu'un étalon qui sert indistinctement des juments de toute taille et de toute espèce, qui lui sont annexées dans son arrondissement, leur soit appatroné ; de vingt-cinq ou trente qu'il saillit, à peine y en a-t-il huit qui lui soient assorties : il ne peut donc donner que des productions décousues et de peu d'utilité ; aussi est-ce ce dont on se plaint tous les jours Souvent un nourricier, au lieu d'aller à l'étalon mis par l'administration, se sert, pour épargner la rétribution du saut, ou par choix et par goût, d'un poulain provenant de ses cavales ou de celles d'un voisin. Comme c'est avant de l'hongrer, c'est-à-dire avant sa troisième année, qu'on le fait étalonner, on étrangle son accroissement, on évapore ses forces, son courage, et, n'ayant pas à beaucoup près tout son être, il ne peut donner que des productions manquées, faibles et chétives. Souvent, comme ces poulains ont des qualités que le paysan prise, on les excède ; au lieu de vingt juments, on leur en donne quarante, cinquante, il faut nécessairement qu'il les abuse

28

ou qu'il périsse; ce qui, dans tous les cas, est une perte réelle pour l'espèce et un obstacle à la propagation. Loin d'éloigner les consanguinités, qui hâtent toujours la dépravation et l'abâtardissement, on y coopère en faisant couvrir la jument par son père ou son fils, son frère, son cousin germain, etc.; dès lors nulle compensation, nulle possibilité, nulle espérance de réparer, de diminuer les vices de l'empreinte originaire.

» Les étalons sont mal tenus, mal soignés, mal nourris. Les garde-étalons, qui ne le sont ordinairement que pour jouir des priviléges attachés à leur place, sans égard pour la conservation de leurs chevaux et au but de leurs placements pour le service des cavales, en font saillir, en pure perte pour ceux qui en sont les propriétaires, une quantité énorme, pour avoir un plus grand bénéfice en multipliant les rétributions. Les règlements ne peuvent rien contre ce vice, parce qu'il tient à la cupidité. Il s'en trouve même qui, jaloux de leur étalon, ou envieux contre quelque propriétaire, font, la veille du jour où la jument de ce particulier doit être étalonnée, couvrir une des leurs, pour que celle de la personne qu'ils jalousent soit trompée. Les revues de l'inspecteur étant annoncées d'avance, et à une époque toujours fixe, les garde-étalons ont alors soin de préparer leurs chevaux, de les bourrer d'une nourriture échauffante, pour qu'ils paraissent brillants dans la revue, et leur donnent les apparences trompeuses du feu et de la vigueur; mais, dès l'instant que la revue est finie, les soins disparaissent, l'animal perd son embonpoint factice, et rentre dans l'état de dépérissement d'où on l'avait tiré momentanément. J'en ai vu qui étaient dénués de force, et par conséquent de désirs pour la monte, au point qu'ils la refusaient, quoiqu'ils y fussent excités par des breuvages et des aliments chauds, par des frictions aux naseaux et au membre faites avec les chaleurs de la jument et par d'autres stimulants. Les gardes qui n'ont pas des étalons au roi ou à la province, mais qui doivent en avoir à eux, n'en sont généralement pourvus qu'au moment de la revue, quelquefois n'en ont point du tout. Comme ils n'en achètent que pour jouir des exemptions, ils sont toujours communs, dépourvus des qualités qu'ils devraient avoir, surtout trop jeunes, ou atteints d'une caducité prématurée dans un âge où ils montrent encore les marques de la jeunesse.

» A tous ces vices se réunissent ceux de mauvaise nourriture ou d'excès de travail pour les élèves et surtout pour les juments. Le paysan, s'attachant plutôt à se dédommager de leur nourriture journalière qu'au bénéfice du poulain, dont il ne jouira que dans trois ou quatre ans, et que l'éloignement fait évanouir, néglige les soins convenables, le vend de bonne heure, ou l'assujettit à un travail pénible dans le temps où le plus petit effort ne manque jamais d'être funeste : il dépérit et finit par être aussi défectueux que les moindres du pays. L'étalon toujours sédentaire dans le même canton cède nécessairement à l'influence combinée du travail et du climat, et servant dans le même département pour l'ordinaire pendant dix ans et quelquefois au delà, étant souvent plein de vices et de tares, qu'on dérobe à l'œil de l'inspecteur, ou qu'il ne saurait apercevoir, faute de connaissances nécessaires, ne peut, d'une part, que s'allier avec sa postérité, qui, en supposant même la perfection de la souche, se détériorera; d'une autre part, il perpétue les mêmes défauts : ainsi l'espèce est toujours viciée, retombe dans son premier état d'imperfection, et conserve des défectuosités qu'il faudrait éteindre.

» Les seuls moyens d'arrêter ces vices, c'est de rendre l'intérêt particulier dépendant de l'intérêt public; c'est de distribuer dans différents cantons de chaque province, ainsi que cela est suivi avec succès dans quelques unes, des étalons appartenant à la province, destinés à saillir gratuitement les juments de l'arrondissement que l'inspecteur aura passées en revue et jugées propres à lui être appareillées et à donner de bonnes productions, se montrant très difficile sur le choix des mères : car il est question d'améliorer, d'agrandir l'espèce, et surtout l'espèce femelle.

» Ces étalons seront réunis tous dans un même entrepôt et

sous la direction d'une personne intelligente et instruite, qui puisse veiller à leur conservation, être plus à portée de juger des accidents qui peuvent les mettre hors de service, être exercés et soignés comme ils doivent l'être. Les écuyers tenant les académies dans les villes capitales sont toujours des personnes très au fait du gouvernement des chevaux, etc., etc. : ce sera donc entre leurs mains qu'on les déposera. Il est hors de doute qu'en les employant au manége hors du temps de la monte, ils en seront plus dociles, plus amis de l'homme; leurs membres se conserveront souples, leurs mouvements en seront toujours liants; par conséquent leurs productions en seront plus parfaites, le cheval communiquant à ses échappés sa disposition à ses qualités acquises avec ses qualités naturelles.

» Dans le temps de la monte ils seront distribués dans les chefs-lieux des divers arrondissements, sous la conduite de leurs palefreniers accoutumés, où ils ne sauteront que le nombre de juments requis, ce qui leur conservera vigueur et durée, et en rendra l'emploi efficace. Un autre avantage que produira cet arrangement, c'est que chaque année, sans augmentation de dépenses ni de soins, l'on fournirait chaque arrondissement d'étalons nouveaux, ce qui rafraîchirait les races, objet très essentiel à leur amélioration, et qui n'a pas lieu dans le régime actuel. Les défauts dont les générations peuvent être attaqués diminueront par le changement de l'individu qui y coopère le plus, et l'on parviendra insensiblement à les détruire. Cette nouvelle forme d'administration faciliterait à un inspecteur tous les moyens d'interroger la nature, et le mettrait en état, après plusieurs expériences réitérées, de fixer dans l'étendue de son département la place et le véritable canton qui conviendraient à tels et tels chevaux.

» Les priviléges et exemptions des garde-étalons sont très onéreux aux communautés, parce qu'étant presque toujours de grands propriétaires, le rejet de leurs impositions sur les autres contribuables cause une augmentation considérable. Les étalons étant dans un entrepôt, ces inconvénients, qui détruisent les haras, disparaissent ; tout devient égal dans les communautés, chacun participe aux charges publiques et à l'avantage de la rétribution du droit de monte ; les étalons sont sans cesse sous les yeux de l'administration ; ils sont tenus et conservés comme ils doivent l'être.

» La seconde année, les juments qui auront pouliné se reposeront, et celles qui n'auront pas été fécondées, ou dont le poulain serait mort en naissant, et d'autres du même département, seront saillies, et ainsi de suite pendant dix ans, toujours *gratis* (1). Il est nécessaire qu'outre l'écuyer chez lequel seront les étalons, il y ait un ou plusieurs inspecteurs particuliers, suivant le nombre des haras, qui fasse chaque année des tournées pour classer les juments, afin d'approprier et faire le changement des étalons. Il y aura encore un inspecteur général de quatre en quatre provinces, plus ou moins, pour éclairer la conduite des inspecteurs particuliers, punir leurs négligences, vérifier leur travail, enfin se faire rendre compte de tout ce qui est relatif à la régie, ordonner les achats, les réformes, etc.

» Les propriétaires des juments annexées à l'étalon, assurés dès lors d'avoir des productions d'un beau cheval, les laisseront jouir du repos qui leur convient, et donneront tous leurs soins à élever les poulains. Chacun, voyant un avantage dans les juments de taille, et que les résultats deviennent meilleurs insensiblement et à mesure des ménagements qu'on a pour elles, s'y refusera moins, se déterminera bien vite à s'en procurer qui

---

(1) « Au bout de dix ans, si on le juge à propos, on peut mettre un droit de rétribution pour le saut des étalons ; mais ce droit ne doit être que de gré à gré, et nullement forcé. Ce droit est très ancien chez toutes les nations. De tout temps on a permis, pour ainsi dire, de trafiquer du saut des étalons. Dans plusieurs pays, et notamment en Angleterre, on vend ce saut à son gré, et même vingt, trente guinées, et au delà, suivant la beauté et la race du cheval. Il est à désirer que cette branche de commerce en vienne là parmi nous, et qu'on puisse mettre ainsi l'enchère sur les accouplements : ce sera une preuve de perfection dans la propagation des chevaux, de l'estime qu'on en fait, de l'émulation qui règne dans le désir de perfectionner et d'embellir encore, ou tout au moins de conserver ce qui est acquis.

lui donnent la rétribuiion du saut, et préfèrera, dès lors, d'é-
lever les plus belles pouliches, ce qui haussera la race promptement ; de manière qu'au bout de dix ans chaque province sera
fournie de beaux et bons chevaux, et de belles cavales qu'elle
aura vus naître. Ainsi, dans peu, la production en deviendra
plus parfaite, ce commerce se fortifiera, et cette amélioration, ne cessant d'accroître, augmentera le prix de la vente
par les bonnes qualités de la chose à vendre, ce qui est le plus
grand point, surtout dans les productions territoriales.

» Qu'on n'objecte point l'insuffisance de ce moyen, parce
que, le vœu d'avoir des chevaux nationaux étant général, il
n'est nulle part plus grand que chez les particuliers qui ont des
fourrages ; qu'il y en a déjà beaucoup qui vont acheter non seulement dans les provinces voisines, mais chez l'étranger, des
poulains ou des juments pleines, pour être assurés d'élever
des chevaux au dessus du commun ; que les cultivateurs de la
Champagne, Bourgogne, Franche-Comté, etc., achètent chaque année, en Suisse, une quantité prodigieuse de poulains
qu'ils répandent ensuite dans le reste du royaume. Les juments
de distinction sont chères et rares, parce qu'on monte les fines
et qu'on fait des attelages des autres. Si l'on suit la méthode
que je présente, le succès ne peut être douteux, puisque les
belles juments qui en viendront seront nécessairement conservées pour être poulinières, ce qui rendra considérable le prix
de leurs fruits, et, par conséquent, leur multiplication certaine par les avantages qu'il y aura à les élever. »

En pressant un peu les considérations qui précèdent, en les
adaptant à la situation actuelle, on en ferait aisément sortir
tous les inconvénients qui résulteraient de l'application nouvelle de l'ancien système à la reproduction bien entendue, au
perfectionnement de nos races.

Nous n'insisterons pas davantage. Si les mêmes abus qu'autrefois ne se produisaient pas tous, on en verrait apparaître
d'autres non moins graves. La forme changerait peut-être, le
fond serait le même, le mal n'en serait pas moindre.

Le gouvernement ne saurait donc consentir ni se prêter à la destruction du système en vigueur, dont les services, pour tout homme de bonne foi et pour tout esprit non prévenu, ne sont point au dessous des sacrifices que l'État s'impose. On sait parfaitement d'ailleurs à quoi s'en tenir sur le mérite et la bonne tenue des étalons particuliers, sur la valeur des résultats qu'ils donnent. Il faut bien savoir en face de quel personnel on se trouve, et reconnaître que les étalonniers de profession, que ceux-là seuls qui pourraient devenir détenteurs d'étalons officiels n'ont guère ni la fortune ni le savoir nécessaire à l'œuvre de l'amélioration des diverses familles du cheval. Là est le grand obstacle à la cessation de l'action directe ; là est principalement la raison d'être d'une intervention puissante.

Après cela, on ne rend pas assez justice à l'organisation actuelle. Le principe de la liberté la plus absolue y est écrit et pratiqué à côté du principe de la protection la plus large, mais d'une protection éclairée. Une seule chose lui manque, une seule : elle n'a pas, en surface, des forces égales à la puissance du bien qu'elle porte en elle. En d'autres termes, ses ressources ne sont point en proportion des besoins du pays. Elle se prête admirablement, d'ailleurs, à toutes les combinaisons que peuvent réclamer la condition prospère ou affaiblie des races, la capacité ou l'insuffisance de l'industrie privée. C'est une force intelligente et graduée, qui permet aux deux modes d'intervention de monter ou de descendre selon l'occurence, de développer ou de contenir en raison des exigences, de prévoir l'avenir et de préparer les modifications, les transformations de races que la civilisation commande à intervalles assez rapprochés, et que l'industrie n'a point encore su, jusqu'ici, réaliser en temps utile.

Un jour viendra, espérons-le, et faisons tous nos efforts pour qu'il ne soit pas trop long-temps attendu ; un jour viendra, peut-être, où l'action immédiate de l'État pourra s'effacer ; mais cette heure n'a point encore sonné. Et, puisqu'il y a pour nous nécessité d'intervenir , sachons donner à nos sacrifices forcés la direction la plus utile aux intérêts de tous.

Les hommes pratique diront, avec un hippologue moderne : « L'industrie privée ne saurait encore marcher seule et sans » bourrelet. Elle me semble un enfant , qui , bien long-temps » encore, aura besoin des soins de sa mère nourricière. L'enfant » sevré avant l'âge deviendrait un homme faible et maladif. »

FIN DU PREMIER VOLUME.

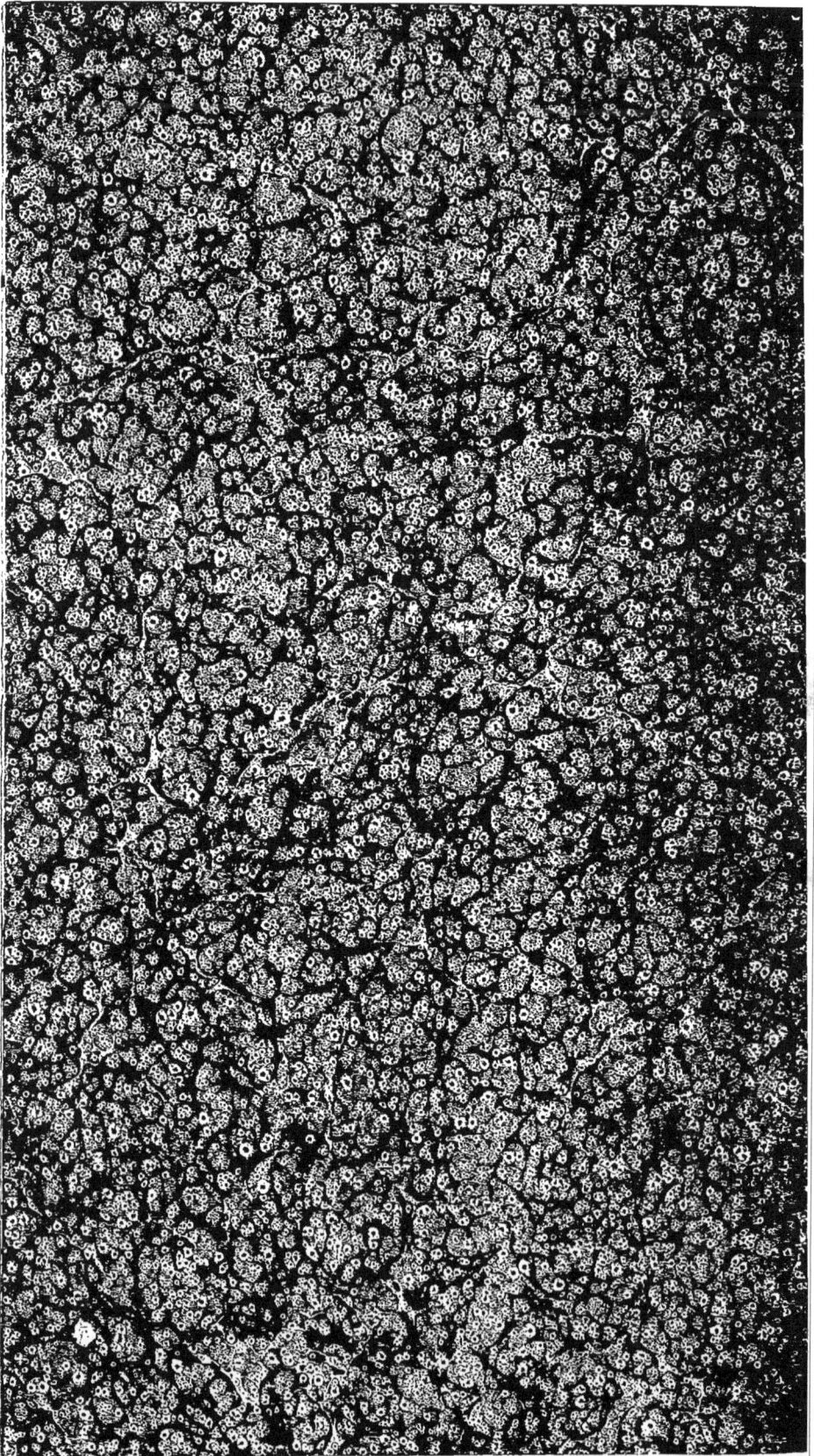

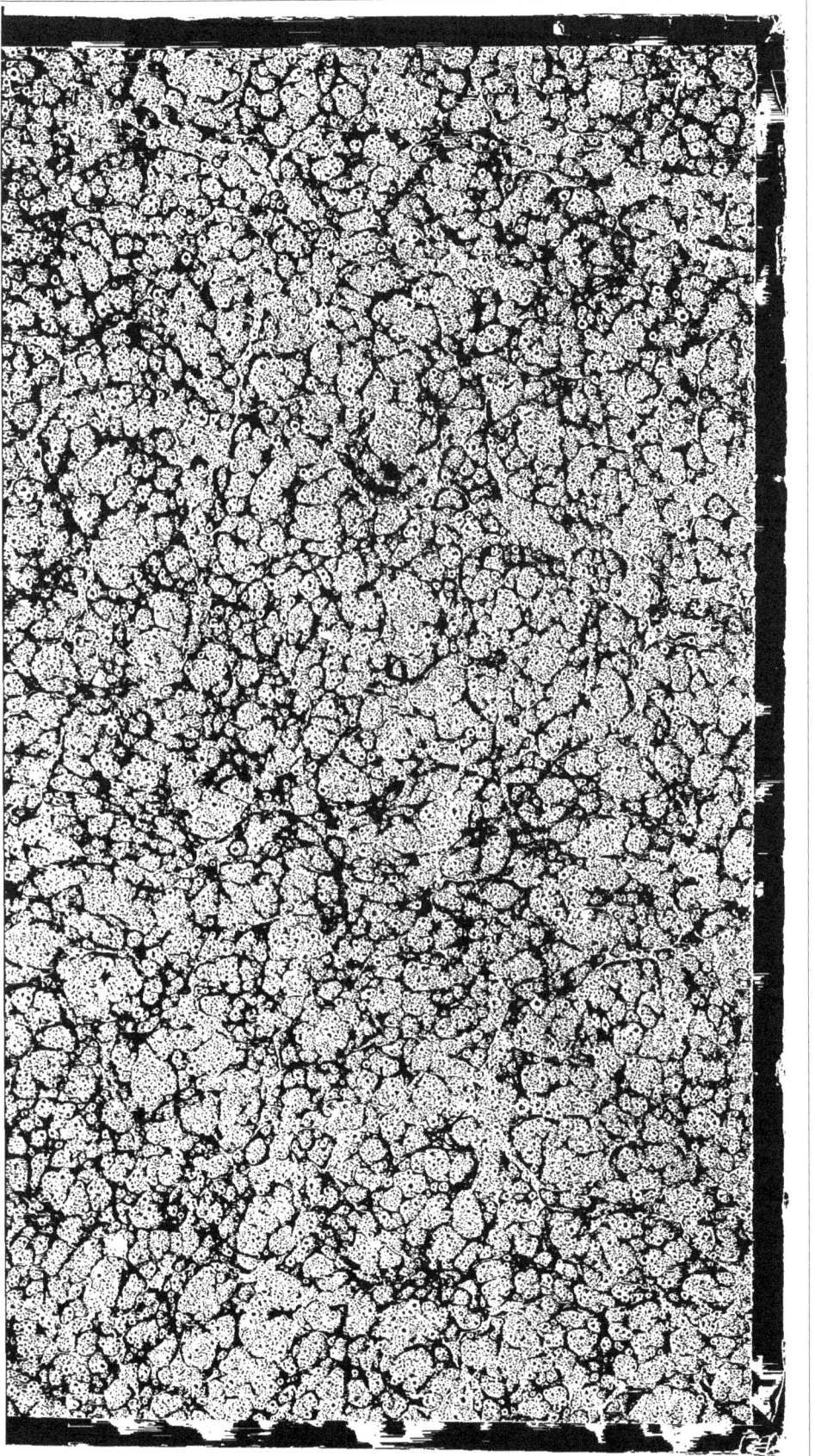

www.ingramcontent.com/pod-product-compliance
Lightning Source LLC
Chambersburg PA
CBHW060524220326
41599CB00022B/3420